友谊

合作

蔡开科文集

孙彦辉 主编

北京
冶金工业出版社
2016

内 容 提 要

本文集收录了蔡开科教授50篇学术论文，分为浇注与凝固、钢中夹杂物研究、洁净钢生产工艺、物理模拟与数值模拟、连铸坯质量控制5个专题。本文集展示出蔡开科教授在炼钢连铸领域的学术思想与科研脉络，体现了蔡开科教授严谨的学术风格和深厚的学术造诣，将对读者的科研创新有所启发。

本文集可供冶金领域相关科研、生产、管理、教学人员阅读。

图书在版编目（CIP）数据

蔡开科文集/孙彦辉主编. —北京：冶金工业出版社，2016.1
ISBN 978-7-5024-7184-2

Ⅰ.①蔡… Ⅱ.①孙… Ⅲ.①钢铁冶金—文集 Ⅳ.①TF4-53

中国版本图书馆 CIP 数据核字（2016）第 034283 号

出 版 人　谭学余
地　　址　北京市东城区嵩祝院北巷39号　邮编　100009　电话　（010）64027926
网　　址　www.cnmip.com.cn　电子信箱　yjcbs@cnmip.com.cn
责任编辑　刘小峰　杜婷婷　美术编辑　彭子赫　版式设计　孙跃红
责任校对　王永欣　责任印制　牛晓波
ISBN 978-7-5024-7184-2
冶金工业出版社出版发行；各地新华书店经销；固安华明印业有限公司印刷
2016年1月第1版，2016年1月第1次印刷
787mm×1092mm　1/16；27.5 印张；2 彩页；674 千字；432 页
160.00元

冶金工业出版社　投稿电话　（010）64027932　投稿信箱　tougao@cnmip.com.cn
冶金工业出版社营销中心　电话　（010）64044283　传真　（010）64027893
冶金书店　地址　北京市东四西大街46号（100010）　电话　（010）65289081（兼传真）
冶金工业出版社天猫旗舰店　yjgycbs.tmall.com

（本书如有印装质量问题，本社营销中心负责退换）

本书编委会

名誉主编：刘新华

主　　编：孙彦辉

编委会委员（以姓氏笔画为序）：

万晓光	王　琳	王小松	王龙岗	王成喜	王宝辉
王海涛	仇圣桃	艾立群	田志红	朱立新	刘中柱
刘军占	孙彦辉	严国安	杨吉春	杨阿娜	杨素波
李志斌	李桂军	李建新	吴　巍	吴海民	张立峰
张桂芳	张彩军	陈卫强	陈素琼	武小林	赵长亮
赵克文	赵国燕	胡勤东	荆德君	柳向椿	秦　哲
袁伟霞	顾克井	倪有金	徐　涛	郭艳永	魏　军

编 者 的 话

蔡开科（1936—2014）是北京科技大学教授，国内外知名的冶金专家，在我国开创连续铸钢凝固学科的理论研究。蔡开科教授生于1936年1月27日，湖南省华容县人。1959年毕业于北京钢铁学院冶金系，同年留校任教直至退休。任教期间，先后任助教、炼钢实验室主任、炼钢教研室主任、教授、博士生导师，兼任中国金属学会理事、中国金属学会炼钢分会理事兼秘书长、连续铸钢分会副理事长等职务。1973年以工程师身份在法国钢铁研究院开展为期三年的研究工作，1989年以高级访问学者身份在加拿大麦吉尔大学开展为期一年的研究工作。

蔡开科教授从事高等教育工作近40年，主编或参编《炼钢学原理》《浇注与凝固》等高校统编教材，主编《连续铸钢》《连续铸钢原理与工艺》《连铸结晶器》《连铸坯质量控制》等专著。在国内外学术刊物和学术会议发表高水平学术论文280余篇。

蔡开科教授主要从事炼钢、炉外精炼及连铸工艺等方面的理论与应用研究，先后参与了小方坯连铸技术、管坯水平连铸、不锈钢连铸工艺、合金钢连铸、多功能真空精炼等国家科研攻关工作。在20世纪80年代初就开始用数值方法求解凝固传热方程，之后逐渐与连铸二冷控制模型相结合，开创了钢包—中间包—结晶器—铸坯多级取样系统分析研究钢中夹杂物的方法，对提高国内钢铁企业的夹杂物控制水平做出了贡献。蔡开科教授在20世纪90年代就意识到了洁净钢生产的重要性，在国内最早与宝钢合作开展相关研究。在20世纪90年代引进了国外大型软件研究连铸坯凝固机理，同时进行数学物理模拟。蔡开科教授在连铸坯质量控制方面也做了大量工作，在20世纪80年代就提议引进能够测定钢高温性能的Gleeble1500热模拟试验机，准确测定钢在凝固点温度附近的高温力学性能，用于分析连铸坯表面裂纹生成原因。

同时，蔡开科教授注重与企业开展深入合作，积极举办技术专题讲座，为企业解决实际生产中遇到的问题。

以上这些蔡开科教授的研究内容，为我国钢铁工业中炼钢连铸技术的发展，奠定了良好的理论基础与技术基础。

本文集按照蔡开科教授的研究方向分为5个专题，依次为"浇注与凝固"、"钢中夹杂物研究"、"洁净钢生产工艺"、"物理模拟与数值模拟"及"连铸坯质量控制"，共收录蔡开科教授50篇代表性学术论文，读者可从中感受到蔡开科教授严谨的治学态度和执著的科研精神，激发为实现钢铁强国目标拼搏奋进的动力。旧作读来胜新书，重读文章，景仰之情油然而生。向与蔡开科教授一起工作过的老一辈科研工作者致以由衷的敬意。

蔡开科教授一生光明磊落，品德高尚；潜心学术，教书育人。他培养的学生遍及海内外，继续为钢铁事业的发展做着贡献。蔡开科教授虽然离开了我们，但他的音容笑貌永远留在我们的心中。

谨以本文集，表达我们对他的深刻怀念。

本书编委会
2015 年 12 月

目 录

◇ 浇注与凝固 ◇

连续铸锭结晶器传热 ………………………………………………… 蔡开科 3
连续铸锭板坯凝固传热数学模型 …………………………… 蔡开科 吴元增 19
连铸坯凝固冷却过程的控制 ………………………………… 蔡开科 刘凤荣 31
连铸二冷区喷嘴冷态特性的实验研究 …………… 蔡开科 张克强 袁伟霞 等 40
水平连铸圆坯凝固特性研究 …………………… 蔡开科 邢文彬 张克强 等 48
连铸二冷区喷雾冷却特性研究 ……………………………… 杨吉春 蔡开科 55
水平连铸凝固壳热应力模型研究 ………………… 蔡开科 邵璐 刘新华 60
板坯连铸机二次冷却水的控制模型 ………………………… 陈素琼 蔡开科 68
凝固模型在高碳钢方坯连铸中的应用 …………… 陈卫强 韩传基 蔡开科 等 76
板坯连铸二冷区凝固传热过程与控制 …………… 韩传基 蔡开科 赵家贵 等 85

◇ 钢中夹杂物研究 ◇

喷硅钙粉对镇静钢中 Al_2O_3 夹杂形态的控制 …… 蔡开科 张克强 李绍舜 等 93
水平连铸圆坯非金属夹杂物的研究 ……………… 蔡开科 邢文彬 李秀文 等 99
连铸坯大型夹杂物的研究 …………………………………… 蔡开科 刘新华 105
含 Ti 不锈钢中氮化钛夹杂的研究 …………………………… 赵克文 蔡开科 109
含钛不锈钢连铸板坯夹杂物的行为 ……………… 孟志泉 刘新华 蔡开科 等 115
非稳态浇注对钢水洁净度的影响 ………………… 张彩军 王琳 蔡开科 等 121
72A 钢非金属夹杂物行为研究 …………………… 魏军 顾克井 蔡开科 等 127
钙处理对冷轧无取向硅钢磁性的影响 …………… 郭艳永 蔡开科 骆忠汉 等 134
中碳钙硫易切削钢夹杂物形态控制 ……………… 严国安 秦哲 田志红 等 141
Mathematical Model of Sulfide Precipitation on Oxides during Solidification of Fe-Si Alloy
  …………………………………… Liu Zhongzhu Gu Kejing Cai Kaike 147

◇ 洁净钢生产工艺 ◇

镇静钢铝含量控制 …………………………………………………… 蔡开科 163
预测半钢冶炼条件下沸腾钢氧含量的数学模型 …… 杨素波 蔡开科 陈渝 等 168
RH 真空处理生产 IF 钢时脱碳行为的研究 ……… 靖雪晶 张立峰 蔡开科 等 175
RH 生产超低碳钢的工艺优化 ……………………………… 方东 刘中柱 蔡开科 181

RH 处理过程钢液脱硫 ……………………………………… 艾立群　蔡开科　186
用 CaO-CaF$_2$-FeO 系渣进行钢水深脱磷 …………… 田志红　艾立群　蔡开科　等　193
炼钢过程钢中氧的控制 ………………………………… 杨阿娜　刘学华　蔡开科　201
小方坯连铸低碳低硅铝镇静钢可浇性研究 …………… 刘学华　韩传基　蔡开科　等　209
转炉冶炼低碳钢终点氧含量控制 ………………………………………… 蔡开科　218
炼钢—精炼—连铸过程钢水纯净度控制战略 ………… 蔡开科　孙彦辉　田志红　227

◇ 物理模拟与数值模拟 ◇

连铸中间包钢水停留时间分布的模拟研究 …………… 蔡开科　李绍舜　黎学玛　等　243
水平连铸中间包流动特性的模拟研究 ………………… 蔡开科　王利亚　李绍舜　等　251
板坯连铸结晶器铜板温度场研究 ………………………………… 郭　佳　蔡开科　258
阻流器流控装置下中间包内的流场 …………………… 李冀英　韩传基　蔡开科　等　265
板坯连铸中间包流动控制及冶金效果研究 …………………… 吴　巍　韩传基　蔡开科　271
连铸板坯结晶器浸入式水口试验研究 ………………… 万晓光　韩传基　蔡开科　等　275
包晶相变对连铸坯初生坯壳凝固收缩的影响 ………… 荆德君　刘中柱　蔡开科　281
RH 精炼过程钢液流动数值模拟和应用 ………………… 张　琳　孙彦辉　朱进锋　等　288
Fluid Flow and Inclusion Removal in Continuous Casting Tundish
　……………………………………… Zhang Lifeng　Shoji Taniguchi　Cai Kaike　296
Prediction and Analysis on Formation of Internal Cracks in Continuously Cast Slabs by
　Mathematical Models ………………… Han Zhiqiang　Cai Kaike　Liu Baicheng　320

◇ 连铸坯质量控制 ◇

连铸坯裂纹 ………………………………………………………………… 蔡开科　337
连铸电磁搅拌理论 ………………………………………………………… 蔡开科　351
中碳钢的高温力学行为 ………………………… 王学杰　蔡开科　党紫九　等　358
薄板坯连铸液芯铸轧过程铸坯的应力应变分析 …………………… 逯洲威　蔡开科　364
连铸板坯凝固过程应变及内裂纹研究 ………………… 袁伟霞　韩志强　蔡开科　等　369
钢中碳含量对连铸板坯纵裂纹的影响 ………………… 柳向椿　赵国燕　蔡开科　375
连铸大方坯轻压下内裂纹趋势预报 …………………… 赵国燕　李桂军　包燕平　等　380
CSP 热轧板卷边部裂纹成因 …………………………… 赵长亮　孙彦辉　田志红　等　385
BOF—LF—CC 生产特殊钢连铸坯质量控制 ………………… 蔡开科　孙彦辉　秦　哲　392
连铸坯质量控制零缺陷战略 …………………………… 蔡开科　孙彦辉　韩传基　401

◇ 附　录 ◇

附录1　蔡开科教授主要科研项目 ……………………………………………… 419
附录2　蔡开科教授主要学术论文目录 ………………………………………… 421

浇注与凝固

JIAOZHU YU NINGGU

连续铸锭结晶器传热

蔡开科

(北京钢铁学院炼钢教研室)

摘　要：本文论述了结晶器对提高连铸机生产率的重要性，分析了结晶器传热特点并指出凝固壳与铜壁交界面构成了传热主要热阻。从结晶器热平衡的试验指出了改善结晶传热，增加坯壳厚度，以增加拉速防止拉漏的发生，讨论了设计结晶器主要参数的选择原则。

连续铸锭机的生产率是受多种因素限制的。在工艺上，往往是拉速和拉漏事故影响了连铸机的生产，而结晶器在很大程度上和这两个因素有关。

1　结晶器的重要性

由凝固定律 $e = k\sqrt{t}$ 得：

$$v_{max} = \left(\frac{k}{b}\right)^2 H$$

式中　v_{max}——最大拉速，m/min；
　　　k——凝固系数，mm/min$^{1/2}$；
　　　b——铸坯的 1/2 厚度，mm；
　　　H——液相深度，m。

由此知最大拉速是受液相深度的限制，因为连铸机的 H 不能超过最后一个支撑辊的长度，否则铸坯就可能鼓肚，铸坯以液心通过拉矫机时，可能导致内部裂纹或偏析线。同时拉速也受结晶器的限制，拉速增加，拉漏可能性增大，在铸坯凝固壳的中部或角部可能产生纵裂。

连铸机和炼钢炉之间配合不协调，或连铸机本身的设备事故，往往会造成耽误。而拉漏事故可能引起设备相当大的损坏和长时间的修理。因此，人们采取以下措施来减少拉漏造成的损坏：

（1）在结晶器下按信号指示器，及早发现拉漏，避免大量钢水流入二冷支撑辊；

（2）采用特殊装置能迅速更换被损坏装置。虽然这些措施可减少由拉漏造成的时间损失，但是我们的目的是在提高拉速时，避免产生拉漏，以提高连铸机的生产率。铸坯出结晶器的拉漏，主要有以下原因：

1）高拉速；
2）结晶器与二冷辊对弧不准；
3）保护渣导热性不好；
4）结晶器变形或磨损；

本文发表于《北京钢铁学院学报》，1980 年，第 1 期：22～36。

5）锥度调整不当；

6）局部冷却不均匀；

7）伸入式水口没有对中。

这些因素都可能使出结晶器凝固壳产生破裂。因此对结晶器要求是：

（1）尽可能在高拉速下，保证出结晶器坯壳足够的凝固厚度和铸坯断面周边厚度的均匀性；

（2）避免机械和热应力，以免撕裂凝固壳。

如果结晶器满足这两个要求，就可减少铸机的拉漏率。因此，必须进一步研究结晶器的传热和制造使用特点。

2 结晶器的传热特点

从图1可把结晶器内钢液向外界的传热区分为以下几部分。

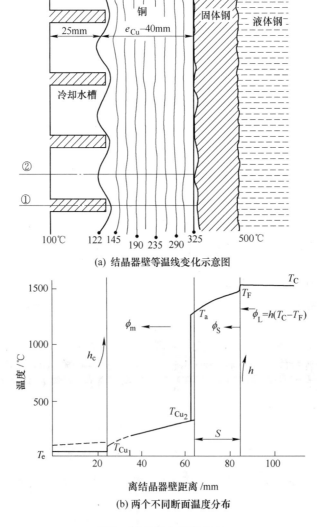

(a) 结晶器壁等温线变化示意图

(b) 两个不同断面温度分布

图1 结晶器内温度分布

2.1 液体钢对凝固壳传热

模型研究指出:注流动能引起了钢液沿结晶器中心下降,沿凝固前沿上升的运动。流股运动所影响的高度决定于水口和铸坯断面。液体钢与凝固壳之间的对流热交换系数 h 可由下式计算[1]:

$$h = \frac{2}{3}\rho cw \left(\frac{c\eta}{\lambda}\right)^{-\frac{2}{3}} \left(\frac{Lw\rho}{\eta}\right)^{-\frac{1}{2}}$$

式中 ρ ——液体钢密度,g/cm³;
c ——液体钢比热,cal/(g·K);
w ——结晶前沿液体钢运动速度,cm/s;
L ——结晶器高度,cm;
η ——液体钢黏度,P;
λ ——液体钢导热系数,cal/(cm·s·K)。

模型试验测得 $w = 30\text{cm/s}$,代入已知数据,计算得 $h = 0.197\text{cal}/(\text{cm}^2 \cdot \text{s} \cdot \text{K})$。热流 ϕ_L 决定于液体钢过热:

$$\phi_L = h(T_0 - T_F)$$

如 $T_0 - T_F = 30℃$,则 $\phi_L = 6\text{cal}/(\text{cm}^2 \cdot \text{s})$。这与已凝固钢壳传导传热相比($\phi_S \approx 50\text{cal}/(\text{cm}^2 \cdot \text{s})$)是很小的。在正常浇注条件下,凝固速度 ds/dt 是与凝固交界面热流成比例的。

$$L_t \frac{ds}{dt} = \phi_S - \phi_L = \lambda_S \left(\frac{\partial T}{\partial X}\right)_S - h(T_C - T_F)$$

式中 L_t ——凝固潜热,cal/g;
λ_S ——固体钢导热系数,cal/(cm·s·K)。

因此,结晶器内注流产生的对流运动把钢液过热传给凝固壳。钢液过热度越高,凝固壳就越薄。因此应限制中间包钢液过热度为 10~30℃。

2.2 凝固坯壳的传热

在凝固钢壳中为传导传热。对板坯可用热传导方程表示如下:

$$\frac{\partial H}{\partial t} = \frac{\lambda}{\rho}\left(\frac{\partial^2 T}{\partial x^2}\right)$$

当温度大于 900℃时,可认为 $\lambda = 0.07\text{cal}/(\text{cm} \cdot \text{s} \cdot \text{K})$。

2.3 凝固壳与结晶器壁的传热

凝固开始时,已凝固坯壳与结晶器壁是紧密接触的,随后由于坯壳收缩,在结晶器壁与坯壳之间产生了不均匀气隙。此时坯壳表面与结晶器壁热交换是靠辐射和对流传热(或气层导热)[2]。

$$\phi_m = \varepsilon\sigma[(273 + T_a)^4 - (T_{Cu_2} + 273)^4 + h_a(T_a - T_{Cu_2})]$$

式中 ε——辐射系数；

σ——Stephe 常数；

h_a——气隙对流传热系数；

其余符号见图1。

气隙的产生使坯壳与结晶器壁交界面热阻增大，减少了传热，成为结晶器传热限制环节。热阻的大小决定于以下几点：

（1）结晶器壁的表面状态，表面越光滑，热阻越小；

（2）润滑剂性质；

（3）坯壳与铜壁脱开程度。

实验室测定[3]固体钢与铜壁之间的热交换系数为$0.050\mathrm{cal}/(\mathrm{cm}^2\cdot\mathrm{s}\cdot\mathrm{K})$。这个热阻约相当于14mm厚铜板的传热。

2.4 凝固坯壳与结晶器壁的传热

铜壁为传导传热。图2为铜壁不同类型的冷却水槽在铜壁厚度方向等温线分布的示意图。等温线分布是用电模拟法得到的[4]。可用等温线来估计铜壁厚度上某一点温度：

$$T = T_{Cu_1} + x(T_{Cu_2} - T_{Cu_1})$$

$$T_{Cu_2} - T_{Cu_1} = \frac{\phi e_{Cu}}{\lambda_{Cu}}$$

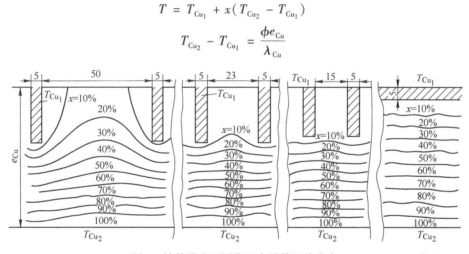

图2 结晶器壁不同类型水槽等温线分布

由图2可以看出最好的均匀冷却方式是方坯的管状结晶器。对板坯结晶器的铜板的均匀冷却决定于冷却水槽的尺寸和间距，如5mm×25mm的水槽，间距小于25mm就可得到铜板温度大体上均匀分布。

可以估计结晶器壁厚度对传热的影响。"固体钢—结晶器—冷却水"的总热阻可表示为：

$$\frac{1}{h_g} = \frac{1}{h_e} + \frac{e_{Cu}}{\lambda_{Cu}} + \frac{1}{h_a}$$

若 $h_e = 1\mathrm{cal}/(\mathrm{cm}^2\cdot\mathrm{s}\cdot\mathrm{K})$，$h_a = 0.05\mathrm{cal}/(\mathrm{cm}^2\cdot\mathrm{s}\cdot\mathrm{K})$，$\lambda_{Cu} = 0.89\mathrm{cal}/(\mathrm{cm}\cdot\mathrm{s}\cdot\mathrm{K})$ 时，计算结果见表1。

表 1　铜壁厚度对热流的影响

铜壁厚度 e_{Cu} /mm	10	20	40	80
铜壁热阻 $\frac{e_{Cu}}{\lambda_{Cu}}$ /cal·(cm²·s·K)⁻¹	1.12	2.25	4.50	9
$\frac{1}{h_e}+\frac{1}{h_a}$	21.5	21.5	21.5	21.5
总热阻 $\frac{1}{h_g}$ /cal·(cm²·s·K)⁻¹	22.6	23.8	26	30.5
总换热系数 $\frac{1}{h_g}$	0.044	0.442	0.038	0.032
热流 $\phi=h_g(T_a-T_e)$ /cal·(cm²·s·K)⁻¹	61.6	58.8	53.2	44.8

由计算可知：结晶器壁厚度由 40mm 减到 20mm，热流仅增加约 10%。

2.5　结晶器壁与冷却水传热

在结晶器壁与冷却交界面传热可能有三种情况[5]：

（1）强制对流良好的冷却；
（2）沿结晶器壁凝聚有水汽泡膜；
（3）在冷却水槽内形成沸腾有水蒸气生成。

后两种情况恶化了结晶器的传热，应力求避免。如何保证冷却水与结晶器壁有良好传热呢？假如水与铜壁之间仅有对流传热，则传热系数 h_e 表示为[6]：

$$\frac{h_e D}{\lambda_e}=0.023\left(\frac{DV}{\eta}\right)^{0.8}\left(\frac{c_e\eta}{\lambda_e}\right)^{0.4}$$

式中　D——冷却水槽的当量直径，cm；
　　　λ_e——水在 30℃时的导热系数，cal/(cm·s·K)；
　　　η——在 30℃时的黏度，g/(cm·s)；
　　　V——水流量，g/(cm·s)；
　　　c_e——水的比热，cal/(g·K)。

若结晶器平均热流 $\phi=50$cal/(cm²·s)，计算冷却水流量和流速对传热影响见表 2。

表 2　冷却水流速对热流的影响

水流量 Q/m³·h⁻¹	0.5	1	1.5	2	2.5	3	6
水流速 v/m·s⁻¹	1.11	2.22	3.33	4.44	5.55	6.66	13.21
"水—铜"传热系数 h_e	0.142	0.247	0.341	0.43	0.51	0.59	1.04
"水—铜"热阻 $\frac{1}{h_e}$	7.05	4.05	2.92	2.32	1.96	1.68	0.96
其他热阻 $\frac{1}{h_e}+\frac{e_{Cu}}{\lambda_{Cu}}$	24.5	24.5	24.5	24.5	24.5	24.5	24.5
总热阻 $\frac{1}{h_g}$	31.5	28.5	27.5	26.7	26.5	26	25.5
总传热系数 h_g	0.032	0.035	0.037	0.038	0.375	0.038	0.039
热流 $\phi=h_g(T_a-T_e)$	44.8	49	51.8	53.2	52.5	53.9	54.9
铜壁温度差 $T_{Cu_1}-T_e=\frac{\phi}{h_e}$/℃	315	198	151	123	102	91	52

由计算可知，当冷却水流速为6m/s时，就可避免水的沸腾。如流速再增大，对热流影响不大。对于方坯结晶器，有人认为在铜壁上有水汽泡膜生成是正常现象。为了防止产生污垢要求对水进行处理，典型的冷却水成分是[6]：总盐400mg/L，硫化物150mg/L，氧化物50mg/L，悬浮固体质点50mg/L，质点尺寸0.2mm，碳酸盐硬度1~2°dH，非碳酸盐硬度15°dH，pH值7~8。

3 结晶器的传热性能

结晶器究竟有多大的传热强度，如何来改善结晶器传热呢？为此必须研究结晶器热流变化及其影响因素。作者在法国钢铁研究院梅斯分院进修期间，曾参加了在敦刻尔克钢厂的诺马克（DOMAG）弧形连铸机的试验工作，有关的试验结果介绍如下。

3.1 结晶器的热平衡

结晶器导出的热量可表示为：
$$Q = Q_e c_e \Delta t_e \quad \text{kcal/h}$$

平均热流：
$$\phi = \frac{Q}{S} = \frac{Q_e c_e \Delta t_e}{S} \quad \text{kcal/(m}^2 \cdot \text{h)}$$

式中 Q_e——冷却水流量，m³/h；

c_e——水比热，kcal/(K·t)；

Δt_e——进出水温度，℃；

S——钢壳与结晶器壁接触面积，m²。

弧形连铸机结晶器断面为1290mm×210mm，结晶器高度为700mm，浇低碳铝镇静钢，中间包钢液过热度为20~30℃。记录拉速、结晶器冷却水流量、冷却水温升等数据。测定误差约为2%，计算结晶器热流误差约为4%。影响结晶器热流因素如下：

（1）拉速与热流关系。由图3可看出，拉速增加热流增加。这也为其他作者所证实[7]。

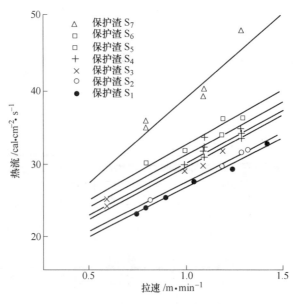

图3 拉速与结晶器热流关系

（2）保护渣类型。保护渣改善了钢壳与结晶器交界面热阻，在其他条件相同时，保护渣对热流的影响见表3，保护渣成分见表4。

表3 保护渣对结晶器热流影响（拉速为1m/min）

保护渣型号	熔点/℃	黏度/1300℃，Pa·s	热流/cal·cm^{-2}·s^{-1}
S_1	1194~1252	0.311	28
S_2	1195~1210	0.637	28
S_3	1075~1105	0.391	30
S_4	1023~1063	0.252	30
S_5	1160~1195	1.141	32
S_6	995~1008	0.24	33
S_7	839~861	0.032	38

表4 保护渣化学成分　　　　　　　　　　（%）

保护渣型号	S_2	S_4	S_3	S_7
SiO_2	33.70	22.20	35.0	35.1
CaO	33.40	26.50	34.0	25.7
Al_2O_3	8.20	10.80	5.20	0.50
Na_2O	3.23	12.0	4.58	22.9
K_2O	0.11	2.65	0.96	2.77
P_2O_5	0.10	0.22	0.40	<0.1
TiO_2	0.13	0.22	0.16	0.21
MgO	1.40	1.0	1.8	0.70
MnO	<0.2	3.50	<0.1	<0.2
∑Fe	0.30	1.5	3.70	0.40
F	3.65	6.95		10.2
S	0.56	0.47		
C	8.75	5.85		
熔点/℃	1195~1210	1023~1063	1075~1105	839~861

保护渣熔点低有利于结晶传热。特别是保护渣改善了结晶器下部传热，使出结晶器凝固壳厚度比未用保护渣大5~7mm[8]。

（3）结晶器类型。Tarmann[9]指出直结晶器比弧形结晶器传热量大。根据试验结果，比较了直结晶器与弧形结晶器的热流，见表5。

（4）其他参数。文献中指出结晶器锥度、钢水成分等均对传热有影响，但未得到满意的试验证明。

3.2　结晶器分段热平衡

为了深化对结晶器传热的认识，测定了沿结晶器高度的铜壁温度的变化，热电偶的安放如图4所示。在700mm×1860mm铜板壁上钻2mm的孔,Cr-Al热电偶沿三个测量轴Ⅰ、Ⅱ、Ⅲ平行于铜板放入6个不同高度(100mm,200mm,300mm,400mm,500mm,600mm),两个热电偶间距为19mm,热电偶通过补偿导线与电子记录仪连接。

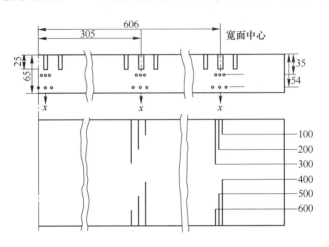

图4 结晶器铜板高度热电偶安放示意图

3.2.1 沿结晶器高度铜壁温度的变化

图5和图6分别表示了不同浇注条件下沿结晶器高度铜壁温度变化和在高度200mm处的铜壁水平温度变化。当保护渣熔点较低、拉速较高时,在200mm处,热面铜壁温度可达350℃,冷却水槽底温度为100℃,这与电模拟法测定的结果是一致的。拉速增加铜壁温度也相应增加,因而结晶器变形的可能性就大了。

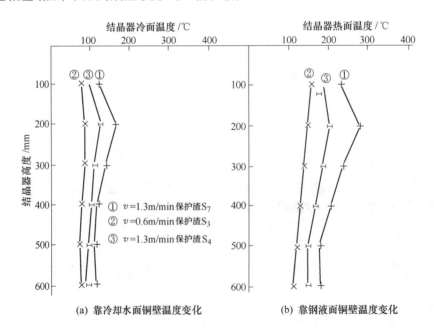

图5 不同浇注条件结晶器壁温度变化

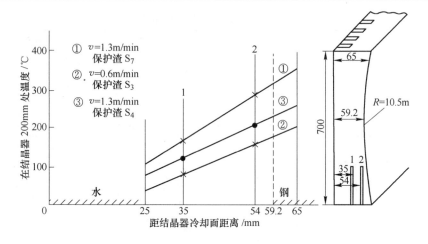

图 6 在结晶器高度 200mm 处铜壁水平温度变化

3.2.2 沿结晶器高度热流变化

根据测定的温度计算三个测量轴在不同高度的热流。计算热流的相对误差是 100mm（弯月面）15%、200mm 4%、600mm 2.3%。沿结晶器高度热流变化如图 7 所示。从图 7 看出，熔点低的保护渣，热流随拉速的变化比熔点高的保护渣更为敏感。大约在沿结晶器高度 200mm 左右开始形成气隙，然后沿结晶器高度热流是逐渐减少的，可推测凝固壳与结晶器壁没有完全脱开，而是不均匀接触。结晶器下部热流约为弯月面下最大热流的 $1/2 \sim 1/3$。

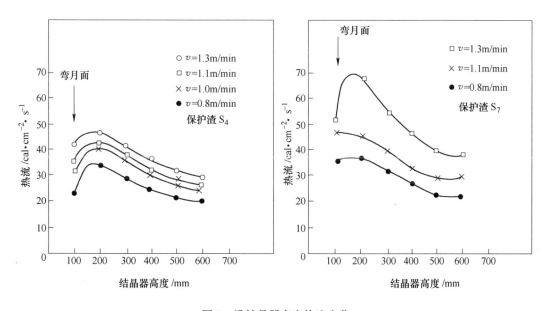

图 7 沿结晶器高度热流变化

由测定不同高度铜壁温度计算的平均热流与测定结晶器水量、水温计算的平均热流结果大体上是一致的，见表 5。

表5 不同方法计算结晶器热流比较

铸坯断面/mm	拉速/m·min^{-1}	总热平衡				分段热平衡			
		Q_e	Δt	S	φ	φ_I	φ_{II}	φ_{III}	φ_m
1392×200	1.1	211	4.3	0.834	30	30	31.2	26.4	29.2
	1.0	211	4.2	0.834	29.4	29.4	30.8	28.8	29.8
	0.6	211	3.6	0.834	25.2	26.6	24.8	23.9	25.0

3.2.3 结晶器角部热流变化

图8表示了结晶器角部区热流变化。离角部60mm处热流与结晶器中心热流大致相同，越靠近角部热流越小，凝固壳厚度就越薄。这样就导致了凝固壳厚薄不均匀，坯壳厚度最薄的地方，强度最小，出结晶器时可能沿着这个位置产生裂纹，是角部纵裂的来源。当拉速为1m/min时，用放射性同位素测定结晶器不同高度凝固壳厚度变化如图9所示。出结晶器凝固层平均厚度为12.5mm，但在离角部20mm处，凝固厚度仅为6mm。为什么结晶器角部凝固壳厚度会减薄呢？可能的解释是：

（1）双孔的伸入式水口所引起的钢流运动延伸到整个板坯断面上，在角部附近会形成明显的回流，阻碍了凝固厚度的生长，这已为模型试验证实，如图10所示。

（2）结晶器角部钢液温度比板坯中心要低一些，凝固壳较早离开了结晶器角部而使凝固减慢（见图11）。解决这个问题的办法一是保持结晶器有一定的锥度（对板坯是9‰），二是把结晶器角部做成合适的圆角形式，对200mm×200mm方坯结晶器圆角半径为15mm，对板坯结晶器在角部安一块与窄面成15°角的导板。如图12所示。

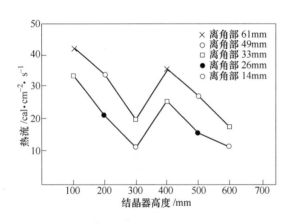

图8 结晶器角部区热流变化

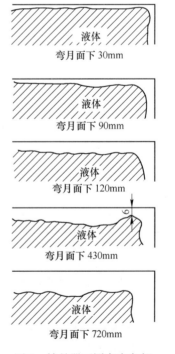

图9 结晶器不同高度角部附近凝固厚度变化

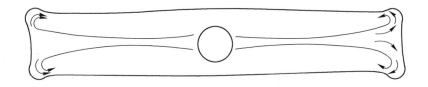

图10 双孔深入式水口引起的对流运动

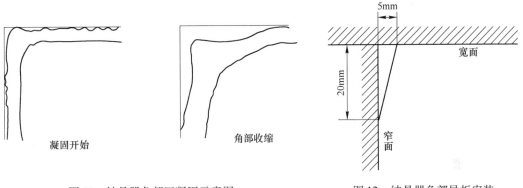

图11 结晶器角部区凝固示意图   图12 结晶器角部导板安装

4 结晶器设计要求

考察结晶器传热特点,目的是为设计结晶器提供依据。

4.1 结晶器材料选择

对制作结晶器材料性能要求是良好的导热性、机械性能,高温性能的稳定性和良好的切削和表面处理性能等。满足上述要求的最好材料是铜和铜合金。文献中得到关于铜的一些数据,见表6。

表6 铜和铜合金机械性能

铜的种类	弹性极限 /kg·cm^{-2}	断裂强度 /kg·cm^{-2}	延伸率/%	再结晶温度/℃	导热系数 /cal·cm^{-1}·s^{-1}·K^{-1}
纯Cu	7	23	45	200	0.93
Cu-Ag合金	>25	>30	>5	350	0.909
Cu-Cr合金	28~36	40~45	18~25	475	0.85
Cu-Zr-Cr	49	52	10	>500	

一般纯铜含有99.9%的Cu;Cu-Ag合金:99.8%Cu,0.1%Ag;Cu-Cr合金:0.7%Cr。Cu-Cr和Cu-Ag合金主要优点是使再结晶温度高于300℃。当结晶器铜板在工作温度下,能保持足够高温强度、硬度和导热性。图13表示不同温度铜硬度值。

据估计,70%的结晶器是由Cu-Cr合金(Cu-Ag合金)、20%由纯铜、10%由Cu-C_y-Z_y合金制造。

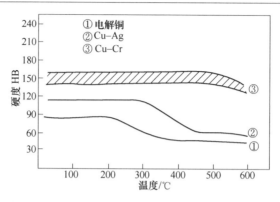

图 13　不同温度下铜的硬度值

4.2　结晶器合适长度

由于对结晶器凝固壳收缩产生气隙认识不同，在连铸发展的历史上对结晶器长度的选择有两种倾向：苏联连铸结晶器长度最初 1.5m，以后缩短为 1.2m，西欧、美国、日本连铸结晶器长度一般为 0.7m。从沿结晶器高度热流变化来看，大约在 200mm 左右产生气隙，产生气隙之后，坯壳与结晶器是不均匀接触。且结晶器下部热流还为最大热流的 1/2～1/3。因此，结晶器的合理长度似乎还可稍高于 700mm（例如 900mm），这样有利于增加拉速的同时，可适当增加出结晶器坯壳厚度。实践证明，过于加长结晶器长度，相应增加坯壳的应力，拉漏危险性增加。结晶器太短（如 400mm），出结晶器坯壳太薄，不利于提高拉速且拉漏增加。

4.3　结晶器铜板厚度

对板坯结晶器铜板厚度包括冷却水槽厚度和有效厚度（承受温度梯度部分）两部分。铜板厚度上有螺钉孔将铜板固定于结晶器框架。螺钉孔深度为 15～25mm。当冷却水流速大于 6m/s，冷却水槽（5mm×25mm）的间距小于 25mm，就可保证结晶器的均匀冷却。

铜板有效厚度是在浇注条件下承受温度变化的部分。图 14 表示了结晶器有效厚度与热流关系。若冷却水槽底部温度为 100℃，Cu-Ag 合金的结晶器的工作温度应限制在 300℃。如拉速 1.3m/min，用 S_7 保护渣结晶器热流可达 70cal/(cm²·s)，则铜板的有效厚度应为 50mm。如 Cu-Cr 合金结晶器的工作温度为 400℃，拉速可更快些，热流可达 100cal/(cm²·s)，而厚度仍保持为 50mm。但厚度太大，可使结晶器传热恶化。

结晶器铜板用螺钉固定于刚性框架上，在工作条件，铜板承受的力有：

（1）厚度方向温度梯度产生的热应力；

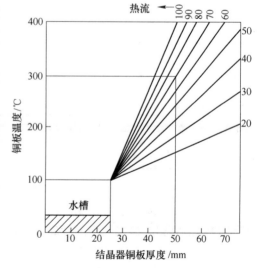

图 14　铜板厚度与热流关系

(2) 冷面上冷却水压力和热面上钢液静压力,两个压力之差会导致铜板变形;

(3) 由摩擦引起的剪切力。

这样在螺钉孔之间铜板变形,可看成是一个受力的梁,如图 15 所示。

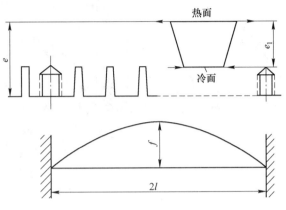

图 15 结晶器铜板变形示意图

若材料具有弹性形变,仅考虑机械力和温度应力时,则力矩为[11]:

$$m = \frac{\alpha \Delta T E I}{e_1} + \frac{p l^2}{3}$$

式中 ΔT——温度梯度;

α——线性膨胀系数;

E——弹性模量;

e_1——铜板有效厚度;

p——冷面和热面的压力差;

l——两个螺钉孔间距;

I——惯性力矩。

若仅考虑温度梯度产生的变形和应力,冷面受压热面受张,应力最大值在梁中间:

$$\sigma_{max} = \frac{E\alpha \Delta T}{2} - \frac{pl^2}{e_1^2}$$

通过结晶器热流

$$\phi = \lambda_{Cu} \frac{\Delta T}{e_1}$$

$$\sigma_{max} = \frac{E\alpha \phi e_1}{2\lambda_c} - \frac{pl^2}{e_1^2}$$

最大变形 f:

$$f = \frac{pl_4}{2Ee_1^3}$$

这样就可计算不同材料的最大应力和变形与铜板厚度的关系,结果如图 16 所示。

从图 16 看出:铜板厚度增加,形变减小,螺钉孔间距减小变形减小,厚度增加应力增加。当应力超过弹性极限就产生永久变形。因此对纯铜结晶器,应力不能超过 7kg/cm²,厚度应在 15mm,工作时弹性变形不应超过 0.5mm。对 Cu-Cr 合金结晶器,有效厚度

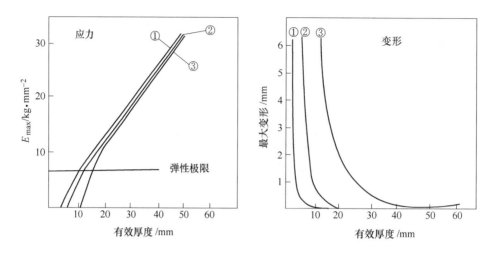

(a) 纯铜：$\alpha=16\times10^{-6}℃^{-1}$，$E=12500\text{kg/mm}^2$，
$\lambda=0.85\text{cal/(cm·s·K)}$，$\phi=60\text{cal/cm}^2$，$p=2\text{kg/cm}^2$

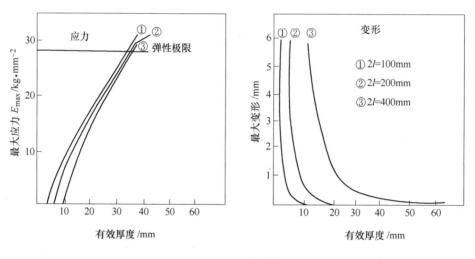

(b) Cu-Cr 合金：$\alpha=18\times10^{-6}℃^{-1}$，$E=12500\text{kg/mm}^2$，
$\lambda=0.85\text{cal/(cm·s·K)}$，$\phi=60\text{cal/cm}^2$，$p=2\text{kg/mm}^2$

图 16　结晶器铜板应力和变形图

35mm，200mm 的螺钉间距，应力为 28kg/mm^2，可忽略浇注时的变形。因此应从工作温度和变形两个方面考虑选择结晶器厚度。有效厚度适当厚一些可减少浇注时结晶器变形，保证装配刚性和磨损切削次数；但太厚也会减少结晶器热流。如用 Cu-Cr 合金做的结晶器总厚度为 65mm，其中冷却水槽厚度 25mm，有效厚度 40mm 就是一例。

4.4　结晶器锥度选择

锥度一般靠经验来选择。图 17 表示了结晶器锥度选择方法，利用图 17 可求出不同宽度板坯收缩值，如拉速 1m/min、宽 1000mm 的结晶器锥度为 9‰。

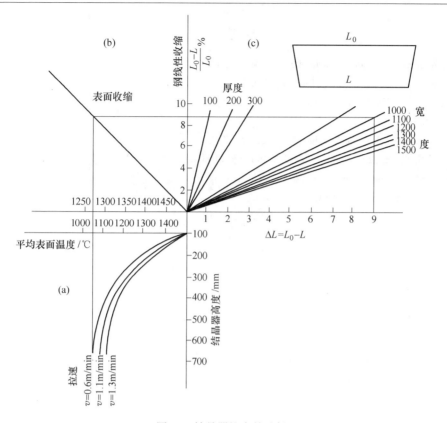

图 17 结晶器锥度的选择

(a) 结晶器内凝固壳表面温度与拉速关系；(b) 坯壳表面温度与线性收缩关系；
(c) 不同断面结晶器上下尺寸差值

5 结论

(1) 结晶器热流控制出结晶器凝固壳厚度。影响热流的主要参数是拉速和保护渣类型，而结晶器类型、锥度、厚度、钢液过热度等影响较小。控制好这些因素就能保证出结晶器坯壳厚度。

(2) 热流是沿结晶器高度逐渐减少的，凝固壳与结晶器是不均匀接触，结晶器下部热流约为最大热流的 1/2～1/3。

(3) 热流随拉速增加，但凝固厚度不能保持按比例增加，钢液在结晶器停留时间减少，凝固厚度也会减薄。因此为了保证出结晶器足够的凝固厚度，用比 700mm 稍长的结晶器有利于增加拉速。

(4) 结晶器冷却不均匀性，导致了凝固壳厚度的不均匀，这往往是铸坯纵裂或角裂的来源。因此要控制好结晶器几何形状、锥度、水口形状与位置、冷却水流量和冷却水槽的分布，以保证均匀冷却。

(5) 不同保护渣的导热性对结晶器的传热是不大一样的，应非常重视保护渣性能对提高拉速、保证铸坯表面质量的作用。

(6) 结晶器壁厚度的选择应保证铜板机械强度和传热能力。

参 考 文 献

[1] M. C. Adamas. Transmission de la chaleur. Paris, 1961.
[2] J. Gautier. Journal of Iron Steel Institut. 1970, 208: 1053.
[3] Dglla Casa. IRSID Rapport Interieur, 1967.
[4] R. Alberny, et al. IRSID Rapport Interieur, 1974.
[5] W. M. Rohsenow. Handbook of heat Transfer, 1973.
[6] Mould: Key element in continous casting. Iron and Steel International. 1978, 51 (3): 167.
[7] P. Koenig. Stahl und Eisen 92. 1972, 14: 678.
[8] A. D. Klipov. Steel in the USSR. 1971: 1071.
[9] V. B. Tarmann. Iron and Steel Engineer. 1972, 12: 61.
[10] J. Herenguel. Le cuivre ef ses allages paris, 1962.
[11] Landau-Lifchitz. Théorie de L′ élasticite. 1967: 23.

连续铸锭板坯凝固传热数学模型

蔡开科 吴元增

（北京钢铁学院炼钢教研室）

摘 要：本文介绍了连续铸锭凝固传热数学模型及文献中常见的几种不同的差分方程，导出了考虑小单元体内部和相邻小单元体之间热平衡的差分方程，介绍了计算机程序编制框图，并应用差分方程计算了连铸板坯结晶器凝固过程，讨论了热物理参数和操作工艺条件对结晶器钢液凝固过程的影响。

1 引言

连铸钢坯的凝固就是通过一次水冷结晶器和二次喷水冷却区把钢液热量带走从而转变为固体的过程。而凝固过程的热状态决定了铸坯凝固壳厚度、液相深度和凝固壳的温度分布。这是控制凝固过程的重要参数，它影响铸机设计、铸坯质量和铸机的生产率。

研究连铸坯凝固过程热状态，通常使用两个方法，一是经验模型，二是数学模型。经验模型要进行大量的实际测定，既麻烦又费工，结果的应用还有一定的局限性。数学模型是研究铸坯凝固过程比较合适的工具。凝固传热数学模型的基础就是应用合适的边界条件求解热传导方程。其中分析解仅对特殊的边界条件有效，而数值解则是普遍适用的一种方法。Slack[1]第一个将数值解方法应用于钢锭凝固过程的计算。而Miziar[2]首先将数值解方法应用于分析计算连续铸锭凝固，所得结果很接近于实际，引起了广泛重视。相继不同作者做了不少研究工作[3-6]获得了重大进展。现在借助于计算机模拟计算铸坯凝固过程，已成为连铸机设计、工艺分析和过程控制的有效手段。

随着我国钢铁工业的发展，连续铸锭在炼钢生产中的地位将日趋重要，因此开展这方面的研究工作，为连铸的工艺控制和铸机设计提供理论依据是有实用价值的。

本文应用传热数学模型对结晶器内钢液凝固过程进行了模拟计算，并讨论了热物理常数和操作工艺条件对结晶器内钢液凝固过程的影响。

2 数学模型描述

2.1 泛定方程

在铸坯内假想取一微元体，从结晶器弯月面与铸坯同一拉速下降，若液体和固体金属是连续均质体，仅有传导传热，则凝固过程的热传导方程可表示为：

$$\rho c \left(\frac{\partial T}{\partial t} + v \frac{\partial T}{\partial z} \right) = \frac{\partial}{\partial x}\left(\lambda(T) \frac{\partial T}{\partial x} \right) + \frac{\partial}{\partial y}\left(\lambda(T) \frac{\partial T}{\partial y} \right) + \frac{\partial}{\partial z}\left(\lambda(T) \frac{\partial T}{\partial z} \right) \tag{1}$$

本文发表于《金属学报》，1983年，第1期：115~122。

式中 λ——钢的导热系数；
ρ——钢的密度；
c——钢的比热；
v——铸坯拉速；
T——温度；
t——时间；
x, y, z——分别为铸坯厚度、宽度和拉坯方向。

为了建立连铸板坯传热方程特做以下假设：
（1）忽略拉坯方向的传热（仅占总传热量3%~6%）；
（2）板坯厚度方向传热量是主要的，忽略宽度方向传热；
（3）钢的密度随温度变化很小，不考虑凝固冷却过程的收缩；
（4）钢凝固过程的热量可由热焓—温度（H-T）曲线来表征。

根据上述假设，对于连铸板坯可将方程（1）简化为：

$$\rho c \frac{\partial T}{\partial t} = \frac{\partial}{\partial x}\left(\lambda(T)\frac{\partial T}{\partial x}\right) \tag{2}$$

或

$$\rho \frac{\partial H}{\partial t} = \frac{\partial}{\partial x}\left(\lambda(T)\frac{\partial T}{\partial x}\right) \tag{3}$$

2.2 初始条件和边界条件

如图1所示，初始条件：
$$T(x, 0) = T_c \quad 0 \leq x \leq e$$

式中 T_c——浇注温度；
e——铸坯厚度的一半。

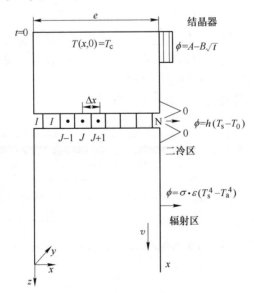

图1 铸坯凝固示意图

边界条件：由于板坯温度场的对称性，只计算厚度的一半就可以了。其边界条件为：

$x = 0$ 时：
$$\lambda\left(\frac{\partial T(0,t)}{\partial x}\right) = 0 \tag{4}$$

$x = e$ 时，有三种情况：

结晶器：
$$-\lambda\left(\frac{\partial T(e,t)}{\partial x}\right) = A - B\sqrt{t} \tag{5}$$

二冷区：
$$-\lambda\left(\frac{\partial T(e,t)}{\partial x}\right) = h(T_s - T_0) \tag{6}$$

辐射区：
$$-\lambda\left(\frac{\partial T(e,t)}{\partial x}\right) = \varepsilon\sigma\left[\left(\frac{T(e,t)+273}{100}\right)^4 - \left(\frac{T_a+273}{100}\right)^4\right] \tag{7}$$

式中 T_0——冷却水温度；

T_a——环境温度；

T_s——t 时刻铸坯表面温度；

h——热交换系数；

ε——钢辐射系数；

σ——玻耳兹曼常数。

将泛定方程、初始条件和边界条件合起来，就构成了描述连铸板坯凝固传热数学模型，具体对结晶器凝固传热过程来说，则有下列方程组：

$$\begin{cases} \rho\dfrac{\partial H}{\partial t} = \dfrac{\partial}{\partial x}\left(\lambda(T)\dfrac{\partial T}{\partial x}\right) & 0 < x < e \\ T(x,0) = T_c & 0 \leqslant x \leqslant e \\ \lambda\left(\dfrac{\partial T(0,t)}{\partial x}\right) = 0 \\ -\lambda\left(\dfrac{\partial T(e,t)}{\partial x}\right) = A - B\sqrt{t} \end{cases}$$

2.3 显示差分方程

将上述方程组的求解区域 $R(0 \leqslant x \leqslant e, t \geqslant 0)$ 分成空间步长 Δx 和时间步长 Δt 的网格，如图1所示。文献中常用差分方程有以下几种：

（1）IRSID[7]。

中心点：$H_0^{n+1} = H_0^n + \dfrac{2\Delta t}{\rho(\Delta x)^2}\lambda(T)^n(T_1^n - T_0^n)$

内部点：$H_j^{n+1} = H_j^n + \dfrac{\Delta t}{\rho(\Delta x)^2}\left[\lambda(T)_j^n(T_{j-1}^n + T_{j+1}^n - 2T_j^n) + \dfrac{\lambda(T)_{j-1}^n - \lambda(T)_j^n}{T_{j-1}^n - T_j^n} - \dfrac{1}{4}(T_{j-1}^n - T_j^n)^2\right]$

表面点：$H_N^{n+1} = H_N^n + \dfrac{\Delta t}{\rho(\Delta x)^2}\left[\lambda(T)_N^n(T_{N-1}^n - T_N^n) - \Delta x\phi\right]$

(2) Pehlke[8]。

中心点：$T_0^{n+1} = T_0 + \dfrac{2\lambda}{\rho c}\dfrac{\Delta t}{(\Delta x)^2}(T_1^n - T_0^n)$

内部点：$T_j^{n+1} = T_j^n + \dfrac{1}{\rho c}\dfrac{\Delta t}{(\Delta x)^2}\left[\lambda(T)_j^n(T_{j+1}^n + T_{j-1}^n - 2T_j^n) + \dfrac{1}{4}\dfrac{d\lambda}{dT}(T_{j-1}^n - T_{j+1}^n)\right]$

表面点：$T_N^{n+1} = T_N^n + \dfrac{1}{\rho c}\dfrac{\Delta t}{(\Delta x)^2}\left[2\lambda(T)_N^h(T_{N-1}^h - T_N^h) - 2h\Delta x(T_N^h - T_0^n)\right] +$
$\dfrac{1}{\rho c}\dfrac{\Delta t}{(\Delta x)^2}\dfrac{d\lambda}{dT}\left(\dfrac{h\Delta x}{\lambda}\right)^2(T_N^h - T_0^n)^2$

(3) Miziar[2]。

中心点：$T_0^{h+1} = \dfrac{4}{3}T_1 - \dfrac{1}{3}T_2$

内部点：与 Pehlke 相同。

表面点：$T_N^{n+1} = T_N^n + \dfrac{2\Delta t}{\rho(\Delta x)^2 c}\left[\lambda(T)_N^n(T_{N-1}^n - T_N^n) - \Delta x\phi\right]$

(4) 文献中经常采用的差分格式，在相邻界面以及内部各单元体之间的各个界面上都存在不同程度的热流不平衡，只能用于忽略液相区对流传热影响的情况。如果将这种格式用于考虑液相区对流传热影响的情况，将产生很大误差。因此我们认为在导热系数随温度变化的情况下，建立连铸板坯传热数模的显式差分格式，不仅要考虑小单元体内部的热平衡，还要考虑相邻小单元体之间的热平衡。从这个观点出发，本文导出了下列方程式[9]：

$$\begin{cases} H_0^{n+1} = H_0^n + \dfrac{2\Delta t}{\rho\Delta x}\dfrac{\lambda(T)_1^n + \lambda(T)_0^n}{2}\left(\dfrac{T_1^n - T_0^n}{\Delta x}\right) & (8) \\[2mm] H_j^{n+1} = H_j^n + \dfrac{\Delta t}{\rho\Delta x}\left[\dfrac{\lambda(T)_{j+1}^n + \lambda(T)_j^n}{2}\left(\dfrac{T_{j+1}^n - T_j^n}{\Delta x}\right) - \dfrac{\lambda(T)_j^n + \lambda(T)_{j-1}^n}{2}\left(\dfrac{T_j^n - T_{j-1}^n}{\Delta x}\right)\right] & (9) \\[2mm] H_N^{n+1} = H_N^n + \dfrac{2\Delta t}{\rho\Delta x}\left[\dfrac{\lambda(T)_N^n + \lambda(T)_{N-1}^n}{2}\left(\dfrac{T_{N-1}^n - T_N^n}{\Delta x}\right) - \phi\right] & (10) \\[2mm] T_j^0 = T_c & (11) \end{cases}$$

式中，ϕ 为边界热流。理论分析和实际计算表明，这种差分方程用于考虑液相区运动对传热影响不会引起计算误差。

2.4 稳定性条件

导热系数 λ 视为温度 T 函数的情况下，上述显式差分方程稳定性条件为：

$$\dfrac{\lambda(T)_{j\max}^n \Delta t}{\rho c_{\min}(\Delta x)^2} \leqslant \dfrac{1}{2} \tag{12}$$

3 计算程序和计算结果

3.1 输入数据

（1）钢化学成分：0.06% C、0.03% Si、0.4% Mn、S<0.025%、0.015% P、0.04% Al。

（2）热物理数据：

$$\rho = 7.0 \text{g/cm}^3$$

$$\lambda(T) = 0.038 + 0.28 \times 10^{-4} T, \text{cal/(cm·s·℃)}$$

$$H_j^0 = 286 + 0.18(T_c - 1400)$$

$$T_L = 1534 - 80.5\% C_E$$

$$T_S = \begin{cases} 1534 - 410\% C_E & C < 0.1\% \\ 1493 & 0.1\% \leq C \leq 0.21\% \\ 1534 - 184\% C_E & 0.21\% < C \end{cases}$$

$$H_L = H_A + 0.18(T_L - 1400)$$

$$H_S = H_B + 0.18(T_L - 1400)$$

$$\% C_E = [80.5C + 33.5(S+P) + 17.8Si + 3.75Mn + 3.4(Co + Al) + 1.5Cr + 3Ni]/80.5$$

式中 H_L，H_S——钢种的液、固线温度（T_L、T_S）的热焓；

H_A，H_B——H-T 曲线上某一温度热焓；

$\% C_E$——碳当量；

T_L，T_S——液固相线温度。

（3）初始条件：$t=0$ 时，$T_c = 1542.6$℃。

（4）边界条件：

结晶器平均热流：$\phi = 35 \text{cal/(cm}^2 \cdot \text{s)}$

二冷区（结晶器下方的冷却格栅区）热流：$\phi(t) = 62 - 4\sqrt{t}$，$\text{cal/(cm}^2 \cdot \text{s)}$

二冷区 I 区冷却水量为 151L/(m²·min)，II 区冷却水量 291L/(m²·min)。由经验公式估计：$h_1 = 0.017 \text{cal/(cm}^2 \cdot \text{s} \cdot ℃)$，$h_2 = 0.023 \text{cal/(cm}^2 \cdot \text{s} \cdot ℃)$。

（5）网格比：$\Delta t = 0.25\text{s}$，$\Delta x = 0.5\text{cm}$。

（6）几何条件：板坯尺寸 220mm×1250mm，拉速 14m/min，结晶器长度 700mm，钢液弯月面位置 10cm，二冷区 I、II 区长度为 160cm 和 275cm。

3.2 计算流程

计算流程简要框图如图 2 所示。

3.3 计算结果

为了考察热物理量对结晶器凝固过程的影响，计算方案见表 1，计算结果如图 3 所示。

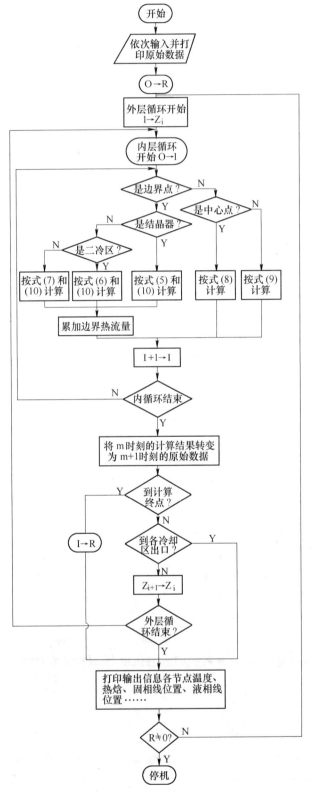

图 2 计算流程简要框图

表 1 计算方案

方案	$\rho/\text{g}\cdot\text{cm}^{-3}$	$\lambda/\text{cal}\cdot\text{cm}^{-1}\cdot\text{s}^{-1}\cdot\text{°C}^{-1}$	$\phi/\text{cal}\cdot\text{cm}^{-2}\cdot\text{s}^{-1}$
Ⅰ	7.0	0.07	35
Ⅱ	7.0	$a + bT$	35
Ⅲ	7.0	$T < T_S \quad \lambda = a + bT$ $T_S < T < T_L$ $\lambda = a + bT_S + \dfrac{a + bT_L - (a + b_S)}{T_L - T_S} \times (T - T_S)$ $T > T_L \quad \lambda = 7(a + bT)$	35
Ⅳ	7.0	$\lambda(T)$ 同 Ⅱ	$62 - 4\sqrt{t}$
Ⅴ	7.0	$\lambda = a + bT$	$62 - 4\sqrt{t}$

注：$a = 0.038$，$b = 0.28 \times 10^{-4}$。

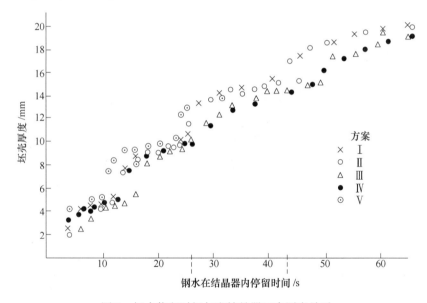

图 3 钢水停留时间与出结晶器坯壳厚度关系

在工艺条件相同的情况下，由模型计算的坯壳厚度与文献中用放射性同位素测定的实际的凝固壳厚度进行比较见表 2[10]。

表 2 计算的坯壳厚度与实际凝固壳厚度比较

方案	Ⅰ	Ⅱ	Ⅲ	Ⅳ	Ⅴ	同位素标定
出结晶器坯厚度/mm	10.5	11.7	9.8	13.2	13.2	10.5
Ⅰ区中间壳厚度（离弯月面111.5cm）/mm	15.6	17.2	14.5	17.5	17.5	15.5
Ⅰ区中间壳厚度（离弯月面160cm）/mm	19.9	20	19.1	20.5	20.5	21.5

（1）各种方案中计算坯壳厚度与实际测定结果比较是：出结晶器壳厚度相差 6%～20%，Ⅰ区坯壳厚度相差 7%～11%；

（2）用加大导热系数 4～7 倍方法考虑液相区钢液对流运动的作用[2]，计算坯壳厚度比未考虑液相对流作用要低6%~10%；

（3）用沿结晶器高度热流随时间变化（$\phi = f(t)$）代替结晶器平均热流，可使计算凝固壳厚度增厚约17%，热流沿结晶器高度而逐渐减少似乎更接近于实际；

（4）考虑导热系数为常数或导热系数随温度而变化计算结果与实际结果相差不大，但是考虑 $\lambda = a + bT$ 更为合理些，计算坯壳厚度更接近于实际。

4 应用

高温钢水浇注到水冷结晶器，随着热量导出逐渐凝固而形成规定形状的坯壳。为防止拉漏应保证出结晶器坯壳足够的厚度和坯壳厚度的均匀性，以保证高温机械强度，不致使坯壳撕裂。在生产上既要防止拉漏又要保证高的拉速。因此了解诸因素对出结晶器坯壳厚度的影响是非常必要的。为此，我们利用差分方程（1）、（2）从理论上分析了操作参数对连铸板坯结晶器凝固壳厚度的影响，计算条件见表3。

表3 计算结果

铸坯厚度/mm	拉速/m·min^{-1}	结晶器长度/mm	过热度/℃
150	0.8	700	10
	1.2		20
	1.6		30
	2.0		40
200	0.8	700	10
	1.2		20
	1.6		30
	2.0		40
250	0.8	700	10
	1.2		20
	1.6		30
	2.0		40

4.1 拉速

铸坯厚度200mm，结晶器长700mm，过热度30℃，拉速对出结晶器坯壳厚度影响如图4和图5所示。图4中曲线代表计算凝固壳厚度的变化，图中也示出了不同作者所得的试验结果。计算值与实际测定值还是相当吻合的。结晶器内凝固曲线符合于凝固定律 $e = k\sqrt{t}$ 的规律，计算的 k 值见表4。

表4 计算的 k 值

T 时间/s	10	20	30	40	50
e 凝固厚度/mm	4.9	9.6	13.7	14.6	15
$\sqrt{t}$/min	0.408	0.557	0.707	0.816	0.866
k/mm·min$^{-1/2}$	12.0	16.63	19.4	17.9	17.32

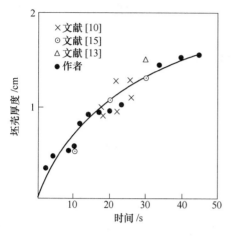 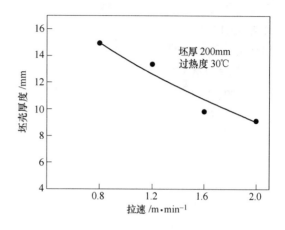

图 4 坯壳厚度与钢水在结晶器停留时间关系　　　图 5 拉速对坯壳厚度的影响

计算所得结晶器平均 k 值为 17，与文献所报道的板坯结晶器的 k 值相接近。由图 5 可见拉速对凝固坯壳有较大影响，拉速增加壳厚减小。因此对某一操作条件下保证出结晶器坯壳厚度应有一合适的拉速。计算说明对 200mm 厚的板坯，合适的拉速为 0.8～1.2m/min。拉速大于 1.2m/min，坯壳厚度仅为 9～10mm，就有拉漏危险，这已为生产实践所证实。如敦刻尔克钢厂 200mm×1390mm 的板坯拉速为 0.6～1.2m/min，武钢二炼钢 210mm×1200mm 板坯拉速为 0.7～1.1m/min。如再增加拉速，就要在出结晶器采取强化冷却和支承措施（如冷却格栅或冷却板），以增加坯壳厚度防止拉漏。

拉速增加，虽然结晶器导出平均热流增加（见图 6），但钢水在结晶器停留时间减少了（见图 4），导出的凝固潜热减少了，因而凝固坯壳减薄。因此，对一定的浇注条件，要控制一个合适拉速，既能发挥铸机生产能力又要保证铸坯质量和安全生产。

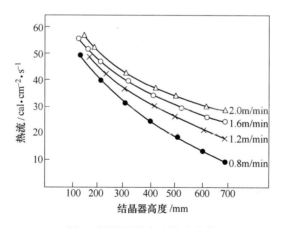

图 6　沿结晶器高度热流变化

4.2　钢水过热度

钢水过热度大小是控制铸坯柱状晶区与等轴晶区比例的主要因素。最好能使浇注温度在 T_L 线上 0～10℃可得到宽的等轴晶区。但这往往使浇注发生困难（如粘包底水口冻结），钢纯净度变坏。过热度太高柱状晶发达铸坯中心偏析加剧,也会使出结晶器坯壳减薄。但计算说明(见图7、图8),过热度 ΔT 增加10℃,坯壳厚度减少2%~3%。因此可以认为过热度大小主要是控制铸坯凝固结构而对出结晶器坯壳厚度影响不大。根据理论研究[15],凝固前沿钢液对流传热系数 $h = 0.197 cal/(cm^2 \cdot s \cdot ℃)$,如过热度 $\Delta T = 30℃$,则 $\phi \approx 6 cal/(cm^2 \cdot s)$。结晶器内导出过热仅为结晶器热流($5 cal/(cm^2 \cdot s)$)的17%,故对凝固壳的影响不显著。

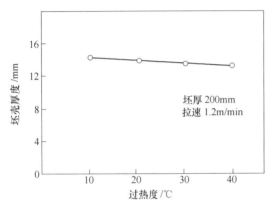

图7 过热度对坯壳厚度的影响

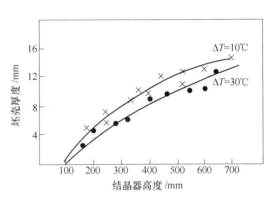

图8 沿结晶器高度坯壳厚度变化

4.3 钢液对流动的影响

由注流动能引起过热钢液在凝固前沿的循环运动,一方面通过对流把热传给凝固壳使过热消失,另外对流运动会打碎或再熔化树枝晶使坯壳减薄。目前文献中对液相穴内液体对流运动的处理方法有:

(1) 假定液相是静止的,不考虑对流的作用[11];
(2) 假定液体是传导传热,用高于固体传热系数的某一值来考虑对流运动的作用[2];
(3) 假定凝固的每个水平面上液体充分混合,在凝固开始前过热全部消失[12];
(4) 考虑对流作用,过热沿液相穴高度逐渐消失[5];
(5) 凝固前沿液体对流传热用传热系数 h 来表征, h 是随时间而变化的[13]。

结晶器内注流穿透深度决定于水口的形状,而穿透深度的大小决定了对流运动强度。我们采用液体的导热系数高于固体的导热系数 4~7 倍来考虑对流运动的作用,计算结果如图9所示,在其他工艺条件相同时,考虑液体对流运动的作用会使凝固坯壳厚度减少约 16%。大约是10℃的过热钢液运动会吃掉约 1mm 的坯壳[14]。因此,过热钢液的对流运动比静止过热钢液对凝固坯壳的影响要大得多。

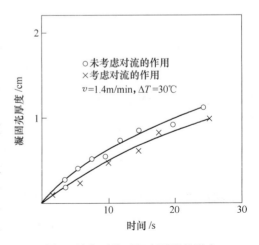

图9 液相对流对坯壳厚度的影响

4.4 出结晶器坯壳厚度

不同拉速出结晶器坯壳表面温度变化如图 10 所示。根据拉速不同铸坯表面温度一般为 1100～1200℃。但出结晶器铸坯表面温度很难进行实际测定。

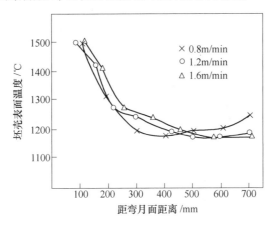

图 10　铸坯表面温度的变化

4.5 结晶器长度

在拉速为 1.2m/min、坯厚为 200mm、结晶器热流为 35cal/(cm²·s) 的情况下，结晶器长度由 700mm 增加到 900mm 可使坯壳厚度增加约 9%，而拉速为 0.8m/min 坯壳厚度增加约 9%。因此可以认为把结晶器长度由 700mm 增加到 900mm，在保证出结晶器坯壳厚度的前提下，有利于适当提高拉速。但是结晶器太长，坯壳所受的应力增加，就不一定有利了。

5 结论

（1）从传热观点来看，凝固传热数学模型是研究连铸坯凝固的有效工具。根据浇注工艺条件，可以较为准确模拟凝固过程，计算凝固基本参数，如出结晶器坯壳厚度、液相深度、表面温度变化，可为我们进行工艺操作控制、改进铸坯质量和铸机设计提供理论依据。

（2）数学模型应用于结晶器凝固过程的模拟计算表明，拉速是控制结晶器坯壳厚度的最积极的因素，过热度对坯壳厚度影响不显著，过热钢液的对流运动会使凝固坯壳厚度减薄些。适当增加结晶器长度（如 900mm）可使坯壳厚度增加 16%～20%，这有利于提高拉速。

（3）从选择不同热物理参数对出结晶器坯壳厚度影响指出，选取钢的 $\lambda = a + bT$ 和结晶器热流随高度变化 $\phi = f(t)$ 可使计算坯壳厚度更接近于实际。

本文中的全部计算是在北京钢铁学院自动化系计算机教研室和电工教研室的计算机上完成的，对计算机房同志所给予的热情帮助表示衷心感谢。

参 考 文 献

[1] S. Slack JISI V. 1954, 177: 441.
[2] E. A. Miziar Transaction AIME V. 1967, 239: 1747.
[3] J. E. Lait, et al. Ironmaking and steelmaking No. 2. 1974: 90.
[4] J. W. Donaldson, et al. Electric Furnance Proceeding. 1966, 78: 84.
[5] J. Gautier, et al. JISI V. 1970, 208: 1053.
[6] Chiang Kuanle Sino-Japanese Symposium on Iron and Steel Fist Symposium on Steelmaking. 1981: 434.
[7] A. Perroy. REP 187 Report IRSID. December 1976.
[8] R. D. Pehlke. Computer Simulation of Continuous Casting. 1981. 东华讲学资料.
[9] 吴元增,蔡开科. 连铸板坯传热数学模型显式差分格式的热平衡分析. 北京钢铁学院资料室,1981: 7.
[10] K. Saito. Open Hearth Proceeding. 1973, 56: 239.
[11] A. Kohn. Revue de Metallurgie. 1966: 779.
[12] J. Szekely, et al. Metallurgical Transaction 1970, 1: 119.
[13] M. Larrecq, et al. RE 489 Report IRSID. December 1977.
[14] C. Offerman Scandi J of Metallurgy 10. 1981, 1: 25.
[15] R. Alberny, et al. Etude de la Lingotierc de coulec continue de Brames RI 555 1RSID ASCO. 1975.

连铸坯凝固冷却过程的控制

蔡开科　　　　　刘凤荣

（北京钢铁学院）　（河北矿冶学院）

摘　要：本文论述了连铸坯凝固冷却过程的"冶金标准"。用数学模型从理论上计算了操作参数，如拉速、比水量、二冷区水量分布、钢水过热度、液相穴内钢水对流运动和二冷水温度等对连铸坯凝固"冶金标准"的影响。根据计算结果，整理出坯厚、拉速、比水量、液相穴深度和生产率的关系图，这有利于选择合理工艺参数，科学地控制操作。

1　问题的提出

连铸机正常生产的要求是得到高的生产率和合格的铸坯质量。这两个要求往往是相矛盾的。在生产上，铸机产量和铸坯质量是受铸坯凝固冷却过程的传热状态和所承受的应力状态控制的。就传热状态而言，它决定了铸坯凝固过程的"冶金标准"，如出结晶器坯壳厚度、液相穴深度、铸坯表面温度等。因此，应该确定合理的连铸工艺参数，以达到良好铸坯质量的"冶金标准"。

本文目的是根据导出的连铸板坯凝固传热数学模型，研究满足铸坯凝固"冶金标准"所要求的连铸主要工艺参数的选择。

2　铸坯凝固冷却"冶金标准"分析

为了得到良好的铸坯质量和高的铸机生产率，良好的设备工作状态是基础。从工艺角度来看，连铸坯凝固冷却过程的"冶金标准"应是：

（1）在保持高拉速前提下，出结晶器铸坯应有均匀足够的坯壳厚度，防止拉漏。

（2）连铸坯凝固过程，实质上是沿液相穴的加工过程。应限制凝固过程中的变形，使之不超过允许的范围。

（3）铸坯表面温度的均匀性。

（4）凝固壳变形能力。由钢的高温脆性曲线知[1]，在700～750℃延伸率最小，900～1100℃延伸率增加而达到最大值。根据钢种，在矫直点前铸坯表面温度应在900℃为宜。

（5）铸坯壳的鼓肚极限。在钢水静压力作用下，在两支承辊间铸坯壳鼓肚，致使凝固前沿产生了拉应力，导致形成中心偏析线。

3　数学模型及计算条件

关于连铸坯凝固传热数学模型已做了不少研究工作[5]，取得了重大进展，并可供连铸

本文发表于《金属学报》，1984年，第3期：252～260。

机设计、工艺分析和过程控制参考。

作者由传热方程导出了应用连铸板坯凝固模拟计算的方程式如下：

$$H_i^{n+1} = H_i^n + \frac{\Delta\tau}{\rho(\Delta x)^2}\left[\lambda_i(T_{i+1} - 2T_i + T_{i-1}) + \frac{\lambda'}{4}(T_{i+1} - T_{i-1})^2\right]$$
$$(i = 1, 2, 3, \cdots, n-1) \tag{1}$$

$$H_i^{n+1} = H_i^n + \frac{\Delta\tau}{\rho(\Delta x)^2}[\lambda_i(T_{i+1} - T_i) - \Delta xq] \quad (i = 0) \tag{2}$$

$$H_i^{n+1} = H_i^n + \frac{2\Delta\tau}{\rho(\Delta x)^2}\lambda_i(T_{i-1} - T_i) \quad (i = n) \tag{3}$$

式中　$\lambda = 0.038 + 0.28 \times 10^{-4}T$, cal/(cm·s·℃)；
　　　$\rho = 7.4$ g/cm³；
　　　$q = 64 - 6.6\sqrt{\tau}$, cal/(cm²·s)（结晶器区）；
　　　$q = h(T_{su} - T_w)$, cal/(cm²·s)（二冷区）；
　　　$h = 0.875 \times 5748 \times (1 - 7.5 \times 10^{-3}T_w)w^{0.451}/3600$；
　　　$q = \sigma\varepsilon[(T_{su} + 273)^4 - (T_a + 273)^4]$（空冷区）。

利用工厂实际数据，由上述数学模型计算出结晶器坯壳厚度与实测结果比较，误差为3.7%，而液相穴深度误差小于8%。

本文应用上述数学模型，计算了连铸工艺操作参数对铸坯"冶金标准"的影响。计算依据条件为：弧形连铸机半径10.3m，结晶器长度700mm，二冷区分为5段，结晶器弯月面离矫直点距离16.5m，铸坯断面（210~250）mm×（1000~1600）mm，拉速分别为0.8m/min、1.2m/min、1.6m/min 或 2.0m/min，比水量 0.8L/kg、1.2L/kg、1.6L/kg 或 2.0L/kg，钢成分（wt-%）如下：

C	Si	Mn	P	S	Cu
0.13	0.27	0.38	0.021	0.020	0.107

所有计算在 M-105 计算机上完成。

4　计算结果与讨论

通过计算得到工艺操作参数对铸坯凝固"冶金标准"的影响分述如下。

4.1　拉速

当其他条件相同时，拉速对铸坯表面温度和液相深度影响如图1和图2所示。由图可知，拉速每提高0.1m/min时，液相穴深度也相应增加：170mm 厚板坯为 0.8~1.0m；210mm 厚板坯为 1.25~1.45m；250mm 厚板坯为 1.75~2m。铸坯表面温度随拉速有所提高。

4.2　比水量

比水量对液相穴深度和铸坯表面温度影响如图3所示。液相穴深度随比水量增加而减少，当比水量增加0.1L/kg时，液相穴深度减少 0.12~0.35m；铸坯表面温度随比水量增

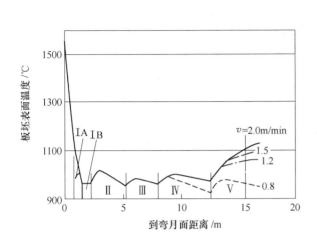

图 1 铸坯表面温度的变化

Fig. 1 Variation of slag surface temperature, $\sigma = 0.8$L/kg

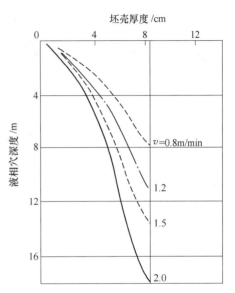

图 2 铸坯液相深度变化

Fig. 2 Variation of slag liquid pool, $\sigma = 1.6$L/kg, $d = 170$mm

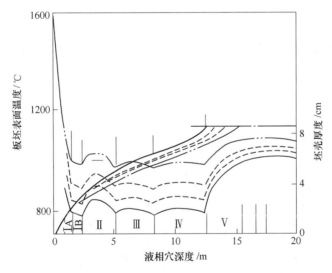

图 3 比水量对液相穴深度和铸坯表面温度的影响

Fig. 3 Influence of spray water on liquid pool and slab surface temperature, slab size = 170mm, water distribution 32:23:22:13:10, $v = 1.5$m/min, $q_{mould} = 64 - 6.6\sqrt{t}$, σ (L/kg): —·—0.8, ····1.2, ---1.6, ——2.0

加而下降,当比水量增加 0.1L/kg 时,铸坯表面温度平均下降 15~20℃。

在一定拉速下,二冷区应有合适的比水量。如坯厚 170mm,拉速 16m/min,比水量 1.2~1.4L/kg;坯厚 210mm,拉速 11m/min,比水量 0.9~1.0L/kg;坯厚 250mm,拉速 0.8m/min,比水量 0.8~0.9L/kg。它们与液相穴深度关系如图 4 所示。

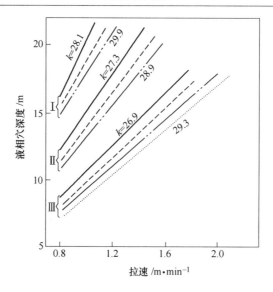

图 4 铸坯厚度、比水量、拉速与液相穴深度的关系

Fig. 4 Relation among slab thickness, spray water, casting speed and liquid pool

slab size (mm): Ⅰ—250×1600, Ⅱ—210×1200, Ⅲ—170×1000

spray water (L/kg): —— 0.8, ---- 1.2, —·— 1.6, ········· 2.0

图 5 是结晶器弯月面以下 123cm 处坯壳断面温度分布。在拉速相同时，比水量越大，坯壳表面温度越低。而比水量相同时，拉速越大，坯壳温度下降区越小。也就是说，提高比水量或拉速，都可增加凝固壳内温度梯度（$\Delta T/\Delta x$）。但前者是增加 ΔT，而后者是减小

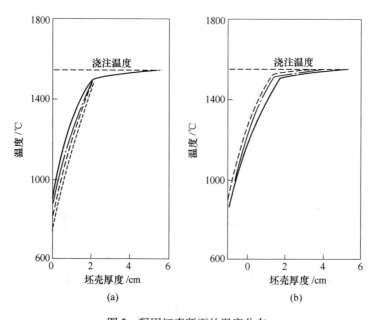

图 5 凝固坯壳断面的温度分布

Fig. 5 Temperature distribution of shell thickness

(a) $d=170$mm, $v=1.5$m/min, σ (L/kg): —— 0.8, —·— 1.2, ---- 1.6, ----- 2.0;

(b) $d=210$mm, $\sigma=1.2$L/kg, v (m/min): —— 0.8, —·— 1.2, ---- 1.5

Δx，是从两个不同角度来提高温度梯度。因此，调整比水量，对铸坯表面温度影响较大，而对凝固壳厚度影响较小；而调整拉速，对凝固壳厚度影响较大，但对铸坯表面温度影响较小。

4.3 二冷区各段水量分布

以 210mm×1050mm 板坯为例，拉速为 1.1m/min，二冷区各段水量分配比见表 1，计算结果如图 6 所示，从铸坯表面温度和液相穴深度来看，以第 5 方案较好。在拉速及比水量不变时，调整二冷区水量分配比，只是改变铸坯表面温度分布，而对液相穴深度影响较小（<4%）。

表 1 二冷区各段水量分配
Table 1 Spary water distribution, L/min, (%), [L/kg]

项目	ⅠA	ⅠB	Ⅱ	Ⅲ	Ⅳ	Ⅴ	Total
1	94	77	208	150	95.6	422	666.8
	(14.1)	(11.5)	(31.2)	(22.5)	(14.3)	(6.4)	[0.79]
2	94.3	77.9	218.7	150	125	40.6	706.5
	(13.3)	(11)	(31)	(21.2)	(17.7)	(5.8)	[0.83]
3	226	162	155	91.7	70.6	0	705.3
	(32)	(23)	(22)	(13)	(10)	(0)	[0.83]
4	200	150	155	91.7	70.6	38	705.3
	(28.3)	(21.3)	(22)	(13)	(10)	(5.4)	[0.83]
5	216	150	155	91.7	70.6	38	705.3
	(30.6)	(21.3)	(22)	(13.6)	(12.5)	(0)	[0.83]

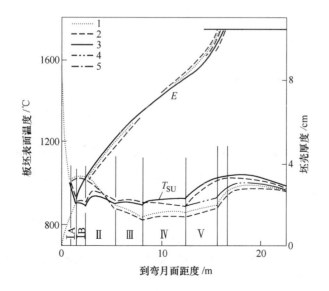

图 6 不同配水比对凝固壳和铸坯表面温度的影响

Fig. 6 Influence of water distribution on shell thickness and slab surface temperature

4.4 钢水过热度

钢水过热度对液相穴深度和铸坯表面的影响如图7所示。随过热度升高液相穴深度的延长率是：170mm 厚坯为 0.25m/10℃，210mm 厚坯为 0.3m/10℃。而凝固初期对铸坯表面温度影响较大，凝固后期影响较小。这与文献结果是一致的[6]。

4.5 液相穴钢水对流运动

用增加液体导热系数某一倍数来考虑钢液对流运动对传热的作用。对流作用主要是加速消除液相穴内钢水过热，使液相穴深度缩短约9%（图8），凝固初期铸坯表面温度略有升高，凝固末期逐渐减少。对流运动的强弱主要决定于水口结构和注流的冲击深度。

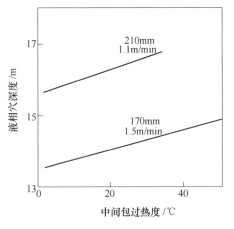

图 7　钢水过热度对液相穴深度和表面温度的影响

Fig. 7　Effect of superheat on liquid pool depth and slab surface temperature

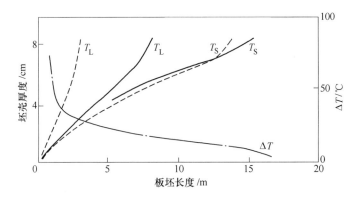

图 8　对流运动对铸坯凝固的影响

Fig. 8　Effect of liquid convection in pool on slab solidification

-----With convection ; ──── Without convection

4.6 冷却水温度

喷雾水的温度会影响水与铸坯间的热交换。水温增加，铸坯表面散热减少，使凝固时间延长。由图9知，冷却水温每增加10℃，铸坯表面温度上升约40℃。铸坯与水的传热量减少约5%，将导致液相穴深度延长。所以有的工厂规定二冷水温度应以21℃较好[7]。从计算结果来看，水温在 20～25℃较好。低于 20℃，铸坯表面温度低于900℃，而高于 250℃时，液相穴深度会超过矫直点（16.5m）。

从以上分析可以看出，影响铸坯凝固壳厚度、液相穴深度和表面温度的因素是极其复杂的。当其他工艺条件一定时（如坯厚、钢种、冷却水温等），为保证铸坯质量，在生产上必须控制好以下工艺参数：

（1）拉速是影响液相穴深度和凝固壳厚度的主要因素，最大拉速应以不拉漏和不带液

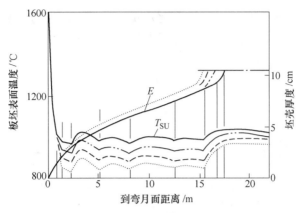

图 9　冷却水对铸坯凝固的影响

Fig. 9　Influence of cooling water temperature on slab solidification

T_w (℃): ······ 5; ----- 15; —·— 25; —— 35

芯矫直为原则。拉速每提高 0.1m/min，出结晶器坯壳厚度减少 0.5~1.0mm，液相穴深度也有增加。

（2）比水量和水量分配是影响铸坯表面温度的主要因素，它的大小应使铸坯表面温度在 900℃ 以上。

（3）钢水过热度对坯壳厚度、液相穴深度和表面温度有一定影响。高的过热度会使出结晶器坯壳减薄，液芯延长，柱状晶发达。

为保证良好的铸坯质量，需要合理地控制好浇注过程中的操作参数。为此，根据计算结果，得到了坯厚、拉速、比水量、液相穴深度和生产率之间关系，如图 10 所示。这样

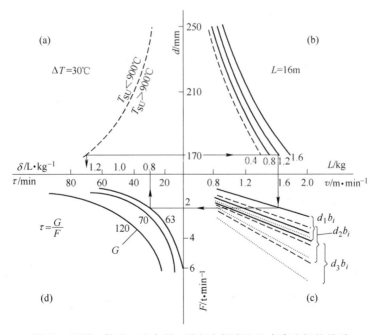

图 10　坯厚、拉速、比水量、液相穴深度和生产率之间的关系

Fig. 10　Graphic determination of technological parameters

$d_1 = 170mm$, $d_2 = 210mm$, $d_3 = 250mm$; $b_i = 1000mm$, $1200mm$, $1600mm$

可由图10（a）、（b）得到合适的拉速和比水量，铸机生产率与钢水供应的协调由图10（c）、（d）得到。由图11确定拉速、比水量与矫直点铸坯表面温度关系。

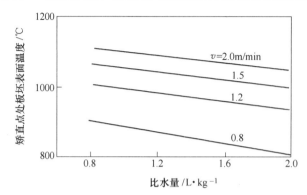

图11　比水量、拉速与矫直点处的铸坯表面温度的关系
Fig. 11　Slab surface temperature at straightening point

应用举例：连铸机浇低碳钢，铸坯尺寸170mm×1000mm，钢水过热度30℃，要求在矫直点前（16.0m）完全凝固，试选取拉速和比水量，并估计矫直点处铸坯表面温度。

根据所给条件，由图10（a）得出铸坯表面温度高于900℃时的二冷比水量应为1.2L/kg，由图10（b）得到最大拉速为1.5~1.6m/min，由图10（c）得到浇注速度为2.1t/min，由图10（d）得63t钢水可浇注30min。由图11得到铸坯表面温度为1080℃。

5　结语

本文应用凝固传热数学模型的方法，从理论上分析了操作工艺对铸坯凝固过程的影响，这有助于深入理解操作工艺与铸坯质量所要求的"冶金标准"之间的关系，并为连铸机工艺设计和操作工艺参数的选择提供了理论依据，对科学地控制铸坯凝固过程和操作水平的提高也具有实际意义。

符号说明

H——钢的热焓，cal/g
n——板坯运动微元时间标号
i——板坯厚度方向微元体标号
$\Delta\tau$——微元时间，s
ρ——钢的密度，g/cm^3
Δx——计算的微元体厚度，cm
λ，λ'——钢的导热系数及其导数，cal/(cm·s·℃)
T——温度，℃
q——铸坯与外界换热的热流，cal/(cm^2·s)
τ——钢液通过结晶器时间，s

σ——Boltzmann常数
ε——钢的辐射系数
w——喷水密度，L/(cm^2·min)
k——凝固系数，mm/min$^{1/2}$
v——拉速，m/min
ΔT——钢水过热度，℃
L——液相穴深度，m
G——钢包容量，t
F——浇注速度，t/min
d——板坯厚度，mm

h——铸坯与水之间换热系数,cal/(cm² · s · ℃)

T_{su},T_w,T_a——分别为铸坯表面、二冷水和空气的温度,℃

b——板坯宽度,mm

e——凝固坯壳厚度,mm

参 考 文 献

[1] Birat J. P., Larrecq M., Le Bon A., et al. Paris: Rev. Metall, 1982, 79: 29.
[2] Lait J. E., Brimacombe J. K., Weinberg F. Ironmaking Steelmaking, 1974, 2 (1): 90.
[3] Mizikar E. A. Trans. Metall. Soc. AIME, 1967, 239: 1747.
[4] Gautier J. J., Morillon Y., Dumont-Fillon J. J. Iron Steel Inst., 1970, 208: 1053.
[5] Perroy A. Modéle de Simulation Mathématique de la Coulée Continue. Rapport IRSID, REP. Décembre 1976, 189, Personal Comrnunication.
[6] 板冈隆, 石黒守幸. 鉄鋼の凝固. 鉄鋼基礎共同会出版, 199.
[7] Fogleman E. L. J. Met., 1974, 26 (10): 31.

连铸二冷区喷嘴冷态特性的实验研究

蔡开科 张克强 袁伟霞 李景元

（北京钢铁学院炼钢教研室）

摘　要：本文对连铸二冷区使用的不同结构喷嘴的冷态特性进行了实验研究，测定了不同喷水条件下喷嘴的水流密度分布、喷嘴张角及水滴粒径，讨论了喷水条件对喷嘴冷态特性的影响。

1　引言

钢水在结晶器内冷却形成带有液芯的坯壳后，进入二冷区，接受喷水冷却。铸坯在冷区冷却的基本要求是：

（1）加速铸坯的传热，使铸坯进入拉矫机前全部凝固；

（2）铸坯表面冷却均匀，表面温度的回升尽可能小；

（3）在矫直时铸坯表面温度以不低于900℃为宜。

上述要求，直接影响连铸机产量和铸坯质量。在其他工艺条件一定的情况下，它主要受二冷区喷水冷却传热的限制，而铸坯在二冷区的传热主要决定于喷雾水滴与高温铸坯之间的传热状态。二冷区的传热能力可由热流强度来衡量：

$$\phi = h(T_s - T_w)$$

式中　h——传热系数，$kcal/(m^2 \cdot h \cdot ℃)$；

　　　ϕ——热流强度，$kcal/(m^2 \cdot h)$；

　　　T_s——铸坯表面温度，℃；

　　　T_w——冷却水温度，℃。

传热系数h在一定程度上反映了传热能力的大小。影响传热系数的因素很多，可归纳为喷嘴冷态特性（如水流密度分布、喷射张角、水滴雾化等），喷水参数（如喷水压力和距离）和铸坯的热物性（如钢种的导热系数、表面温度和表面状态等）。在连铸工艺条件一定的情况下，改善喷嘴冷态特性是提高二冷区传热效率的有效措施。

理想的喷嘴冷态特性应该是：（1）合适的水流密度分布；（2）合适的喷射张角和覆盖面积；（3）良好的水滴雾化状态；（4）足够的水滴速度。

由于现场设备及影响因素的复杂性，对喷嘴性能的测定均在实验室进行。本文对连铸机上常用的扁平喷嘴和锥形喷嘴的冷态特性进行了实验室测定，确定了不同结构喷嘴的冷态特性和喷水条件对它的影响。

本文发表于《北京钢铁学院学报》，1985年，第3期：1～8。

2 试验方法

采用集水瓶法测定喷嘴在不同喷水条件下的水流密度分布[1],测定装置如图 1 所示。它由水泵、喷水管道和集水瓶等三部分组成。水泵将水箱内的水抽至管道中,从喷嘴中喷出,被正前方等距离排布的集水管接收,流入集水瓶内。由压力表和水表记录喷水压力和水量,根据喷水时间、集水瓶中水量和水管直径决定水流密度。

喷嘴张角定义为最大水流喷射半径与喷溅中心的连线所构成的张角。

水滴直径的测定是在喷嘴前方加了两块带狭缝的闸板和一块涂有 MgO 白色粉末的玻璃片,其中一块闸板可动,当它落下的瞬间,有少量的水滴穿过闸板打在玻璃片上,呈现出水滴粒度状况(见图 2)。然后在体视显微镜下测量这些水滴直径大小。

图 1 测试装置示意图

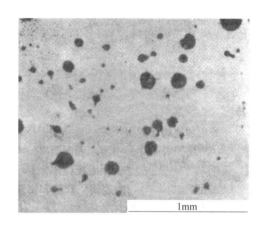

图 2 水滴粒度尺寸

3 试验结果和讨论

3.1 水流密度分布

3.1.1 扁平喷嘴

这种喷嘴安装在结晶器下面的足辊段,水量较大,具有较强的冷却能力,能迅速增加坯壳厚度和坯壳强度,防止漏钢事故的发生。图 3 为喷嘴出口水雾滴形貌,图 4 表示水流密度的分布。

由图 3 和图 4 可知:

(1) 扁平喷嘴的喷出水雾形貌为扇形,喷射面为带状或椭圆形;

(2) 水流密度分布呈单峰形,中间大两边小;

图 3 扁平喷嘴水雾形貌

(3) 在喷射距离一定时,喷水压力增大,水流密度增大,且分布的均匀性变差;

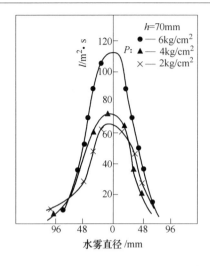 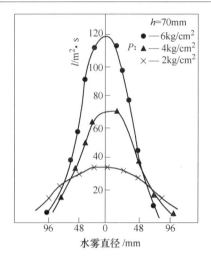

图 4　水流密度分布

（4）在压力一定时，喷水距离增大，水流密度减小且分布趋于均匀；

（5）压力增大时喷水流量增大。当压力 P 分别为 $2kg/cm^2$、$4kg/cm^2$、$6kg/cm^2$ 时，喷嘴水流量分别为 $6L/min$、$8L/min$、$10L/min$。

3.1.2　锥形实心喷嘴

这种喷嘴安装在二冷区，一般用于低碳钢对裂纹不敏感的钢种，喷嘴出口水雾形貌和水流密度分布如图 5 和图 6 所示。

水流分布特点有：

（1）水雾形貌为实心圆锥体，水流喷射面为圆形；

（2）水流密度分布为单峰型；

（3）喷水压力和距离对水流密度分布的影响与扁平喷嘴相似；

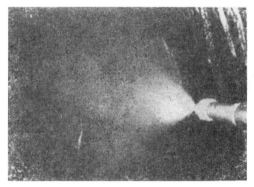

图 5　锥形喷嘴水雾形貌

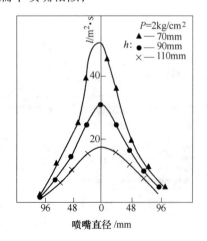 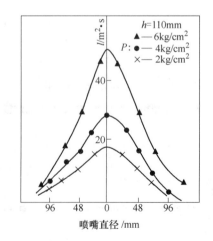

图 6　锥形喷嘴水流密度分布

(4) 压力增大时喷嘴水流量增大，如 P 分别为 $2kg/cm^2$、$4kg/cm^2$、$6kg/cm^2$ 时，流量分别为 $4L/min$、$5L/min$、$6L/min$，但水量明显比扁平喷嘴要小。

3.1.3 锥形空心喷嘴

这种喷嘴安装在二冷段上。一般用于对裂纹敏感性强的钢种的冷却（如高强钢、不锈钢），从水流密度分布来看，还可分为空心喷嘴和半实心喷嘴。它们的特点为：

(1) 水雾形貌为圆锥形，水流喷射面为圆环；

(2) 水流密度分布呈对称双峰型，中心几乎无水（见图7），或者中心有少量的水（见图8），外围为水流密度高的水雾层；

(3) 压力一定时，喷水距减小，水流密度增大，相应的空心区域面积减小；

(4) 距离一定时，喷水压力增大，水流密度增大，相应的空心区域面积增大；

(5) 喷水压力增加，喷嘴水流量增大。对空心锥形喷嘴，当压力 $P = 2kg/cm^2$、$4kg/cm^2$、$6kg/cm^2$ 时，水量 $Q = 3L/min$、$4L/min$、$6L/min$。水量比实心锥形喷嘴小得多，这是属于弱冷型喷嘴。

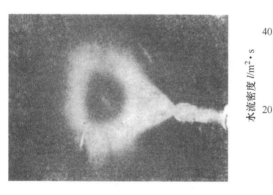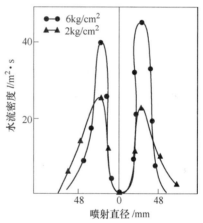

图7 空心锥形喷嘴水雾形貌与水流密度分布

（注：喷射直径应为水雾直径）

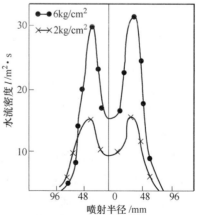

图8 半实心锥形喷嘴水雾形貌与水流密度分布

3.2 喷射张角与覆盖面积

喷嘴喷射出来的水流张角主要取决于喷嘴结构。测定的三种类型喷嘴的喷射张角见表1。由表1可知,喷水压力对喷射张角影响不大。

表1 不同压力下喷嘴的喷射角 (°)

压力/kg·cm^{-2}	2	4	6
扁平喷嘴	101	105.7	105.9
锥形实心	64.5	65.2	65.5
锥形空心	59.5	62.8	67.5

对于一定的喷嘴,主要是通过改变喷射距离来改变水滴的覆盖面积(见图9),从而达到铸坯表面较好的水雾覆盖率。

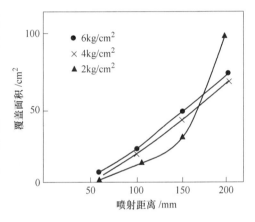

图9 喷射距离与覆盖面积的关系

3.3 水滴粒径

水滴粒径是雾化程度的标志。水滴粒径越小,水滴个数就越多,雾化就越好,有利于铸坯冷却的均匀。由实验测得的锥形喷嘴中心水滴直径(见图2),按下式计算:

水滴算术平均直径 d_{ms}:

$$d_{ms} = \frac{\sum_{i=1}^{N} n_i d_i}{\sum_{i=1}^{N} n_i}$$

水滴特征直径 d_s:

$$d_s = \frac{\sum_{i=1}^{N} n_i d_i^3}{\sum_{i=1}^{N} n_i d_i^2}$$

式中 n——水滴个数;
d——水滴直径,μm。

图10和图11分别表示了水滴粒径频率分布及压力对 d_{ms}、d_s 的影响。由图可知,在同一喷水压力下,水滴粒径频率分布呈现中间大两头小的规律,即大部分水滴直径在200~400μm之间。增大喷水压力,水滴粒径减小有利于雾化。算术平均直径代表了水滴的线性尺寸,而特征直径表示了单位面积上所具有的水滴体积。压力对特征直径的影响比对平均直径为大。一般来说,当水滴粒径分布较为集中时,用特征直径可较好地反映水滴雾化程度。

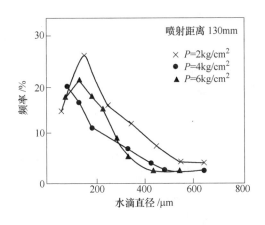
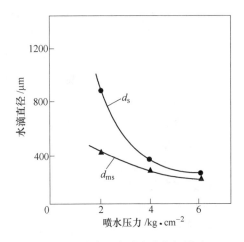

图 10 水滴粒径的频率分布

图 11 喷水压力对水滴粒径影响

3.4 水滴速度

水滴打到高温铸坯表面的速度是喷嘴特性的重要指标,目前尚难做到方便而准确测定。本文用理论计算法来估计水滴速度。

由伯努利方程可导出水滴从喷嘴出口速度 v_0:

$$v_0 = \sqrt{\frac{(P-P_0)\dfrac{2}{\rho} + \left(\dfrac{W}{15\pi D^2}\right)^2}{1+\xi}}$$

式中 P_0——水滴出口处环境的压力,kg/cm^2;

P——喷水压力,kg/cm^2;

ρ——水的密度,$101.8 kg \cdot s^2/m^4$;

W——喷水管内水流量,L/s;

D——管道直径,本工作中 $D=0.015$;

ξ——水在管道中的阻力系数,取值为 0.5。

水滴打在物体表面上的速度 v_t[2]:

$$v_t = v_0 \exp\left[-0.33\left(\frac{\rho_a}{\rho}\right)\left(\frac{s}{d}\right)\right] \quad (Re > 500)$$

式中 ρ_a——空气密度,$11.9 \times 10^{-2} kg \cdot s^2/m^4$;

s——喷水距离,0.013m;

d——水滴算术平均直径,$200 \sim 400 \mu m$。

计算的喷水压力与水滴速度的关系如图 12 所示。由图可知,随喷水压力增加,喷嘴出口的水滴速度明显增大,但水滴在空气中的运动速度的衰减也增大。水滴速度的增加,使水滴有足够的动能穿透高温铸坯表面的蒸汽膜,与铸坯表面直接接触,因而传热能力增加。所以提高水滴速度是增加高温

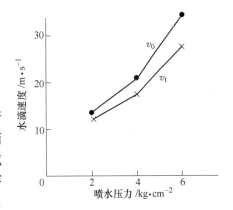

图 12 喷水压力对水滴速度的影响

表面传热能力的有效措施，在设计喷嘴时必须充分考虑这点。

3.5 喷嘴结构

喷嘴结构决定了喷水的水雾形貌，水流密度分布状况和喷射张角，而水滴直径和水滴速度虽与喷嘴张角有关，但更大程度上受喷水压力的影响。

扁平喷嘴有不同的形式，结构都比较简单（见图 13 (a)），仅在喷嘴出口处收缩，使圆柱体流股在出口段受压，喷射水雾呈扁圆形。

对锥形空心喷嘴（见图 13 (b)），喷嘴内有旋流叶片，水进入喷嘴内墙后高速旋转，最后沿切线方向喷出，并继续旋转形成锥形空心结构，喷射水雾呈圆环形。

对锥形实心喷嘴（见图 13 (c)），其结构是在空心喷嘴的基础上增加了中心流股，从而喷出水雾形貌呈锥形实心，水流密度分布为单峰型。如果中心流股水量和边缘流股的配比不同，水流密度分布可能呈现双峰型。

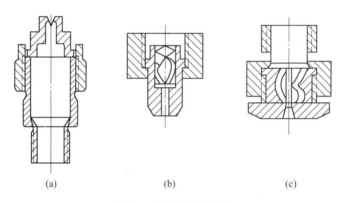

图 13　喷嘴结构示意图
（a）扁平喷嘴；（b）锥形空心喷嘴；（c）锥形实心喷嘴

4　结论

（1）扁平喷嘴水流密度分布呈带状，水流密度的分布是中心高两边低，水量较大，有利于铸坯刚出结晶器后的冷却，防止拉漏。

（2）锥形喷嘴水流密度分布呈圆环形。就水流密度分布而言，可将锥形喷嘴分为：①实心喷嘴：两边水流密度低中心高；②半实心喷嘴：两边水流密度高中心水流较少；③空心喷嘴：两边水流密度高中心几乎无水。这类喷嘴用于连铸二冷区的不同冷却段时，应根据钢种和工艺条件来选择合适的喷嘴类型。

（3）在喷嘴结构一定的情况下，喷水压力增加，水流密度增大，而压力一定时，喷射距离增加，水流密度减小。因此，喷水压力和距离对水流密度分布有决定性影响，它是选择二冷喷嘴的重要工艺参数。

（4）喷射水流的喷射张角主要决定于喷嘴结构，在喷嘴结构一定的条件下，喷射水雾在铸坯表面上的覆盖面积主要决定于喷射距离。喷射距离应该根据铸坯断面予以适当调整。

（5）冷却水压力增加，水滴粒径减小，有利于水滴的雾化。

参 考 文 献

[1] E. A. Mizikar. Iron and Steel Engineer. 1970, 19 (6): 53-60.
[2] K. Araki, et al. Transaction ISIJ. 1980, 20: 462-465.

Research for Cooling Characteristics of Secondary Cooling Nozzles in Continuous Casting Process

Cai Kaike　Zhang Keqiang　Yuan Weixia　Li Jingyuan

(Beijing University of Iron and Steel Technology)

Abstract: The cooling characteristic of sprag nozzles for different constructions are researched. The water distribution of spray flow, spray angles and water droplet seize in different spray condition are measured. The influence of nozzles construction and spray parameters on cooling characteristic are discussed.

水平连铸圆坯凝固特性研究

蔡开科　邢文彬　张克强　李秀文

（北京钢铁学院）

章仲禹　风兆海　间守琏　李月林

（马鞍山钢铁公司）

摘　要：结晶器是连铸机的关键部件。钢水在水冷结晶器内的凝固对铸坯和铸机生产有重要影响。本文结合马钢1号水平连铸机的试验，研究了多级结晶器的传热性能和凝固坯壳生长规律，为指导生产提供了依据。

1　引言

水平连铸铸坯凝固冷却有两种方式：一是传统的"一冷"+"二冷"方法，即钢水在结晶器内生成初期坯壳，然后进入二冷区接受喷水冷却使铸坯完全凝固，如日本的NKK水平连铸机[1]；二是将"一冷"和"二冷"结合在一起，组成多级结晶器，铸坯从结晶器拉出来后，在空气中继续冷却凝固，如联邦德国T.G公司的水平连铸机[2]。

本文目的是结合马钢1号水平连铸机的试验，调查研究浇注过程中多级结晶器的传热特性和铸坯凝固特点，为指导生产提供理论依据。

2　研究方法

试验在马钢钢研所中间工厂的水平连铸机上进行，由两个500kg的中频感应炉供给1t钢水，钢种为20钢。生产ϕ80mm圆坯，用于轧制无缝钢管。

浇注温度1530~1560℃，起铸拉速为0.6~1.0m/min。红坯出结晶器后，根据三重点温度和圆坯表面温度，增加拉速至2~2.8m/min，拉坯频率为100次/min，出结晶器圆坯表面温度为1200~1300℃。

记录浇注过程中结晶器水量，进出水温差、浇注温度、拉速等参数变化，进行结晶器热平衡计算。在拉坯后期，把中间包与结晶器分开，使液相穴内钢水流出，将铸坯沿拉坯方向不同位置切开，以观察凝固断面状况的变化。

3　结果分析与讨论

3.1　结晶器热性能

3.1.1　结晶器热流密度

图1表示拉坯过程中结晶器导出热量和热流密度的变化。由图可知，169炉和176炉

本文发表于《钢铁》，1986年，第11期：18~22。

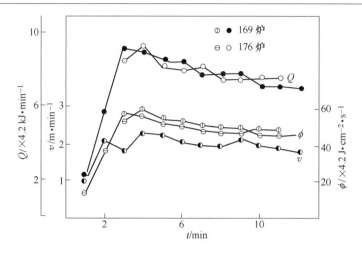

图 1 结晶器导出热量 Q、热流密度 ϕ 随拉坯时间 t 的变化

虽然冷却水量相差 50%，而结晶器导出热量（Q）和热流密度（ϕ）相差甚微。这说明过分加大结晶器冷却水量对导出热量无明显的影响。

因此，可以说结晶器采用适当的小水量高温差的冷却制度是合理的。但是，当冷却水量过小时，可能出现膜态沸腾，钢壁温度骤然升高，出现"传热危机"，可能导致结晶器烧坏，这是应该注意的。

3.1.2 冷却水量对三重点温度的影响

由图 2 可知，采用小水量高温差的冷却制度，可使三重点温度提高 20~25℃，这有利于拉坯操作的稳定性。

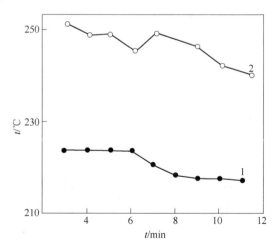

图 2 冷却水量对三重点温度的影响
1—大冷却水量；2—小冷却水量

3.1.3 拉速对热流密度的影响

由图 3 可知，拉速增加，结晶器热流密度增加。统计表明，拉速每增加 0.1m/min，热流密度增加约 8.4J/（cm²·s）（相当于增加 4%）。

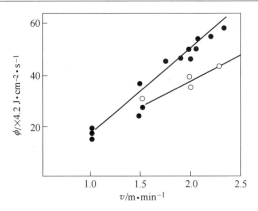

图3 拉速 v 对热流密度 ϕ 的影响
●—水平连铸；○—弧形连铸

结晶器热流密度的比较如下：

水平连铸（ϕ80mm，2m/min）：189～231J/(cm² · s)；

弧形连铸（ϕ120mm，2m/min）[3]：147～168J/(cm² · s)。

可见，水平连铸结晶器热流密度高于小方坯弧形连铸机。这是因为水平连铸结晶器内钢水静压力较高，凝固坯壳紧贴在结晶器内壁，传热条件较好之故。

3.1.4 钢水过热度对热流密度的影响

当拉速一定时，钢水过热增加10℃，结晶器热流密度增加约14.3J/(cm² · s)。

3.2 结晶器坯壳的生长

钢水进入结晶器后，假定钢水凝固时放出的热量全部被冷水带走，则

$$e = \frac{Q}{2\pi r v \rho L'_f}$$

$$L'_f = L_f + c\Delta T$$

式中 e——凝固壳厚度，mm；

Q——冷却水带走的热量，kJ/min；

r——圆坯的半径，cm；

v——拉速，m/min；

ρ——钢水密度，7000kg/m³；

L_f——钢的凝固潜热，336kJ/kg；

c——钢水比热，0.84kJ/(kg · K)；

ΔT——钢水过热度，℃。

图4表示按上式计算起铸阶段拉速为0.6～1.0m/min时结晶器坯壳生长规律，图5表示圆坯纵向不同位置凝固坯壳厚度的变化。由图可知，沿圆坯圆周，凝固壳厚度不均匀。凝固壳厚度的增长服从于 $e = kt^n$ 规律，根据坯壳平均厚度的增长，求出 $n \approx 0.5$，$k = 34.8$mm/min$^{\frac{1}{2}}$，而小方坯连铸机二冷区 k 值为25～30mm/min$^{\frac{1}{2}}$ [4]。两者 k 值比较，说明水平连铸多级结晶器的冷却比直接喷水冷却效果还好，且铸坯表面温度均匀。

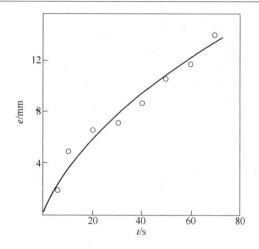

图 4 起铸阶段结晶器内坯壳厚度 e 和钢水在结晶器中停留时间 t 的关系

圆坯凝固壳厚度是不均匀的，如以圆坯上表面坯壳厚度为准，求出凝固系数 k 值是：铜结晶器 $21.9\mathrm{mm/min}^{\frac{1}{2}}$，石墨结晶器 $26.8\mathrm{mm/min}^{\frac{1}{2}}$。

3.3 结晶器坯壳凝固特点

结晶器由铜套和石墨铜套两部分组成。182 炉拉坯后期快速退开中间包，钢水从液相穴内流出，沿圆坯拉坯方向的不同位置切开，圆坯凝固断面形貌如图 5 和图 6 所示。

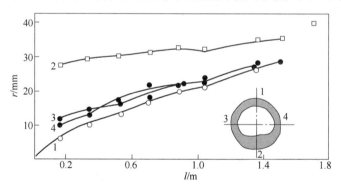

图 5 圆坯凝固壳厚度的变化
r—圆坯半径；l—液相穴长度

由图可知，圆坯的凝固可分为：

（1）铜结晶器内凝固。圆坯凝固壳厚度有明显的不对称性和均匀性。圆坯上部凝固壳厚度为 3~5mm，最薄之处为 2mm；圆坯下部凝固壳厚度为 18~20mm；而圆周两侧凝固壳厚度相差不大。结晶器内圆坯上下坯壳厚度具有明显不均匀性的原因如下：

1）钢水进入结晶器刚开始凝固时，所受中间包钢水静压力是一样的，凝固壳与结晶器内表面均匀接触，迅速生成凝固壳。但坯壳生长到一定厚度后，坯壳沿圆周方向开始收缩，此时沿圆周上下左右四个方向所承受的收缩力是不一样的，两侧因钢水静压力产生的鼓胀力使坯壳紧贴铜结晶的内表面，圆坯下部因钢水静压力和重力作用，也使坯壳紧贴铜

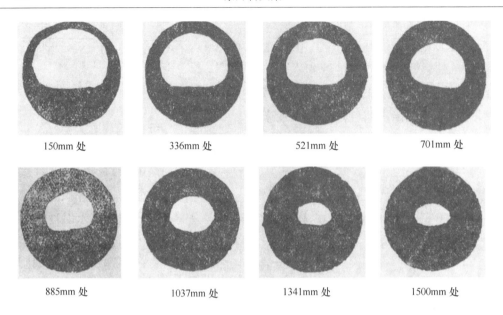

图 6 圆坯凝固断面的变化

壁，加速传热有利于坯壳生长。而圆坯上部因坯壳收缩而产生了气隙，热阻增加，传热减慢，坯壳厚度较薄。

2）由圆坯上部内表面坯壳形状（图 7）可推测，钢水从分离环进入结晶器可能产生两股向上的回流：一是向上部的回流，二是靠近圆坯下部的流动而后向上的回流。同时，由于凝固时圆坯热中心上移，过热钢水的流动会冲刷上面凝固前沿，吃掉已凝固的晶体，使坯壳厚薄不均。

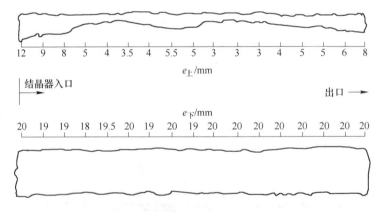

图 7 铜结晶器内坯壳生长形貌

3）圆坯坯壳上部内表面有明显的拉环行程痕迹，行程间距为 20mm，在痕迹处坯壳厚度为 4mm，两条痕迹之间坯壳仅 2mm，构成了坯壳厚度的不均匀性。这在铜结晶器初始凝固部分最为明显。

（2）石墨铜结晶器凝固。圆坯从铜套内拉出后，在石墨套内继续凝固。在结晶器出口处，圆坯上部壳厚由 5mm 增长到 21mm，下部壳厚由 26mm 增长到 32mm，而左右两侧壳厚分别由 12mm 增长到 22mm 和由 10mm 增长到 23mm。由此可知，在石墨结晶器内，圆坯上面壳厚增长较快（凝固速度 17.5mm/min），下部壳厚增长较慢（凝固速度 6.5mm/min），两侧壳厚基本均匀生长（凝固速度 13.2mm/min）。

因此，可以认为石墨结晶器的基本作用之一是加强圆坯上部和两侧坯壳厚度的生长，以保证出结晶器不拉漏。

(3) 空气中冷却凝固。圆坯出结晶器后，表面温度为 1200～1300℃。实测圆坯在空气中的凝固厚度见表 1。

表 1　圆坯坯壳厚度变化　　　　　　　　　　　　　　（mm）

取样位置	圆坯上部	圆坯下部	圆坯左边	圆坯右边
1037	21	31	22	23
1341	28	35	26	27
1500	28	35	26	27

圆坯在空气中依靠辐射和对流传热向空气中散热。此时圆坯上部坯壳凝固较快，下部凝固较慢，直到最后完全凝固为止。

由以上分析可知，圆坯与方坯的凝固是不相同的，在结晶器内，方坯角部优先凝固，而圆坯是沿圆周均匀凝固。但坯壳收缩后，造成了坯壳厚度生长的不均匀性。为此，在工艺上必须注意：

(1) 保持结晶器和石墨套的合适锥度，使其符合钢水凝固收缩定律；
(2) 合适的分离环形状和尺寸，尽可能减轻进入结晶器内钢水的运动；
(3) 合适的浇注温度；
(4) 合适的结晶器冷却制度。

3.4　圆坯凝固壳厚度的监视

圆坯出结晶器处，上部坯壳厚度最薄。在生产上用测量出结晶器红坯表面温度来监视凝固坯壳厚度，调整拉速以保证生产的安全性，根据圆坯凝固热平衡可导出：

$$e = \sqrt{\frac{\lambda(T_c - T_s)}{\rho \frac{1}{6}L'_f + \frac{1}{9}c_s(T_c - T_s)}} \cdot \sqrt{t}$$

式中　λ——钢的导热系数，$0.294 W/(cm \cdot K)$；
　　　c_s——固体钢比热，$0.714 kJ/kg$；
　　　ρ——钢的密度，$7.40 g/cm^3$；
　　　L'_f——液体钢有效热焓，kJ/kg；
　　　T_c——圆坯内钢水温度，℃；
　　　T_s——圆坯表面温度，℃。

由上式计算出的结晶器圆坯表面温度与坯壳厚度关系如图 8 所示。当拉速为 2m/min，出结晶器红坯表面温度控制在 1200～1300℃，出结晶器坯壳厚度约为 20mm 左右，这与实测结果是相吻合的（第 182 炉出结晶器圆坯上部坯壳厚度为 21mm）。

因此，监测出结晶器圆坯表面温度可间接了解出结晶器圆坯坯壳厚度。必要时可由测定的表面温度，用计算机直接打印出拉坯过程中出结晶器坯壳厚度变化。

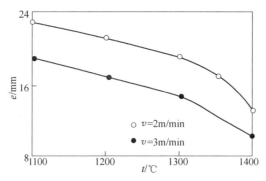

图8 圆坯表面温度 t 与坯壳厚度 e 的关系

4 结论

（1）采用小水量高温差的冷却制度能发挥结晶器的传热效率，并可适当提高三重点温度，有利于拉坯过程的稳定性。

（2）拉速和钢水温度是影响结晶器热流密度的主要因素。

（3）水平连铸结晶器内圆坯凝固有明显的不对称性和不均匀性。坯壳的薄弱点，有拉漏和产生表面缺陷的潜在危险。合适的结晶器锥度是保证圆坯坯壳均匀生长的有效办法。

（4）监视出结晶器红坯表面温度，可以间接了解出结晶器坯壳厚度的变化，以调节拉速，保证生产的安全性。

（5）水平连铸结晶器平均热流密度比小方坯连铸机约高 23%~30%；凝固系数 K 值也比小方坯要高，说明多级结晶器冷却效率高。

参 考 文 献

[1] Koyano T., Ito M. Ironmaking and Steelmaking. 1983, 10 (6)：289.
[2] Heribert A. Horst Huber, MPT. 5/1983：44.
[3] 蔡开科，等. 第三届中日钢铁学术会议文集. 中国金属学会. 1985：385.
[4] Tarmann B. Steel Time. August 25, 1967：217.

Solidification of Round Billet in the Horizontal Continuous Casting

Cai Kaike　Xing Wenbin　Zhang Keqiang　Li Xiuwen

(Beijing University of Iron and Steel Technology)

Zhang Zhongyu　Feng Zhaohai　Lü Shoulian　Li Yuelin

(Maanshan Iron and Steel Co.)

Abstract：Maanshan Iron and Steel Company has constructed an one-strand round prototype horizontal continuous caster. The experiments have been performed for the production of carbon steel round billet for seamless tubes.

In this paper, the heat transfer characteristics in mould, the growth of solidified shell and solidification characteristics of round billet are discussed.

连铸二冷区喷雾冷却特性研究

杨吉春　蔡开科

（北京科技大学）

摘　要：在不同喷水条件下，测定了锥形喷嘴喷雾特性参数，同时测定了表面温度、水流密度、冷却水温、喷射距离和表面状态对传热系数的影响，并给出了传热系数与水流密度的关系式。

1　引言

连铸二冷区的喷雾水滴与高温铸坯之间的热交换是一个复杂的传热过程。这个传热过程控制了凝固坯壳的热状态，直接影响铸机产量和铸坯质量。

铸坯在二冷区的冷却传热受许多因素影响。在铸机设备和工艺一定的条件下，二冷区喷嘴水滴雾化的冷态特性和水滴与高温铸坯之间热交换特性是影响铸坯热量传递的主要因素，也是设计合理二冷制度的基本参数，这些参数的测定在工业连铸机上是很难进行的。不少研究者[1-5]的实验室测试结果对于认识连铸二冷区的传热和改善传热效果提供了理论指导。

本文在实验室条件下较全面地研究了不同喷水条件下的锥形喷嘴冷态特性和水滴与高温铸坯之间的传热系数。

2　喷嘴雾化冷态特性

本文定义喷嘴冷态特性包括水流密度分布、喷射角度、水滴雾化程度和水滴冲击到铸坯表面的速度。用上述特性来评价喷嘴的优劣。

在实验室采用集水瓶法和炭黑—氧化镁法测定锥形喷嘴冷态特性。

2.1　水流密度分布

水流密度分布表示喷射到铸坯表面的水雾形貌和冲击面上不同点的水流大小。从锥形喷嘴水流分布曲线（见图1、图2）可看出：

（1）锥形喷嘴水流分布呈实心型，中心水流密度较边缘大许多倍；

（2）喷水压力在一定的情况下，喷射距离增加，中心尖峰趋于圆滑，水流密度呈下降趋势；

（3）喷射距离在一定的情况下，随喷水压力增加，尖峰越陡，中心水流密度上升。

可见，在喷嘴结构一定的情况下，水流密度受喷水压力和喷射距离的限制。对锥形喷

本文发表于《钢铁》，1990年，第2期：9~12。

嘴水流密度的经验式是：

$$W = 25.82 - 0.1124 DP^{-0.11} \quad \text{L/(m}^2 \cdot \text{s)}$$

式中 D——喷射距离，mm；

P——喷水压力，9.8N/cm^2。

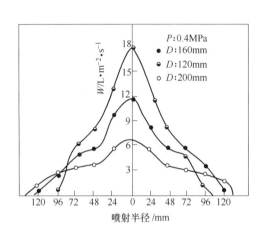

图1 锥形喷嘴水流分布曲线

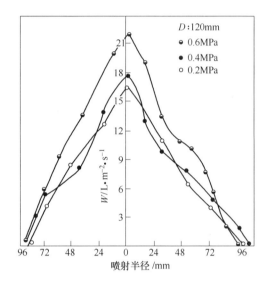

图2 锥形喷嘴水流分布

2.2 喷射角度

喷射角度的大小反映了喷雾水滴在铸坯表面的覆盖面积。喷水压力一定，喷射距离增加，喷射角度减小；而喷射距离一定，提高喷水压力，喷射角度增大，覆盖面积扩大。

2.3 水滴雾化程度

水滴直径大小代表了喷嘴的雾化程度，不同水滴直径的频率分布如图3所示。

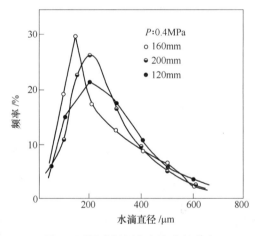

图3 不同喷射距离水滴直径分布

2.4 水滴速度

水滴冲击到高温铸坯表面的冲击速度是喷嘴的重要特性。目前较准确方便地测定水滴速度还很困难。理论计算的水滴速度，随喷射距离增加而降低，随喷水压力增加而增加。

3 喷嘴热态特性

本文定义喷雾水滴与高温铸坯的热交换为喷嘴的热态特性，以传热系数值来表征。利用笔者已研制成功的传热系数测定仪[6]研究了不同因素对传热的影响。

3.1 冷却速度比较

由图 4 可知,在相同冷却条件下,在高温区(>950℃),不锈钢和碳钢表面温度很接近,冷却速度分别是 16.8℃/s 和 16.5℃/s,说明两者的导热能力基本一致。而在低温区(<950℃),不锈钢和碳钢的冷却速度分别是 17.6℃/s 和 22.5℃/s,碳钢的导热能力明显高于不锈钢的,这与其他研究者的结果是一致的[7]。

对同一钢种,传热速度还受冷却方式影响。采用气水喷嘴雾化冷却,钢的冷却速度降低(见图 4),提高了表面温度。

3.2 表面温度对传热的影响

表面温度与表面热流关系如图 5 所示。表面温度 t_s < 300℃,水滴在表面呈"润湿"状态,构成半沸腾过渡传热过程,此时表面温度升高,表面热流增加。表面温度 t_s > 300℃,水滴在表面呈"不润湿"状态,此时表面温度升高,在表面上形成一层阻止水滴与表面接触的蒸汽膜,且随温度升高趋向稳定,故表面热流降低。因此,只有提高水滴动能才能改善传热效果。

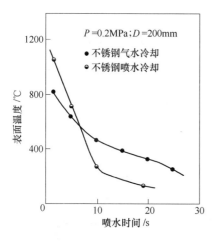
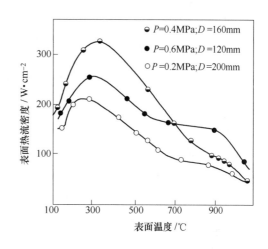

图 4 雾化冷却和水冷却比较(气量 6m³/h)　　图 5 不锈钢表面温度和表面热流的关系

3.3 水流密度对传热系数的影响

水流密度对传热影响很大。表面温度一定时,水流密度增加,传热系数增大(见图 6),且低温区比高温区的影响更为显著。在铸坯喷雾表面的不同位置,水流密度不同,传热系数也不相同(见图 7)。

用回归分析法给出锥形喷嘴的水流密度与传热系数的关系:

$$h = 0.16 W^{0.597} \quad kW/(m^2 \cdot ℃) \quad (800℃, \quad W = 3 \sim 10 L/(m^2 \cdot s))$$

$$h = 0.59 W^{0.385} \quad kW/(m^2 \cdot ℃) \quad (900℃, \quad W = 3 \sim 20 L/(m^2 \cdot s))$$

$$h = 0.42 W^{0.351} \quad kW/(m^2 \cdot ℃) \quad (1000℃, \quad W = 3 \sim 12 L/(m^2 \cdot s))$$

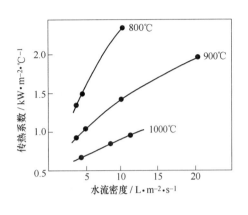 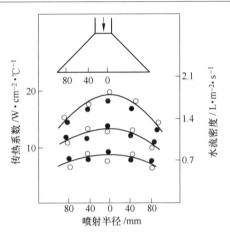

图6　水流密度对传热系数的影响　　　　图7　锥形喷嘴雾化面上的传热系数变化

3.4　喷射距离对传热系数的影响

如图8所示，缩短喷射距离，水滴在喷射过程中的速度衰减减小，则水滴穿透蒸汽膜的机会增加，从而提高了传热系数。

3.5　冷却水温的影响

如图9所示，冷却水温度对传热系数影响不大。水温升高，传热系数仅有轻微降低。

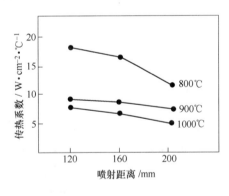 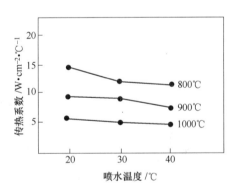

图8　喷射距离对传热的影响　　　　图9　喷水温度对传热的影响

3.6　表面状态对传热的影响

采用Ar气保护加热钢样以研究表面状态对传热的影响。对表面生成的FeO统计表明，Ar气保护加热碳钢，FeO生成量为$0.08kg/m^2$，未保护碳钢FeO生成量$1.12kg/m^2$，不锈钢的氧化层生成量为$0.44kg/m^2$。

对未保护碳钢，喷水前已存在氧化铁皮，在800℃以上，传热系数低于Ar气保护碳钢。由于水滴的冲击作用，氧化铁皮有剥落现象，后期传热能力增加。实验结果，表面有氧化层的传热系数比无氧化层的低约13%。

4 结论

(1) 喷嘴冷态特性是评价喷雾参数和选择喷嘴的基本方法。在喷嘴结构一定的情况下，水流分布受喷射距离和喷水压力的限制。

(2) 喷雾水滴与高温铸坯表面的传热系数受多种因素影响。水流密度对传热影响最大，喷水温度影响甚微，表面氧化铁皮降低传热能力约13%。

(3) 喷嘴的冷态特性参数和热态传热系数与水量的关系式是设计连铸二冷制度的基础。

参 考 文 献

[1] Brimacombe J. K. , et al. Steelmaking Proc. , 1980, 63: 235~252.
[2] 三冢正志，等. 鉄と鋼, 1968, 54: 1457.
[3] Mizikar E. A. Iron & Steel Engineer, 1970, 147: 53~60.
[4] Sasaki, et al. 鉄と鋼, 1979, 65: 90.
[5] Muller, et al. Arch Eisenhuttenwes, 1973, 44: 589.
[6] 张克强，蔡开科. 北京钢铁学院学报, 1988, 2: 142~147.
[7] Lambert N. , et al. JISI, 1970, 1: 917.

Experimental Investigation of Spray Cooling Chara Cteristics for Continuous Casting

Yang Jichun   Cai Kaike

(University of Science and Technology Beijing)

Abstract: The pulverization characteristic parameters of cone nozzle were measured under different spray water conditions. The effects of spray water flow rate, water pressure, spray distance of nozzle from surface of strand, spray water temperature and surface state on heat transfer coefficient were studied. An experimental formula between heat transfer coefficient and spray water flow rate has been worked out.

水平连铸凝固壳热应力模型研究

蔡开科[1]　邵　璐[2]　刘新华[1]

（1. 北京科技大学；2. 武汉钢铁公司第二炼钢厂）

摘　要：本文建立了水平连铸凝固过程中方坯二维传热数学模型及坯壳的热—弹性—塑性应力模型。运用这两个模型，对150mm×150mm方坯出结晶器后，因表面温度回升所导致的凝固壳的应力场进行了计算。指出45号钢（0.45%~0.50%C）铸坯实际产生裂纹的高温强度为170~390N/cm², 断裂应变为0.10%~0.24%。拉速增加，裂纹形成几率减少，浇注温度对裂纹的影响不显著。

关键词：水平连铸；凝固；热应力；模型

1　引言

连铸坯裂纹是凝固过程中出现的主要缺陷之一。据统计，造成产品废品的各种缺陷中，有50%来自裂纹[1]。凝固坯壳出现裂纹，重者造成拉漏或废品，轻者则对产品质量带来不同程度的影响。在连铸过程中，凝固壳产生裂纹是影响提高铸坯质量的重要因素。近年来，由于连铸坯热送和直接轧制工艺的发展，对铸坯质量要求更加严格。

本文针对水平连铸150mm×150mm方坯产生内裂的实例，在分析铸坯凝固过程传热和热应力的基础上，计算分析了凝固坯壳温度场和应力场，探讨了产生裂纹的判据，为提高铸坯质量和改进操作提供了理论依据。

2　铸坯凝固传热数学模型描述

2.1　凝固传热方程及其解

水平连铸结晶器由三段组成：第一段为铍青铜，长度为200mm；第二、三段为内镶石墨板铜结晶器，长度为750mm。铸坯出结晶器后空冷直到全部凝固。

如图1所示，根据水平连铸凝固特点，导出的方坯二维传热偏微分方程为：

$$\begin{cases} \rho_l c_l \dfrac{\partial T}{\partial t} = \dfrac{\partial}{\partial x}\left(\lambda_l \dfrac{\partial T}{\partial x}\right) + \dfrac{\partial}{\partial y}\left(\lambda_l \dfrac{\partial T}{\partial y}\right) & T \geq T_l \\ \rho_{sl} c_{sl} \dfrac{\partial T}{\partial t} = \dfrac{\partial}{\partial x}\left(\lambda_{sl} \dfrac{\partial T}{\partial x}\right) + \dfrac{\partial}{\partial y}\left(\lambda_{sl} \dfrac{\partial T}{\partial y}\right) & T_s < T < T_l \\ \rho_s c_s \dfrac{\partial T}{\partial t} = \dfrac{\partial}{\partial x}\left(\lambda_s \dfrac{\partial T}{\partial x}\right) + \dfrac{\partial}{\partial y}\left(\lambda_s \dfrac{\partial T}{\partial y}\right) & T \leq T_s \end{cases} \quad (1)$$

边界条件：

本文发表于《钢铁研究学报》，1993年，第2期：1~8。

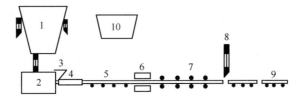

图 1　水平连铸机示意图

1—钢包；2—中间包；3—分离环；4—结晶器；5—铸坯；6—电磁搅拌器；
7—拉辊组；8—切割；9—冷床；10—控制室

Fig. 1　The schematic of H. C. C. machine

铸坯轴心，中心呈对称性　　　$-\lambda_1 \dfrac{\partial T}{\partial x} = -\lambda_1 \dfrac{\partial T}{\partial y} = 0$

结晶器　　　$-\lambda_s \dfrac{\partial T}{\partial x} = -\lambda_s \dfrac{\partial T}{\partial y} = \phi_m$

空冷区　　$-\lambda_s \dfrac{\partial T}{\partial x} = -\lambda_s \dfrac{\partial T}{\partial y} = h_a(T_b - T_a) + \varepsilon\sigma\left[(T_b + 273)^4 - (T_a + 273)^4\right]$

采用有限差分法显示格式求式（1）的数值解，对所讨论的凝固空间和时间区域离散化。方坯断面的网格划分如图 2 所示。写出不同结点的差分方程，计算中，取 $\Delta x = \Delta y = 0.75 \mathrm{cm}$，$\Delta t = 0.3 \mathrm{s}$，都能充分满足稳定性条件。

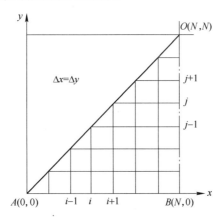

图 2　方坯断面网格划分

Fig. 2　Rectangular mesh used in finite difference analysis

2.2　物理参数的选取

钢的热物性参数见表 1。

表 1　钢的热物性参数

Table 1　Physical parameters of steel

温　度	$\rho/\mathrm{g}\cdot\mathrm{cm}^{-3}$	$c/\mathrm{J}\cdot\mathrm{g}^{-1}\cdot{}^\circ\!\mathrm{C}^{-1}$	$\lambda/\mathrm{W}\cdot\mathrm{cm}^{-2}\cdot{}^\circ\!\mathrm{C}^{-1}$
$T < T_S$	7.6	0.895	0.291
$T_S < T < T_L$	7.4	$6.695 + \dfrac{L_f}{T_L - T_S}$	$0.291 + \dfrac{0.582 - 0.291}{T_L - T_S}(T - T_S)$
$T > T_L$	7.0	0.866	0.582

45号钢：$T_L = 1490℃$，$T_s = 1425℃$，$L_f = 272 J/g$。

结晶器热流

$$\phi_m = \frac{1161.2WC\Delta\theta}{4lL_m}(2.224 - 0.2994\ln vt) \tag{2}$$

冷却介质参数

$\rho_W = 1.0 g/cm^3$，$c = 4.18 J/(g·℃)$，$h_a = 5.535×10^{-4} W/(cm^2·℃)$，$T_a = 20℃$，$\varepsilon = 0.8$，$\sigma = 5.67×10^{-12} W/(cm^2·K^4)$。

2.3 模型验证

上述传热模型用于以下工况：$v = 2 m/min$；$T_c = 1545℃$，$W = 54 m^3/h$，$\Delta\theta = 18℃$；方坯尺寸 150mm×150mm。计算与实测铸坯表面温度对比结果如图3所示。由图3可知，计算与实测值温度误差在9%以内，说明此传热模型基本能反映水平连铸的凝固传热规律。

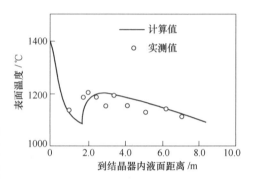

图3 表面温度的计算值与实测值

Fig. 3 Comparison of surface temperature between calculated and measured values

3 凝固壳热应力模型

3.1 建立模型的假设

考虑铸坯出结晶器后坯壳温度回升，计算热应力的瞬间可忽略蠕变的影响。同时，钢在高温下极易发生塑性变形，故采用热—弹性—塑性模型对坯壳热应力进行分析计算。在建立模型时做以下假设：

（1）材料满足小变形理论；

（2）铸坯断面处于平面应力状态；

（3）钢高温力学性能是温度的函数[2]；

（4）用米赛斯（Mises）屈服准则描述钢的屈服极限[3]；

（5）用普朗特—路斯（Prandtl Reuss）塑性流动增量理论描述塑性状态下钢的应力和应变的增量关系[3]。

3.2 热—弹性—塑性模型的数学描述

建立热—弹性—塑性模型时，应遵循以下原则：

（1）铸坯壳在弹性状态下，应力应变关系满足虎克定律，即：

$$\{\sigma\} = [D]·\{\varepsilon\} \tag{3}$$

（2）坯壳在塑性状态下，应力应变增量关系服从米赛斯准则，其数学表达式为：

$$\overline{\sigma} = H·\left(\int d\overline{\varepsilon}_p\right) \tag{4}$$

增量形式

$$d\overline{\sigma} = H·(d\overline{\varepsilon}_p) \tag{5}$$

普朗特—路斯塑性流动增量理论数学表达式为：

$$d\{\varepsilon\}_p = d\overline{\varepsilon}_p \frac{\partial \overline{\sigma}}{\partial \{\sigma\}} \tag{6}$$

基于上述数学规律，又考虑到温度变化引起的应变增量，热—弹性—塑性模型增量关系的应力应变数学表达式为[4]：

弹性区域 $\qquad d\{\sigma\} = [D] \cdot (d\{\varepsilon\} - d\{\varepsilon_0\})$ (7)

塑性区域 $\qquad d\{\sigma\} = D_{ep}(d\{\varepsilon\} - d\{\varepsilon_0\} + d\{\sigma_0\})$ (8)

式中 $\qquad d\{\varepsilon_0\} = \left(\{\alpha\} + \frac{d[D]^{-1}}{dT}\{\sigma\}\right)dT$

$$d\{\sigma_0\} = \frac{[D] \cdot \frac{\partial \overline{\sigma}}{\partial \sigma} \cdot \frac{\partial H}{\partial T}dT}{H'_T + \left\{\frac{\partial \overline{\sigma}}{\partial \sigma}\right\}^T \cdot [D] \cdot \frac{\partial \overline{\sigma}}{\partial \{\sigma\}}}$$

式中，注脚 0 表示原始状态。

3.3 计算中使用的数据

本模型中，视应变速率为常数（$\varepsilon = 10^{-3}/s$）。高温力学性能与温度关系如下[6]：

弹性模量 $\quad E = 1.08 \times 10^7 - 0.103(T - T_r) \times 10^5$

弹性极限 $E_{el} = 4.84 \times 10^{-4} - 3.68 \times 10^{-7}T \qquad T > 1100℃$

$\qquad\quad E_{el} = 1.47 \times 10^{-4} - 8.0 \times 10^{-7}T \qquad T < 1100℃$

硬化系数 $H'_1 = 0.13\exp(-0.0023T)E$

$\qquad\quad H'_2 = (0.0452 - 3.87 \times 10^{-5}T)E \qquad T < 1050℃$

$\qquad\quad H'_2 = 20.385\exp(-0.00422T)E \qquad T > 1050℃$

$\qquad\quad H'_3 = (0.0197 - 1.68 \times 10^{-5}T)E \qquad T < 1050℃$

$\qquad\quad H'_3 = 0.0266\exp(-0.00233T)E \qquad T > 1050℃$

泊松比 $\quad \mu = 0.291 \qquad (\leq E_{el})$

$\qquad\quad \mu = 0.50 \qquad (\geq E_{el})$

热膨胀系数 $\quad \alpha = 1.395 \times 10^{-5}℃^{-1}$

3.4 模型的求解

在弹塑性状态下，钢的应力应变关系是非线性的，受力状态复杂，本文采用了有限元法求解。凝固坯壳网格划分如图 4 所示。

4 计算结果与讨论

4.1 中间裂纹

以 2-1005 炉号为例，钢化学成分为：C 0.46%，

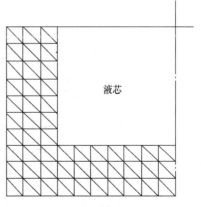

图 4 坯壳网格划分

Fig. 4 Trlangular mesh used in finite element analysis

Si 0.25%，Mn 0.72%，P 0.024%，S 0.018%，Cr 0.08%，Ni 0.05%，Cu 0.12%。中间包钢水温度1520℃，拉速0.8m/min，结晶器水量1100L/min，铸坯断面150mm×150mm。由硫印图可知，离铸坯表面30mm处产生裂纹，裂纹长2~18mm。

由传热模型计算出此工况出结晶器后坯壳表面温度回升约135℃（见图5）。图6（a）示出由应力模型计算出温度回升到135℃处铸坯横断面的应力分布情况。由图6（a）可知，由于温度回升，铸坯表面受压应力，凝固前沿受拉应力。图6（b）示出垂直于铸坯表面，由表面向中心，应力和应变的计算结果。由图6（b）可知，离铸坯表面30mm的凝固前沿产生裂纹的应力值为 $\sigma = 390 N/cm^2$，应变值为 $\varepsilon = 0.24\%$。

不同工况计算结果见表2。

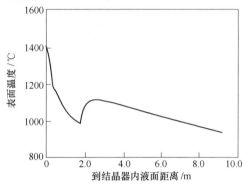

图5 坯壳出结晶器后的温度回升曲线

Fig. 5　Variation of surface temperature for billet

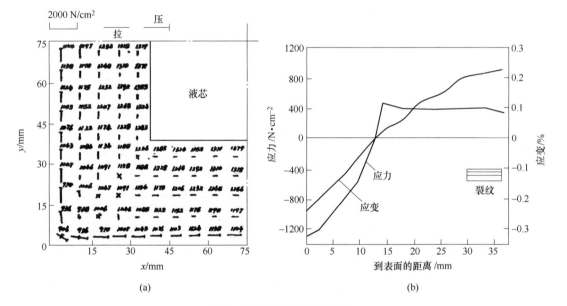

(a)　　　　　　　　　　　　(b)

图6　热应力模型计算结果

（a）应力分布；（b）应力应变曲线

Fig. 6　Calculated result with thermal stress model

表2　计算铸坯产生裂纹处的应力和应变值

Table 2　Calculated results of stress and strain for crack formation in billet

炉　号	拉速 /m·min^{-1}	坯壳出结晶器的温度回升/℃	硫印显示裂纹离坯壳表面的距离/mm	产生裂纹处计算值	
				$\sigma/N\cdot cm^{-2}$	$\varepsilon/\%$
2-1005	0.78	135	30	390	0.24
1-996	1.13	114	25	100	0.24
2-1784	1.10	117	15~25	180~340	0.18~0.20

由硫印图所显示的裂纹形成区域与计算的应力和应变曲线对照可以看出,中间裂纹出现在方坯出结晶器后的凝固前沿。表面温度回升所伴随的热膨胀使凝固前沿承受较大的拉应力和应变,其值为:$\sigma_{max} = 190 \sim 390 \text{N/cm}^2$,$\varepsilon_{max} = 0.18\% \sim 0.24\%$。超过了钢在高温所允许的强度和应变量,故在凝固前沿产生裂纹。

4.2 中心裂纹

以 2-1005 炉为例,150mm × 150mm 方坯硫印图中心处有裂纹存在。计算的铸坯中心区域的温度变化如图 7 所示。从铸坯中心区温度变化以 O 线表示,O' 和 O'' 线分别表示周围区域温度变化。从 $A→B$ 中心温降速率大于周围区域,从 B 点开始,三者温降速率又趋于一致。从 $A→B$ 温降为 120℃,导致铸坯横断面应力和应变的变化如图 8 所示。由图 8 可知,铸坯表面受压应

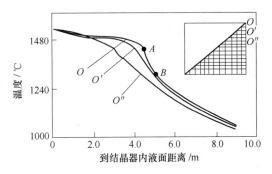

图 7 铸坯中心区温度变化

Fig. 7 Temperature profile at centre zone of billet

力,中心受双向拉应力。最大拉应力集中在铸坯中心。产生中心裂纹的应力值为 220 ~ 240N/cm²,应变值为 0.15% ~ 0.13%,比产生中间裂纹的应力和应变值小。这是因为到凝固末期,铸坯中心 S、P 偏析严重,使钢在固相线温度附近的高温强度降低,导致钢在较低的应力和应变条件下产生裂纹。

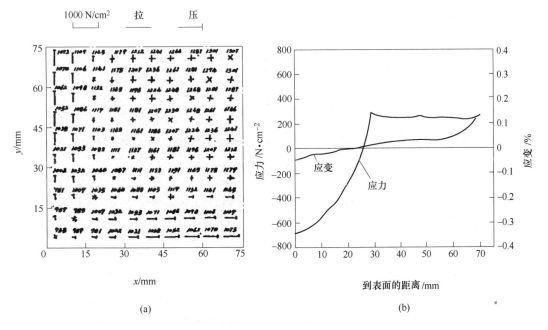

图 8 铸坯中心区应力和应变的变化

(a) 应力分布;(b) 应力应变曲线

Fig. 8 Profile of stress and strain from surface

4.3 操作参数对铸坯内裂纹的影响

当其他参数一定时,拉速增加,表面温度回升减小(见图9),内裂纹形成趋势减小,有利于消除中间裂纹的形成。计算指出,当钢水过热度从10℃增加到30℃时,铸坯表面的温度回升仅为6℃,凝固前沿应力和应变仅为 30N/cm^2 和0.02%。因此钢水过热度似乎对铸坯内裂纹影响不显著。

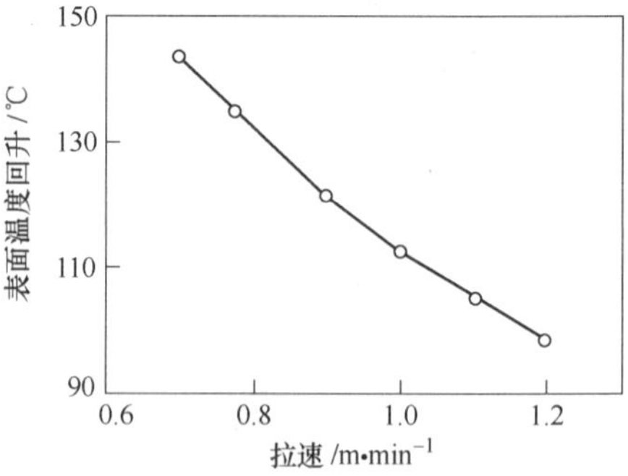

图9 拉速对铸坯温度回升的影响

Fig. 9 Relation between casting speed and surface reheating

5 结论

(1) 铸坯中间裂纹和中心裂纹产生于凝固前沿的高温脆性区,铸坯表面温度的回升是产生中间裂纹的驱动力。

(2) 含 C 0.45%~0.5% 的铸坯产生内部裂纹的临界强度为 190~390N/cm^2,断裂应变为 0.10%~0.24%。

(3) 铸坯产生中心裂纹的临界应力和应变值低于产生中间裂纹的临界应力和应力值。这可能与凝固过程中溶质的偏析程度有关。

(4) 拉速对减少中间裂纹有明显的作用,而过热度对中间裂纹的影响却不显著。

参 考 文 献

[1] 蔡开科. 钢铁, 1982, 17 (9): 45-55.
[2] Sorimachi K, et al. Ironmaking and Steelmaking, 1977, 4: 240-245.
[3] 谢贻权, 何福保. 弹性和塑性力学中的有限单元法 [M]. 北京: 机械工业出版社, 1981: 217-231.
[4] 王祖诚, 汪家才. 弹性和塑性理论及有限元法 [M]. 北京: 冶金工业出版社, 1983: 211-235.
[5] Grill A, et al. Ironmaking and Steelmaking, 1976, 3 (1): 38-47.

Thermal Stress Model of Solidified Shell for Horizontal Continuous Casting Billet

Cai Kaike[1] Shao Lu[2] Liu Xinhua[1]

(1. University of Science and Technology Beijing;
2. Wuhan Steel and Iron Co.)

Abstract: In order to quantify the understanding of crack formation in horizontal continuous casting billet, the two-dimensional unsteady state mathematical model for heat transfer and elastoplastic stress model were established.

Using these models to calculate the thermal stress occurred both during surface reheating of 150mm × 150mm billet just out of mold and during temperature drop in billet centre near the end of solidification, the reasonable crack formation criteria for about 0.45% carbon steel were proposed as follows: In high temperature brittle zone with temperature higher than 1300℃, the critical tensile strength is about 170-390 N/cm^2, the critical strain-to-fracture is about 0.10%~0.24%. Further calculation shows that as the casting speed increases, crack formation decreases and the casting speed temperature effect.

Keywords: horizontal continous casting; solidification; thermal stress; model

板坯连铸机二次冷却水的控制模型

陈素琼　蔡开科

（北京科技大学）

摘　要：应用二维非稳态传热数学模型，以目标表面温度控制为指导，建立板坯连铸机二次配水计算模型，比较了二冷区三种实时控制模式，指出浇注温度反馈的表面温度反馈控制更有利于稳定铸坯表面温度分布和改善铸坯质量。

关键词：连铸机；二次冷却水；数学模型

1　引言

从结晶器拉出的铸坯只表面凝固，其中心的高温钢液则形成很长的液相穴。故铸坯必须在二冷区喷水冷却，使之迅速凝固。

生产实践表明，液芯铸坯在二冷区的传热速度和冷却速率都对铸坯质量和铸机产量有重要影响。随着连铸技术的发展，对连铸坯传热过程的研究日益深入。虽然用计算机模拟连铸坯传热过程只有十多年的历史，但发展十分迅速，现已可以经济地模拟铸坯凝固传热而成为工程设计、工艺分析和科研开发的重要手段。

早在1993年，Hills[1]就开始用解析法来解热传导偏微分方程，以探索连铸坯凝固过程。Mizikar[2]用数值法求解传热数学模型进行开拓性的工作，通过数学上简化处理，用计算机模拟连铸坯凝固过程，由于得到了符合实际的结果，已被人们接受。

目前国外连铸生产自动化水平很高，实现了计算机对连铸过程的控制和生产管理。生产过程控制机都配有控制模型，使生产处于最佳状态，从而得到了高产、优质、高效率的效果。

近十来年，我国连铸技术发展较快，也开展了连铸控制及数学模型的研究[3-7]。对数学模型的建立、求解方法、模拟计算及二次控制方法都有所进展，为消化国外连铸技术、提高连铸机控制水平提供了理论指导。

本文以某厂板坯连铸机二次序控制为研究对象。在吸收国内外连铸机二冷控制先进技术的基础上，结合板坯连铸机的实际，对板坯二冷配水计算数学模型、二冷区水量的实时控制模型，以及在线控制方法等，试作进一步讨论。

2　二冷配水计算数学模型

2.1　前提条件

设板坯厚度方向为 x 轴，宽度方向为 y 轴，拉坯方向为 z 轴。考虑铸坯冷却的对称

本文发表于《炼钢》，1994年，第4期：30～35。

性,取 1/4 断面为研究对象,假定板坯断面温度分布为 $T(x,y,t)$。

在建立导热微分方程时,首先作如下假定:
(1) 当拉速恒定时,传热条件不随拉速变化;
(2) 由于拉坯方向散热量很小,仅约 3%~6%[9],故 Z 方向传热不计;
(3) 在液相穴中对流运动使其导热系数大于固相区,且随温度而变;
(4) 各相的密度 ρ 视为常数;
(5) 凝固过程中,比热 c 的变化用转换热焓法来处理;
(6) 假设结晶器钢水温度与浇注温度相同;
(7) 连铸机二冷区同一冷却段冷却均匀。

2.2 凝固传热微分方程的建立

将坐标系置于铸坯上,假想从结晶器的钢水弯月面处沿铸坯中心取一高度为 dz,厚度为 dx,宽度为 dy 的微元体,以相同拉速和铸坯一同向下运动,则由微元体的热平衡(微元体热量 = 接收热量 − 支出热量)推出板坯凝固的二维传热微分方程为:

$$\rho c \frac{\partial T}{\partial t} = \frac{\partial}{\partial x}\left(\lambda \frac{\partial T}{\partial x}\right) + \frac{\partial}{\partial y}\left(\lambda \frac{\partial T}{\partial y}\right) \tag{1}$$

根据前面的假设(3)和(5),模型计算中:

$$\varphi = \int_{T_0}^{T} \frac{\lambda(T)}{\lambda_0} dT \tag{2}$$

$$H = \int_0^T (LT) dT \tag{3}$$

将式(2)和式(3)代入式(1),其传热偏微分方程为:

$$\rho \frac{\partial H}{\partial t} = \left(\lambda_0 \frac{\partial^2 \varphi}{\partial x^2}\right) + \left(\lambda_0 \frac{\partial^2 \varphi}{\partial y^2}\right) \tag{4}$$

2.3 初始条件和边界条件

求解二维非稳态传热偏微分方程,需要给出初始条件和边界条件。对于式(4)来说,其初始条件为:

(1) $\qquad T = T_c \quad (x \geq 0, y \geq 0, z = 0, t = 0) \tag{5}$

(2) $\qquad T(x,0)|_{x=0} = T_s \quad (t = 0) \tag{6}$

(3) $\qquad X_s|_{t=0} = 0 \tag{7}$

边界条件为:
(1) 铸坯中心:铸坯中心线两边为对称传热,断面温度分布也是以中心对称分布。即

$$-\lambda \frac{\partial T}{\partial x} = -\lambda \frac{\partial T}{\partial y} = 0 \tag{8}$$

(2) 固液界面($x = X_s$)。

$$T(X_s, t) = T_s \tag{9}$$

$$\lambda \frac{\partial T}{\partial x}\bigg|_{x=X_s} = \rho L_1^* \cdot \frac{dx_1}{dt} \tag{10}$$

(3) 铸坯表面：铸坯中的热量是在连续运动过程中，通过铸坯表面传出的。由于铸坯依次通过结晶器，二冷喷水区和空冷区，各冷却区特点不同，边界条件也各不相同。

结晶器：

$$-k\frac{\partial T}{\partial x} = -k\frac{\partial T}{\partial y} = \bar{q} \tag{11}$$

或

$$-k\frac{\partial T}{\partial x} = -k\frac{\partial T}{\partial y} = q \tag{12}$$

二冷喷水区：

$$-k\frac{\partial T}{\partial x} = -k\frac{\partial T}{\partial y} = h(T_b - T_a) \tag{13}$$

空冷区：

$$-k\frac{\partial T}{\partial x} = -k\frac{\partial T}{\partial y} = \varepsilon\sigma[(T_b + 273)^4 - (T_a + 273)^4] \tag{14}$$

以上推导的偏微分方程加上初始条件和边界，就构成了连铸板坯二维非稳态传热数学模型的基本方程组。

2.4 传热数学模型求解

由于铸坯在实际生产中的复杂性，上述方程组的求解采用差分网格划分，如图 1 所示，

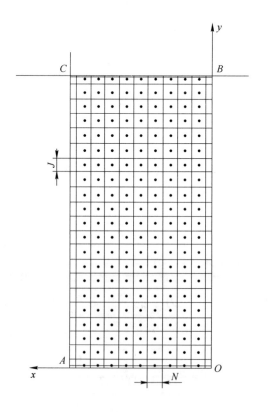

图 1　差分网格

式 (14) 共有 9 个差分方程, 其内节点 (x, y) 的差分方程为:

$$H_{(x,y)}^{t+1} = H_{(x,y)}^{t} + \frac{\Delta t \cdot \lambda_0}{\rho} \cdot \left[\frac{\varphi_{(x+1,y)}^{t} - 2\varphi_{(x,y)}^{t} + \varphi_{(x-1,y)}^{t}}{\Delta x^2} + \frac{\varphi_{(x,y+1)}^{t} - 2\varphi_{(x,y)}^{t} + \varphi_{(x,y-1)}^{t}}{\Delta y^2} \right]$$
(15)

其稳定性条件为:

$$\frac{\lambda \Delta t}{\rho c}\left[\frac{1}{\Delta x^2} + \frac{1}{\Delta y^2}\right] \leq \frac{1}{2} \tag{16}$$

编制模型时, 以连铸冶金准则为条件, 以目标表面温度控制法为指导, 对铸坯冷却过程进行模拟计算。从而得以不同钢种、断面、拉速等钢坯实际工况下的最佳配水表。

3 二冷配水控制模型

3.1 控制系统

在监督计算机控制系统和直接数据控制系统发展的基础上, 通过超大规模集成电路技术、半导体存储技术、数据传输技术、图形显示技术和软件技术等, 二级分散型过程控制系统随即发展起来, 这是如今广泛采用的控制系统。它代表当今连铸计算机的过程控制系统的先进水平。为使这套系统适合国内推广应用, 板坯连铸机乃采用国产化的集散型过程控制系统 (DJK-7500)。二冷区配水的在线控制便将在此系统实现。

3.2 控制方法

通过实验室模拟计算, 分析板坯连铸二冷段的水量随着拉速成一定关系而变, 这种关系是通过离线计算, 得出一定钢种和断面的铸坯配水表, 加以回归后的相应的实际控制关系。由于模型的计算是以预设目标表面温度控制法为指导的, 因而当铸坯冷却所用的水量与浇注速度串级控制时 (见图 2), 可得出一系列与速度无关而波动较小的铸坯表面温度分布曲线, 如图 3 所示。

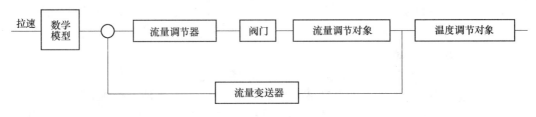

图 2 拉速串级调节系统

必须指出, 文中的速度串级控制方式与国内某些厂铸机对一定钢种的等比水量速度串级控制的思想是有所不同的。虽然两者均考虑二冷水量随拉速的增大 (或减小) 而增大 (或减小), 但这里的水量随拉速的变化是二次曲线的变化趋势, 而等比水量速度串级控制方式, 其水量与拉速则成直线关系。由于本文中的控制模型所追求铸坯质量的目标性更强, 因此, 浇注过程中, 若其他扰动因素的作用较小, 采用这种开环式的串级速度控制方式, 喷水区的铸坯温度分布可控制在对应钢种的目标表面温度分布附近, 以利于改善铸坯质量。

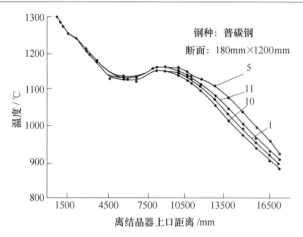

图 3 串级控制表面温度分布

1—目标温度分布曲线；5—$v=1.2\mathrm{m/min}$ 的温度曲线；
10—$v=1.0\mathrm{m/min}$ 的温度曲线；11—$v=1.1\mathrm{m/min}$ 的温度曲线

3.2.1 表面温度的反馈控制

该控制方法是闭环控制，控制方块如图 4 所示。

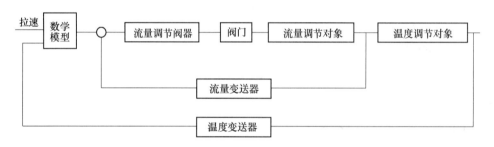

图 4 带温度反馈的拉速串级调节系统

板坯连铸机二次冷却配水是分段控制的，因此，这种方法必须要保证在每段入口处安装一个高温计，检测被跟踪的铸坯微元体在每段入口处的实际表面温度，反馈到相应的冷却区。然后将各区铸坯实际表面温度与目标表面温度进行比较，按差值调整各区的冷却水量，再变换成控制参数送给仪表执行。

这种控制方法，国内外均有报道，但尚存在两个问题：

（1）反馈滞后。连铸过程是各环节相互影响的过程，上一区域的冷却结果将影响下一区域。同时，仅通过反馈当前冷却区上铸坯实际表面温度与目标温度的差值来调整前段上的水量，是会造成反馈滞后现象的。因此，该控制方法中应增加补偿功能；以第（$i-1$）段的测量温度作为下一段的前馈。即根据第（$i-1$）段通过的铸坯温度与第（i）段的目标温度之差，由反馈和前馈选择水量。

（2）表面温度测量的精确度问题。由于二冷区高温多湿，铸坯表面上还有冷却水形成的水膜和氧化铁皮，铸坯周围又有冷却水汽化后形成的雾状蒸汽，这些都影响测量铸坯表面温度的精确度。因此，仅根据测量铸坯表面温度这一参数来自动调节二冷区的水量是不可靠的，这只能作为调节铸坯温度的辅助系统，尚未能在生产实际中推广应用。

3.2.2 前馈—反馈控制

这种前馈—反馈调节系统实质上是在表面温度反馈控制回路之外再加上浇注温度扰动预先调节回路水量的调节系统。

这一系统是针对实际生产过程中出钢温度往往波动较大,且中间包钢水浇注温度在没有加热设备的条件下不可避免地波动而设计的。

一般中间包钢水温度变化如图5所示[8]。由图可知,中间包开浇、换包和浇完的钢水温度是处于不稳定状态,与目标浇注温度有较大的偏离值。因此,浇注过程中各不相同的浇注期,钢水浇注温度及铸机拉坯速度也波动较大,故二冷段各回路水量应有所不同。

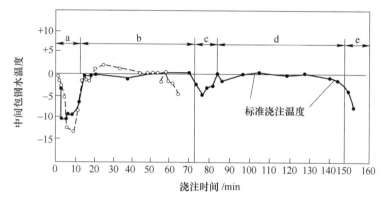

图5 中间包钢水温度变化
a—开浇;b—正常浇注;c—换钢包;e—浇注末期

此外,连铸过程中,还不免存在种种扰动因素,要对每个扰动都实行前馈调节器,这将使调节系统非常庞大、复杂、难以实用,何况有些扰动量目前尚无法测量,也无法消除其影响。因此,对于板坯连铸仅选择出反馈调节中还不能克服的浇注温度、拉坯速度这两个主要扰动因素,分别进行前馈调节和串级控制,同时结合表面温度反馈控制来抵消其他干扰的影响。这一系统的方块如图6所示,是以前调节为主、反馈控制为辅的方法,前馈和反馈控制取长补短而有实用价值。

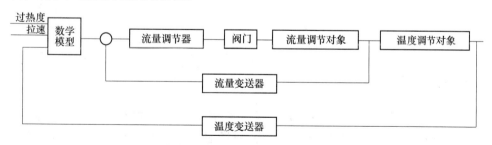

图6 带过热度前馈的温度反馈串级调节系统

这种控制也进行了实验模拟,结果证明:当钢水过热度不同时,以串级速度控制系统来控制水量,铸坯表面温度分布将与目标表面温度分布值偏差较大,如图7所示。只有用第三种控制系统,随时跟踪中间包钢水温度,并与速度串级,实时计算二冷各段水量,以实现二冷配水前馈控制,才能使反馈系统调节工作量不致太大,且铸坯温度分布与目标值吻合较好,如图8所示。

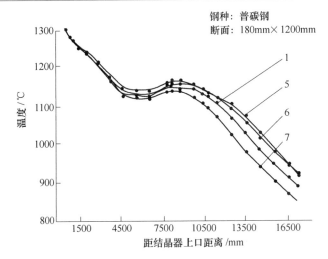

图 7 $\Delta T \neq$ 常数时速度串级控制铸坯表面温度分布

1—目标表面温度分布曲线；5—$\Delta t = 45℃$、$v = 1.1 m/min$ 的温度曲线；
6—$\Delta t = 30℃$、$v = 1.2 m/min$ 的温度曲线；7—$\Delta t = 15℃$、$v = 1.2 m/min$ 的温度曲线

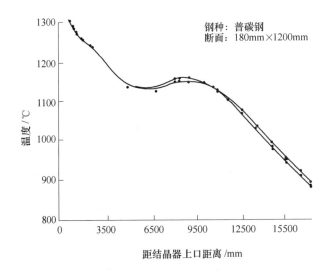

图 8 前馈—反馈控制时铸坯表面温度分布

4 结论

(1) 铸坯二维非稳态数学传热模型是板坯连铸机二冷配水控制模型的理论基础。

(2) 串级速度控制属静态控制模型，为中间包钢水温度和拉速稳定时，可适用于冷水的控制。

(3) 表面温度反馈控制和前馈—反馈控制系统是动态控制系统。由于铸坯表面温度实测的精确度差，这种仅按表面温度反馈来控制水量的系统尚难实际应用。

(4) 只有前馈—反馈这一"复合"的前馈调节系统，既能使前馈调节对扰动实现静态和动态的补偿作用，又能使反馈调节弱化其他扰动对铸坯温度的影响，并可消除静差。这对铸机二冷控制则具有实用价值。

符号说明

H——转换热焓,cal/g

φ——转换温度,℃

T_c——浇注温度,℃

T_s——铸坯初期表面温度,℃

X_s——铸坯的凝固壳厚度,mm

$\bar{q}$——结晶器平均热流密度,cal/(cm² · s)

q——结晶器瞬时热流密度,cal/(cm² · s)

h——综合传热系数,cal/(cm² · s)

T_b——铸坯表面温度,℃

T_w——冷却水温度,℃

ε——钢的黑度,0.8

σ——斯忒藩—玻耳兹曼常数,1.356×10^{-11} kcal/(m² · s)

Δx、Δy——铸坯窄面和宽面上的空间步长,mm

Δt——时间步长,s

参 考 文 献

[1] A. W. Hills. Symp. on Chem. Eng. in Metal. Indst., 1963: 128.
[2] E. A. Mizikar. Trans Metall Society of AIME, 1967, 239: 1747.
[3] 夏奇, 严友梅. 第四届冶金工程动力学集, 1988: 380.
[4] 蒋冠珞. 中日钢铁学术会议第一届炼钢学术会议报告. 中国金属学会, 1981: 434.
[5] 蔡开科, 吴元增. 金属学报, 1983, 20 (3): 146.
[6] 黎学玛. 北京科技大学硕士论文, 1983.
[7] 张跃萍, 等. 第七届全国炼钢学术会议论文集.
[8] 蔡开科. 第一届全国炉外处理学术会议论文集. 中国金属学会, 1992, 10: 367.
[9] 蔡开科. 浇注与凝固 [M]. 北京: 冶金工业出版社.

Control Model for Wecondary Cooling Zone of Slab Concaster

Chen Suqiong Cai Kaike

(University of Science and Technology Beijing)

Abstract: On the basis of the mathematical model for the non steady state two dimensional heat transfer a control model for calculating the secondary cooling water distribution was eatablished wish the control over the surface temperature of the objection as the guide. A comparison made to three different real time control patterns at the secondary cooling zone shows that backfeed control on the surface temperature of the casting temperature forward is more beneficial to the stabilization of the surface temperature and improvement in the slab quality.

Keywords: continuous caster; secondary cooling water; mathematical model

凝固模型在高碳钢方坯连铸中的应用

陈卫强　韩传基　蔡开科　　　陈荣奎　林　武

（北京科技大学）　　　　　　（湘潭钢铁公司）

摘　要：依据湘钢现场条件，建立了连铸方坯凝固传热数学模型，分析了过热度、拉坯速度、二冷水量对高碳钢方坯凝固过程中的影响，确立了二次冷却与高碳钢二次枝晶间距的关系式，提出了改善高碳钢方坯连铸中心缩孔的途径。

关键词：凝固；数学模型；方坯连铸；二次冷却；高碳钢

1　引言

凝固传热过程的仿真模拟已日臻成熟，并在连铸坯生产实践中取得了很好的效果。本文结合湘钢方坯连铸的设备条件，开发出方坯凝固传热数学模型。

2　连铸方坯二次冷却数学模型

2.1　凝固传热微分方程

假定：

（1）凝固坯壳散热以传导传热为主，液相穴中以对流传热等效为传导传热来考虑，且随钢液状态变化而变化；

（2）钢的物性参数视为常量；

（3）拉速恒定时，传热只与表面冷却条件有关；

（4）忽略拉坯方向上的传热。凝固传热简化为二维不稳态传热。

在结晶器钢液面处取一铸坯薄片作为微元体，从而得到

$$\rho c \frac{\partial T}{\partial t} = k \frac{\partial^2 T}{\partial x^2} + k \frac{\partial^2 T}{\partial y^2} \tag{1}$$

2.2　差分方程的基本形式

由于方坯连铸冷却的对称性，可只取其横断面的 1/8 作为研究对象，如图 1 所示。采用显示有限格式计算得到 7 个差分方程（$\Delta x = \Delta y$）：

（1）内部节点（$0 < i < N, 0 < j < i$）：

$$T_{i,j}^{t+1} = T_{i,j}^{t} + \frac{\Delta t}{\rho_c (\Delta x)^2}[k(T_{i+1,j}^{t} + T_{i,j+1}^{t} + T_{i,j-1}^{t} - 4T_{i,j}^{t})] \tag{2}$$

本文发表于《化工冶金》，1998 年，第 1 期：61~67。

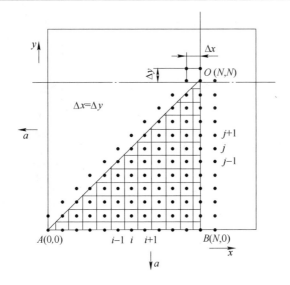

图 1 方坯差分节点

Fig. 1 The differential net of billets

(2) 中心节点 (N, N):

$$T_{N,N}^{t+1} = T_{N,N}^t + \frac{4\Delta t}{\rho_c (\Delta x)^2} [k(T_{N,N-1}^t - T_{N,N}^t)] \quad (3)$$

(3) 表面节点 $(0 < i < N, j = 0)$:

$$T_{i,0}^{t+1} = T_{i,0}^t + \frac{2\Delta t}{\rho_c (\Delta x)^2} [k(T_{i+1,0}^t + 2T_{i,1}^t + T_{i-1,0}^t - 4T_{i,0}^t) + 2h(T_a - T_{i,0}^t)\Delta x] \quad (4)$$

(4) 角部节点 $(0, 0)$:

$$T_{0,0}^{t+1} = T_{0,0}^t + \frac{2\Delta t}{\rho_c (\Delta x)^2} [k(T_{1,0}^t + T_{0,1}^t - 2T_{0,0}^t) + 2h(T_a - T_{0,0}^t)\Delta x] \quad (5)$$

(5) 角部节点 $(N, 0)$:

$$T_{N,0}^{t+1} = T_{N,0}^t + \frac{2\Delta t}{\rho_c (\Delta x)^2} [k(T_N^t + T_{N,1}^t - 2T_{N,0}^t) + h(T_a - T_{N,0}^t)\Delta x] \quad (6)$$

(6) 绝热边界 $(N, 0 < j < N)$:

$$T_{N,j}^{t+1} = T_{N,j}^t + \frac{\Delta t}{\rho_c (\Delta x)^2} [k(2T_{N-1,j}^t + T_{N,j+1}^t + T_{N,j-1}^t - 4T_{N,j}^t)] \quad (7)$$

(7) 对角线边界 $(i = j, 且 0 < j, j < N)$:

$$T_{i,j}^{t+1} = T_{i,j}^t + \frac{2\Delta t}{\rho_c (\Delta x)^2} [k(2T_{i+1,j}^t + T_{i,j+1}^t - 2T_{i,j}^t)] \quad (8)$$

差分方程的稳定性条件为:

$$\frac{k\Delta t}{\rho_c (\Delta x)^2} \leq \frac{1}{4\left(1 + \frac{h\Delta x}{k}\right)} \quad (9)$$

由式 (9) 来确定空间步长 Δx 和时间步长 Δt 的关系 (其中 $\Delta x = 3 \text{mm}$、$\Delta t = 0.13 \text{s}$)。

2.3 边界条件的要点

2.3.1 结晶器热流密度的确定

利用现场测定的结晶器冷却水流量和进出口处的温差，来求出结晶器的平均热流密度

$$\bar{q} = c_w \times q_m \times (\Delta T)_w / S_{eff} \quad J/(m^2 \cdot s) \quad (10)$$

沿结晶器拉坯方向瞬时热流密度的分布可表示为[1,2]

$$q = 268 - b\overline{L_m/v}$$

将此式积分并与式（10）相等，求出 $b = 3(268 - \bar{q})/(2\overline{L_m/v})$。

结晶器内坯壳四周与铜壁接触状况的差异而形成气隙，造成了结晶器横断面上热流分布不均匀性，小方坯结晶器热流在其横断面上的分布如图 2 所示[3]。

2.3.2 二冷区传热的确定

二冷区分为三段：足辊区、二冷一区和二冷二区，结合现场的设备条件，其换热系数的计算式选用[4]

$$h = 0.42\omega^{0.351} \quad (11)$$

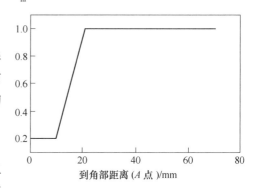

图 2 结晶器横断面上热流分布

Fig. 2 The heat flow distribution in transverse section of mould

其边界条件可表示为

$$\begin{aligned}
-k\frac{\partial T}{\partial x}\bigg|_{x=0, t \geq L_m/v} &= h(T_a - T_w) \\
-k\frac{\partial T}{\partial y}\bigg|_{y=0, t \geq L_m/v} &= h(T_a - T_w)
\end{aligned} \quad (12)$$

现场喷嘴的选型和布置导致铸坯在二冷区的冷却是水冷和辐射换热互相交替的过程，模拟计算中考虑了这些因素对换热的影响。

2.3.3 辐射区和空冷段的换热

$$q^r = k\delta[(T_b + 273)^4 - (T_a + 273)^4] \quad W/m^2 \quad (13)$$

2.4 初始条件的确定

坯凝固传热的初始条件为

$$T(x, y, z)|_{t=0} = T_c \quad (14)$$

2.5 程序的编制

在综合考虑边界条件的基础上，编制了连铸方坯两个断面（150mm × 150mm、240mm × 240mm）的凝固传热二冷计算软件，采用 C 语言编制，在 IBM386 机上计算时间只需 2min。计算方法是根据已知的水量或水流密度与二冷换热系数之间的关系，作为第三类边界条件，根据显式差分理论，利用迭代法来进行凝固传热微分方程的求解。

2.6 模型的验证

2.6.1 断面 240mm×240mm 方坯的结果

对漏钢所形成的 4m 长凝固空壳进行现场解剖,实测坯壳厚度和由当时的工艺条件进行模拟计算得到的坯厚度见表 1。

表1 计算和实测坯壳厚度的对比
Table 1 Comparison between the measured and the calculate ed shell thickness

到弯月面距离/mm	坯壳厚度/mm		绝对误差	相对误差
	测量值	计算值		
500	16.3	16.9	0.6	3.68
1000	26.4	26.3	-0.1	0.38
1500	29.6	29.5	-0.1	0.38
2000	34.5	34.9	0.4	1.16
2500	39.0	38.4	-0.6	3.68
3000	44.3	42.0	-2.3	5.16
3500	47.5	45.0	-2.5	5.26

由表 1 可知,实测与计算结果误差均小于 6%,说明该模型具有可信性,另外,对横断面上坯壳厚度的模拟来看,坯壳的角部比中心部位稍微薄一些,和实际的坯壳凝固形状相吻合,这说明引入结晶器热流在横断面上的热流分布(见图 2),更符合实际情况。

2.6.2 断面 150mm×150mm 方坯的验证

采用测量铸坯表面温度的方法加以验证。现场共测量了 9 组不同工艺条件下的数据,实测温度和计算温度的相对误差均小于 10%,图 3 是其中的一例。

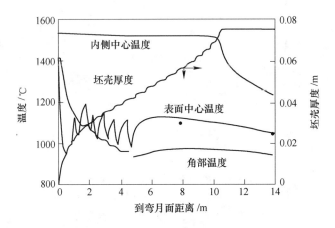

图 3 计算和实测温度比较

Fig. 3 Comparison of computed and measured temperatures

($q_m = 130$t/h, $(\Delta T)_w = 4℃, v = 1.8$m/min, $\Delta T = 15℃$)

3 讨论

针对 65 号钢进行了一系列模拟计算和实验研究。

3.1 过热度 ΔT 对铸坯凝固的影响

浇注温度对铸坯凝固过程的影响如图 4 所示。过热度 ΔT 每提高 10℃，铸坯表面温度平均提高 3.7℃，铸坯中心温度平均提高 7.3℃，出结晶器时坯壳厚度平均减少 0.275mm，液芯长度平均提高 47℃，出结晶器时坯壳厚度平均减少 0.6mm，液芯长度平均增加 1.04m（见图 5）。

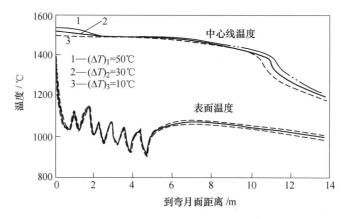

图 4　浇注温度对铸坯温度的影响

Fig. 4　Effect of casting temperature on slab temperature

($v = 1.7 \text{m/min}$，$q_{m1} = q_{m3} = 80 \text{L/min}$，$q_{m2} = 90 \text{L/min}$)

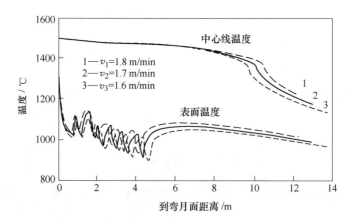

图 5　拉坯速度对铸坯温度的影响

Fig. 5　Effect of casting speed on billet temperature

($T = 1497℃$，$q_{m1} = q_{m3} = 80 \text{L/min}$，$q_{m2} = 90 \text{L/min}$)

3.2 二冷水量对凝固过程的影响

从图 6 可以看出，在不同拉速下，通过改变二冷区各区水量，可以得到几乎相同的表

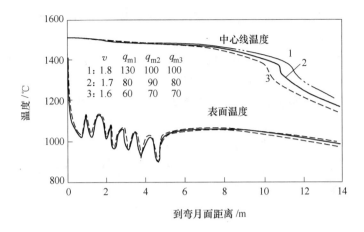

图 6　不同拉速不同水量对铸坯温度的影响

Fig. 6　Effect of casting speed ang spray water on billet temperature

面温度变化规律，使铸坯表面温度保持较优的状态。

图 7 显示了在拉速确定、两种不同水量冷却的情况下凝固进程的差异。比水量每降低 0.1L/kg，相应地铸坯液芯长度增加 0.40m，铸坯表面温度升高 10.52℃；但其液芯长度控制在 12m 以内，表面温度低于 1100℃，这说明在实际生产中可以降低水量（如比水量 0.6L/kg），以达到高碳钢弱冷、在二冷区表面温度波动和回温较小的效果，提高铸坯的质量。

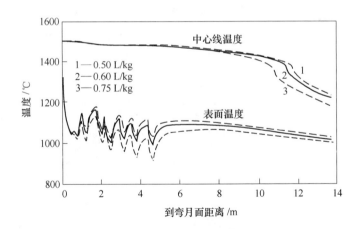

图 7　不同水量对铸坯温度的影响

Fig. 7　Effect of water volume on billet temperature

($v = 1.7$m/min, $T = 1497$℃)

3.3　二次冷却与枝晶间距的关系

枝晶间距的大小是铸坯凝固结构细化程度的标志，一般一次枝晶间距取决于温度梯度和凝固速度的乘积,而二次枝晶间距直接取决于冷却速度的大小,反映了铸坯显微偏析的程度。

根据高碳钢现场的生产试验条件:拉速1.84m/min,过热度14℃,二冷水量为足辊段5.6t/h、一区4.3t/h、二区4.6t/h(比水量为0.75L/kg),结晶器水量131t/h,温差4℃,利用该模型计算得到铸坯在凝固过程中从其表面到中心的平均冷却速度 θ 在 $62.0 \sim 0.3$ ℃/s 之间,同时实验室测定了65号钢二次枝晶间距,得出现有生产条件的二次枝晶间距与平均冷却速度的关系式为 $L_{\mathrm{II}} = 709\theta^{-0.372}(\mu m)$。

此式的计算值与铃木的结果[1]相近,二次枝晶间距在 $100 \sim 200\mu m$ 之间,属于细小的枝晶组织,这表明在现有的工艺条件下,有较细的树枝晶结构,这有利于提高钢的质量;同时其柱状晶组织发达,化学成分分布也较为均匀[5]。

3.4 凝固末端二次冷却对中心缩孔的影响

铸坯中心缩孔的形成与高碳钢在凝固末期铸坯中心冷却速度及表面冷却速度的相对变化有很大关系。从铸坯内外收缩差异的角度推导出了表征中心缩孔大小与冷却速度的关系式,得到了 G 因子(表面冷却速度和中心冷却速度的比值)判据[5],若 $G<0.5$,就形成中心缩孔,因此,可以采用改变铸坯表面冷速的方法,控制 G 值,达到改善中心缩孔的目的。

在现有工艺条件下,$150mm \times 150mm$ 铸坯中心形成了 $2 \sim 4mm$ 的缩孔,此时,G 值在 $0.2 \sim 0.3$ 之间(小于0.5),$G<0.5$ 的部位中距结晶器弯月面 $11 \sim 13m$ 之间,即在铸坯凝固的末端,可以利用在凝固末端喷水强冷却的方法来加快铸坯表面的温降速度,如图8所示,在 $10 \sim 13m$ 之间采用喷水冷却后(参数选取:过热度15℃,拉速1.7m/min),其表面温降1.52℃/s,铸坯中心温降0.96℃/s,达到表面温降大于铸坯中心的温降,$G=1.69$(不喷水 $G=0.25$),使其表面产生一个压缩力,来消除中心缩孔的产生,减轻中心偏析的程度。

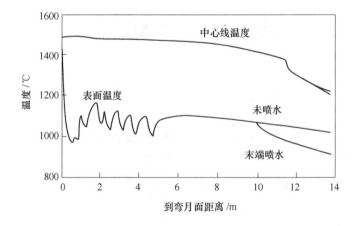

图8 凝固末端强冷法与常规工艺比较

Fig.8 Comparetion of sharp cooling in the final solidification period with conventional technology

4 结论

(1) 根据现场条件建立的连铸方坯二维凝固数学模型具有实用性和可信性。
(2) 分析表明,二冷水量和拉速对铸坯凝固进程的影响较大,而过热度的影响较小。
(3) 在现有生产条件下,高碳钢的冷却制度采用 0.6L/kg 左右为宜。
(4) 应用该模型可优化二冷区喷水冷却制度,以控制高碳钢铸坯的质量。

符号说明

c——质量热容,680~750kJ/(kg·℃)
G——铸坯表面冷却速度和中心冷却速度的比值
k——玻耳兹曼常数,5.67×10^{-8} W/(m²·K⁴)
L_{II}——铸坯二次枝晶间距,μm
q——热流密度,J/(m²·s)
q^r——辐射区热流密度,J/(m²·s)
t——时间,s
T_a——环境温度,℃
T_c——钢水浇注温度,1540~1520℃
Δt——时间间隔,0.13s
$(\Delta T)_w$——水的进出口温差,现场为 3~4℃
v——拉速,1.6~1.8m/s
ρ——密度,7400kg/m³
ΔT——过热度,20~30℃
Δy——y 方向上的空间间隔,3mm
c_w——水的比热,1000J/(kg·℃)
h——传热系数,kW/(m²·℃)

k——导热系数,29~31W/(m·K)
L_m——结晶器有效长度,0.6m
q_m——结晶器的质量流量,kg/s,现场为 120~150t/h
S_{eff}——结晶器壁的有效冷却面积,4×0.24 (或 0.15×0.6)m²
T——温度,℃
T_b——铸坯表面温度,℃
T_w——水温,25℃
ω——水流密度,0.5~2.0L/(m²·s)
θ——铸坯凝固时某一位置处的平均冷却速度,℃/s
x,y——坐标轴,mm
δ——黑度系数,0.7~0.8
Δx——x 方向的空间间隔,3mm

上下标:
N——方坯断面 1/2 边长的等分数
$t,t+1$——差分计算的前一时刻和后一时刻(s)
i,j——整数,分指方坯断面上的差分网格点

参 考 文 献

[1] 蔡开科. 浇注与凝固 [M]. 北京:冶金工业出版社,1987:84-85.
[2] 王雷. 合金钢连铸二次冷却系统配水制度研究 [D]. 北京:北京科技大学.
[3] Dippenaar P. J., et al. Mold Taper in Continuous Casting Billet Machine. ISS Transactions, 1986, 7: 31.
[4] 杨吉春, 等. 连续铸钢学术会议论文集, 1987: 117-125.
[5] 陈卫强. 连铸方坯高碳钢质量研究 [D]. 北京:北京科技大学.

Solidification Model Applied in Continuous Casting Billets for High Carbon Steel

Chen Weiqiang　Han Chuanji　Cai Kaike

(University of Science and Technology Beijing)

Chen Rongkui　Lin Wu

(Xiangtan Iron and Steel Company)

Abstract: A mathematical model of solidification and heat transfer for continuous casting billets (150mm×150mm, 240mm×240mm) is established according to the conditions of industrial production. The effects of superheat, casting speed, secondary cooling on the billet solidification process are analyzed, and the relation of secondary cooling with secondary dendrit spacing is obtained. Proposals to reduce central cavity in high carbon steel billets are made.

Keywords: solidification; mathematical model; billet concast; secondary cooling; high carbon steel

板坯连铸二冷区凝固传热过程与控制

韩传基[1] 蔡开科[1] 赵家贵[2] 徐荣军[3] 吴 巍[3]

(1. 北京科技大学冶金学院；2. 北京科技大学信息工程学院；
3. 安阳钢铁公司)

摘　要：依据安钢板坯连铸机的具体条件，建立了连铸板坯凝固传热数学模型，实现了随铸坯钢种、断面尺寸及拉速变化对各回路水量连续实时控制，经现场应用表明，利用配水模型所制定的二冷配水制度是合理的，效果良好。

关键词：板坯连铸；二冷区；凝固传热过程

1 引言

国内外研究者先后对连铸坯二冷区进行过研究[1-4]，并在连铸坯生产实践中取得了良好的效果。安阳钢铁公司于1998年4月对4号板坯连铸机进行改造，铸机为超低头连铸机，其冶金长度为1.46km，二冷区共有10个回路，生产铸坯断面尺寸为150mm × 1050mm，180mm × 1050mm。本文结合安钢板坯连铸机的设备情况，开发出二冷配水数学模型，制定出了合理的二冷区配水制度，借助计算机实现了实时动态控制。

2 数学模型的建立

2.1 传热微分方程

为建立导热微分方程，作如下假定：（1）传热条件不随拉速变化；（2）结晶器拉坯方向导热量很小，大约占总热量的3%~6%，故主要考虑水平方向导热；（3）由于液相穴中钢液对流运动，液相穴的导热系数大于固相区的导热系数，且随温度而变；（4）各相的密度视为常数；（5）凝固过程中，比热容c的变化转换热焓法处理。

结晶器液面处取一铸坯片作为微元体，如图1所示，并得到：

$$\rho c \frac{\partial T}{\partial t} = \frac{\partial}{\partial x}\left(\lambda \frac{\partial T}{\partial x}\right) + \frac{\partial}{\partial y}\left(\lambda \frac{\partial T}{\partial y}\right) \quad (1)$$

根据假设，模型计算引进转换温度与转换热焓：

$$\phi = \int_{T_0}^{T} c(T) dT \quad (2)$$

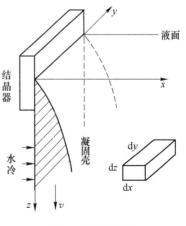

图1 铸坯微元体

本文发表于《北京科技大学学报》，1999年，第6期：523~525。

$$H = \int_{T_0}^{T} c(T)\,\mathrm{d}T \tag{3}$$

式中 ϕ——转换温度；

H——转换热焓；

$\lambda(T), c(T)$——温度 T 时钢的导热系数、比热容；

λ_0——温度为 T_0 时钢的导热系数。

将式（2）和式（3）代入（1），其传热的微分方程为：

$$\rho \frac{\partial H}{\partial t} = \lambda_0 \left(\frac{\partial^2 \phi}{\partial x^2} + \frac{\partial^2 \phi}{\partial y^2} \right) \tag{4}$$

2.2 边界条件

（1）结晶器热流密度的确定。利用现场测定的结晶器冷却水量和进出口处的温差，求出结晶平均热流密度：

$$\bar{q} = c_w q_m (\Delta T)_w / S_{\text{eff}} \quad \mathrm{J}/(\mathrm{m}^2 \cdot \mathrm{s}) \tag{5}$$

沿结晶器拉坯方向瞬时热流密度的分布可表示为：

$$q = 268 - b\sqrt{L_m/v} \tag{6}$$

将此式积分并与式（4）相等，求出：

$$b = 3(268 - \bar{q})(2\sqrt{L_m/v})$$

（2）二冷区传热。二冷区铸坯表面热量传递有：铸坯表面辐射散热、冷却水加热蒸发带走热量、铸坯与支撑辊接触导热等，在设备和工艺条件一定时，占主导地位的是冷却水与铸坯表面的热交换。通常，以综合传热系数 h 来描述二冷区铸坯表面的传热过程：

$$q = h(T_b - T_w) \tag{7}$$

式中 T_b——铸坯表面温度；

T_w——二次冷却水温度。

h 与喷嘴类型、喷嘴布置、水流密度、水温及铸坯表面状态等多种因素有关，结合安钢现场设备条件及喷嘴类型，参照有关资料，进行数据处理得到传热系数与水流密度的关系如下：

水喷嘴： $h = Aw^{0.556}$

汽水喷嘴： $h = Aw^{0.815} + B$

（3）辐射区和空冷段的换热。

$$-k\frac{\partial T}{\partial x} = -k\frac{\partial T}{\partial y} = \varepsilon\delta[T_b^4 - T_a^4] \tag{8}$$

式中 T_a, T_b——热力学温度。

2.3 初始条件的确定

铸坯凝固传热的初始条件：

$$T(x,y,z)|_{t=0} = T_c \tag{9}$$

3 程序设计

3.1 传热数学模型求解

导热问题的求解是对导热方程式在所给定的初始条件、边界条件下,求积分解,因为采用有限差分法求解连铸传热模型已能满足精度的要求[5],故对式(4)采用差分法求解,据板坯冷却具有对称性的特点,取铸坯1/4作为研究对象,将其网格化,分成若干离散的小区域,认为这些小区域均为一个节点,这个节点则集中着它周围区域的热容,即节点的温度代表该小区域的平均温度,一系列节点的温度就表示着研究对象的温度分布,选择一些有代表性的节点,代入各自边界条件,构成了凝固传热差分方程组,可算出各节点的温度分布。

差分方程的稳定性条件为:

$$\frac{\lambda \Delta \tau}{\rho c}\left[\frac{1}{(\Delta x)^2} + \frac{1}{(\Delta y)^2}\right] \leq \frac{1}{2} \tag{10}$$

本模型计算中:$\Delta x = \frac{1}{16}$ 坯厚,$\Delta y = \frac{1}{100}$ 坯宽,$\Delta \tau = 0.01 \text{s}$。

3.2 程序编制

在综合考虑边界条件的基础上,编制了连铸板坯2个断面(180mm × 1050mm,150mm × 1050mm)、5个钢种的凝固传热二冷计算软件,确定了二冷各回路水量参数(a,b,c):

$$Q_i = a_i v^2 + b_i v + c_i \quad (i = 1,\cdots,10)$$

式中 a_i, b_i, c_i ——由钢种和铸坯断面尺寸等各项因素所确定的系数;
  i ——冷却回路序号。

4 二冷配水动态控制的实现

4.1 二冷配水控制功能

图2给出了二冷配水控制系统的功能框图。二冷配水控制系统由二冷配水数学模型、二冷配水监控程序、二冷配水控制系统的PLC监控软件、各种检测仪表和所选机构构成。

4.2 系统的特点和功能

由于系统构成的自身特点和数学模型的功能,使其具有如下特点和功能:

(1)二冷配水数学模型安排在工控机上运行,它根据钢种、断面尺寸等输入参数a、b、c发给PLC;PLC根据拉速和各回路配水参数进行配水运算并实施动态连续控制。

(2)各回路配水量对铸坯表面温度的影响,是通过模型计算所得表面温度与实际铸坯表面温度相符而实现的。为了有利现场人员实时了解铸坯运行状态,系统能提供多种便于操作人员参考的画面,如铸坯表面温度跟踪、铸坯凝固状态等画面。

(3)"历史数据查询画面"用于查询生产过程中各种参数,如结晶器冷却水的流量、压力、温度,二冷水的流量和压力,压缩空气的压力,拉速、振频和大中包温度等历史记录。

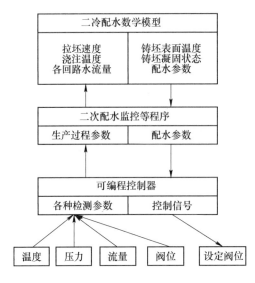

图 2　控制系统的功能框图

5　工厂应用效果

5.1　铸坯出结晶器坯壳厚度

在生产现场测拉漏时出结晶器坯壳厚度，通过观察测量，实测值为 18.2mm，然后对该炉钢有关参数输入模型计算得坯壳厚度为 17.7mm，误差为 2.75%，因此所建立的模型能较精确地模拟铸坯在结晶器内的实际凝固传热。

5.2　铸坯表面温度

在正常浇注时，铸坯实测值与计算结果见表 1。由表 1 看出，实测值与计算值误差小于 3%，数据吻合较好，说明建立的二冷传热模型具有可信性。

表 1　铸坯表面温度实测值与模型计算值比较（断面 180mm×1050mm）

测量日期	钢种	t（中包）/℃	v/m·min^{-1}	t（实测）/℃		t（计算）/℃	
				矫直区	出二冷区	矫直区	出二冷区
1988-08-23	Q235	1540	0.80	1023	910	1011	905
1998-08-23	Q235	1538	0.82	1019	907	1009	896
1999-04-17	16Mn	1541	0.83	1016	912	1009	900
1999-04-17	16Mn	1537	0.85	1008	917	1013	902

5.3　铸坯质量

该模型 1998 年 4 月投入应用，对生产船板钢 18 万吨的铸坯进行 6 个月质量跟踪表明，铸坯内部组织致密，无裂纹产生，合格率达到 99.61%，应用效果是非常显著的。

6 结论

(1) 根据现场条件开发的板坯连铸凝固数学模型具有实用性和可靠性。

(2) 二冷系统控制软件自投入运行以来,各冷却回路水量分布合理,铸坯表面温度分布均匀,改善了铸坯的质量。

(3) 系统操作简便,功能齐全,具有灵活的通用性,便于操作者获得所需各种信息,适合板坯连铸生产。

参 考 文 献

[1] 蔡开科. 浇注与凝固 [M]. 北京: 冶金工业出版社, 1987: 83.
[2] 王雷. 合金钢连铸二冷却系统配水制度研究 [D]. 北京: 北京科技大学, 1988.
[3] Jiang G S, Boyle J R. Computer Dynamic Control of the Secondary Cooling during Conting [C]. Conference on Conting of Steel in Developing Countries, Beijing, 1993: 567.
[4] Keigo Okumo. Dynamic Spray Cooling Control System for Continuous Casting [J]. Iron and Steel English, 1987 (4): 34.
[5] Szekely J 著. 金属初加工过程和数学和物理模型 [M]. 蔡开科译. 北京: 冶金工业出版社, 1992: 16.

Solidification Heat Transfer Process and Control for Secondary Cooling Zone of Slab Casting

Han Chuanji　Cai Kaike　Zhao Jiagui

(University of Science and Technology Beijing)

Xu Rongjun　Wu Wei

(Anyang Iron and Steel Company)

Abstract: A mathematical model of solidification and heat transfer for Continuous Casting slab is established on the basis of slab caster of Anyang Iron & Steel Company. According to the steel grades, the slab section sixes and the casting speed, the control model can adjust secondary spray cooling zone water flow rates. The production application has verified that the water flow for secondary cooling is suitable and the quality of casting slab is good.

Keywords: slab casting; secondary cooling zone; solidification heat transfer process

钢中夹杂物研究

GANGZHONG JIAZAWU YANJIU

喷硅钙粉对镇静钢中 Al_2O_3 夹杂形态的控制

蔡开科　张克强　李绍舜　陈襄武

(北京钢铁学院)

1 引言

出钢时在钢包内加铝，一部分用于脱氧，迅速把钢中氧降到较低的水平而形成脱氧产物 Al_2O_3，另一部分溶解于钢中，但是钢中 Al_2O_3 夹杂带来的危害是：

(1) 在炼钢温度下，Al_2O_3 为细小的固体质点，呈串状不规则分布于钢中。在热轧时而延伸成链状，影响了钢的机械性能[1]。

(2) Al_2O_3 夹杂集中在连铸坯表皮下，在冷轧薄板上表现为含 Al_2O_3 白线缺陷，影响深冲制品的表面质量[2]。

(3) 浇注时常常导致水口堵塞。尤其是连铸中间包水口堵塞更为严重，影响铸机生产率[3,4]。

在连续铸锭中，从钢包→中间包→结晶器，钢水铝的二次氧化比钢锭模浇注更为严重。近年来，采用钢包喷粉处理来控制铝镇静钢中 Al_2O_3 形态，减少或消除上述危险，已引起了人们的重视。本文是讨论钢中 Al_2O_3 夹杂控制的原理和喷 Si-Ca 粉处理钢水的热模拟试验结果。

2 钢中 Al_2O_3 夹杂形态控制原理

许多作者曾研究了铝镇静钢中夹杂物形态和分布。Mclean 指出[5]，在 Fe-O-Al 系中，某一温度下 Al 的脱氧产物是与钢中 [O] 含量有关的。如 1600℃ Al 加入 [O] >0.058% 钢中，首先形成 FeO、Al_2O_3，把 [O] 一直降到 0.058% 才开始形成 Al_2O_3，如加入 Al 时，钢中 [O] <0.058%，则脱氧产物为 Al_2O_3。

Wanin 等人[6]对铝脱氧的连铸低碳钢，用放射性 Ce 做示踪剂指出，铸坯中的 Al_2O_3 是铝脱氧产物，而不是炉渣或耐火材料的质点。

Jacqmot[7]对低炭钢用 SiAl 脱氧试验指出，钢中 Al < 0.01% 脱氧产物为 SiO_2 或 $SiO_2 \cdot Al_2O_3$；钢中 Al > 0.01% 脱氧产物为 Al_2O_3。

总之，为保证钢中残铝的镇静钢，钢中夹杂物形态主要是聚集成群的 Al_2O_3。它熔点高 (2050℃)，质点小 (2~5μm)，对钢润湿性差 ($\theta = 140° \sim 145°$)。如果能把 Al_2O_3 质点转变为低熔点的液态球形夹杂物，其效果就有：

(1) 改善了钢水的流动性和夹杂物对钢的润湿性，可避免浇注水口堵塞；

(2) 钢中夹杂物由群状分布转变为球形孤立分布，改善了机械性能；

(3) 液态球形夹杂有利于上浮，改善了钢的纯净度。

本文发表于《特殊钢》，1981 年，第 1 期：116~123。

从 CaO-Al$_2$O$_3$ 二元相图（图 1）可知，CaO 与 Al$_2$O$_3$ 可生成五种化合物[8]，它们的性能见表 1。由表知，标准自由能均为负值，说明钢中 CaO 与 Al$_2$O$_3$ 具有生成 mCaO·nAl$_2$O$_3$ 的条件。但在炼钢温度下，生成 CA$_6$、CA$_2$、C$_{12}$A$_7$ 的可能性更大。这样，我们就向钢中加入含钙的化合物来转变 Al$_2$O$_3$ 形态。如向钢液中喷入含钙的合金（Si-Ca，Si-Ca-Al）等成 CaO + CaF$_2$ 的渣料，就可达到目的。下面介绍喷 Si-Ca 粉的试验结果。

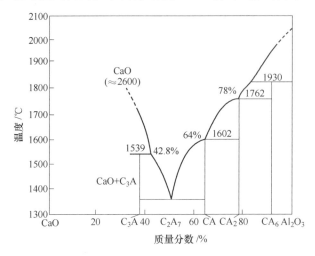

图 1　CaO-Al$_2$O$_3$ 相图

表 1　mCaO·nAl$_2$O$_3$ 的性能

化　合　物	CaO/%	Al$_2$O$_3$/%	熔点/℃	密度/g·cm^{-3}	$\Delta G^{\ominus}$/cal·mol^{-1} 1550~1600℃
3CaO·Al$_2$O$_3$（C$_3$A）	62	38	1535	3.04	-15290
12CaO·7Al$_2$O$_3$（C$_{12}$A$_7$）	48	52	1415	2.83	-102260
CaO·Al$_2$O$_3$（CA）	35	65	1605	2.98	-11910
CaO·2Al$_2$O$_3$（CA$_2$）	22	78	1750	2.91	-333517
CaO·6Al$_2$O$_3$（CA$_6$）	8	92	1850	3.38	-803649

3　喷吹 Si-Ca 粉的热模型试验

3.1　试验工艺

试验是在 100kg 中频感应炉上进行，使用有机玻璃的喷粉缸。工业纯铁在 MgO 坩埚熔炼，工业纯铁成分：C < 0.04%、Si < 0.02%、MnO 为 12% ~ 0.16%、S 为 0.01% ~ 0.03%，P < 0.03%。Si-Ca 合金成分：Si 58.6%，Ca 26.61%，Al 1.51%，S ≤ 0.04%，C < 0.10%，粒度小于 0.125mm。载气为 Ar 气，气体流量为 2.5 ~ 3.3Nm^3/h。当炉料熔化之后，调整温度在 1600 ~ 1620℃，加 2 ~ 3kg/t 铝脱氧，然后开始吹 Si-Ca 粉末。装入炉料为 80 ~ 100kg，熔池深度为 290 ~ 320mm，喷枪插入深度为 250 ~ 270mm，喷粉速度为 133 ~ 480g/min。喷吹毕钢水浇成 50kg 钢锭。在喷吹过程中，按规定的时间间隔，用 ϕ10 ~ 12mm 的石英管和样勺从炉内取样。石英管样做真空熔化法定氧和金相检验，块样钻取钢用做化学分析。酸溶法测定钢中残铝含量，原子吸收法测定钢中钙。少量试样用电

子扫描定性鉴定夹杂物组成。

3.2 试验结果

（1）钢中夹杂物形态特征：加 Al 脱氧后钢中夹杂物分布，如图 2（a）所示。显微镜下观察 Al_2O_3 呈群状分布。喷 Si-Ca 粉后，钢中夹杂物形态有三种类型：

1）球型铝酸钙：夹杂物为复合相结构，如图 2（b）所示。似乎是铝酸钙基体包含有 Al_2O_3 夹杂。

2）不规则形状铝酸钙：它们一般以不规则形状大小不一分布于钢中，是含钙铝酸盐夹杂，如图 2（c）、（d）所示。

3）正在转变的 Al_2O_3 夹杂：如图 2（e）所示。由夹杂物形态特征可估计，呈群状的 Al_2O_3 夹杂物逐渐转变为小球形，然后逐渐聚合为大颗粒夹杂。

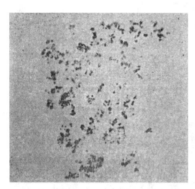

(a) 加 Al 脱氧后×225

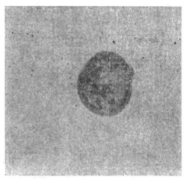

(b) 喷 Si-Ca 粉 2min×400

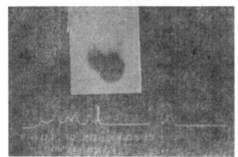

(c) 喷 Si-Ca 粉后 30s×5000

(d) 喷 Si-Ca 粉 1.5min×500

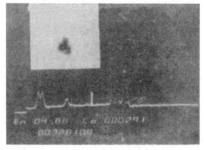

(e) 喷 Si-Ca 粉 4min×500

图 2 喷 Si-Ca 粉前后夹杂物形态变化

（2）喷吹过程中夹杂物演变　为了定量估计喷吹 Si-Ca 粉过程中钢中 Al_2O_3 夹杂物的演变，将试样抛光后，在显微镜下进行夹杂物定量鉴定。每个试样选取 20 个视场，记录不同夹杂物的尺寸和个数，计算夹杂物所占面积百分数，然后再求出重量百分数。据此，喷吹过程中钢中 Al_2O_3 夹杂和钙铝酸盐变化趋势如图 3 所示。由图知，开始喷 Si-Ca 粉后，钢中 Al_2O_3 的减少是很快的，到喷吹结束 Al_2O_3 夹杂已基本消失。在出钢时虽有 Al 的二次氧化，但钢中 Al_2O_3 并不增加。与此同时，钢中铝酸盐夹杂是逐渐增加，且夹杂尺寸逐渐增大（见图 4）。停喷后，钢液静置，铝酸钙夹杂减少，但出钢后钢中铝酸盐反应又增加了。这与钢中总［O］变化是一致的。

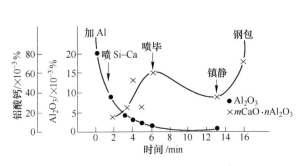

图 3　喷粉过程中钢中夹杂物变化趋势　　　　图 4　喷粉过程中夹杂物尺寸变化

（3）喷粉过程中钢中总［O］、［Ca］和溶解［Al］变化：一个典型的喷粉炉次钢中总［O］、［Ca］、［Al］含量变化如图 5 所示。喷吹过程中，由于二次氧化，溶解［Al］逐渐减少，而总［O］逐渐增加。在静置过程中，钢中总［O］保持最低值，这说明铝酸钙夹杂上浮，但出钢时，总［O］又增加了。在喷粉过程中钢中钙是逐渐增加的。

（4）钢中 Si 含量变化：喷入 Si-Ca 粉中，Si 溶解于钢中数量是与钢中溶解铝和钢中钙含量有关的。钢中［Al］>0.02%，有 70% 以上的 Si 进入钢中；而［Al］<0.01%，钢中 Si 增加甚少。

（5）在同样试验条件下，加 0.3% Al 脱氧后，加 4kg/t Si-Ca 块于钢液中（Si-Ca 块包在铁盒内插入钢液）。钢中 Al_2O_3 和铝酸盐夹杂变化如图 6 所示，钢中溶解［Al］和总［O］变化如图 7 所示。从本试验结果比较：喷 Si-Ca 粉钙的回收率 18%~23.2%，而加 Si-Ca 块钙的回收率仅约为 4%。

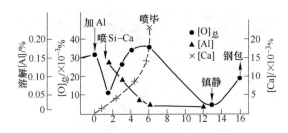

图 5　喷粉过程中钢中总［O］、［Ca］、［Al］含量变化

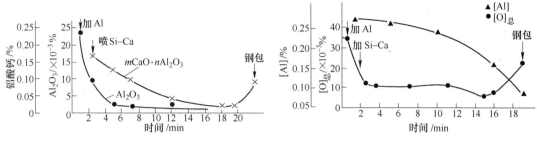

图6 加 Si-Ca 块钢中夹杂物变化   图7 加 Si-Ca 块钢中 [Al]、[O]$_总$ 变化

4 讨论

4.1 钙对钢中 Al_2O_3 的变性作用

用过量铝脱氧的钢，喷入 Si-Ca 粉后，在炼钢温度下形成钙蒸气，以钙气泡在钢液中上升，生成 CaO 与 Al_2O_3 作用形成铝酸钙。

$$[Ca] + [O] \longrightarrow CaO$$
$$3[Ca] + Al_2O_3 \longrightarrow 3CaO + 2[Al]$$
$$mCaO + nAl_2O_3 \longrightarrow mCaO \cdot nAl_2O_3$$

由图 1 和表 1 可知，CaO 对 Al_2O_3 有大的亲和力而形成低熔点的铝酸钙。从喷粉 0.5min、1.5min、3min 取样观察指出，钢中 Al_2O_3 夹杂急剧减少，而铝酸钙夹杂逐渐增加。这说明喷 Si-Ca 粉后，能把 Al_2O_3 转变为铝酸钙的球形质点。减少了夹杂物表面与体积的比值，又加搅拌作用，加速了夹杂物排除速率，有利于提高钢纯净度。

4.2 钢中 Al_2O_3 变为铝酸钙的程度

钢中 Al_2O_3 变为铝酸钙的程度决定于钢中含钙量和加入时钢中含氧量（残铝量）。Hilty 认为[9]：钢中 Ca = 14ppm 时，Al_2O_3 转变为 $CaO \cdot 2Al_2O_3$ 和 $CaO \cdot 6Al_2O_3$。Ca = 40ppm 时，Al_2O_3 大部分转变为 $CaO \cdot Al_2O_3$ 和 $12CaO \cdot 7Al_2O_3$。本试验中发现，钢中 Ca/Al 在 $2.2 \times 10^{-2} \sim 8.5 \times 10^{-2}$ 时，钢中均有球形铝酸钙夹杂。这与 Gloria 的试验结果是一致的[10]。因此，可以认为：对一定含铝钢，钢中钙大于 20ppm 时，就可保证钢中 Al_2O_3 转变为 CA_6 和 CA_2 球形铝酸钙。如果钢中含钙进一步增加，则有 $12CaO \cdot 7Al_2O_3$、$CaO \cdot Al_2O_3$ 夹杂生成。这样，我们就可利用生成铝酸钙的通用化学平衡方程式，来粗略估计为保证 Al_2O_3 转变为某种铝酸钙所需加入的最小钙量：

$3xCa + Al_2O_3 \to (1-x)Al_2O_3 \cdot 3xCaO + 2xAl$，如钢中 [O] = 0.032%，若把生成 Al_2O_3 全部转变为 $CaO \cdot 6Al_2O_3$，则所需最小 Ca 量为 0.053kg/t。若 Ca 的回收率为 20%，则为 0.0265kg/t。如 Si-Ca 粉中 Ca = 26.6%，则喷入的 Si-Ca 合金约为 1kg/t。但是 Ca 的回收率与喷吹工艺有很大关系，实际吹入的 Si-Ca 粉量要大些。

4.3 钢中 Ca 的保护作用

从图 3 和图 5 知，喷吹完后静置，钢中铝酸盐夹杂和总 [O] 下降到最低值，而

Al_2O_3 夹杂几乎全部消失。但出钢时钢流二次氧化，从钢包取试样，钢中铝酸盐和总［O］又增加了，但无 Al_2O_3 群状夹杂存在。加 Si-Ca 块的试验也有类似规律（见图6、图7）。由此我们可以推想：不含［Ca］的钢流二次氧化主要是 Al，钢中 Al_2O_3 增加；用 Si-Ca 处理钢中含有［Ca］，二次氧化主要是 Ca 和少量 Al，生成 CaO 和 Al_2O_3，还是形成铝酸钙夹杂物而无 Al_2O_3 存在。因此可以说 Ca 起了保护 Al 的二次氧化作用。这样对连铸 Al 镇静钢来说，钢包吹 Ca 处理后，即使大包钢流和中间包无保护措施，也不担心钢中再形成 Al_2O_3 夹杂。

4.4 喷吹时间的估计

从喷吹 Si-Ca 粉后 1.5min 取样，钢中 Al_2O_3 几乎消失的事实，可以认为在生产上喷吹处理时间不宜太长（3~5min），且要防止搅拌过于激烈，钢液裸露，加重二次氧化。

5 结论

从喷吹 Si-Ca 粉热模拟试验的初步结果可以得出：

（1）喷吹 Si-Ca 粉，可以很快地把钢中 Al_2O_3 夹杂转变为铝酸钙，加速了 Al_2O_3 的排除速率，可以减轻或消除 Al_2O_3 夹杂的有害作用。

（2）Al_2O_3 转变为铝钙酸的程度决定于钢中钙和溶解铝的比例，钢中 Ca/Al 在 $2.2 \times 10^{-2} \sim 8.5 \times 10^{-2}$ 就可保证 Al_2O_3 形态的转变。

（3）钢中含有一定量的钙，浇注过程中，可保护钢流二次氧化，避免钢中再出现 Al_2O_3 夹杂，这对连铸铝镇静钢、大包中间包钢流无保护措施是有意义的。

（4）如仅为控制 Al_2O_3 夹杂形态这个目的，由试验结果推论，在生产上喷粉处理时间不必过长，3~5min 即可。

（5）加 Si-Ca 合金块也取得与喷吹 Si-Ca 粉相同效果，但喷吹方法钙的回收率大大提高。

本试验用喷粉罐是由炼铁教研室刘述临设计。炼钢实验室洪从甲、王欣、王万军帮助完成热态试验，胡水珍指导金相检验，中心实验室完成化学分析，特此致谢。

参 考 文 献

[1] S. K. Saxena Scandi j of Metallurgy, 1975, 4: 42.
[2] Revue de Metallurgie, 1973, 2.
[3] M. Jon Essais sur la Coulee Continue de la SAFE IRSID.
[4] 连铸水口结瘤的研究，上钢一厂连铸攻关组.
[5] A. Mclean. J of metal, 1968, 3: 96.
[6] A. Kohn. Revue de Metallurgie, 1969, 5: 325.
[7] Jacqmot IRSID 内部报告.
[8] R. W. Nurse Trans Brit Ceram Soc V, 1965, 64: 416.
[9] D. C. Hilty Modification of inclusion by calcium 会议文集.
[10] Gloria Met Trans B V llB, 1980, 125.

水平连铸圆坯非金属夹杂物的研究

蔡开科 邢文彬 李秀文 刘新华

(北京钢铁学院)

章仲禹 风兆海 间守琏 李月林

(马鞍山钢铁公司)

摘 要：钢中非金属夹杂物对产品质量有重要影响，本文调查了水平连铸圆坯夹杂物形态、组成和分布，并对铸坯中夹杂物来源做了初步分析。

关键词：水平连铸；非金属夹杂物

1 引言

钢中非金属夹杂物，破坏了钢的连续性，严重地危害钢材质量，降低钢的使用寿命。因此，减少炼钢生产过程中钢水的污染，提高钢的纯净度，是冶金工作者十分重要的任务。

钢中非金属氧化物夹杂有两个分布模型[1]：一是细小的或单相（如 Al_2O_3）的显微夹杂物，平均直径小于 $20\mu m$；二是宏观夹杂物（大颗粒夹杂），它是 Al_2O_3 群簇状夹杂，或是复合的氧化物夹杂，平均直径大于 $50\mu m$，有的甚至达 $1000\mu m$ 以上。这种夹杂物的特点是颗粒大、多种组成、来源复杂，在钢中呈偶然性分布，它对产品质量有决定性影响。

生产无缝钢管的圆坯对夹杂物的要求是非常苛刻的。圆坯中心部穿孔后成了钢管的内表面，而圆坯内夹杂物可能成为管壁缺陷和产生裂纹的根源。因此，人们常把铸坯中氧化物夹杂作为评价管坯质量的一个重要指标。

水平连铸机的中间包与结晶器是密封连接的，减少了钢流的二次氧化，这对提高铸坯的纯净度是非常有利的。

在马钢水平连铸试验期间，我们系统地进行了取样，调查了圆坯中夹杂物的状况。根据试验结果，分析了圆坯中夹杂物的类型、分布和尺寸，讨论了二次氧化和夹杂物的来源。

2 研究方法

由两个 500kg 为中频感应炉供应钢水，钢水用锰铁、硅铁和 Al 脱氧合金化。出钢温度为 1690～1700℃，钢包内钢水温度为 1640～1650℃。钢水成分：C0.19%～0.22%，Si0.22%～0.30%，Mn0.45%～0.60%，S0.015%～0.020%，P0.020%～0.028%。

水平连铸机的中间包为1t，中间包钢水过热度一般为 30～50℃（液相线 $T_1 = 1510℃$

左右)。生产 φ80mm 圆坯,正常拉速为 2~2.8m/min,拉坯时间为 11~12min,拉坯长度为 23~25m。圆坯用于穿无缝钢管。

从钢包和铸坯取试样,分析钢中氮、总氧和溶解 Al。从铸坯的头部(3m)、中部(13~15m)和尾部(19~20m)取横向试样,然后,从横向试样沿拉坯方向的上部到下部取金相试样(见图1),用 Q-900 图像分析仪进行夹杂物的定量分析,对典型夹杂物进行扫描电镜能谱分析。从不同炉次的头中尾部取一段圆坯,车成 φ60mm×150mm 试样,用 Slims 法电解试样,分离钢中的大颗粒夹杂物,进行定量和夹杂物粒度分级。

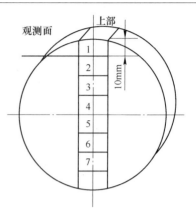

图1 取金相试样示意图

Fig. 1 Schematic diagram of sampling from the round billet

3 试验结果和讨论

3.1 夹杂物的类型

对试样中夹杂物的金相鉴定和能谱分析结果表明,圆坯中夹杂物可分为以下类型:

(1) Al_2O_3 夹杂,如图2(a)所示;
(2) 复相球状钙铝酸盐 $CaO\text{-}Al_2O_3\text{-}SiO_2$ 系,如图2(b)所示;
(3) 复相钙铝酸盐 $CaO\text{-}Al_2O_3\text{-}SiO_2\text{-}MgO$,如图2(c)所示;
(4) 少量的硫化物夹杂 MnS-FeS,如图2(d)所示。

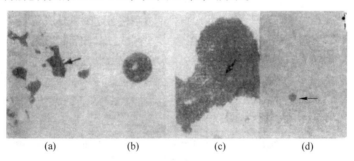

图2 圆坯中夹杂物形态,×400

Fig. 2 Inclusion morphology in the round billet, ×400

夹杂物的组成见表1。

表1 夹杂物组成(%)

Table 1 Composition of inclusions (%)

类型	Si	Mn	Al	Ca	Fe	S	Ti	Mg
a	0.78	0.45	79.9	8.4	10.4	—	—	—
b	27.3	0.76	39.2	29.8	1.6	0.76	0.60	—
c	4.0	2.8	68.2	4.1	0.56	0.13	—	20.4
d	0.10	33.5	—	—	38.8	37.6	—	—

由表可知，a 类夹杂物含 Al 达 80%，估计是脱氧产物。b、c 类夹杂含有较高的 Ca、Mg、Ti，估计中间包耐火材料的侵蚀和炉渣质点的卷入是重要来源。

3.2 圆坯中夹杂物的分布

从 8 个炉号的水平连铸圆坯，共取 126 块试样，以观察拉坯方向圆坯上表面到下表面夹杂物的变化。

用 Q-900 图像仪，每个试样统计 40 个视场中的夹杂物尺寸和夹杂物所占面积的百分数作为评价圆坯纯净度的指标。圆坯中夹杂物的分布如图 3 所示。

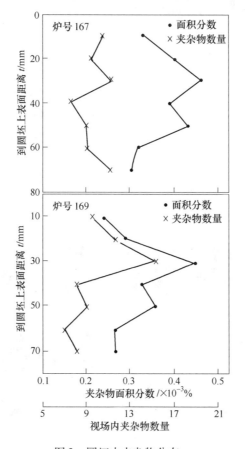

图 3 圆坯中夹杂物分布
Fig. 3 Distribution of the inclusions in the round billet

由图可知，圆坯横断面夹杂物分布特点是：在圆坯中心线以上有夹杂物集聚现象，一般是位于半径的 3/4 处。这可能是与夹杂物上浮、液相穴内钢液回流运动和凝固时热中心上移有关。

3.3 夹杂物尺寸

由图像仪统计结果表明，夹杂物尺寸几乎全部都是小于 20μm，其中 80% 夹杂物小于 10μm。

3.4 大颗粒夹杂物

用 Slims 法电解试样后,分离出大颗粒夹杂数量见表 2,大颗粒夹杂尺寸分布见表 3。

表 2 连铸坯中大颗粒夹杂量
Table 2 Quanlity of inclusion in billet

类 型	炉号	头部 /mg·(10kg)$^{-1}$	中部 /mg·(10kg)$^{-1}$	尾部 /mg·(10kg)$^{-1}$	平均 /mg·(10kg)$^{-1}$
H. C. C	129	16.7	1.13	1.79	6.54
ϕ80mm	131	3	16	43	20.6
C. C. C[2]/mm	1	113.4	190	139.5	147.63
123mm×123mm	2	94.8	43.8	157.7	98.76

表 3 连铸坯中大颗粒夹杂物的尺寸分布
Table 3 Distribution of inclusions size in C. C. billet

机 型	300μm	300~140μm	140~80μm	<80μm
H. C. C/%	—	32.61	60.87	6.52
C. C. C/%	19.06	39.46	19.8	21.73

大颗粒夹杂物形貌如图 4 所示。

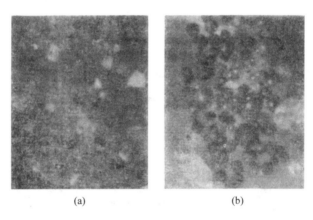

(a)   (b)

图 4 大颗粒夹杂物形貌,×50
Fig. 4 Large oxide inclusion extracted from steel samples of round billet, ×50

由表 2 可知,与小方坯弧形连铸机相比,水平连铸坯大颗粒夹杂显著减少,大约是弧形铸坯的 1/7 ~ 1/15。这是由于水平连铸中间包与结晶器密封连接,大大减轻了钢流的二次氧化之故。

3.5 钢包注流的二次氧化

水平连铸中间包与结晶器密封连接,杜绝了注流的二次氧化。但是钢包至中间包的注流还是敞开浇注,还存在二次氧化。注流从空气吸氧的同时也吸收氮,故从钢包到中间包

钢水中的 [N] 含量是增加的（表4）。因注流吸氧量无法测定，可以从吸氮量按以下方程式来计算吸氧量。

$$\Delta[O] = \frac{K_O P_{O_2}}{\rho_M K_N} \cdot \frac{M_{O_2}}{22.4} \times 10^3 \ln \frac{C_N^s - C_N^0}{C_N^s C_N} \tag{1}$$

式中　M_{O_2}——氧气分子量；

　　　C_N^s——氮在铁液中饱和溶解度，440ppm；

　　　ρ_M——钢水密度，7.0g/cm³；

　　　C_N^0——钢包中钢水含氮量；

　　　K_N——吸氮速度常数，1.0×10^{-2} cm/s；

　　　C_N——铸坯中含氮量；

　　　K_O——吸氧速度常数，0.26cm³/(cm²·s·atm)；

　　　P_{O_2}——大气中氧的分压，atm。

代入已知数据，计算钢包注流的吸氧量平均约为31ppm（见表4），而圆坯中的总氧量平均为97ppm，空气中吸氧占铸坯总氧约32%，也就是说铸坯中氧化物夹杂有约32%来自于钢包注流的二次氧化。从钢包到中间包钢水酸溶 Al 平均减少 0.0014%~0.0020%，也证明了这点。

小方坯连铸机从钢包→中间包→结晶器钢水平均吸氧为80.2ppm[3]，而水平连铸钢水平均吸氧为31ppm。可见由于水平连铸中间包与结晶器密封连接，杜绝了二次氧化，可减少吸氧49.2ppm，从而也减少了钢中夹杂物，这是水平连铸重要优点之一。为进一步提高钢的纯净度，钢包注流应采用保护浇注。

表4　水平连铸坯平均吸氧量
Table 4　Average pick-up O_2 in H. C. C. billet

吸氧量	炉　号				
	165	167	168	169	170
平均吸氮量/ppm	10	11	7	14	11
圆坯 ΣO_2/ppm	100	100	91		
计算出的平均吸氧量/ppm	26.69	32.94	19.88	39.80	31.86

4　结语

（1）水平连铸20钢铸坯夹杂物主要是细小的 Al_2O_3 和复相的铝酸盐等氧化物。

（2）沿拉坯方向圆坯横断面从上到下，夹杂物呈不对称性分布。在圆坯中心向上约半径的3/4处有夹杂物集聚现象，且夹杂物尺寸几乎全部小于20μm。

（3）初步分析表明，水平连铸圆坯大颗粒夹杂物平均含量比小方坯弧形连铸机铸坯显著减少，仅是1/7~1/15。

（4）水平连铸钢包→中间包注流吸氧约为31ppm，而中间包与结晶器密封连接，可减少吸氧约49.2ppm，从而提高了钢的纯净度，这是水平连铸的重要优点。

（5）大包→中间包采用保护浇注，改善中间包材质和钢水在中间包内的停留时间、分布等是进一步提高水平连铸坯纯净度的有效措施。

参 考 文 献

[1] Kruger B., et al. MPT, 1983 (5): 6.
[2] Liu Xinhua, et al. Proceedings of Shanghai Symposium on Continuous Casting, 1985, 19: 1.
[3] 蔡开科, 等. 北京钢铁学院学报, 1984 (4): 1.

Investigation of Non-Metal Oxide Inclusions in the Strand of Horizontal Continuous Casting

Cai Kaike   Xing Wenbin   Li Xiuwen   Liu Xinhua

(Beijing University of Iron and Steel Technology)

Zhang Zhongyu   Feng Zhaohai   Lü Shoulian   Li Yuelin

(Maanshan Iron and Steel Company)

Abstract: The oxide inclusions in steel have an important influence on the the qualities of rolled product. In this paper, the quantity, morphology, composition and dimensional distribution of oxide inclusions for the strand of horizontal continuous casting has been studied. As well as the origin of oxide inclusions in the strand of continuous casting is discussed.

Keywords: horizontal continuous casting; non-metal oxide inclusion

连铸坯大型夹杂物的研究

蔡开科　刘新华

（北京钢铁学院）

摘　要：通过切片和扫描电镜检测了水平连铸和弧形连铸的铸坯中大型氧化物夹杂的组成、形状、成分和尺寸分布。大型氧化物夹杂属 SiO_2-Al_2O_3-MnO 系，尺寸大于 $80\mu m$ 的占80％以上。由于中间包与结晶器之间的密封连接减轻了二次氧化，水平连铸的铸坯中夹杂物数量明显少于弧形连铸。因此，保护浇注对提高钢的纯净度很有效。

1　引言

本工作的目的是调查研究弧形和水平连铸机生产的铸坯中大型氧化物夹杂的行为，提供铸坯改善纯净度的依据。

弧形连铸机浇注 $123mm \times 123mm$ 方坯，从钢包经中间包至结晶器为敞开浇注。有铸坯的头、中、尾沿拉坯方向切取一段，加工成直径 $60mm$、长 $150mm$ 圆柱形试样。钢的化学成分（wt-％）为：C 0.19，Si 0.23，Mn 0.42，S＜0.04，P＜0.04。

水平连铸机浇注直径 $80mm$ 圆坯，按同样方法加工试样。钢的化学成分为（wt-％）为：C 0.22～0.23，Si 0.22～0.30，Mn 0.45～0.60，S 0.015～0.020，P 0.018～0.020。

试样重 3～4kg。用阳极泥法电解。经过淘洗、磁选和还原后，得到的夹杂物进行称量分级，用源自吸收光谱法和扫描电镜能谱法分析夹杂物组成。

2　研究方法

2.1　连铸坯中大型夹杂物量

分别选取弧形和水平连铸坯试样 6 个和 8 个，测定大型夹杂物量。其平均值，弧形连铸坯为 $123.2mg/10kg$，水平连铸坯为 $4.78mg/10kg$。水平连铸坯中夹杂物量明显减少。

2.2　夹杂物组成

从铸坯中分离出来的夹杂物。其平均组成见表1，属于 SiO_2-Al_2O_3-MnO 系。其外形如图1所示，不同形状的夹杂物见表2中序号。扫描电镜能谱分析不同外形夹杂物的组成，见表2。

本文发表于《金属学报》，1987年，第3期：291～292。

表1 夹杂物组成

Table 1 Average wt-% of oxide constituent of inclusion

序 号	SiO_2	Al_2O_3	MnO	CaO	MgO
1	55.8	22.1	19	0.74	0.45
2	44.6	22.2	22.4	1.54	0.41
3	53.4	26.7	19.3	0.62	0.55
4	55.5	16.7	21.2	0.67	1.40
5	36.1	28.8	16.2	1.49	0.41
6	45.5	13.1	28	0.35	—

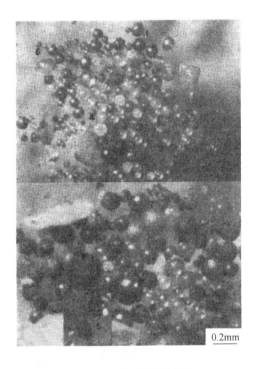

图1 大型夹杂物的形状

Fig. 1 Shape of coarse inclusions

2.3 夹杂物粒径

夹杂物的颗粒大小分析结果如下（%）：

μm	>300	300~140	140~80	<80
水平连铸坯	0	32.61	60.81	6.52
弧形连铸坯	19.06	39.46	19.8	21.73

表2　不同夹杂物的化学成分
Table 2　Chemical composition of different inclusions　　（wt-%）

序号	夹杂物	Al	Fe	Si	Ti	Na	Mg	K	Ca	Mn	S
1	黑球	90.9	8.18	—	—	—	—	—	—	(Cr 0.92)	—
2	透明球	81.08	12.09	8.06	0.48	—	—	—	—	—	—
3	黄块	2.41	—	67.65	—	12.67	2.67	2.63	12.41	—	—
4	乳白球	31.5	0.82	38.80	1.03	0.72	2.27	—	15.51	9.69	—
5	浅红棕块	5.77	8.21	51.34	3.64	—	—	4.06	14.23	2.06	1.24
6	白块	71.58	1.56	6.38	1.24	—	—	—	13.43	0.83	1.58
7	白球	24.41	0.14	46.3	0.8	—	—	—	7.33	21.03	—
8	深棕球	7.03	17.13	28.66	2.18	—	—	—	7.34	36.50	0.59

2.4　空气二次氧化的作用

在浇注过程中，钢水与空气接触，发生元素的二次氧化，生成氧化物夹杂。由表2中7、8可见夹杂物含Si和Mn的氧化物含量高达60%以上，说明二次氧化是夹杂物的重要来源[1]。

钢水同时从空气中吸氮，钢中含氮量可作为钢水吸氧的指示。表3列出弧形与水平连铸钢液中吸氮量的比较，可以看出，由于水平连铸中间包与结晶器密封链接，可减少铸坯吸氮量约50%。

表3　浇注过程中钢水吸氮
Table 3　Average value, ppm, of N_2 absorbed by steel on casting

铸机类型	钢包	中间包	圆坯	ΔN	备注
弧形	31	38.7	52.6	21.6	3炉
水平	56.5	—	67.2	10.7	5炉

3　结语

连铸坯中大于80μm夹杂物约占80%以上，属于SiO_2-Al_2O_3-MnO系。由于水平连铸中间包与结晶器密封连接等原因，减少钢水与空气接触发生二次氧化，对比弧形连铸，可以极大地降低夹杂物含量，提高钢的纯净度，因此，在工艺中采取保护浇注是十分必要的。

首钢实验厂连铸实验组、马钢钢研所水平连铸组、北京钢铁学院炼钢实验室有关同事，在试样制备和分析工作中通力合作，特此致谢。

参　考　文　献

[1] Farrell J W, Bilek P J, Hilty D C. Electric Furnace Proc, 1970, 28: 64.

On the Coarse Inclusions in Continuous Casting Strands

Cai Kaike   Liu Xinhua

(Beijing University of Iron and Steel Technology)

Abstract: The coarse oxide inclusions isolated from either horizontal or curved continuous casting strands were examined on their content, shape, composition and size distribution by means of the slime method and electroprobe. They are oxides of SiO_2-Al_2O_3-MnO system. About 80% or more of them are coarser than $80\mu m$. The inclusion content in the horizontal continuous casting strand is far less than in curved one owing to preventing the secondary oxidation by close connection between the tundish and mold. Thus, the protective casting is available to improve the steel purity.

含 Ti 不锈钢中氮化钛夹杂的研究

赵克文　蔡开科

（北京科技大学）

摘　要：TiN 是含 Ti 不锈钢中的主要夹杂，其数量和分布与浇注方法密切相关，它在钢水中具有一定的上浮能力，并在上浮过程中逐渐长大。钢中夹杂形成的顺序为氧化物、氮化物和硫化物。

关键词：连铸；不锈钢；夹杂物；氮化钛

1　引言

连铸法生产不锈钢能显著提高成坯率，增加经济效益，所以最近三十多年来，国外已形成了成熟的生产工艺流程，其平均连铸比为 50% 以上，有的国家为 90% 以上[1]，对含 Ti 不锈钢中 TiN 的研究主要集中于对连铸操作工艺和铸坯质量的影响[2~4]。

我国不锈钢连铸是近几年才开始的，而且与国外不同的是，难于连铸的含 Ti 不锈钢是主要的钢种，国内对于 TiN 的研究主要集中在保护渣吸收 TiN 等方面[5~7]，但效果不甚理想。本文通过工厂取样及试验室实验，探讨含 Ti 不锈钢中 TiN 夹杂的起源和控制铸坯质量的途径。

2　试验方法

从上钢三厂钢锭、江西钢厂弧形连铸坯（160mm×220mm）、马钢水平连铸圆坯（直径 80mm）分别取样作为金相观察，铸坯中夹杂作探针分析。各钢样化学成分见表 1。上钢三厂采用液渣保护，江西钢厂采用无氧化浇注。

表 1　1Cr18Ni9Ti 钢化学成分（%）
Table 1　Chemical composition of steel 1Cr18Ni9Ti (%)

工厂	C	Si	Mn	P	S	Cr	Ni	Mo	Ti	W	Al	Cu
上钢三厂	0.055	0.78	0.82	0.025	0.008	18.10	9.50	0.06	0.38	0.07	0.14	0.04
江西钢厂	0.07	0.70	1.22	0.028	0.014	17.35	10.20		0.52			0.13
马钢	0.067	0.817	1.38	0.037	0.008	17.03	10.39		0.226			

从弧形坯的窄面方向沿铸坯中心每隔 15mm 取样一块，共取 10 块，每块试样的主要观察面靠近外弧侧，水平圆坯从上到下每隔 10mm 取样一块，共 8 块，观察面为下表层。钢锭是从头、尾部取样。

本文发表于《金属学报》，1989 年，第 3 期：79~84。

3 实验结果与结论

3.1 TiN 夹杂的分布

观察发现，尽管钢锭中的 TiN 夹杂不均匀，但没有大型的夹杂群存在，而且钢锭尾部 TiN 夹杂含量高于头部，并与 N、O 分析结果((wt-%) 头部：0.0132、0.0028，尾部 0.0143、0.0040) 一致。

造成 TiN 夹杂在钢锭中这一分布规律的原因可能有三种：一是 1Cr18Ni9Ti 本身具有极强的吸氧能力，在浇筑过程中，特别是补缩阶段，钢流大量吸氮形成 TiN，来不及上浮而存在于钢锭的中下部；二是开始浇注时，快速凝固是 TiN 夹杂残留于钢锭底部；三是由于 TiN 是铁素体的良好形核剂[8]，凝固时，大量的初生铁素体以 TiN 为核心形成长大，沉淀于钢锭的中下部。

弧形连铸坯中 TiN 分布规律不明显（见图1），但有严重危害产品质量的大型夹杂群存在，图2是靠近内弧侧 1/3-1/2 处的 TiN 群。图3是水平圆坯中 TiN 夹杂的分布规律，由于水平连铸及工艺从中间包到结晶器钢水无吸气机会，且夹杂在中间包内具有充分上浮的时间，铸坯不与保护渣直接接触，无卷渣机会，因此，TiN 在水平圆坯中分布较为均匀，无夹杂群存在。

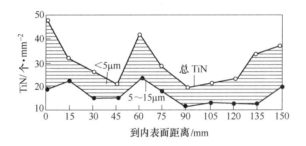

图1 江西钢厂弧形坯中 TiN 夹杂的分布

Fig. 1 Distribution of TiN inclusions in curved bloom

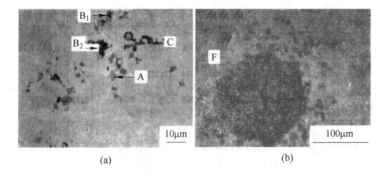

图2 弧形坯中的夹杂物群

Fig. 2 Clusters of inclusions in curved bloom

(a) TiN + Al_2O_3；(b) exogenous inclusions and TiN

浇注过程中钢流吸气对 TiN 含量有很大影响，尽管连铸过程本身比模铸法的吸气机会要大得多，但无氧化浇注能弥补其不足，因而 TiN 夹杂较少，水平连铸中 TiN 夹杂数量最少。因此，对中间包到结晶器注流保护是减少铸坯中 TiN 夹杂的有效措施。

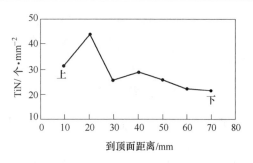

图 3 马钢水平圆坯中 TiN 夹杂的分布

Fig. 3 Distribution of TiN inclusions in a horizontal round

3.2 TiN 夹杂的特点

观察中发现，TiN 是钢中的主要夹杂，形状规则。有的 TiN 夹杂中心有黑色异相，TiN 夹杂不仅可以分散分布，而且还可以与其他夹杂一起形成夹杂群（见图2），观察还发现，钢中还有另两种夹杂：一种是线链状，另一种是沿晶界分布的夹杂。

对铸态下各种夹杂的探针分析结果见表2，分析位置分别如图 2 所示。

表 2 弧形铸坯中夹杂物电子探针分析结果（%）

Table 2 Composition of inclusions in curved bloom determined by electron microprobe analyzer（%）

Analyzing seats	夹杂物描述	Ti	Cr	Ni	Fe	Al	S	Na	Ca	夹杂物
A	细小规则颗粒	91.67	2.35		3.98					TiN
B_1	TiN 颗粒中的黑核	1.80	1.91	0.13	7.56	88.59				Al_2O_3
B_2	TiN 颗粒中的黑核	42.45	2.17		5.69	49.70				$Al_2O_3 + TiO_2$
C	簇状夹杂中的球形夹杂	2.92	2.85		9.76	84.47				Al_2O_3
F	大型夹杂	16.97			5.89	33.79		16.21	27.14	外来夹杂

根据探针分析和金相观察结果可知。铸坯中 TiN 分布不均匀的主要原因是，二次氧化形成了大量的 Al_2O_3 夹杂，空间上呈串簇状结构，上浮速度很快，能捕捉到钢水中均匀分布的 TiN 夹杂，因 TiN 与 Al_2O_3 夹杂群。同时，结晶器内钢渣界面卷入保护渣，形成外来夹杂与 TiN 夹杂共存的夹杂群。

3.3 TiN 的上浮性

TiN 在铸坯中的分布与其在钢水中的上浮性能有很大关系，为此，在 50kg 中频感应炉上做了三炉试验，其中两炉只加入 TiFe，另一炉只加入 TiN 粉末，试验时，加入 TiFe 1min 后停电，隔 20s 开始取样，然后每 3min 取样一次，共取 5 个样，作金相观察。

从观察结果可以认为，随时间的延长钢水中 TiN 夹杂具有一定上浮能力，如图 4 所示，因此，弧形铸坯中 TiN 夹杂分布规律不明显与结晶行为有关。表面快速凝固和液态 Ti、N 偏析都能加速 TiN 形核，但长大困难，表现出表面和中心处细小夹杂较多（见图 1），TiN 不仅能上浮，而且在上浮过程中 TiN 夹杂还不断长大，其尺寸由 $2\mu m$ 增大到 $11\mu m$。

钢水中加入 TiN 粉末时,各过程样中并为观察到 TiN 夹杂,所以,钢中存在的 TiN 是内生夹杂。

3.4 TiN 形成热力学

图 5 中 1600℃ 和 1450℃ 两条曲线是根据江西钢厂钢水成分得到的 [Ti]、[N] 平衡浓度曲线,阴影区为实际钢水中的 N、Ti 含量。可见,钢水经炉外处理后的氮含量有显著变化。未经处理的钢水氮含量远高于 1450℃ (相当于 18-8 不锈钢的液相线温度) 的平衡氮含量,也高于 1600℃ 下的平衡氮含量,所以钢水在冷却过程中将有大量的 TiN 夹杂沉淀出来(见图 6)。

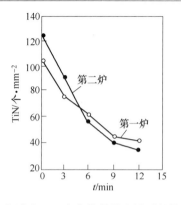

图 4 钢液中 TiN 夹杂数量随上浮时间的变化

Fig. 4 Variation of content of TiN inclusions during floating up

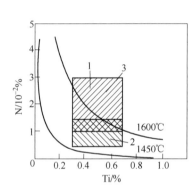

图 5 18-8 不锈钢中 [Ti]-[N] 平衡浓度曲线与钢中实际 Ti、N 含量

Fig. 5 [Ti]-[Ni] equilibrium curve and actual concentrations of Ti and N in 18-8 steel

1—without secondary refining;
2—with secondary refining;
3—actual concentration of Ti and N in steel

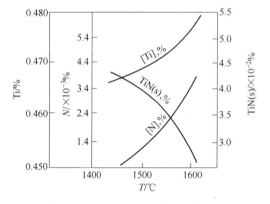

图 6 钢液中 TiN 形成近似计算曲线

Fig. 6 Approximately calculated curves for formation of TiN in molten steel

[N] = 0.01%; [Ti] = 0.5%

设 $x\%$ 的 Ti 形成了 TiN,则对于 [Ti] 为 0.5%,[N] 为 0.01% 的 18-8 不锈钢来说:

$$[Ti] + [N] = TiN(s) \quad \Delta G^{\ominus} = -75710 + 27.81T \tag{1}$$

$$[Ti]_{(0.5-x)} + [N]_{(0.01-\frac{14}{48}x)} = TiN_{(\frac{48+14}{48}x)} \tag{2}$$

由此可以得到

$$-75710 + 27.81T \geq RT\ln[0.5-x] \cdot \left[0.01 - \frac{14}{48}x\right] \tag{3}$$

求解该方程便可作图,得到图 6 所示的结果。

同时,根据由 Fleming 溶质显微偏析模型对凝固过程中 TiN 形成进行的计算结果表明,在整个凝固过程中,TiN 都能形成,在铸坯中 TiN 以孤立细小的夹杂形式分散存在。

目前我国各厂家生产的18-8不锈钢,普遍含有约0.1%的Al,在保护浇注措施不力的情况下,极易发生二次氧化,导致形成钢中的夹杂群,同时由于目前尚未广泛地应用先进的炉外精炼技术,不得不采用较高的Ti含量来稳定钢中铝氧化物优先于TiN形成夹杂,并成为后来TiN形核长大的核心。

对于TiO_2于TiN而言,当满足

$$\lg \frac{[O]^2}{[N]} \leq \frac{10696}{T} - 8.156 \quad (4)$$

时,Ti的氧化物不能先于TiN形成。而实际钢中[O]、[N]满足该方程,然而动力学分析表明,TiO_2的形核能力远强于TiN,因而在钢中能优先于TiN形成,并与Al_2O_3互溶,共同成为TiN夹杂形核核心,这已为探针分析结果所证实。

然而,钢中TiS只有当温度稍高于液相线温度是,[S]/[N]值才满足下式:

$$\lg \frac{[S]}{[N]} \leq -\frac{3329}{T} + 2.18 \quad (5)$$

钢中TiS较TiN晚些形成,如在冷却至液相线附近是,能形成TiS,将TiN包围,在Chone[4]的观察中发现了这种结构的夹杂,但大量的钛硫化物将在凝固过程中形成,沿晶界分布存在于钢中。

因此,就我国目前所生产的含Ti不锈钢而言,钢液中夹杂形成的顺序是:Al_2O_3,TiO_2,TiO_3;TiN以氧化物夹杂为形核核心,另一部分则自由形核长大;TiS以TiN为核心形核长大,凝固时在晶界上析出。

4 结论

(1) 含Ti不锈钢中的主要夹杂是TiN,它在钢液中具有一定的上浮能力,并在上浮过程中逐渐长大。

(2) TiN夹杂在铸坯中的分布于浇注工艺和方法密切相关,无氧化浇注是控制TiN夹杂含量的有效措施。结晶器内钢液面卷渣和钢液面波动是TiN夹杂在弧形坯中分布不均匀的重要原因之一。

(3) 钢中Ti不仅能形成TiN夹杂,而且还能形成Ti的氧化物、硫化物夹杂。

作者对上钢三厂王伟、江西钢厂曾少华、马钢钢研所间守琏在取样等方面的大力支持表示衷心感谢。

参 考 文 献

[1] 陈增琪,何国梁. 连铸学术会议论文集(昆明). 中国金属学会连铸委员会,1982:196-221.
[2] Wada H, Pehlke D. Metall Trans, 1977, 8B: 443-450.
[3] Takede M, Komano T, Yanai T, et al. Nippon Steel Tech Rep, 1979, 13 (6): 36-47.
[4] Chone J, Grmder O H. Clean Steel, London: The Metals Society, 1983: 385-415.
[5] 贾强,胡新. 国际连铸会议论文集(上海). 上海金属学会,1985:166.
[6] 甘永平,迟景灏,王家荫. 连续铸钢学术会议论文集(唐山). 中国金属学会连铸学会,1987:393-398.
[7] 陈德荣,魏瑞航,游定方,等. 连续铸钢学术会议论文集(唐山). 中国金属学会连铸学会,1987:399-402.
[8] Bramfitt B Z. Metall Trans, 1970, 1: 1987-1995.

On Titanium Nitride Inclusions in Ti-stabilized Stainless Steel

Zhao Kewen   Cai Kaike

(University of Science and Technology Beijing)

Abstract: TiN inclusions are the major inclusions in Ti-stabilized stainless steels. The content and distribution of them closely depend on the casting process. TiN is a kind of buoyant inclusions and can grow up gradually in molten steel during floating up. The sequence of the formation of inclusions in the steel is: oxides, nitrides and sulfides.

Keywords: continuous casting; stainless steel; inclusions; TiN

含钛不锈钢连铸板坯夹杂物的行为

孟志泉　刘新华　蔡开科

（北京科技大学）

王　伟　马　樵　周元明

（上海第三钢铁厂）

摘　要：通过对连铸过程的系统取样，研究了含钛不锈钢中 N_2、O_2、Al 的变化，以及钢包、中间包、结晶和铸坯中夹杂物类型、数量、尺寸和分布，并讨论了铸坯中夹杂物的来源和防止对策。

关键词：连铸；不锈钢；夹杂物

1　引言

上钢三厂于1984年从奥钢联引进的方板坯兼用立弯式连铸机，在电炉分厂与现在冶炼工序相配合，形成了 EF（初炼）—VOD（精炼）—CC（连铸）生产不锈钢为主的工艺流程。对浇注含 Ti 不锈钢来说，钢中 Al、N_2、O_2 的变化规律、氧化物、氮化物夹杂在浇注过程中的特点、铸坯中夹杂物的分布都需要系统了解。为此，通过对现场冶炼、浇注的全过程进行了系统的取样和分析，以期对不锈钢的连铸生产和提高铸坯质量提供依据。

2　试验

2.1　试验条件

试验在上钢三厂电炉分厂进行。钢水由公称容量5t电弧炉冶炼，实际出钢量为17t。实验钢号为1Cr18Ni9Ti，其成分（%）：C 0.05~0.065；Mn 0.08~0.92；Si 0.65~0.74；Cr 17.5~18.0；Ni 9.4~9.6；S 0.005~0.010；P 0.030~0.034；Cu 0.10~0.12；Mo 0.09；W 0.05~0.07；Al 0.07~0.09；Ti 0.48~0.51。

钢水经吹 Ar 处理后，运送到浇注平台浇注，除5-468炉钢包与中间包之间采用长水口外，其余炉次为敞开浇注。中间包加覆盖剂。5-469炉的中间包内衬为3级高铝加 Mg-Cr 涂料，其余，炉次使用硅质绝热板，中间包到结晶器之间采用浸入式水口浇注，结晶器加保护渣。

2.2　试验方法

试验的铸坯断面尺寸为150mm×800mm，从电炉内，钢包吹 Ar 前后、中间包以及铸

本文发表于《北京科技大学学报》，1993年，第4期：337~342。

坯头中尾进行取样,分别进行金相分析、大样电解分析、低倍和硫印检查等,并对典型夹杂物进行电子扫描探针分析。

3 试验结果及讨论

3.1 浇注过程中 N_2、O_2、Al 的变化

3.1.1 钢中 N 含量

如图1（a）所示,从炉内到中间包钢中 N 含量明显降低,平均都在 0.01% 左右。从钢包吹 Ar 后到中间包 N 降低最多。这是因为炉内钢水温度高,N 的溶解度大,而中间包钢水温度低,N 溶解度小,并以气泡形式逸出或形成 TiN 夹杂使钢中 N 大量排除。

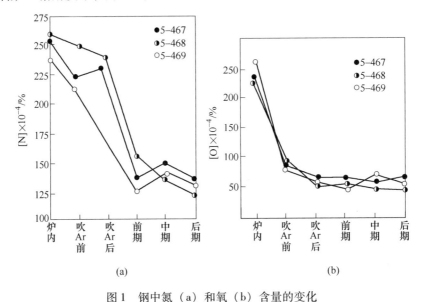

图1 钢中氮（a）和氧（b）含量的变化

Fig. 1 Nitrogen (a) and oxygen (b) content changes during casting

3.1.2 钢中 [O] 含量

如图1（b）所示,炉中氧含量约为 0.022%~0.026%,出钢包中氧降到 0.007%~0.008%。这主要是合金元素的继续脱氧作用和钢包水激烈搅拌,夹杂物上浮而排除的结果。5-468 炉中间包氧含量最低,这是因为钢包到中间采用长水口防止钢流二次氧化之故。

3.1.3 钢中 Al 含量

钢中 Al 含量包括酸溶性 Al 和酸不溶性 Al 主要指氧化铝。如图2（a）所示,吹 Ar 后酸不溶性 $[Al]_{ins}$ 是升高的。这可能是由于钢包吹 Ar,铝继续脱氧生成 Al_2O_3。另外,吹 Ar 时引起钢液沸腾,使钢液裸露在空气中,引起的二次氧化产生的 Al_2O_3 是 $[Al]_{ins}$ 升高的主要原因。从钢包到中间包由于 Al_2O_3 上浮,而使 $[Al]_{ins}$ 减少。钢包到中间包采用了长水口防止了二次氧化、故 $[Al]_{ins}$ 较低。

如图2（b）所示,从钢包到中间包,钢中酸溶性铝 $[Al]_{ins}$ 变化较平稳,保持在 0.07%~0.09%。不锈钢中 Ti 含量较高,保护了 Al 的氧化。

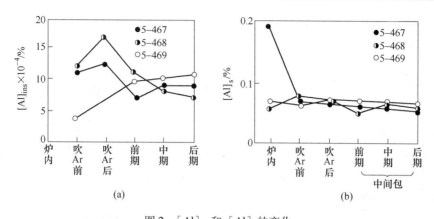

图 2 $[Al]_{ins}$ 和 $[Al]_s$ 的变化

Fig. 2 $[Al]_{ins}$ (a) and $[Al]_s$ (b) change during casting

$[Al]_s$ 高于 $[Al]_{ins}$ 的倍数是：炉内为 5.3、钢包为 50、中间包为 70，说明含 Ti 不锈钢中 Al 氧化不严重，这与金相观察 Al_2O_3 夹杂不多是一致的。

3.2 浇注过程夹杂物变化

3.2.1 钢包中间包夹杂物变化

统计了大于 50μm 的夹杂物得出了浇注各阶段 TiN 和氧化物清洁度。由图 3（a）看出，炉内 TiN 夹杂较少，钢包 TiN 增加；吹 Ar 后 TiN 继续增加。这是因为出钢和吹 Ar 时钢中 Ti 与 N 发生反应，生成了大量 TiN 从钢包到中间包 TiN 明显下降，可认为 TiN 上浮的结果。

如图 3（b）所示，从炉内到中间包，钢中氧化物夹杂是降低的。这是由于吹 Ar 搅拌和镇静时夹杂物大量上浮之故。

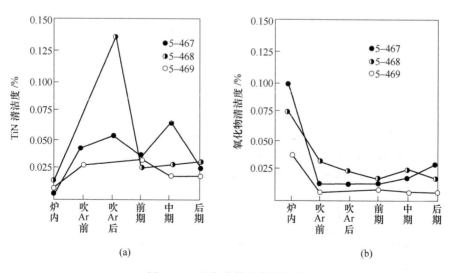

图 3 TiN 和氧化物夹杂物变化

Fig. 3 TiN (a) and oxide inclusion (b) in steel change during casting

3.2.2 夹杂物组成

炉内：电炉出钢前金相试样观察，夹杂物多为含 Fe、Ti 群落状的 $CaO\text{-}Al_2O_3$ 系夹杂，呈不规则形状，有的还有沉淀析出物，TiN 夹杂较少。

钢包：钢包中以含 Ti 的 $CaO\text{-}Al_2O_3$ 系夹杂为主，形状不规则或呈球形，周围聚集较多的夹杂。

中间包：中间包的夹杂物主要是 Al_2O_3、TiO_2、TiN。Al_2O_3 呈三角形，TiO_2 夹杂形状不规则，结构疏松，可能是裹渣造成的。这类夹杂在铸坯上也能看到。另一种是 $CaO\text{-}Al_2O_3$ 系夹杂周围有大量的 TiN 存在。还有的夹杂 Si、Mn 含量较高，很可能是二次氧化造成的。

3.2.3 铝酸钙夹杂物的形成

从试验结果看，钢包中间包的 $CaO\text{-}Al_2O_3$ 系夹杂，探针分析的特点是含 Si、Mn 低，含 Ca、Al 高，含 Ca 高说明是炉渣卷入钢中造成的夹杂。炉渣中 SiO_2 较高，而夹杂物中 Si 反而低，这可能是因为钢中的 $[Al]_{ins}$ 与渣中 SiO_2 发生了反应。

研究指出，当钢中溶解 Al 在 0.7% 时，渣中铁氧化物、MnO、SiO_2 差不多完全被还原，而 Al 则不与 CaO 发生还原反应。从炉内钢包中间包试样夹杂物成分分析指出，夹杂物基体中的 Si 含量分别为 3.12%、2.08%、1.67% 依次降低，也证实了这种反应的存在。因此可以认为，$CaO\text{-}Al_2O_3$ 系夹杂是由于炉渣裹入钢中与钢中 Al 发生反应形成的。一切能防止炉渣裹入钢中的措施对减少 $CaO\text{-}Al_2O_3$ 夹杂都是有效的。

3.3 不锈钢板坯夹杂物组成及分布

3.3.1 夹杂物类型

经观察分析，板坯中有以下几种类型夹杂：

(1) 氧化物夹杂：TiN 是多角形或不规则形状。按 TiN 在铸坯中存在形态，大致可分为两类：一类是孤立无规律分布的 TiN，尺寸都在 15mm 以下聚集成群落状，但有的 TiN 聚集群空间尺寸可达 200mm 以上，另一类是 TiN 围绕在其他氧化物夹杂周围。有的 TiN 带有黑心异物主要是 Al_2O_3 和 MgO。

(2) 硫化物夹杂：硫化物夹杂一般在铸坯厚度的中心部位出现，沿晶界呈网状分布，探针分析指出主要含 Ti、Cr、S，判断为 (Ti, Fe)S、CrS 夹杂。

(3) 氧化物夹杂：铸坯中氧化物夹杂来源复杂，形状各异。但就化学成分来说，大致存在：

1) 铝酸钙夹杂：呈球形，基体上有异相存在，周围不同程度有 TiN 包围（见图 4 (a)），尺寸一般在 150μm，有的达 350μm。夹杂物面扫描分析，Al、Ca 分布均匀。其组成相当于 $CaO \cdot 2Al_2O_3$，来源于裹渣和脱氧化物产物的结合物。

2) Al_2O_3 夹杂：形状不规则，Al 含量都在 90% 以上，还有少量的 Ti 和 Si，尺寸一般在 50~180μm（见图 4 (b)）。

3) TiO_2 夹杂：显微镜明场下发淡红色，偏光下各向同性。夹杂物呈疏松状（见图 4 (c)），可能是钢渣卷入引起以下反应的结果：

$$6TiN + 4Fe_2O_3 = 6TiO_2 + 2N_2 \uparrow + 8Fe$$

4) 夹渣：这类夹杂物含有较高的 K 和 Na，常在铸坯的头部和尾部出现，完全是由于结晶器卷入保护渣所致（见图 4（d））。

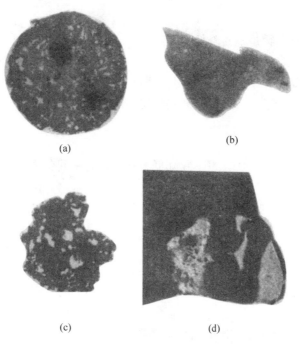

图 4　夹杂物照片
(a) CaO、Al_2O_3；(b) Al_2O_3；(c) TiO_2；(d) 夹渣

Fig. 4　Inclusion's photograph

3.3.2　夹杂物沿铸坯厚度方向分布

（1）TiN 沿铸坯厚度分布：以 5-469 炉为例，TiN 夹杂物沿铸坯厚度方向分布如图 5 所示。TiN 夹杂在铸坯中心部位有明显的集聚，这可能是由于凝固过程中 Ti 和 N 的偏析所致。

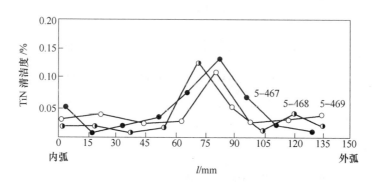

图 5　沿铸坯厚度 TiN 分布

Fig. 5　Distribution of TiN inclusion on slab thickness

（2）氧化物沿铸坯厚度分布：对氧化物夹杂清洁度的统计表明，小于 50μm 氧化物在铸坯上的分布是随机的，每炉的头中尾部都是如此。大于 50μm 氧化物沿铸坯厚度分布来看，在内弧表面和铸坯中心有轻微的聚集，以内弧较严重。就单位面积上夹杂物出现的个数来

看，铸坯中心较内弧多些。夹杂物在铸坯内弧表面比铸坯中心的颗粒大，但数量相对少。

3.4 铸坯中大型夹杂物

从钢包到铸坯夹杂物是不断降低的，这与金相研究结果是一致的。

铸坯中部夹杂物含量每 10kg 锭为 1.56~2.62mg；头部和尾部大颗粒夹杂比中部高，以头部最高为 15~27mg，它可能是中间包清洁不好和卷渣造成的。若采用连炉浇注效果会更好。另外，靠近铸坯窄面边部的夹杂物比中部更高些。

4 结语

（1）浇注过程钢中 N、O 含量不断降低，在钢包与中间包之间采用长水口能防止钢液的二次氧化。

（2）含钛不锈钢中的夹杂物主要是 TiN、硫化物和氧化物夹杂。TiN 夹杂常聚集成群落状或在氧化物周围出现；硫化物夹杂为（Ti、Fe）S 和 CrS，多在铸坯中心出现，呈网状沿晶界分布。氧化物夹杂主要是 Al_2O_3、结构疏松的 TiO 和 $CaO-Al_2O_3$ 系夹杂。卷入炉渣与钢液的反应以及二次氧化是造成钢有氧化物夹杂的主要原因。

（3）TiN 夹杂在铸坯中心聚集，氧化物夹杂在铸坯上的分布比弧形机好。夹杂物在铸坯内弧无明显聚集。

（4）铸坯头部夹杂物含量比中间和尾部高，是由于中间包的不清洁和卷渣造成的。

（5）从钢包到铸坯大颗粒夹杂是不断上浮的，铸坯中部夹杂物含量最低，与模铸水平相当。应设法使铸坯中夹杂物含量达到铸坯中部的水平。

（6）钢包与中间包经常采用长水口。防止下渣和结晶器卷渣以及多炉连浇等是进一步提高不锈钢纯净度的有效措施。

Inclusion Behavior of Ti-stable Stainless Steel for Continuous Casting Slab

Meng Zhiquan   Liu Xinhua   Cai Kaike

(University of Science and Technology Beijing)

Wang Wei   Ma Qiao   Zhou Yuanming

(No. 3 Iron and Steel Plant Shanghai)

Abstract: The content change of N_2, O_2, Al in the Ti-stable stainless during the continuous casting process and the type, shape, composition and distribution of inclusions were examined by means of taking samples from the ladle, tundish, mould and slab. The inclusions source of c.c. slab and improving measures were discussed.

Keywords: continuous casting; stainless steel; inclusion

非稳态浇注对钢水洁净度的影响

张彩军　王　琳　蔡开科

（北京科技大学）

袁伟霞　余志祥　刘振清　邹　阳

（武汉钢铁（集团）公司）

摘　要：系统试验了非稳态浇注期间钢水洁净度的变化，分析结果表明：在非稳态浇注期间——开浇、换钢包和浇注结束，由于二次氧化及卷渣等原因，使钢水的洁净度指标恶化严重，因此加强对非稳态浇注的控制是提高产品整体质量的关键。

关键词：非稳态浇注；洁净度；连铸

1　引言

钢包、中间包和连铸均影响钢的清洁度[1-6]。在钢水浇注过程中，非稳态是指开浇、换钢包前后、浇注结束时钢水液面波动较大、拉速变化频繁的浇注状态。由于此状态钢水二次氧化及湍流卷渣较稳态严重，影响钢水的洁净度，因此加强对非稳态浇注的控制是提高钢水洁净度的关键。

本文在系统取样、示踪剂追踪、综合分析的基础上对非稳态浇注条件下中间包及铸坯的洁净度进行了研究，并分析了夹杂物来源及浇注过程中的下渣、卷渣现象，进而提出了改进措施。

2　试验方法

2.1　全过程系统取样

每个浇次分别在精炼前后、中间包开浇、正常浇注、换钢包前后利用特制的样模提取大样、小样和渣样，并沿拉坯方向分别在头坯、连浇坯、稳态坯、尾坯切取试样。连铸板坯的规格为 1200mm×250mm，中间包容量为 60t，中间包取样时，钢水温度和连铸铸速的变化如图 1 所示。

2.2　示踪剂追踪

为了确定非金属夹杂物的来源，分别在钢包渣、中间包覆盖剂、中间包包衬内加入不同的示踪剂，并利用结晶器保护渣中固有的 Na_2O 和 K_2O 进行夹杂物追踪。

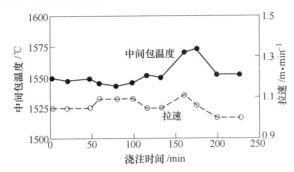

图 1 中间包取样时温度及拉速的变化

Fig. 1 The temperature and casting rate vs time in the tundish

2.3 多级综合分析

对所取试样按要求加工成电解样、金相样和气体样,并采用大样电解法(Slims 法)分析钢中大型夹杂物(大于 $50\mu m$),金相法检验钢中显微夹杂物($1\sim20\mu m$),红外吸收法测定钢中的总氧。另外,采用常规分析法测定钢中各元素成分及炉渣、中间包覆盖剂,结晶器保护渣中各组元的成分。

3 结果分析与讨论

本试验中检测中间包 T[O] 为 $20\sim25ppm$,连铸坯 T[O] 为 $18\sim20ppm$。钢水中直径大于 $50\mu m$ 的大型夹杂通常是由钢包渣、中间包覆盖剂、钢包及中间包包衬侵蚀及钢水二次氧化产生的,它的大小用于衡量钢水中的外来夹杂;直径在 $1\sim20\mu m$ 的显微夹杂物通常是脱氧、脱硫及合金化的产物,它通常用于衡量钢水中的内生夹杂,因此,本次试验采用 T[O]、大型夹杂及显微夹杂来评价钢水的洁净度。

3.1 非稳态浇注对中间包钢水洁净度的影响

图 2 为中间包钢水中大型夹杂的变化,从图可知,中间包内钢水洁净度的波动非常大,开浇、换钢包前后钢水洁净度指标恶化,非稳态浇注对钢水洁净度的影响非常显著。

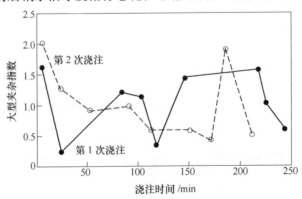

图 2 浇注过程中中间包钢水大型夹杂指数的变化

Fig. 2 Macro inclusion index of steel in tundish vs concasting time during casting

表1列出浇注期间中间包钢水洁净度指标的平均值,从表1可知:

(1) 综合分析T[O]指数、大型夹杂及显微夹杂物可以看出,开浇时钢水的洁净度最差,换钢包前后次之,而稳态浇注条件下钢水的洁净度指标良好。

(2) 开浇时钢水中T[O]指数分别是全程平均值的1.64倍和1.88倍,显微夹杂和大型夹杂为全程平均值的1.64倍和2.03倍,这说明开浇时钢水的二次氧化及卷渣现象严重,建议开浇前中间包先充氩气后浇注。

(3) 换钢包前后钢水中大型夹杂数量是稳态浇注时的1.87倍,而显微夹杂变化不大,说明换钢包时中间包液面波动,中间包覆盖剂及钢包渣易卷入钢液形成外来夹杂。

表1 非稳态浇注对钢水洁净度的影响
Table 1 Effect of unsteady casting on cleanliness of steel

洁净度	T[O]	指数	大型夹杂指数	显微夹杂指数
开浇	1.64	1.88	2.03	1.64
换钢包	1.13	1.18	1.87	1.0
稳态浇注	0.73	0.81	0.73	0.79
全程平均	1.0	1.0	1.0	1.0

3.2 非稳态浇注对铸坯洁净度的影响

(1) 无论是T[O]还是大型夹杂物,铸坯洁净度指标由次到好的顺序为:头坯→连浇坯→尾坯→稳态坯。

(2) 头坯中大型夹杂物为稳态坯的7.23倍和3.86倍,这说明头坯中大型夹杂最多,并对此类夹杂进行成分分析时发现K、Na含量较高,这说明开浇时结晶器卷渣严重。

(3) 连浇坯中大型夹杂物为稳态坯的8.61倍和1.87倍,这说明换钢包时中间包液面波动,中间包覆盖剂及大包渣易卷入钢液并残留在铸坯中。

3.3 中包钢水大型夹杂物类型及来源分析

中间包钢水中的大型夹杂物主要为钙镁酸盐、硅锰酸盐、硅铝酸盐和硫化物等(见表2)。其中钙镁酸盐类夹杂所占比例较大,其组成主要是 MgO:18%~38%,CaO:28%~48%。同时,在进行成分分析时发现许多夹杂含有0.87%~1.37% BaO、0.71%~10.73% SrO、0.89%~3.53% La_2O_3 等一种以上示踪剂,这说明这些夹杂物来源于钢包渣、中包覆盖剂和中间包内衬的腐蚀。尤其是含有SrO的夹杂约占总夹杂物的32.4%,这说明中间包渣的卷入现象严重。

表2 中间包钢水大型夹杂物组成
Table 2 Ingredient of macro inclusions in steel in tundish

夹杂类型	夹杂成分/%	
钙镁酸盐	CaO:48.25	MgO:32.68
	SiO_2:4.28	Al_2O_3:4.04
	FeO:8.44	S:4.71
	SrO:0.71	BaO:0.38

续表 2

夹杂类型	夹杂成分/%	
钙镁酸盐	CaO：27.63 SiO_2：3.12 S：3.04	MgO：17.59 FeO：46.92 La_2O_3：0.89
硅锰酸盐	SiO_2：29.81 Al_2O_3：10.66 FeO：16.93 SrO：0.71 BaO：1.45	MnO：18.96 CaO：5.84 MgO：4.26 La_2O_3：0.89 S：0.25
硅铝酸盐	SiO_2：56.50 FeO：17.13 CaO：0.51 SrO：0.71	Al_2O_3：16.96 MgO：0.94 MnO：0.24 S：0.26

综合对比大型夹杂物成分与中间包覆盖剂的分布时发现，中间包钢液中大型夹杂物成分接近覆盖剂成分，且 Al_2O_3、SiO_2 含量较高。这说明大型夹杂并不是单一的某种渣子，而是脱氧产物 Al_2O_3 和 SiO_2 在上浮过程相互碰撞并和卷入钢液的渣子吸附聚集而形成的复合夹杂。

3.4 铸坯中大型夹杂物类型及来源分析

铸坯中的大型夹杂物主要是钙铝酸盐及钙硅铝酸盐夹杂，通过探针成分分析时发现：

（1）含 BaO 的夹杂物约占总测试数的 13%，含 SrO 的夹杂物约占总测试数的 39%，而含 Na_2O 和 K_2O 的夹杂物占总测试数的 100%，这说明在浇注过程中钢包→中间包→结晶器→铸坯卷渣现象严重。

（2）含 2 种以上示踪剂成分的夹杂物占总测试数的 43%，这说明有近半数的夹杂物有多种来源并在钢液中相互碰撞聚集长大。

（3）头坯电解出来的大型夹杂数量较多，且 98% 以上的粒径小于 140μm，并含有较高的 Na_2O 和 K_2O，这说明开浇时有结晶器保护渣卷到钢液中。

（4）铸坯中的大型夹杂物主要来源于结晶器保护渣，其次是中间包渣和钢包渣。

3.5 浇注过程中的下渣和卷渣

在浇注过程中，钢包液面逐渐下降，当液面下降到一定程度时就会产生涡流而下渣，液面越低下渣的可能性越大；同时在非稳态浇注期间，中间包及结晶器液面易发生波动而导致卷渣。

由中间包示踪剂的变化分析结果如图 3 所示,渣中 BaO 含量增加,这说明有钢包渣流入中间包。另外,第 2 炉浇注结束后中间包渣中 BaO 含量迅速增加并达到最高值,说明此时第 2 炉浇注结束时有许多钢包渣流入到中间包。

减少下渣量与提高钢水的收到率是矛盾的共同体,但对于高洁净钢来讲,宁可损失些钢水以保证铸坯的整体质量。

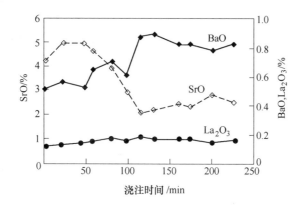

图 3 中间包渣中 SrO、BaO 和 La_2O_3 含量的变化

Fig. 3 Change of SrO, BaO and La_2O_3 content in flux in tundish

4 结论

(1)开浇、换钢包前后钢水洁净度指标恶化,提高非稳态浇注时洁净度水平是提高产品整体质量的关键。

(2)开浇时二次氧化及卷渣现象严重,各项洁净度指标恶化为最高值,建议开浇前中间包先充氩后浇注。

(3)中间包钢水中的大型夹杂主要来源于中间包覆盖剂的卷入和包衬耐火材料的侵蚀,而铸坯中的大型夹杂物则主要来源于结晶器保护渣。

参 考 文 献

[1] Tacke K H. Steel Flow and Inclusion Separation in Continuous Casting Tundishes [J]. Steel Research, 1987, 58 (6): 262.

[2] Kaufmann B. Separation of Nonmetallic Parti cles in Tundishes [J]. Steel Research, 1993, 64 (4): 203.

[3] 高义芳,刘成信,袁凡成,等. 提高连铸中间包冶金效果的研究与应用 [J]. 钢铁,2000,35 (9): 445-447.

[4] Ilegbusi O J, Szekely J. Effect of Magnetic Field on Flow, Temperature and Inclusion Removal in Shallow Tundishes [J]. ISIJ, 1989, 29 (12): 1031.

[5] Sinha A K, Sahai Y. Mathematical Modelling of Inclusion Transport and Removal in CC Tundish [J]. ISIJ, 1993, 33 (5): 556.

[6] Tanaka H, Tsujino R, Imamura A. Effect of Length of Vertical Section on Inclusion Removal in Vertical Bending-type Continuous Casting Machine [J]. ISIJ International, 1994, 34 (6): 498.

Effect of Unsteady Casting on Cleanliness of Steel

Zhang Caijun Wang Lin Cai Kaike

(University of Science and Technology Beijing)

Yuan Weixia Yu Zhixiang Liu Zhenqing Zou Yang

(Wuhan Iron and Steel (Group) Corporation)

Abstract: The variation of the cleanliness of steel during unsteady casting period has been systematically tested, the analysis results show that during unsteady casting period, including at beginning of casting, change ladle and finishing casting, the cleanliness indexes are deteriorated due to secondary oxidation of steel and slag entraining in steel. Therefore it is a key role to improve the whole quality by controlling the casting operation during the unsteady periods.

Keywords: unsteady casting; cleanliness; concasting

72A钢非金属夹杂物行为研究

魏 军　顾克井　蔡开科　　　王春怀

（北京科技大学）　　　　（酒泉钢铁公司）

摘　要：采用多种方法对酒钢72A钢中非金属夹杂物进行了调查，对夹杂物的类型、来源、数量及尺寸进行了讨论，实验证明，铸坯中夹杂物有60%为外来夹杂物，40%为脱氧产物；引起线材拉拔脆断的主要原因是外来大颗粒脆性夹杂，而控制好脱氧产物和外来夹杂物的组成、形貌、大小及分布，是解决线材拉拔脆断的关键。

关键词：72A钢；非金属夹杂物；线材；拉拔脆断；外来夹杂物

1　引言

72A高碳钢线材中的夹杂物缺陷易造成钢丝拉拔脆断，同时造成拉拔后的产品强度、韧性等指标波动范围大，成品合格率低。由于72A高碳钢中的夹杂物对钢的性能有很大的影响，净化钢液，改进钢中夹杂物的形态、尺寸和分布是改善产品质量的重要措施之一。本文通过试验分析了72A钢铸坯和线材的夹杂物类型、来源、数量和尺寸，及其对拉拔性能的影响，该研究对72A高碳钢的生产具有指导意义。

2　试验方法

2.1　72A钢生产工艺

生产72A钢采用的工艺流程为：转炉→吹Ar→连铸→高速线材工艺。脱氧合金化采用硅铁+锰铁。连铸钢包→中间包采用敞开浇注。150mm×150mm方坯经高速线材轧机轧制成$\phi 6.5$mm的线材供用户使用。

2.2　研究方法

分别在头坯、正常坯、连浇坯、尾坯及线材取钢样进行分析。采用化学分析、示踪法、大样电解、金相、扫描电镜等多种方法，综合分析铸坯和线材中夹杂物状况。

3　试验结果与讨论

3.1　72A钢铸坯中夹杂物的类型

采用两种方法分析夹杂物形态尺寸：一种是采用金相分析法，对小于$50\mu m$的夹杂进行分析；另一种是采用大样电解的方法，对大于$50\mu m$的大颗粒夹杂进行分析。对典型的夹杂物进行扫描电镜成分分析。铸坯中典型夹杂物形貌和组成见表1。将10个金相样和8个电解大样所得的57个夹杂物分别如图1和图2所示[6,7]。由图1 MnO-SiO_2-Al_2O_3相图可知,夹杂物主要组成是:刚玉(以Al_2O_3为主),锰铝榴石($3MnO·Al_2O_3·3SiO_2$),莫来石($2MnO·2Al_2O_3·5SiO_2$),方石英(以SiO_2为主)和蔷薇辉石($2MnO·Al_2O_3·5SiO_2$)。

由图2的CaO-SiO_2-Al_2O_3相图可知,夹杂物主要组成是:方石英(以SiO_2为主),莫来石($2CaO·2Al_2O_3·5SiO_2$),钙长石($CaO·Al_2O_3·2SiO_2$)和假硅灰石($2CaO·Al_2O_3·2SiO_2$)。

表1 铸坯中的典型非金属夹杂物照片及夹杂物化学成分
Table 1 Photographs of the inclusions in samples of the bloom and chemical compositions

夹杂物形貌	主要成分/%	夹杂类型
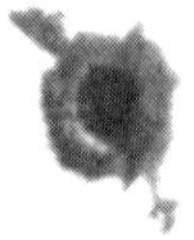 ×640	FeO: 0.06　MnO: 13.37 S: 0.15　Al_2O_3: 21.57 SiO_2: 53.23　CaO: 5.41	蔷薇辉石
 ×400	MnO: 3.73　MgO: 3.49 S: 1.20　Al_2O_3: 39.71 SiO_2: 31.81　CaO: 14.0	莫来石
×1000	FeO: 0.82　MnO: 2.37 S: 0.49　Al_2O_3: 0 SiO_2: 91.58　Ca: 1.01	方石英
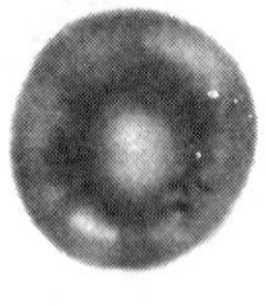 ×30	FeO: 1.73　MnO: 25.15 S: 0.87　Al_2O_3: 28.06 SiO_2: 35.79　CaO: 4.25	锰铝榴石
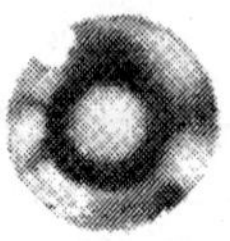 ×30	FeO: 3.14　MnO: 27.54 S: 1.45　Al_2O_3: 17.38 SiO_2: 40.95　CaO: 4.10	锰铝榴石

3.2 连铸坯及线材中夹杂物尺寸分布

分别对小于50μm的显微夹杂和大于50μm的大颗粒夹杂进行统计分析,不同尺寸的夹杂个数比例如图3及图4所示。从图3中可以看出:铸坯中显微夹杂的尺寸主要在0~

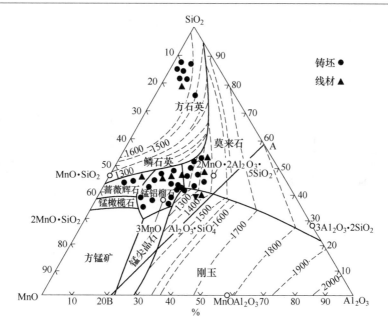

图 1 铸坯和线材中夹杂物的化学成分（脱氧产物）

Fig. 1 Chemical compositions of inclusions observed in the bloom and wire

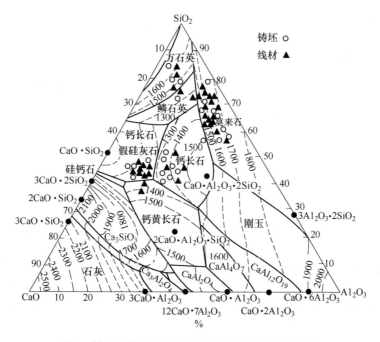

图 2 铸坯和线材中夹杂物的化学成分（来自渣中）

Fig. 2 Chemical compositions of inclutionsobserved in the bloom wire

10μm 之间，占全部夹杂的 85% 左右，大于 20μm 的夹杂占 4% 左右。线材中尺寸在 0～10μm 之间的显微夹杂占全部夹杂的 87% 左右，大于 20μm 的夹杂仅占 0.38%。从图 4 中可以看出，正常浇注情况下，铸坯的大颗粒夹杂物小于 200μm；在开浇、换包及浇尾坯等非稳态情况下，铸坯中的大颗粒夹杂物明显增多，夹杂物的尺寸也明显增大。线材的大颗粒夹杂物的尺寸基本是各种情况下得到的平均值。

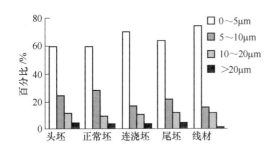

图 3　不同尺寸显微夹杂（<50μm）的比例
Fig. 3　The proportion of micro-inclusion in bloom

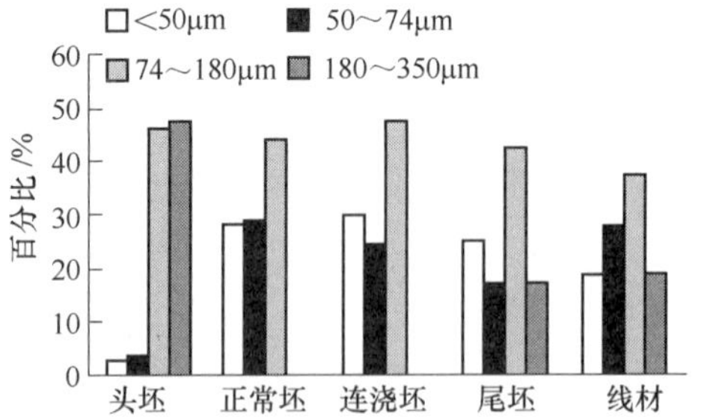

图 4　不同尺寸大颗粒夹杂物（>50μm）的比例
Fig. 4　The proportion of Marco-inclusion in bloom

3.3　连铸坯及线材中夹杂物数量

对小于 50μm 的夹杂，采用金相统计分析，把不同尺寸的夹杂物均折合成当量直径为 7.5μm 的夹杂个数。铸坯和线材中的显微夹杂数量如图 5 所示。在正常浇注情况下，铸坯中的显微夹杂数量平均值为 13.87 个/mm²，相当于夹杂物含量为 0.038%。非稳态浇注情况下，铸坯中的显微夹杂物数量平均为 18.46 个/mm²，高出正常坯 33.12%。线材中的显微夹杂物数量同铸坯几乎相同。

大于 50μm 的夹杂，采用大样电解分析，其大颗粒夹杂物数量如图 6 所示。在正常浇注情况下，大样电解出的大颗粒夹杂物平均为每 10kg 钢 4.65，相当于 4.65ppm。大颗粒夹杂物数量少，但对钢材缺陷影响最大。

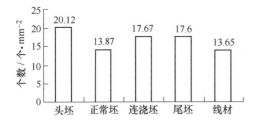
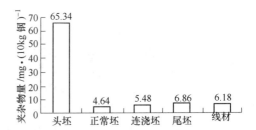

图 5　铸坯和线材显微夹杂物个数
Fig. 5　The numbers of Micro-inclusion in bloom and wire

图 6　铸坯和线材大颗粒夹杂物的统计结果
Fig. 6　Numerical measure of Marco inclusion in bloom and wire

3.4　线材中夹杂物

截取 φ6.5mm 72A 钢线材试样 60 根，长度为 18mm，试样沿中心轴切开，对所取截面研磨和抛光。进行金相分析，然后将所取线材试样进行电解，将电解夹杂物进行扫描电镜观察和能谱分析。金相和电解夹杂物的形貌和夹杂物成分见表 2，夹杂物组成如图 1 所示。由图 1 可知，夹杂物主要类型是方石英、莫来石、假硅灰石、刚玉、锰铝榴石。

线材中夹杂物类型与铸坯中夹杂物类似，仅是夹杂物变形，形貌发生变化。

表2 线材中典型夹杂物化学成分及照片
Table 2 Photographs and typical chemical composition of inclusions in the wires

夹杂物形貌	主要成分/%	夹杂类型
×200	FeO：0.16　　Al_2O_3：7.21 SiO_2：45.81　CaO：14.48 MnO：20.61　CaO：14.48	锰铝榴石
×30	FeO：6.20　　MnO：14.37 S：3.75　　　Al_2O_3：2.79 SiO_2：60.09　CaO：1.29	方石英
×640	MnO：0　　　MgO：4.52 S：1.20　　　Al_2O_3：22.13 SiO_2：59.93　CaO：6.31	假硅灰石
×1000	FeO：0.12　　MnO：0 S：0.49　　　Al_2O_3：57.27 SiO_2：2.76　CaO：0.04	刚玉

3.5 夹杂物组成的控制

预应力钢丝绳等的线棒钢必须具备高的拉伸性能，需要将 Al_2O_3 不变形脆性夹杂物降至最小程度，脱氧合金化不采用 Al 脱氧，而采用 Si-Fe 和 Mn-Fe 脱氧，把钢水中的 $[Al]_s$ 控制在 0.006% 以下。脱氧产物如图 1 所示。夹杂物组成基本落在蔷薇辉石（$2MnO·2Al_2O_3·5SiO_2$）、锰铝榴石（$3MnO·Al_2O_3·3SiO_2$）区域内。这类夹杂物熔点低，为 1300~1400℃，在钢液中呈球形，易于上浮，热加工时塑性好，易变形（表 2 中第 1 和第 4 图像），这是高碳硬线钢所要求的[12]。

用 Si、Mn 脱氧的钢，根据图 1 所示 27 个夹杂物的成分统计，为得到易变形夹杂物，必须控制钢中成分（质量分数）：$Al_2O_3/SiO_2 + MnO + Al_2O_3 = 0.15\% ~ 0.30\%$[13]，$Mn/Si = 1.5~2$，$Al_2O_3 < 30\%$。

由图 2 知 $CaO-SiO_2-Al_2O_3$ 系夹杂物主要是：莫来石（$SiO_2 + Al_2O_3 +$ 少量 MnO），假硅灰石（$SiO_2 + CaO + Al_2O_3$（20%））和钙长石（$SiO_2 + CaO + Al_2O_3$）。

由相图可知，除假硅灰石外，这一类夹杂物熔点高，在轧制的过程中，变形量很小，轧制时会破碎成点状（表 2 中第 1 和第 3 图像），是造成拉拔脆断的主要原因之一。这些夹杂主要属于外来大颗粒夹杂物，从图 2 中可以看出，这些夹杂物基本不在低熔点区。

3.6 钢中的大颗粒夹杂来源

通过示踪试验，统计探针分析铸坯中的 57 个夹杂物，含有示踪剂的夹杂物有：含 4 种示踪元素的夹杂物有 18 个，含 3 种示踪元素的夹杂物有 12 个，含 2 种示踪元素的夹杂物有 13 个，含 1 种示踪元素的夹杂物有 11 个。并且，57 个大型夹杂物中含有 La_2O_3 的夹杂物有 39 个，含有 CeO_2 的夹杂物有 28 个，含有 Pr_6O_{11} 的夹杂物有 33 个，含有 K_2O、Na_2O 的夹杂物有 51 个。可知，铸坯中夹杂物是外来夹杂物与脱氧产物组成的复杂氧化物系。根据铸坯中夹杂物中该示踪元素所带入比例估算出：转炉渣带入 15.65%、中间包包衬带入 3.2%、中间包渣带入 23.36%、结晶器渣带入 18.42%，合计 60.63%，其余为脱氧生成物，也就是铸坯中外来夹杂物占了 60%，从图 2 的 30 个夹杂物中含有 27 个示踪元素也说明了这点，控制铸坯中外来大颗粒夹杂物的主要措施是减少浇注过程钢包、中间包下渣、结晶器的卷渣以及排除非稳定态浇注的干扰。

4 结论

（1）72A 钢采用 Si、Mn 脱氧，脱氧夹杂物的类型主要是：蔷薇辉石、锰铝榴石、方石英、莫来石类夹杂，脱氧夹杂属于易变形夹杂物。

（2）外来夹杂物主要类型是：莫来石、刚玉、硅钙石、刚玉和假硅灰石等，外来夹杂属于不变形夹杂物，是造成脆断的主要因素。

（3）72A 钢夹杂物的数量及尺寸分布：铸坯中金相夹杂为 13.87 个/mm^2，小于 $10\mu m$ 夹杂占 86.74%；大颗粒夹杂为每 10kg 钢 4.64mg；线材中金相夹杂为 13.65 个/mm^2，小于 $10\mu m$ 夹杂占 88.24%，大颗粒夹杂为每 10kg 钢 6.18mg，铸坯中夹杂物与线材相当，只是线材夹杂物形态变化。

（4）72A 钢铸坯中夹杂物的来源比例：转炉渣带入 15.65%、中间包包衬带入 3.2%、中间包渣带入 23.36%、结晶器渣带入 18.42%，合计 60.63%。示踪试验指出，铸坯中夹杂物有 60% 外来夹杂物,40% 为脱氧产物。

(5) 控制脱氧产物合适的组成,减少外来夹杂物,是解决线材拉拔脆断的关键。

参 考 文 献

[1] 文一元. 国产优质硬线现状及发展 [J]. 金属制品, 1998, 24 (2): 1.
[2] 殷淼. 钢丝拉拔自断的原因分析 [J]. 金属制品, 1999, 25 (4): 22.
[3] 傅百子. 钢丝生产过程中断丝原因分析 [J]. 金属制品, 1997, 23 (3): 17.
[4] 尹万全. 碳钢盘条拉伸异常断口分析 [J]. 金属制品, 1998, 24 (5): 6.
[5] 殷瑞钰. 钢的质量现代进展 [M]. 北京: 冶金工业出版社, 1994: 620.
[6] 小川兼冈. 熔炼高纯净钢的渣精炼技术 [J]. 世界钢铁, 1996 (纯净钢特刊): 28.
[7] S·Maeda. 用合成渣控制高拉伸轮胎钢丝绳用的线棒钢中夹杂物的形状 [A]. 国际炼钢会议论文选 [C]. 冶金部炼钢情报网, 1989 (2).
[8] 陈健民. 硬线盘条拉拔断裂原因初步判断 [J]. 轧钢, 2000, 17 (3): 580.
[9] 陈训浩. 硬线钢质量特征及脆断分析 [J]. 冶金标准化与质量, 1998 (2): 19-23.
[10] Stampa E. Detection of harmful inclusions in steels for tire cord [J]. Wire Journal International, 1987 (3): 44.
[11] Fancois M. High tensile wire rod for tire cord [J]. Wire Journal International, 1989 (1): 551.
[12] Chia E Henry. Investigation of wire breaks [J]. Wire Journal Internatioanl, 1976 (12): 52.
[13] 蒋国昌. 纯净钢及二次精炼 [M]. 上海: 上海科学技术出版社, 1996.

Investigation on Non-metallic Inclusions in 72A Steel

Wei Jun　Gu Kejing　Cai Kaike

(University of Science and Technology Beijing)

Wang Chunhuai

(Jiuquan Iron and Steel Co.)

Abstract: Investigation was made on non-metallic inclusions of 72A Steel using multi-measures in Jiuquan Group. The amount, types, source, composition and distribution of the inclusions were discussed. Drowing test of wire testify that the main reason of wire breaking is large foreign brittleness inclusions.

Keywords: 72A steel; non-metallic inclusions; wire; drowing breaking; large foreign brittleness inclusions

钙处理对冷轧无取向硅钢磁性的影响

郭艳永 蔡开科　　骆忠汉 刘良田 柳志敏

（北京科技大学）　　（武汉钢铁（集团）公司）

摘　要：通过金相显微镜、图像分析仪、扫描电镜和透射电镜等手段，研究了未用和采用钙处理无取向硅钢片中微细夹杂物的数量、尺寸分布以及夹杂物的类型，发现对无取向硅钢片铁损影响较大的是 0.1~0.4μm 的微细夹杂物，夹杂物类型对铁损影响较小。

关键词：无取向硅钢片；钙处理；细微夹杂物；铁损

1　引言

钢中夹杂物按尺寸可分为大颗粒夹杂物（>50μm），显微夹杂物（1~50μm）和超显微夹杂物（<1μm）。前两类夹杂物主要影响硅钢片的表面缺陷和使用性能，而后者（本文中称为微细夹杂物）对成品硅钢片的磁性危害较大。夹杂物颗粒性质和大小对材料的疲劳性能有重要影响[1]，拉速提高，铸坯中的微观夹杂物数量越多[2]，中间包内衬材质对夹杂物数量影响较大，镁质内衬比硅质内衬可减少 35% 的夹杂物[3]，采用钙处理及无铝脱氧工艺可减少钢中 Al_2O_3 夹杂物对重轨钢的疲劳性能的影响[4]。

Bóc 等[5]的研究结果表明，粒径大于 0.50μm 和小于 0.05μm 的夹杂物对电磁性能的影响要比 0.05~0.50μm 的小得多；硅钢中铝含量增多，则析出相（0.05~0.50μm）明显减少。尤宝义[6]利用生产统计，单片试样测磁与扫描电镜相结合的方法，对影响磁性的有害元素和钢中非金属夹杂物进行分析和观察后得出结论：钢中非金属夹杂物中真正有害的是那些阻止晶粒长大、对磁畴起钉扎作用的小于某一临界磁畴的夹杂物的数量。

无取向硅钢的铁损中磁滞损耗 P_h 占 75%~80%，矫顽力 H_c 与夹杂物尺寸成反比，与夹杂物数量成正比关系[7]，当夹杂物尺寸 d 与畴壁厚度 δ 接近时，对 P_h 影响最大，此时钉扎畴壁的能力最强，因此希望此类微细夹杂物数量尽量少使用钙处理来改变钢中夹杂物性质，提高钢洁净度是炼钢生产中常用的精炼方法。如低碳铝镇静钢（[Al]$_s$ = 0.02%~0.05%）用钙处理来改变 Al_2O_3 形态（变性为熔点较低的 $C_{12}A_7$），防止堵水口；管线钢用钙处理来改变硫化物夹杂形态防止氢致裂纹等。而钙处理的另外一个作用是能提高硅钢片的磁性。钢中微细夹杂物对无取向硅钢的磁性能影响很大，因此减少硅钢片中微细夹杂物的数量可以有效地提高硅钢片磁性。鉴于此，在武钢进行了生产实验，探索了钙处理对无取向硅钢磁性的改善效果及微细夹杂物对磁性的影响。

本文发表于《北京科技大学学报》，2005年，第4期：427~430, 452。

2 实验方法

在武钢二炼钢厂进行了无取向硅钢用和未用钙处理的生产实验。无取向硅钢生产流程为：KR→混铁炉→LD→RH→CC→JZ（保温车热送）→RZ→LZ。在 RH 精炼结束后向钢包内喂入硅钙线，为了比较钙处理与未用钙处理对无取向硅钢片磁性的改善效果，在硅制卷上每卷头和尾沿 L、C 方向各取 8 片 30mm×295mm 的方圈样测量铁损，并取测完磁性后的爱普斯坦试样进行微细夹杂物分析，以了解硅钢片中微细夹杂物对铁损的影响。

（1）金相法统计钢中显微夹杂物数量及尺寸分布。将抛光后的硅钢片试样在德国 Carl Zeiss Jena 公司 Jenavert 显微镜下连续观察 200 个视场，统计大于 1.5μm 各种尺寸夹杂物数量。

（2）图像分析仪统计钢中微细夹杂物数量及尺寸分布。对于小于 1.5μm 的夹杂物用德国产 Leica 大型偏光显微镜结合 Qwin 图像分析仪连续观察。50 个视场，用图像仪分析软件自动统计试样中夹杂物颗粒的面积、颗粒大小和数量。

将图像分析仪得到的每个视场内的夹杂物的信息汇集在一起得到每个试样夹杂物的信息，包括每个夹杂物的面积、周长、最大直径、最小直径以及夹杂物的总数量。由于夹杂物直径较小，因此把观察到的每个夹杂物截面按圆形处理后由面积折算出每个夹杂物直径，然后统计出 0.11~1μm、1.01~1.5μm 范围内的夹杂物数量。

假设夹杂物在钢中均匀分布，$1cm^3$ 钢中夹杂物数量 I_j：

$$I_j = \frac{N_j}{XSd_j \times 10^{-2}} \tag{1}$$

式中 d_j——直径在某范围内的夹杂物上限直径，称为当量直径，μm；

I_j——单位体积硅钢中某范围内上限直径为 d_j 的夹杂物个数，个/cm^3；

N_j——上限直径为 d_j 的某范围内夹杂物统计个数；

X——视场数；

S——观察试样时每个视场的面积，$μm^2$。

（3）英国剑桥产 S-360 扫描电镜统计微细夹杂物类型及数量、尺寸分布。图像分析仪只能统计微细夹杂物数量，不能具体确定夹杂物的成分。为了确切掌握硅钢片中各种类型的微细夹杂物具体分布情况，通过 SEM 随机选取一定数量的微细夹杂物，测量其尺寸并用能谱确定其成分，从而确定不同尺寸、不同类型的夹杂物所占的比例受设备限制，只能观察 200nm 以上的夹杂物。

（4）JEM-2000FX 型透射电镜观察微细夹杂物形貌及成分。对于 200nm 以下的微细夹杂物，通过透射电镜观察形貌并确定其成分。

3 实验结果及讨论

3.1 钙处理对无取向硅铜磁性的改善效果

每卷硅钢片的头部和尾部沿 L、C 方向各取 8 片（共 32 片）尺寸为 0.5mm×30mm×295mm 的方圈样测量铁损，并取头、尾随性平均值代表本卷磁性水平。每炉钢均取由第 2 块连铸坯轧制的相同批号两个硅铜卷的磁性代表本炉钢磁性水平，另取 5 炉相同钢种相同批号的非实验炉次硅钢卷磁性结果取平均值代表不加钙的平均值。磁性检验结果见表1。由表1可以看出，钙处理后硅钢片铁损$P_{1.5/50}$，除A炉略有增加外，随着钙含量增加呈下降趋势，最多降低了0.265W/kg，平均降低了0.204W/kg（约5%）。

表1 未用和采用钙处理的硅钢片铁损比较
Table 1 Core loss comparison of silicon steel sheets with and without calcium treatment

炉 号	w_{Ca}/ppm	B_{5000}/T	$P_{1.5/50}$ W/kg	$P_{1.5/50}$（减小量）W/kg
A	30	1.719	4.571	-0.056
B（未加钙）	8	1.726	4.462	0.053
C	20	1.713	4.255	0.26
D	16	1.727	4.363	0.152
E	20	1.719	4.266	0.249
F	25	1.717	4.250	0.265
加钙平均值	20	1.722	4.311	0.204
无钙平均值	0	1.723	4.515	0

3.2 微细夹杂物数量对磁性的影响

为了比较钙处理对硅钢片中夹杂物的影响，选取经过钙处理的D炉、F炉与未经钙处理的B炉在同一轧制道次的硅钢片（轧制参数保持不变），测完磁性后制样，用于统计各种尺寸夹杂物的数量，经公式（1）计算结果见表2。由表2可知，小于1μm的微细夹杂物数量占夹杂物总量的98%以上，钙处理后这部分微细夹杂物数量减少了一半左右，与之相对应的是铁损降低，说明微细夹杂物对磁性的影响较大。

表2 硅钢中夹杂物数量分布
Table 2 Distribution of inclusions in silicon steel sheets ($10^5 cm^{-3}$)

夹杂物尺寸/μm	B 炉	D 炉	F 炉
<1.00	17000	8890	8180
1.00~1.50	290.00	40.00	350.00
1.51~2.50	6.79	28.29	2150
2.51~5.00	0.56	0.84	1.69
5.01~10.00	0.14	1.13	0
>10.00	0.07	0.32	0.04
$P_{1.5/50}$	4.462	4.363	4.250

3.3 微细夹杂物尺寸对磁性的影响

为了进一步确定小于1μm的微细夹杂物中哪些尺寸范围的对磁性影响较大，比较了B炉、D炉和F炉硅钢片中小于1μm的微细夹杂物的尺寸分布，见表3。可以看出，与未经钙处理的B炉相比，钙处理后的D炉中小于0.40μm的夹杂物数量和F炉中小于0.50μm

表3 硅钢片中细微夹杂物数量分布
Table 3 Distribution of microinclusions in silicon steel sheets ($10^8 cm^{-3}$)

夹杂物尺寸/μm	B 炉	D 炉	F 炉
0.11~0.20	5.09	0	1.69
0.21~0.30	4.52	0	1.76
0.31~0.40	4.66	3.92	1.90
0.41~0.50	0.80	1.78	0.46
0.51~0.60	0.67	1.76	1.06
0.61~0.70	0.27	0.78	0.42
0.71~0.80	0.55	0.31	0.31
0.81~0.90	0.30	0.30	0.25
0.91~1.00	0.14	0.04	0.33

的夹杂物数量都有不同程度的减少，其中0.11~0.40μm的夹杂物数量明显减少。说明影响硅钢片磁性的夹杂物尺寸主要集中在0.1~0.40μm之间（也可能包括没有统计到的小于0.10μm的更细小的夹杂物）。而该尺寸范围正好与硅钢片中磁畴畴壁厚度（一般为几百纳米）相近，这部分夹杂物在硅钢片磁化过程中钉扎畴壁，阻止磁畴转动和畴壁移动，因此要消耗额外的电能来克服这种阻力，致使硅钢片铁损增加。这与文献[5]的观点一致。

与B炉相比，钙处理后的D炉和F炉中0.11~0.40μm的微细夹杂物数量分别减少了72.52%和62.5%，而0.4~1.00μm的微细夹杂物数量分别增加了82.06%和3.67%，说明钙处理促使小于0.40μm的微细夹杂物聚合长大的效果非常明显。通过扫描电镜选取一定数量的微细夹杂物，同时确定其尺寸和成分，从而计算出各种尺寸夹杂物所占比例，统计结果见表4。从表4可以看出，未用钙处理的硅钢片中小于0.40μm的微细夹杂物占小于1.00μm微细夹杂物总量的21.26%，钙处理后的硅钢片中该比例下降，平均为17.85%，再次证实了钙处理有利于减少小于0.40μm的微细夹杂物，促使其聚合长大，而这部分微细夹杂物对硅钢片磁性影响较大，这是钙处理能降低硅钢片铁损的主要原因。

表4 硅钢片中不同尺寸细微夹杂物所占比例
Table 4 Ratios of different sizes of microinclusions in silicon steel sheets (%)

夹杂物尺寸/μm	A 炉	B 炉	C 炉	D 炉	E 炉	F 炉
<0.2	1.21	2.12	0	0	0	0
0.21~0.30	7.31	10.63	1.81	7.69	9.09	6.77
0.31~0.40	12.19	8.51	10.09	7.69	12.72	11.86
0.41~0.50	14.63	8.51	9.09	7.69	14.54	18.64
0.51~0.60	10.97	34.04	12.72	17.94	14.54	16.94
0.61~0.70	13.41	12.76	21.81	20.51	5.45	16.94
0.71~0.80	15.85	6.38	16.36	15.38	14.54	13.55
0.81~0.90	9.75	12.76	10.90	12.82	14.54	13.55
0.91~1.00	14.63	4.25	16.36	10.25	14.54	8.47
样本数/个	82	47	55	39	55	59

3.4 微细夹杂物类型对磁性的影响

未用与采用钙处理的无取向硅钢片中不同类型微细夹杂物所占比例见表5。从表5看出,未经钙处理的硅钢片中,Al_2O_3 和 $Al_2O_3 \cdot MnS$ 复合夹杂物共占约3/4,MnS约占1/4,没有发现其他类型的夹杂物。其中 Al_2O_3 多呈棒状,如图1所示;MnS 颜色较浅,多呈椭圆形,如图2所示。$Al_2O_3 \cdot MnS$ 复合夹杂物大多为规则的四边形或长条状。

表5 硅钢片中不同类型夹杂物所占比例
Table 5 Ratios of different types of microinclusions in silicon steel sheet (%)

夹杂物类型	A 炉	B 炉	C 炉	D 炉	E 炉	F 炉
Al_2O_3	40.25	40.02	38.19	66.66	78.18	49.16
CaS	42.69	0	23.64	0	0	32.2
C_xA_y + CaS	9.76	0	25.45	2.57	3.64	5.08
C_xA_y + CaS + MgO	3.65	0	0	0	0	3.39
C_xA_y	3.65	0	1.82	5.12	0	1.7
CaS + MnS	0	0	10.9	0	5.45	1.7
Al_2O_3 + MnS	0	34.05	0	20.51	1.82	0
MnS	0	25.53	0	2.57	0	0
Al_2O_3 + CaS	0	0	0	0	1.82	6.77
C_xA_y + CaS + MnO	0	0	0	2.57	9.09	0
样本数/个	82	47	55	39	55	59

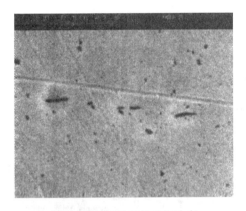 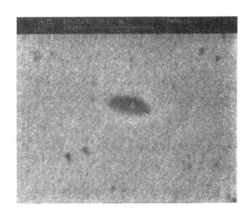

图1 未用钙处理的硅钢片中细微夹杂物形貌(Al_2O_3)

Fig. 1 Shapes of microinclusions in a silicon steel sheet without calcium treatment (Al_2O_3)

图2 未用钙处理的硅钢片中细微夹杂物形貌(MnS)

Fig. 2 Shapes of microinclusions in a silicon steel sheet without calcium treatment (MnS)

采用钙处理的硅钢片中,除了有一炉发现少量单独的 MnS 外,其余炉次中没有发现单独存在的 MnS;$Al_2O_3 \cdot MnS$ 类型的夹杂物比例大幅度下降。钙处理后,钙元素以硫化钙和铝酸钙($xCaO \cdot yAl_2O_3$ 简写为 C_xA_y)的形式存在于钢中,出现单独的 CaS、C_xA_y 及其与 Al_2O_3、MnS 等形成的各种复合夹杂物(C_xA_y + CaS、CaS + MnS、C_xA_y + CaS + MnS、

$Al_2O_3 \cdot MnS$、$C_xA_y + CaS + MgO$、$Al_2O_3 + CaS$）说明钙处理对硫化物变性效果明显，发现许多由 $0.5 \sim 1.1 \mu m$ 的 $C_xA_y + CaS$ 型复合夹杂物排列在一起组成的不连续的长条状夹杂物，如图 3 所示。综合考虑钙处理后硅钢片铁损降低以及影响硅钢片磁性的夹杂物尺寸范围可以推断出夹杂物类型对硅钢片磁性影响较小。

由于 MnS 是在凝固后期形成的[8]，钢液没有钙处理时，MnS 单独析出或者附着在细小的 Al_2O_3 上析出，形成 $Al_2O_3 \cdot MnS$ 复合夹杂物。钙处理后，由于钙与硫的结合能力比锰强，CaS 优先析出，即使有少量 MnS 析出，也是附着在 CaS 或者 Al_2O_3 质点上形成复合夹杂物，如图 4 所示。200nm 以下硫化物夹杂物多呈球形，如图 5 所示。

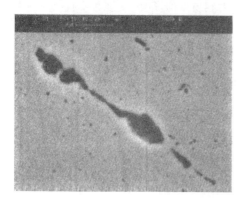

图 3 钙处理的硅钢片中细微
夹杂物形貌（$C_3A + CaS$）

Fig. 3 Shapes of microinclusions in a silicon steel sheet with calcium treatment（$C_3A + CaS$）

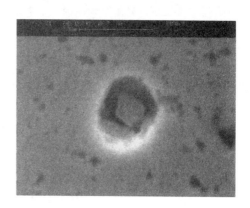

图 4 钙处理的硅钢片中细微
夹杂物形貌（CaS）

Fig. 4 Shapes of microinclusions in a silicon steel sheet with calcium treatment（CaS）

(a) MnS

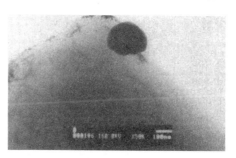

(b) CaS+Al_2O_3

图 5 透射电镜下硫化物夹杂形貌

Fig. 5 Shapes of sulfur microinclusions in silicon steel sheets under TEM

4 结论

（1）钙处理后硅钢片铁损平均降低约 5%，且随着钙含量增加呈下降趋势。

（2）钙处理后无取向硅钢片中小于 $1\mu m$ 微细夹杂物数量减少约 50%。

（3）微细夹杂物中小于 $0.4\mu m$ 的夹杂物对硅片铁损影响较大，钙处理促使小于

0.4μm 的微细夹杂物聚合长大，从而减轻微细夹杂物对铁损的影响程度。

（4）钙处理可以有效地控制 MnS 析出，夹杂物类型对磁性影响较小。

参 考 文 献

[1] 薛正良，李正邦，张家雯. 洁净钢夹杂物形态控制［J］. 武汉冶金科技大学学报，1999，22(3)：223.

[2] 胡勤东，蔡开科. 高拉速小方坯铸坯中夹杂物行为［J］. 钢铁，2001，36（3）：24.

[3] 高志刚，冯韶飞，张志强. 炼钢生产过程对钢中非金属夹杂物含量的影响研究［J］. 冶金标准化与质量，2001，39（6）：9.

[4] 张莉萍，葛建国，赵爱军. 浅谈钢中夹杂物的控制对钢质量的影响［J］. 包钢科技，2002，28（4）：87.

[5] Bóc I, Cziraki Á, Gróf T, et al. Analysis of inclusions in cold-rolled N. O. Si-Fe strips［J］. J Magn Mater, 1990, 83: 381.

[6] 尤宝义. 非金属夹杂物对无取向硅钢板磁性的影响研究［J］. 电工钢，1987（2）：159.

[7] 何忠治. 电工铜［M］. 北京：冶金工业出版社，1997：13.

[8] 蔡开科. 浇注与凝固［M］. 北京：冶金工业出版社，1992：163.

Behavior of Microinclusions in Cold-rolled Non-oriented Silicon Steel

Guo Yanyong　Cai Kaike

(University of Science and Technology Beijing)

Luo Zhonghan　Liu Liangtian　Liu Zhimin

(Wuhan Iron and Steel Group Co.)

Abstract: The amount, size distribution and style of microinclusions in non-oriented silicon steel sheets with or without calcium treatment were studied by metalloscope, image analytical meter, scan electron microscope and transmission electron microscope. The results show that microinclusions in the range of 0.1 to 0.4μm influence the core loss of silicon steel sheets greatly but the style of microinclusions has less influence.

Keywords: non-oriented silicon steel sheet; calcium treatment; microinclusions; core loss

中碳钙硫易切削钢夹杂物形态控制

严国安 秦 哲 田志红 孙彦辉 蔡开科

(北京科技大学)

摘 要：在实验室进行了1kg坩埚实验，研究了中碳高硫结构钢钙处理前后夹杂物的形态、尺寸及组成。结果表明：钢钙处理后获得了可以改善钢切削性的纺锤形夹杂物，夹杂物的平均纺锤形率为68.11%，并且随钢中[Ca]/[S]增加夹杂物纺锤形化趋势增加；钙处理后小于215μm的夹杂物占夹杂物总量的76.05%，夹杂物细小、弥散分布于钢基体中；夹杂物类型以钙铝酸盐芯硫化物外壳的复合夹杂物、(Mn,Ca)S形式的硫化物为主，有少量的铝酸钙与CaS的复合夹杂物；含钙硫的45钢铸态钢锭比普通45钢铸态钢锭切削性能有所改善。

关键词：易切削钢；高硫；钙处理；夹杂物

1 引言

中碳钢广泛应用于汽车、摩托车、拖拉机的轴、连杆等零部件，这些零部件的生产通常由切削加工来完成，高速机床的发展对其切削性能提出了更高的要求。因此，有必要开发既有良好切削性能又能满足力学性能要求的中碳易切削钢。

钢中的MnS夹杂物是有助于改善钢的切削性的夹杂物。但钢中硫含量高时，连铸坯容易产生裂纹，钢中硫的偏析严重，出现各向异性[1]。所以，希望含硫易切削钢中硫化物夹杂为纺锤形（即长宽比$L/W \leq 3$），这种夹杂物在热加工时变形较小，并且钢材切削性能好，使钢的横向力学性能降低得少[2-4]。根据有关文献报道[5-10]，钢液用Ca处理后，生成以氧化物Al_2O_3、$CaO \cdot Al_2O_3$为核心外围包含有MnS、(Mn,Ca)S的球形或纺锤状复合夹杂物，在切削加工时避免刀具与Al_2O_3等超硬质点直接接触，从而减轻超硬夹杂物质点对刀具的磨损，使钢的切削性得以改善，所生成的纺锤形(Mn,Ca)S不仅改善了钢材的切削性，而且有利于改善钢的横向力学性能[11,12]。

为改善45钢的切削性，增加钢中硫含量，同时运用钙处理技术，研究在实验室条件下含硫钙45钢中夹杂物形态、尺寸、类型及组成，以期获得有利于改善钢的切削性能的夹杂物。

2 实验方法

实验在高温碳管炉上进行，采用Al_2O_3质坩埚，容钢量为1kg，实验全程进行氮气保护，实验温度控制在1600~1620℃。实验钢水成分（质量分数）为：C 0.42%~0.5%，Si 0.34%~0.4%；Mn 0.67%~0.81%；P<0.03%；S 0.04%~0.06%；Ca 0.0015%~

0.003%；Als 0.02%~0.03%。

实验过程为：将装有 1kg 金属料的坩埚放入碳管炉中，通电加热，待钢料熔清并达规定温度后取初始钢样 X1，然后按特定顺序加入硅铁、锰铁、铝粒及硫铁进行脱氧合金化及成分调整，成分均匀 2min 后取钢样 X2，然后加入硅钙粉进行钙处理，2min 取钢样 X3，依次 3min 后取钢样 X4，5min 后取钢样 X5，实验结束。

将实验中取出的钢样制成需要的试样在金相显微镜下统计夹杂物类型、尺寸、数量，对钢中典型的夹杂物在扫描电镜下拍照，并利用电子探针进行能谱分析。

3 实验结果及讨论

在金相显微镜下观察到的夹杂物按照形态主要有：球形（$L/W \approx 1$）、纺锤形（$1 < L/W \leq 3$）、长条形（$L/W > 3$）、三角形、不规则形状（矩形、正方形、多边形、不规则形）等。夹杂物的纺锤形率 h 定义为：

$$h = \frac{球形夹杂物数量 + 纺锤形夹杂物数量}{夹杂物总数} \times 100\% \quad (1)$$

3.1 钢中硫含量对夹杂物数量的影响

实验中取不同硫含量试样在光学显微镜下对夹杂物进行统计，作夹杂物数量随硫含量的变化图，如图 1 所示。由图 1 可知，随钢中硫含量增加，钢中显微夹杂物数量增加。理论上，钢中硫含量增加，所生成的硫化物数量相应增加；金相观察也表明，钢中硫化物的比例很高，硫化物单独存在或者与氧化物复合存在。

3.2 钙处理对纺锤形夹杂物的影响

通过对脱氧、增硫及钙处理等工艺条件进行反复摸索，经过多次试验后，得出了比较理想的夹杂物形态，图 2 是按照式（1）计算得出的不同炉次钙处理后纺锤率夹杂物所占的比例。

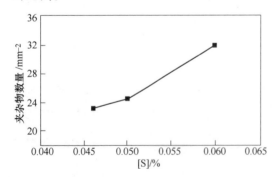

图 1 钢中硫含量与夹杂物数量的关系

Fig. 1 Relation of sulphur content with the amount of inclusions

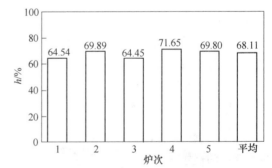

图 2 钙处理后夹杂物纺锤率

Fig. 2 Ratio of fusiform inclusions after calcium treatment

钙处理后各炉次纺锤形夹杂物比例均超过 50%，最高达 71.65%，最低为 64.54%，平均值达到 68.11%。

3.3 [Ca]/[S]与纺锤形率关系

铝镇静钢中,钙处理可以将高熔点、簇状 Al_2O_3 夹杂物变性为低熔点、球状的铝酸钙夹杂。同时钙均匀的固溶于 MnS 中形成 (Mn,Ca)S,减少了Ⅱ类硫化物的析出,提高了硫化物夹杂的硬度,降低了硫化物夹杂在热变形过程中的变形能力,使长条状硫化物变形为纺锤形硫化物,减少了 MnS 的危害。图3是钢液的[Ca]/[S]对钢液中夹杂物形状的影响。图3表明:当钢液中[Ca]/[S]由0.043增加到0.048,夹杂物的纺锤形率逐渐增大;在本实验条件下,钢液中钙的质量分数在15~30ppm之间,钙含量较低,还有升高的空间;同时增加[Ca]/[S],夹杂物的纺锤形率有继续增大的趋势。

3.4 钙处理前后夹杂物尺寸变化

钙处理前后夹杂物尺寸、数量的变化如图4所示。钙处理后小于 $2.15\mu m$ 的夹杂物增加了39.07%,大于 $2.15\mu m$ 的夹杂物减少73.60%。钙处理后小于 $2.15\mu m$ 的夹杂物占夹杂物总量的76.05%,大于 $2.15\mu m$ 以上的夹杂物只有23.95%,在光学显微镜下没有发现 $10\mu m$ 以上的夹杂物。可见,钙处理后钢中细小夹杂物总量增加,大夹杂物减少。

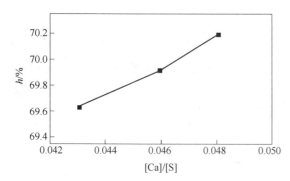 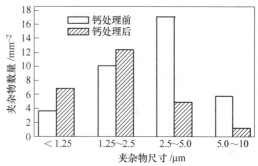

图3 [Ca]/[S]对纺锤形率的影响
Fig. 3 Effect of [Ca]/[S] on the fusiform ratio

图4 钙处理前后不同尺寸夹杂物数量的变化
Fig. 4 Changes in amount of different sizes of inclusions before and after calcium treatment

3.5 钙处理前后夹杂物组成及形貌

钙处理前典型夹杂物的形貌如图5所示。电子探针分析表明钙处理前钢中夹杂物主要是 MnS 和芯部 Al_2O_3、外壳 MnS 的复合夹杂物(见表1),夹杂物的形状各异,有纺锤形、球形、三角形、长条形、菱形等不规则形状,单独的 Al_2O_3 夹杂很少。

表1 钙处理前夹杂物的能谱分析结果(质量分数)
Table 1 Energy spectrum analysis of inclusions before calcium treatment (%)

夹杂物	Al	S	Ca	Mn	Fe
(a)-1	37.62	11.65	0.43	11.90	38.40
(a)-2	0.18	34.79	0.35	45.10	19.58

续表 1

夹杂物	Al	S	Ca	Mn	Fe
(b)-1	46.43	27.16	—	26.41	—
(b)-2	2.65	32.37	—	30.86	34.12
(c)	0.07	22.35	0.21	27.74	49.64
(d)	—	39.41	—	52.45	8.14

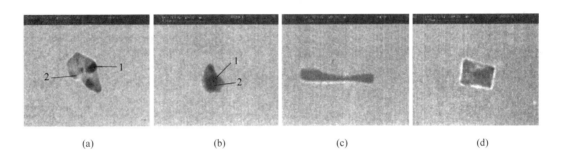

图 5 钙处理前夹杂物的形貌

Fig. 5 Morphologies of inclusions before calcium treatment

钙处理后典型夹杂物的形貌如图 6 所示。电子探针分析夹杂物成分（质量分数）见表 2。金相观察和夹杂物能谱分析表明：钙处理后，带芯的复合夹杂物比钙处理前有增多的趋势，各种形状的夹杂物中 Ca 含量都比钙处理前高。夹杂物的主要类型有芯部是钙铝酸盐、外壳是 (Mn, Ca)S 的复合夹杂物 (Mn, Ca)S 形式的硫化物以及少量的铝酸钙与 CaS 的复合夹杂物。夹杂物的形状以球形、纺锤形为主。由表 2 可以看出，由于实验钢水中 $[Al]_s$ 含量较高，而 $[Ca]$ 含量较低，夹杂物中钙含量尤其是氧化物夹杂中钙含量较低，钢中夹杂物没有得到良好的变性处理，同时铝酸钙夹杂有一定的容硫能力，当夹杂物中硫超过其硫容量时析出 CaS，所以出现了铝酸钙与 CaS 的复合夹杂物。

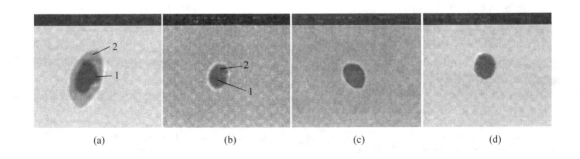

图 6 钙处理后夹杂物的形貌

Fig. 6 Morphologies of inclusions after calcium treatment

表2 钙处理后夹杂物的金相及能谱分析结果（质量分数）
Table 2 Energy spectrum analysis of inclusions after calcium treatment (%)

夹杂物	Al	S	Ca	Mn	Fe
（a）-1	56.01	16.40	4.65	14.96	7.98
（a）-2	6.36	28.62	4.48	37.88	22.66
（b）-1	—	35.99	43.17	1.17	19.67
（b）-2	0.15	20.60	18.81	2.78	57.66
（c）	0.07	38.44	1.30	56.11	4.08
（d）	33.27	5.35	15.00	0.50	45.88

3.6 切削性能的比较

对普通45钢和钙硫易切削45钢在相同的切削条件下，切削转速为950r/min，硬质合金刀具（YT30）主偏角90°，进给量为0.2mm/r，进行铸态切削性能的对比。

切削后的断屑如图7所示。由图可以看出，经过硫—钙处理的45钢的断屑（a）比普通45钢断屑（b）碎。因此，经硫—钙处理的45钢比普通45钢加工时的切削性能有很大改善。

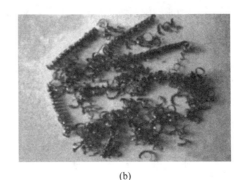

(a) (b)

图7 切屑断屑
（a）普通45钢；（b）钙硫易切削45钢
Fig.7 Chips of different steels
(a) middle carbon steel; (b) medium-carbon calcium sulphur free-cutting steel

4 结论

（1）钢中硫含量增加，夹杂物总量增加；增加[Ca]/[S]，夹杂物纺锤形率增大；钙处理后夹杂物的平均纺锤形率为68.11%。

（2）钙处理后小于215μm的夹杂物占夹杂物总量的76.05%，夹杂物细小，呈弥散状分布。

（3）钙处理后夹杂物类型主要是钙铝酸盐芯、硫化物外壳的复合夹杂物，(Mn,Ca)S形式的硫化物，以及少量的铝酸钙与CaS的复合夹杂物。

（4）硫钙处理后的45钢比普通45钢在高速机床上加工时的切削性能明显改善。

参 考 文 献

[1] Brunet J C, Torterat P, Hugo M, et al. Influence des inclusions de sulfures sur le comport ment àla rupt ure desaciers de construction métallique [J]. Rev Métall, 1977 (1): 1.
[2] 乔学亮, 孙培祯, 崔昆. 易切削钢中 Ca 含量与硫化物形态的定量研究 [J]. 华中理工大学学报, 1995, 23 (1): 121.
[3] 娄德春, 崔昆, 吴晓春, 等. 硫化锰夹杂物的热变形行为 [J]. 钢铁研究学报, 1996, 8 (6): 11.
[4] 殷瑞钰. 钢的质量现代进展（下篇）[M]. 北京：冶金工业出版社, 1995.
[5] 音谷登平, 形浦安治. 钙洁净钢 [M]. 刘新华, 韩郁文, 译. 北京：冶金工业出版社, 1994: 75.
[6] Brunet J C, Hugo M, Torterat P, et al. Aciers de construction au calcium àusinabilitéaméliorée [J]. Rev Métall, 1977 (12): 673.
[7] Bellot J. évolutions récentes dansle domaine des aciers de construction mécanique àusina bilitéaméliorée [J]. Aciers Spéc, 1980, 50: 23.
[8] Leroy F, Diot B. Une nouvelle génération d'aciers àusinabilitéaméliorée [J]. Aciers Spéc, 1980, 52: 23.
[9] Brunet J C, Bellot J. Amélioration des propriétés de mise en oeuvre et d'emploi des aciers de constructionpar modification de l'état inclusionnaire [J]. Aciers Spéc, 1983, 62: 21.
[10] Leroy F. Un atout decisive de la barre t raitée: les nuances àusinabilitéamélioré [J]. Aciers Spéc, 1984, 65: 11.
[11] 蔡开科. 改善结构钢切削性能的新近发展 [J]. 特殊钢, 1985, 4 (4): 18.
[12] 费·勒鲁瓦. 有切削或无切削成型结构钢//法国特殊钢代表团访问中华人民共和国专题报告 [R]. 北京, 1980.

Inclusion Morphology Control in Medium-carbon Calcium Sulphur Free-cutting Steel

Yan Guoan　Qin Zhe　Tian Zhihong　Sun Yanhui　Cai Kaike

(University of Science and Technology Beijing)

Abstract: The 1 kg crucible experiment was carried out in laboratory. The shape, size and composition of inclusions in medium-carbon high-sulphur structural steel were investigated. The results show that fusiform inclusions, which can improve the cutability of the steel, account for 68.11% in total inclusions, and the ratio of fusiform inclusions increases with increasing [Ca]/[S]. After calcium treatment the inclusions is very tiny, inclusions of less than 215 μm in size account for 76.05% and scattered in the matrix of the steel. The inclusions are mainly composed of (Mn, Ca)S sulfide and complex inclusions in which the core is calcium aluminate and the shell is sulfide. There are small amount of complex inclusions of calcium aluminate and calcium sulfide in the inclusions, too. The cutability of the ingot steel containing sulphur and calcium is better than that of middle carbon steel.

Keywords: free-cutting steel; high sulphur; calcium treatment; inclusions

Mathematical Model of Sulfide Precipitation on Oxides during Solidification of Fe-Si Alloy

Liu Zhongzhu

(Metallurgical Processing Group, Steel Research Center,
National Institute for Materials Science, Sengen)

Gu Kejing   Cai Kaike

(University of Science and Technology Beijing)

Abstract: A mathematical model of sulfide precipitation on oxides during solidification is established based on the coupled model of microsegregation and inclusion precipitation, which is also established by the present authors[1] In this paper, sulfide capacity and optical basicity are introduced to calculate the distribution of sulfur between liquid oxides and molten steel during solidification, and the effect of composition of oxides on the precipitation of sulfide is also discussed. The calculated results agree well with the experiment results and data reported.

Keywords: solidification; microsegregation; oxide metallurgy; mathematical model; sulfide precipitation; sulfide capacity; basicity

1 Introduction

Oxide metallurgy, the technology to modify inclusion for optimal product properties, has been recommended as a means to control steel properties via effective utilization of fine oxides as heterogeneous nucleation sites for transformation and precipitation[2-4]. Sulfide precipitated during solidification is also important for the formation of GOSS texture in oriented silicon steels. Lots of works about the sulfide precipitated on oxides and mathematical simulating models were reported[5-10]. But the mechanism about sulfide precipitation on oxides is not very clear yet.

In this paper, a mathematical model of sulfide precipitated on oxides during solidification is presented based on a microsegregation model. The coupled calculations of microsegregation of solute elements and inclusion precipitation are carried out and the precipitation of oxides and sulfides can be calculated simultaneously in the model. Sulfide capacity and optical basicity are introduced to calculate the distribution of sulfur between liquid oxides and molten steel, and the effect of composition of oxides on the precipitation of sulfide during solidification is discussed. The calculated results agree well with the experiment results and data reported.

2 Mathematical model

2.1 Coupled model of microsegregation and inclusion precipitation

The same coupled mathematical model used in our previous work[1] was used to interpret the re-

---

本文发表于"ISIJ International", 2002, 42 (9): 950~957。

sults of redistribution of solute elements and precipitation of oxides and sulfides from liquid steel during solidification. With this model, the distribution of solute elements, the precipitation of oxides and sulfides from liquid steel can be calculated simultaneously. The model takes into account a partial diffusion of alloying elements in solid phase and is based on the following assumptions:

(1) The geometry of the solid/liquid interface is plane.

(2) The calculation domain corresponds to the half secondary dendrite spacing.

(3) The temperature is uniform in the space element.

(4) The density of the liquid is equal to that of the solid.

(5) The composition of the liquid is uniform and the thermodynamic equilibrium is realized at the solid/liquid interface.

(6) A parabolic growth rate is assumed.

One-dimensional diffusion of seven elements (C, Si, Mn, P, S, Al, and O) is calculated by using different diffusion coefficients in solid phase. The calculation is carried out by the direct finite difference method. Half area of the secondary dendrite spacing is divided into N nodes. The segregation of solute elements in molten and solid steel during solidification can be calculated with the following equations.

At time t, in the solid phase ($1 < i < m$)

$$\frac{C_i^t - C_i^{t-\Delta t}}{\Delta t} = D \cdot \frac{C_{i+1}^{t-\Delta t} - 2 \cdot C_i^{t-\Delta t} + C_i^{t-\Delta t}}{\Delta x^2} \tag{1}$$

where, C_i^t is the concentration of solute elements in weight percent in nodal i at time t, D is diffusion coefficient in solid phase.

at the node $i = 1$,

$$\frac{C_i^t - C_i^{t-\Delta t}}{\Delta t} = D \cdot \frac{C_{i+1}^{t-\Delta t} - C_i^{t-\Delta t}}{\Delta x^2} \tag{2}$$

on the solid/liquid interface ($i = m$),

$$C_m^t = C_L^t \cdot k^{\delta/L} \tag{3}$$

where, $k^{\delta/L}$ is the partition coefficient of solute elements between liquid and solid (δ phase).

The following equation can be derived from a mass balance.

$$N \cdot C_L^0 = \sum_{i=1}^{m} C_i^t + (N - m) \cdot C_L^t \tag{4}$$

where, C_L^0 is the initial solute concentration.

Combining Eqs. (1) ~ (4), the following equations can be obtained.

$$C_L^t = \frac{N \cdot C_L^0 - \sum_{i=1}^{m-1} C_i^{t-\Delta t} + F \cdot C_{m-1}^{t-\Delta t}}{(N - m) + (1 + F') \cdot K^{\delta/L}} \tag{5}$$

$$C_m^t = \frac{N \cdot C_L^0 - \sum_{i=1}^{m-1} C_i^{t-\Delta t} + F' \cdot C_{m-1}^{t-\Delta t}}{(N - m)/K^{\delta/L} + 1 + F'} \tag{6}$$

where

$$F' = \frac{D \cdot \Delta t}{\Delta x^2} = \frac{4 \cdot D \cdot t_s}{L^2} \cdot N^2 \cdot ((f_s^t)^2 - (f_s^{t-\Delta t})^2)$$

and f_s^t is the solid fraction at time t, L is the secondary dendrite spacing, t_s is the local solidification time of steel.

It is assumed that the oxides are uniformly dispersed in the specimen. With segregation during steel solidification, new non-metallic inclusions precipitate and grow when the segregated solute elements exceed the equilibrium value. The precipitation of inclusion, taking MnS as an example, starts immediately after the product of Mn and S contents in solution reaches the equilibrium solubility limit in each phase. Between MnS and iron, these two phases are in equilibrium.

The calculation of inclusion precipitation is based on the materials balance expressed at each instant for each solute element by the following relationship:

For Mn,
$$\sum_{i=1}^{N} C_{L,Mn}^0 = \sum_{i=1}^{m} C_{i,Mn}^t + (N-m) \cdot C_{L,Mn}^t \sum_{i=1}^{m} Cin_{i,Mn}^t \cdot (N-i+1) \quad (7)$$

For S,
$$\sum_{i=1}^{N} C_{L,S}^0 = \sum_{i=1}^{m} C_{i,S}^t + (N-m) \cdot C_{L,S}^t \sum_{i=1}^{m} Cin_{i,S}^t \cdot (N-i+1) \quad (8)$$

where, Cin is the consumption of solute elements (for example, Mn or S) due to inclusion precipitation from time t-dt to time t during solidification.

From time t-dt to time t, nodal i solidifies and the consumption of solute elements due to inclusion precipitation in nodal i are assumed to be equal to that in the molten steel in the present model.

At the same time, in molten steel,
$$C_{L,Mn}^t \cdot f_{Mn} \cdot C_{L,S}^t \cdot f_S = K_{L,MnS} \quad (9)$$
$$Cin_{i,S}^t \cdot 54.94 = Cin_{i,Mn}^t \cdot 32.06 \quad (10)$$

where, 54.94 and 32.06 are the atomic weights of S and Mn respectively, f_S and f_{Mn} are the activity coefficients of S and Mn in molten steel respectively and can be calculated using Eq. (11)[11].

$$\log f_i = e_i^i [\%i] + \sum e_i^j [\%j] \quad (11)$$

Based on Turkdogan's data[11], Eq. (12) was induced to calculate the value of f_S^{Si} for the mass concentration of silicon above 1%.

$$f_S^{Si} = 0.3067[\%Si] + 0.72 \quad (12)$$

The data used in the thermodynamic calculation are listed in Tables 1[5,10] and 2[7,12].

Combining Eqs. (1)-(12), the concentration of each solute element and the amount of precipitated MnS can be calculated during solidification. The precipitation of oxides are treated just in the same manner as the precipitation of MnS from molten steel, and the concentration of oxygen in molten steel is assumed to be in equilibrium with the strong deoxidizer. That means, for example, when the reaction between SiO_2 and Al_2O_3 occurs, mullite ($3Al_2O_3 \cdot 2SiO_2$) precipitates and oxygen is in equilibrium with both Al and Si at the same time in molten steel. In that case, the concentration of oxygen in equilibrium with both Al and Si must be less than that in equilibrium with Al or Si respectively.

The studied silicon alloy in this paper has a composition of 0.04% C, 3.0% Si, 0.058% Mn, 0.01% P, 0.022% S, 0.0022% Al and 0.0010% O. According to Fe-Si phase diagram, there is no δ/γ transformation from liquid to solid if the composition of carbon is less than 0.1% in silicon alloy.

Table 1 Equilibrium distribution coefficients and diffusion coefficients of solutes in iron

Element	$D_s / \times 10^{-4} m^2 \cdot s^{-1}$		$k^{\delta/L}$
	D_o	$Q/J \cdot mol^{-1}$	
C	0.0127	-81301	0.19
Si	8.0	-248710	0.77
Mn	0.76	-116935	0.77
P	2.9	-229900	0.23
S	4.56	-214434	0.05
Al	5.9	-241186	0.6
O	0.0371	-96349	0.03

Note: $D_s = D_o \cdot exp(Q/RT)$, $R = 8.306 J/(mol \cdot K)$.

Table 2 Activity interaction parameters at 1873 K[9,15]

$e_i^j (j)$	C	Si	Mn	P	S	Al	O
Si	0.18	0.103	-0.0146	0.09	0.066	0.058	-0.119
Mn	-0.0538	-0.0327	0	-0.06	-0.048	0.027	-0.087
Al	0.091	0.056	0.035	0.033	0.035	0.043	-1.98
O	-0.42	-0.066	-0.0224	0.07	-0.133	-1.17	-0.17
S	0.112	0.063	-0.026	0.29	-0.028	0.035	-0.27

2.2 Sulfide precipitation on oxides

2.2.1 Mechanism of sulfide precipitation on oxides during solidification

With the development of oxide metallurgy, several mechanisms of the nucleation of MnS precipitated on oxides were proposed by M. Wakoh[13], K. Oikawa[14] and Z. Ma et al[15], However, there is still uncertainty with regard to the mechanisms proposed by them. In this paper, more reasonable and accurate mechanism of sulfide precipitation on oxides in steel is outlined.

In the present model, S is dissolved in liquid oxides in steel at high temperatures and during solidification and reaches its equilibrium distribution between molten steel and liquid oxides.

During solidification, S is redistributed between solid and molten steel. At the same time, S is also redistributed between molten steel and liquid oxides. That means, with the segregation of S in molten steel, the content of S dissolved in liquid oxides also increases according to the equilibrium distribution ratio of sulfur between oxide and metal unless the content of S dissolved in liquid oxides exceeds the saturated solubility of S in oxides.

As the temperature decreases the solubility of MnS in oxides decreases. At the same time, the product of Mn and S contents in molten steel and liquid oxides increases gradually due to the segregation in molten steel during solidification. MnS crystallizes when the product of Mn and S contents reach the equilibrium solubility limit in steel or oxides. After the complete solidification of the steel, with the temperature decreasing MnS precipitates from liquid oxides due to the decrease of the solubility in oxides until oxides solidify. After oxides solidify, the precipitation of MnS from oxides is neglected in the present model.

2.2.2 The equilibrium oxide-metal sulfur distribution ration

In the present model, liquid oxides in molten steel were treated as oxide slag system. The sulfide capacity of a slag usually defined by the equation,

$$C_S = (\%S)\left(\frac{p_{O_2}}{p_{S_2}}\right)^{1/2} \tag{13}$$

According to I. D. Sommerville's report[16], sulfide capacity and the equilibrium slag-metal sulfur distribution can be related by the following equation.

$$\lg\frac{(\%S)}{a_{[S]}} = -\frac{770}{T} + 1.30 + \lg C_S - \lg a_{[O]} \tag{14}$$

where, $a_{[S]}$ and $a_{[O]}$ represent Henrian activity of sulfur and oxygen in liquid with respect to hypothetical 1 wt% solution respectively.

The effect of slag composition and temperature can be combined in the following equation.

$$\lg C_S = \frac{22690 - 54640\Lambda}{T} + 43.6\Lambda - 25.2 \tag{15}$$

where, Λ is the optical basicity of slag.

Use of Eq. (15) allows calculation of the sulfur capacity of an oxide slag of any composition at any temperature between 1400℃ and 1700℃.

Substitution of Eq. (15) into Eq. (14) yields an equation express the equilibrium sulfur distribution ration in terms of temperature and the optical basicity of the slag.

$$\lg\frac{(\%S)}{a_{[S]}} = \frac{21920 - 54640\Lambda}{T} + 43.6\Lambda - 23.9 - \log a_{[O]} \tag{16}$$

Hence, the equilibrium distribution of sulfur between oxide slag (oxide) and metal can be calculated.

2.2.3 Flow chart of the present model

The flow chart of the present model is shown in Fig. 1. The factors taken into account in the present model are as follows:

(1) The precipitation of oxides and sulfides from molten steel.

(2) The redistribution of S between molten steel and oxides existing before solidification and precipitating during solidification.

(3) The precipitation of MnS from oxides.

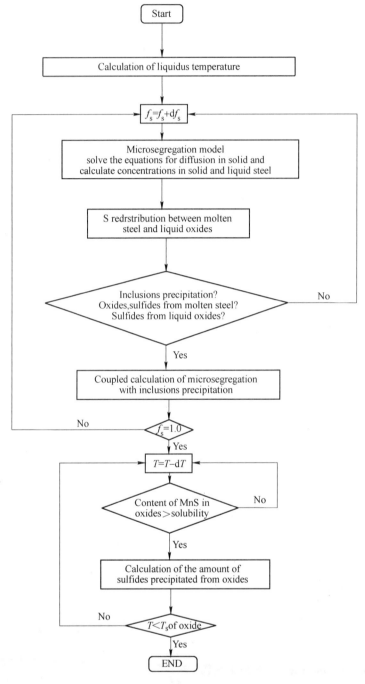

Fig. 1　Flow chart for the calculation of solute distribution and inclusion precipitation

3　Results and dissussion

3.1　Sulfide precipitation on oxide during solidification

The effects of composition of oxides, which may exist before solidification or precipitate during solidification, on the precipitation of sulfide during solidification discuss as follows. Provided there exists an oxide with radius of five micrometer and composition of 30% Al_2O_3, 30% SiO_2, 15% MnO, 25% FeO in molten steel before steel solidification, which is the most common composition of oxide in Fe-Si alloy studied, and it is not engulfed into solid phase until the end of steel solidification. The steel has the same composition of Fe-Si alloy studied above.

The calculated change of dissolved MnS content in this oxide during solidification of the steel is shown in Fig. 2. With the development of solidification, the content of dissolved MnS in oxide increases and at the end of solidification it reaches its saturated solubility in oxide.

After the solidification of steel, with the temperature decreasing the solubility of sulfide in oxide decreases. The content of sulfide in oxide exceeds the solubility of sulfide in oxide and sulfide precipitates from oxide continuously, which is shown as Fig. 3.

Fig. 2 The content of MnS dissolved in oxide versus solid fraction during solidification.

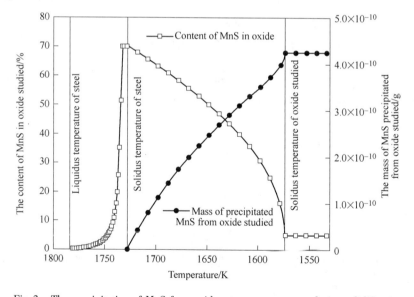

Fig. 3 The precipitation of MnS from oxide versus temperature during solidification

3.2 Sulfide precipitation from oxides engulfed into solid phase at different time

During solidification of steel, oxides could be engulfed into solid phase continuously. Supposing there exist three oxides (oxide I, B, and A) with the same composition. These oxides are engulfed in solid phase at different solid fraction (f_s = 0.9, 0.95 and 1.0 respectively as shown in Fig. 4).

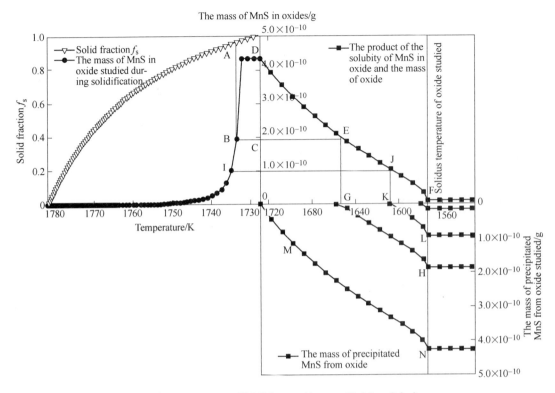

Fig. 4 The precipitation of MnS from oxides engulfed in solid phase at different temperature versus temperature during solidification.

For oxide I, only when the temperature decreases to point K, the content of MnS in oxide I begin to exceed the solubility of MnS in oxide I. Some MnS start to precipitate from oxide I and the precipitation amount of MnS changes along with curve KL. The precipitation stops at the solidus temperature of oxide. For oxide B, when temperature decreases to point G, some MnS begin to precipitate from it and the precipitation amount of MnS changes along with curve GH. For oxide A, MnS precipitates immediately after steel solidification and the precipitation amount of MnS changes along with curve MN.

It is clear that, for the same composition of oxides, the later the oxide engulfed into solid phase, the higher the content of MnS dissolved in oxide, and the higher the amount of MnS precipitated from oxide.

3.3 The effect of composition of oxides on the precipitation of sulfide

The different precipitation behavior of MnS from two oxides with different composition shown in Table 1 are studied. The reports of the data of solubility of MnS in different oxide slag system are very few and limited to two or three phase system. According to the reports of N. Sano[17] and A. Hasegawa[18], the solubility of MnS in MnO-TiO$_2$ melt and MnO-SiO$_2$ melt as a function of temperature are replotted in Figs. 5 and 6. Based on above relevant reports, the solubility of MnS in oxide A and B at liquidus and solidus temperature are assumed as shown in Table 3. According to N. Sano's report[17], the solubilities of MnS in molten MnO-SiO_2-TiO_2 system increase with substituting SiO_2 with TiO_2 in $MnO \cdot SiO_2$. Due to the optical basicity of TiO_2 is higher than that of SiO_2, the solubility of MnS in oxide slag system is assumed to be directly proportional to the sulfide capacity of oxide slag system.

It is assumed that oxide A and B are not engulfed into solid until the end of solidification and the solidus temperature of oxide A and B is equal.

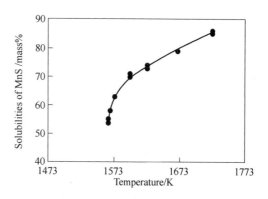

Fig. 5 Solubility of MnS in the MnO-TiO_2 system as a funtation of temperature from 1565K to 1723K

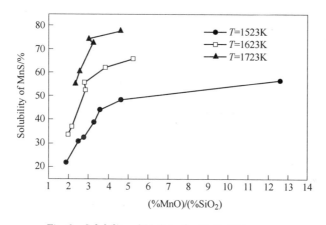

Fig. 6 Solubility of MnS in the MnO-SiO_2 system

Table 3 Composition of oxides and the solubility of MnS in oxides studied (in wt. %)

Oxide	Composition				Solubility of MnS	
	Al_2O_3	SiO_2	MnO	FeO	At solidus temperature of steel	At solidus temperature of oxide
A	30	30	15	25	70	5
B	20	20	40	20	80	15

The content of MnS dissolved in oxide A and B before oxide solidification is shown in Fig. 7. It is clearly shown that the content of MnS in oxide B is higher than that in oxide A since the sulfide capacity of oxide B is higher than that of oxide A. It is also clear that the content of MnS in oxide B reaches its solubility ahead than in oxide A.

The precipitation of MnS from oxide A and B after steel solidification is shown in Fig. 8. It is clear that the amount of MnS precipitated from oxide B is larger than that of oxide A.

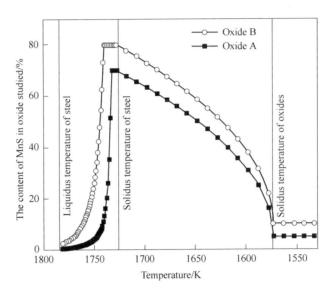

Fig. 7 Comparison of the different content of MnS dissolved in oxide A and oxide B during solidification

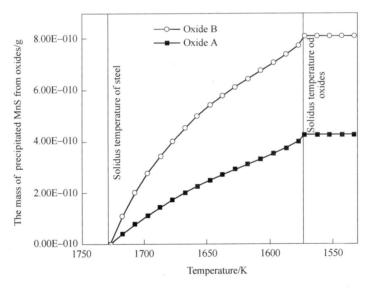

Fig. 8 Comparison of the different amounts of MnS precipitated from oxide A and oxide B during solidification

4 Model validation

Fig. 9 is the reported precipitation behavior of sulfide at slag/metal interface[19]. Precipitation of MnS based sulfide under the condition of adding more than 20 mass% MnS to the slag was observed to occur at the slag/metal interface. It is clear shown that most of the sulfides precipitate from slag.

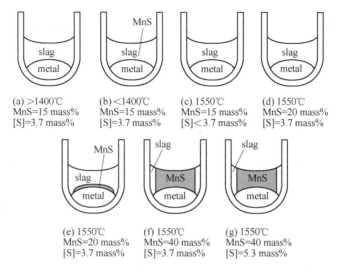

Fig. 9 Precipitation behavior of sulfide at slag/metal interface[19]

The typical oxysulfides found in Fe-Si alloy and the analyzed results by EPMA line scanning of S element are shown in Fig. 10. It is clearly shown that sulfide surrounds the oxide and the content of S in oxide (the core) is higher than that in matrix. The composition of more than 50 oxysulfides' cores are analyzed by EPMA. The relations of the contents of Al, Si, Mn and Fe versus S are shown in Fig. 11. It is clear that with the replacement of Al_2O_3 and SiO_2 by MnO, the content of S in oxides increases. Since the optical basicity of MnO is higher than that of Al_2O_3 and SiO_2, the sulfide capacity of oxide increases with the content of MnO increasing.

The relation between the content of FeO and S is not very clear. The replacement of Al_2O_3 and SiO_2 by FeO will increase the sulfide capacity of oxide, which is helpful for encouraging S to dissolve in oxide. But the increase of FeO also means the increase of $a_{[O]}$, which is harmful to the dissolving of S in oxide.

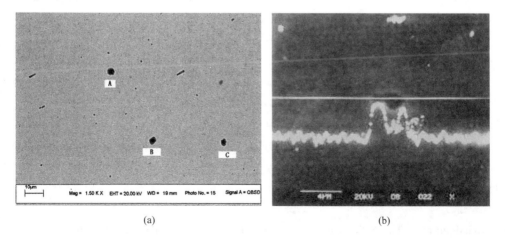

Fig. 10 Typical SEM image of MnS particles (A, B and C) precipitated on oxides (a) in Fe-Si alloy and the analyzed result by EPMA line scanning of S element (b)

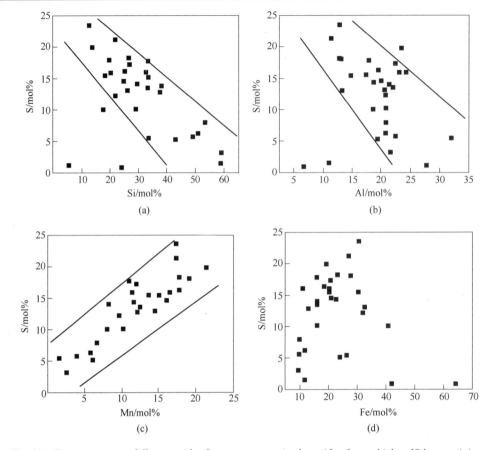

Fig. 11 S content versus different oxide elements content in the oxides from which sulfides precipitate

5 Conclusions

A mathematical model for the solidification of Fe-Si alloy is presented. In the model the calculation of microsegregation of solute elements is coupled with the calculation of inclusion precipitation, and the precipitation of oxides and sulfides can be calculated simultaneously.

A mechanism on the precipitation of sulfides on oxides is presented reasonably, in which liquid oxides in molten steel is treated as oxide slag system, optical basicity and sulfide capacity are introduced to calculate the equilibrium distribution ratio of sulfur between liquid oxides and molten steel during solidification.

Based on the presented model, the effect of the composition of oxides on the precipitation of sulfides on oxides is discussed. It is concluded that oxides with low solidus temperature and high sulfide capacity of oxide inclusions will encourage more S dissolving in oxides and more sulfides precipitated on oxides.

Acknowledgements: The authors wish to express their thanks to the members of the Institute of Steelmaking, Metallurgical Engineering School, University of Science and Technology Beijing, for support of this work. Special thanks are due to Prof. Jiaquan Zhang and Prof. Junpu Jiang.

References

[1] Z. Liu, J. Wei, K. Cai:. ISIJ Int. , 2002, 42: 958.

[2] J. Takamura, S. Mizoguchi. Proc. 6th Int. Iron and Steel Cong. , ISIJ, Tokyo, 1990 (1): 591.

[3] S. Mizoguchi J. Takamura. Proc. 6th Int. Iron and Steel Cong. , ISIJ, Tokyo, 1990 (1): 598.

[4] S. Ogibayashi, K. Yamaguchi, M. Hirai, et al. Yamaguchi and K. Tanaka: Proc. 6th Int. Iron and Steel Cong. , ISIJ, Tokyo, 1990 (1): 612.

[5] W. Yamada, T. Matsumiya. Proc. 6th Int. Iron and Steel Cong. , ISIJ, Tokyo, 1990 (1): 618.

[6] D. Lou, K. Cui, X. Wu, et al. Acta Metall. Sin. , 1996, 32: 1027.

[7] Z. Ma, D. Janke. ISIJ Int. , 1998, 38: 46.

[8] Y. Ueshima, K. Isobe, S. Mizoguchi H. Maede, et al. Tetsu-to-Haganè, 1988, 74: 465.

[9] Y. Ueshima, Y. Sawada, S. Mizoguchi, et al. Metall. Trans. A, 1989, 20A: 1375.

[10] Y. Ueshima, S. Mizoguchi, T. Matsumiya, et al. Metall. Trans. B, 1986, 17B: 845.

[11] E. T. Turkdogan. Fundamentals of Steelmaking, The Institute of Materials, Cambridge, 1996: 94.

[12] Y. Qu. Principe of Steelmaking. Beijing: Metallurgical Industry Press of China, 1991: 182.

[13] M. Wakoh, T. Sawai, S. Mizoguchi: ISIJ Int. , 1996, 36: 1014.

[14] K. Oikawa, K. Ishida, T. Nishizawa: ISIJ Int. , 1997, 37: 332.

[15] Z. Ma, J. Dieter. Proc. of the 3rd CAST Annual Conf. of Youths, China Association for Science and Technology, Beijing, 1998: 46.

[16] D. J. Sosinsky, I. D. Sommerville. Metall. Trans. B, 1986, 17B: 331.

[17] N. Sano. 2nd Canada-Japan Symp. on Modern Steelmaking and Casting Techniques, The Metallurgical Society of CIM, Toronto, 1994: 19.

[18] A. Hasegawa, K. Morita, N. Sano. Tetsu-to-Haganè, 1995, 81: 1109.

[19] H. Sun, R. Ito, K. Nakashima, et al. Tetsu-to-Haganè, 1995, 81: 888.

洁净钢生产工艺

JIEJINGGANG SHENGCHAN GONGYI

镇静钢铝含量控制

蔡开科

（北京钢铁学院炼钢教研室）

1 引言

一般以铝作为钢的终脱氧剂。对细晶粒钢要求钢中铝含量大于0.02%，对深冲铝镇静钢要求钢中铝含量在0.04%~0.07%。传统的加铝方法是在出钢过程中将铝块随钢流加入钢包内，这种加铝方法缺点是：铝烧损大，回收率低，钢中残铝含量不稳定。

为了提高和稳定铝的回收率以满足不同钢种的要求，人们一直在探索新的加铝方法，如铝圈法、铝管法、铝弹法、铝线法等。其中铝线法由于操作方便、设备简单、收得率稳定，已广泛在工业生产中采用。

用固体电解质直接测定钢中含氧量来调节加铝量，有利于控制镇静钢残铝含达到稳定范围。Mosser[1]用固体电解质直接定氧控制加铝量，使大部分炉次钢中残铝含量在0.03%~0.05%。Bansal[2]建立了直接测定转炉低碳钢的氧与加铝量的计算表，使钢中残铝合格率达到70%以上。

本文根据工厂试验结果，讨论了固体电解质直接测定钢中氧含量以控制加铝量的方法。

2 钢中铝消耗分析

在炼钢生产中加铝方法是：

（1）一步法：在出钢过程中把全部铝块投入钢流一次加入钢包。其加铝量决定于钢液温度，钢中含碳量和钢种残铝量的要求，如图1所示[3]。实践证明，钢中残铝含量波动较大。

（2）两步法：把所需加的总铝量分为两部分：一部分铝在出钢时以铝块随钢流加入钢包，其余部分铝在吹氩处理台用专门装置将铝线加入钢包。一般铝线直径为15~20mm，加铝速度3~7m/s，如图2所示。

出钢时钢中的氧主要是受钢中碳控制的。出钢时加入的铝消耗是：

（1）由于铝轻浮到钢水面被烧损；

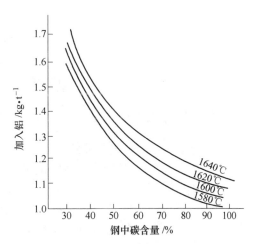

图1 钢中碳含量加铝关系

本文发表于《北京钢铁学院学报》，1981年，第1期：131~135。

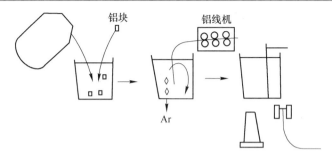

图 2 两步法加铝示意图

(2) 脱除过氧化状态的氧;

(3) 脱除与碳相平衡的氧,而建立 Al-O 平衡。在钢包吹氩处理台加入铝量主要是保证钢中残铝含量,还有吹氩处理时的二次氧化损失。加入钢中铝的消耗过程如图 3 所示[4],如把 0.20% 铝加入到含有 0.05% 的氧的钢液中,铝在溶解之前,约有 0.12% 铝会浮在表面被空气氧化烧损(从 $A \rightarrow B$),Al 溶解之后,马上与钢中溶解氧反应生成 Al_2O_3 或 $FeO \cdot Al_2O_3$。此时钢中 [O] 按 BC 线减少,(直线斜率由 $\frac{30}{2Al} = \frac{48}{54} = 0.89$ 决定)反应在 C 点停止,建立 Al-O 平衡。如果温度降低,脱氧反应按 BC 进行而建立新的 Al-O 平衡。因此,钢中含氧量和钢液温度,会影响到加铝量。

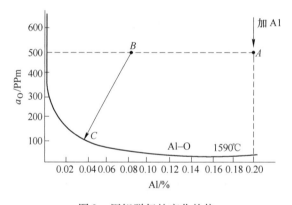

图 3 用铝脱氧的变化趋势

3 钢中含铝量控制

根据两步法加铝工艺,曾试验了两种方法:

(1) 在钢包吹 Ar 处理台,测定钢水的 a_O 来调节加铝量。试验指出,出钢时加 0.7kg/t 钢的铝到钢包中,仅起了预脱氧作用,钢包到达吹 Ar 处理台,钢中溶解铝几乎为零。此时,钢水中的氧是受 Si、Mn 控制的。测定钢水中的 a_O 可作为在吹 Ar 处理台加铝量的依据。而加入铝量应决定钢中残铝含量、钢中溶解氧 [O],可写成:

$$W_{Al} = \frac{54}{48}[O]_D + [Al]_f \tag{1}$$

式中 W_{Al} ——加入铝量;

[O]$_D$——吹 Ar 处理台钢中氧量;

$[Al]_f$——成品钢中含铝量。

在吹 Ar 处理台加铝之后，进行吹 Ar 搅拌时会有铝的二次氧化。假定钢液的二次氧化是一种表面反应：

钢液表面吸附： $\quad \frac{1}{2} O_2 \longleftarrow [O]_{表面}$

表面反应： $\quad 2[Al]_{表面} + 3[O]_{表面} \longleftarrow Al_2O_3$

钢液内部的 $[Al]$ 靠扩散和对流传输到表面：

$$[Al]_{内部} \longrightarrow [Al]_{表面}$$

铝浓度随时间的变化，一般可写成：

$$\frac{d[Al]}{dt} = -k([Al]_{内部} \longrightarrow [Al]_{表面})$$

k 值决定于钢中 Al 的扩散系数，对流传质和反应界面。假定钢液裸露表面 a_0 很大，与钢液内部比较 $[Al]_{表面}$ 可以忽略，则：

$$\frac{d[Al]}{dt} = -k[Al]$$

将上式积分：

$$\ln \frac{[Al]_f}{[Al]_0} = -kt_B \tag{2}$$

式中 $[Al]_f$——浇注时钢中残铝量；

$[Al]_0$——吹 Ar 处理台加铝后钢中含铝量；

t_B——吹 Ar 处理时间。

定义：$\frac{[Al]_f}{[Al]_0} = \eta$ 为铝的回收率，这样在吹 Ar 处理台加入的铝量应为：

$$W_{Al} = \frac{54}{48} \cdot \frac{a_0}{f_0} + \eta [Al]_0 \tag{3}$$

其中，$a_0 = f_0[O]$ 测定的氧活度，

$$\log f_0 = e_O^C [\%C] + e_O^{Mn}[\%Mn] + e_O^{Si}[\%Si]$$

$$e_O^C = -0.44, e_O^{Mn} = -0.03, e_O^{Si} = -0.14$$

试验钢成分为：C：约 0.10%，Si：0.2%~0.3%，Mn：0.6%~1.3%

计算得： $\quad f_0 = 0.746 \sim 0.772$

根据试验数据，把 $\frac{[Al]_f}{[Al]_0}$ 与 t_B 画在半对数坐标上如图4所示。途中直线可近似表示为：

$$\ln \frac{[Al]_f}{[Al]_0} = -0.093 t_B - 0.081$$

$$\frac{[Al]_f}{[Al]_0} = \exp(-0.093 t_B - 0.081) \tag{4}$$

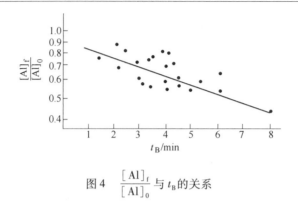

图 4　$\frac{[Al]_f}{[Al]_0}$ 与 t_B 的关系

将式（4）代入式（3）得：

$$W_{Al} = \frac{54}{48} \cdot \frac{a_0}{f_0} + [Al]_0 \exp(-0.93 t_B - 0.081) \tag{5}$$

当然，由于试验条件的差异和复杂性，上述加铝关系式并不十分严格，但可作为调节加铝量的参数。

（2）测定转炉倒炉出钢时钢水的 a_0，调节加铝量。160t 顶吹转炉钢水，经吹 Ar 处理后，送去连铸或模铸，全部铝分两步加入钢包：

一部分加入钢包底和钢流。其中约 90~100kg 加在包底，另一小部分，根据转炉出钢倒炉直接测定 a_0，以 Al 块加入钢流中：

测定 a_0/%	加入 Al 量/kg
$a_0 \leq 0.065$	0
$0.065 \leq a_0 \leq 0.075$	15
$0.075 \leq a_0 \leq 0.085$	30
$0.085 \leq a_0 \leq 0.095$	45

在吹 Ar 处理台加入铝线的量为 120kg。

54 炉试验结果指出：如采钢中残铝含量要求为 0.035%，大部分炉次铝含量波动在 0.02%~0.05%。仅有 6 炉含量超过 0.05%。

从转炉到浇注平台铝的有效消耗量是：脱除钢中溶液氧所需的铝量和钢中残铝含量之和。可表示为：

$$[\Delta Al\%]_L^C = [Al]_f + \frac{54}{48}[\%O]_C$$

式中　$[Al]_f$——钢中残铝含量；

$[\%O]_C$——转换中氧含量。

用 $[\Delta Al\%]_L^C$ 与钢流加 Al 量关系作图 5。

图中点比较分散，可能是未考虑吹 Ar 时 Al 的二次氧化损失。平均的连线方程可近似表示为：

$$[\Delta Al\%]_L^C = 109 \times 10^{-3}\% + 1.53[\%Al]_{加}$$

$$[\%Al]_f + \frac{54}{48}[O]_C = 109 \times 10^{-3}\% + 1.53[\%Al]_{加}$$

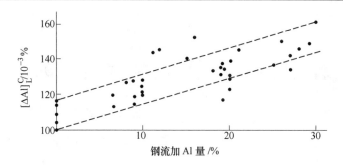

图 5 $[\Delta Al\%]_L^C$ 与钢流加 Al 量关系

转炉出钢时测定的 $a_0 = f_0[\%O]$，考虑了出钢时钢水成分对氧的相互作用计算得：$f_0 = 0.93$。

因此可认为：

$$a_0 \approx [\%O]$$

如钢中残铝量要求为 0.035%，则钢流加 Al 量为：

$$[\%Al]_{加} = 0.735a_0 - 0.042\%$$

如对 160t 钢水，则加 Al 量为：

$$W_{Al} = 1176a_0 - 67.2 (kg)$$

式中 a_0——转炉倒炉出钢前测定的氧活度（$a_0\%$）。

可根据测定的 $a_0\%$，按上式计算做成图表，以决定加入钢流中的铝量。

4 结论

把所需加的总铝量分两步加入到钢包的工艺是合理的。用固体电解质浓差电池直接测定转炉出钢时钢水的 a_0 或在吹 Ar 处理台测定钢水的 a_0，来调节加入钢包的铝量，可使刚中残铝量达到一个稳定的范围内，保证钢质量。

参 考 文 献

[1] R. A. Mosser. Production usage of the Oxygen Prob 55th O. H. and BOF Conference AIME, 1972.
[2] H. Bansal. The determination of Oxygen activity in liquid Steel.
[3] R. Martin. Revue de Metallurgie, 1973 (2).
[4] G. R. Fillerer. Some current concept of the oxygen and reoxidation of liquid Steel. Ele Fur Proc, 1977, 35: 302.

预测半钢冶炼条件下沸腾钢氧含量的数学模型

杨素波　蔡开科　　　陈　渝　韦世通　杜德信

（北京科技大学）　　　（攀枝花钢铁研究院）

摘　要：本文以试验测定为基础，建立了攀钢工业生产条件下，预测用半钢冶炼沸腾钢时钢中氧含量的数学模型，模型计算结果与试验测定较好吻合。

关键词：半钢炼钢；脱氧；沸腾钢；数学模型

1　引言

60年代以来，人们根据脱氧的冶金理论，开始研究采用普通铁水冶炼沸腾钢时的脱氧及氧含量控制模型[1]，力图对工业生产条件下的脱氧过程作定量的描述，定量分析不同工艺条件下各工艺参数对钢液氧含量的影响，进而实现对脱氧的控制，以获得满意的钢锭结构和钢质量。但对半钢炼钢条件下钢液氧含量及其脱氧的研究未见报道。

攀钢以半钢作为金属料进行转炉半钢炼钢。半钢是由普通高炉冶炼钒钛磁铁矿生产的含钒生铁经提钒后的半成品。由于攀钢的半钢具有温度低、发热元素（如碳、硅、锰等）含量低而硫含量高等特点，因此在半钢炼钢过程中钢液的氧含量较普通铁水炼钢时高且波动很大。为了解半钢炼钢条件下钢液氧含量及其变化规律，黎之政等[2]对攀钢半钢炼钢过程各工序钢液的氧含量进行了大量的试验测定。本研究对采用半钢冶炼沸腾钢氧含量进行了跟踪测定，在此基础上建立了工业条件下用半钢冶炼沸腾钢的氧含量及其脱氧控制的数学模型。

2　半钢炼钢的钢液终点氧含量

本研究利用浓差电动势定氧的方法测定了半钢炼钢条件下钢液的氧活度，其结果如图1所示，相应的回归方程见式（1）。

$$a_{[O]_f} = 0.0362 + \frac{0.00395}{[\%C]_f} \quad (n = 142, r = 0.82) \tag{1}$$

比较国外普通铁水转炉炼钢不难看出[3-5]，攀钢半钢炼钢条件下，$a_{[O]_f}$，较其他钢厂高 0.01%~0.03% 左右，且波动也较其他厂的大。因此，只采用单因素对钢液氧含量进行分析是不够的。式（2）给出了多元线性回归关系式[6]：

$$a_{[O]_f} = -0.4467 + 2.99 \times 10^{-4} + \frac{0.0022}{[\%O]_f} + 0.002533 \frac{\Delta[\%C]}{[\%C]_b} + \frac{\Delta[\%S]}{[\%C]_b} + 0.1573 \frac{\Delta[\%S] \cdot \Delta T}{\Delta[\%S]_b \cdot \Delta T_f} \cdot m \tag{2}$$

本文发表于《化工冶金》，1996年，第1期：1~7。

$$a_{[O]_f} = f_{[\%O]} \cdot [\%O]$$
$$(n = 142, f = 48.18 > f_{0.01}(5,136) = 9.02)$$

式（2）中的 $\Delta[\%C]$，$\Delta[\%S]$ 和 ΔT 分别定义如下：

$$\Delta[\%C] = [\%C]_b - [\%C]_f \tag{3}$$
$$\Delta[\%S] = [\%S]_b - [\%S] \tag{4}$$
$$\Delta T = T_f - T_b \tag{5}$$

氧与硫在转炉内存在的上述关系可解释为：当半钢 [%S] 增加，转炉内的脱硫负荷增大，必须增大渣量，这就使得半钢炼钢的温度问题更趋严重，在操作上往往采取高枪位吹炼，用增加铁的氧化来换取温度的增加，加速化渣，从而使钢液氧含量增加。

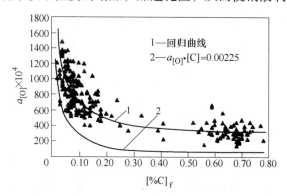

图 1　吹炼终点碳含量与钢水氧活度关系图

Fig. 1　Oxygen activity as a function of carbon content at the end of blowing when using semisteel for steelmaking

3　工业生产条件下脱氧数学模型

3.1　模型假设

为建立半钢冶炼条件下沸腾钢脱氧的数学模型，现假定：

（1）脱氧步骤为：脱氧剂及合金的熔解，脱氧元素及氧向反应界面的传质，界面化学反应生成新相。

（2）由于出钢时钢流的搅拌作用，脱氧剂及合金的熔解速度是很快的。

（3）钢液中存在有大量的弥散的小颗粒渣相，脱氧产物的生成服从异质成核规律。

（4）铜液中铝脱氧反应优先进行，且优先达到平衡。其脱氧产物弥散在钢中。

（5）硅、锰的脱氧界面化学反应进行得很快，整个脱氧过程实际上是受硅、锰和氧向反应界面的传质过程所控制。

3.2　脱氧过程的氧平衡

沸腾钢脱氧以获得模内最佳氧含量为目的。为此，建立从出钢到浇注的氧平衡关系如下：

$$[\%O]_{ingot} = [\%O]_f + \Delta[\%O]_{tap} + \Delta[\%O]_{pour} - (\Delta[\%O]_{Al} + \Delta[\%O]_{Mn,Si}) \tag{6}$$

3.3 模型描述

3.3.1 出钢过程钢流氧化吸氧的动力学

由于出钢过程钢流暴露于空气中，因而空气被卷入钢流中造成钢液增氧。出钢时空气卷入钢流的量可用下式给出[7]：

$$\frac{Q_a}{Q_s} = 11.6 We^{0.5} \left(\frac{h}{d_1}\right)^{1.03} \left(\frac{V_1}{V_0}\right)^{1.97} \tag{7}$$

$$We = \frac{\sigma}{(\rho_s - \rho_a) g d_1^2} \tag{8}$$

由式（7）可推导出出钢过程钢液吸氧量 $\Delta[\%O]_{tap}$ 为

$$\Delta[\%O]_{tap} = 0.13885 \frac{We\rho\zeta_1 d_1}{RT_f W_s} \int_0^{t_1} \frac{1}{V_0} [V_0^2 f(t) + 2g f^2(t)] dt \tag{9}$$

式中 $f(t)$ 定义为

$$f(t) = h_0 - \left(\frac{d_1}{d_2}\right)^2 \zeta_2 \int_0^t V_0 dt \tag{10}$$

式中 V_0——时间的函数。

3.3.2 钢液的二次氧化

浇注过程中二次氧化造成的钢液增氧可通过浇注过程的氮平衡来求得[7]：

$$\Delta[\%O]_{pour} = \frac{K_O P_O}{K_N \rho_s} \cdot \frac{M_{O_2}}{22.4} \times 10^3 \ln \frac{[\%N]_s - [\%N]_0}{[\%N]_s - [\%N]_0} \tag{11}$$

根据测定[6]，可计算出攀钢浇注沸腾钢时的二次氧化平均吸氧量为 0.0053%。

3.3.3 脱氧动力学

根据假定，铝的脱氧反应进行得很快，并很快被消耗完。因此，这里的脱氧动力学主要为锰和硅的脱氧。而硅和锰的脱氧过程限制环节是反应物向反应界面的传质。另一方面，由于氧与其他元素有很强的作用力，氧的传质实际上是氧与其周围原子团组成的原子团的扩散过程[8]。因此，可以进一步认为脱氧过程的限制环节是氧向反应界面的扩散传质过程。这样，钢液中第 i 刻脱氧产物界面的脱氧速度可表示为：

$$\frac{dn_{[O]_i}}{dt} = -k_i (C_{[O]} - C_{[O]_i}) \cdot A_i \tag{12}$$

整个熔池的脱氧速度则可表示为

$$\frac{dn_{[O]}}{dt} = -4\pi \sum_{i=0}^{N} k_i r_i^2 (C_{[O]} - C_{[O]_i}) \tag{13}$$

由假设，$C_{[O]_i}$ 可用平衡氧含量代替。传质系数 k_i 可由 Ranz 公式给出[9]

$$Sh = 2.0 + 0.95 Re^{1/2} Sc^{1/2} \tag{14}$$

计算中用到的各物性参数引自文献[8-10]。

$$Re = ud/\nu \tag{15}$$

$$Sc = \nu/D \tag{16}$$

$$Sh = kd/D \tag{17}$$

式(3)~式(13)及其相应的边界条件、初始条件即构成了预测攀钢半钢冶炼条件下沸腾钢氧含量的数学模型。

要求解式(13),需先求出 T_i、$C_{[O]_i}$ 和 N。借助 Hosoda 和 Sano 等人[10]的测定结果和 O-Si-Mn 系化学平衡,可求出 $C_{[O]_i}$ 和 T_i。Hosoda 和 Sano 的测定结果表明,当钢液中[Si]、[Mn]分别为0.014%和0.35%时,其脱氧产物为 FeO 3.2%,MnO 48.1% 和 SiO_2 48.7%,脱氧产物的粒度为10.8μm。计算中先通过熔渣理论模型[8]求出 FeO、MnO 及 SiO_2 的活度,再根据相间化学平衡求出 $C_{[O]_i}$。N 的数值则参考 Nakanishi 和 Szekely 等[11]的研究结果 2.0×10^9。

4 计算结果与讨论

模型计算由计算机完成,计算与测定对比分述如下。

4.1 出钢过程钢流吸氧量

出钢过程中因空气卷入钢流所造成的钢液增氧量随出钢时间的变化可由式(9)计算,结果如图2所示。图中的散点为试验测定值。由图2可知,$\Delta[\%O]_{tap}$ 随出钢时间的增加而增加;计算结果还表明,$\varepsilon_1 = 0.85$ 时,计算值与测定值能较好地吻合。

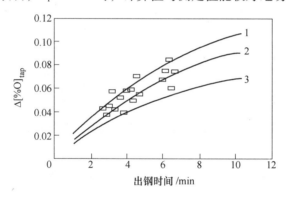

图2 出钢过程吸氧量与出钢时间关系图

Fig. 2 $\Delta[\%O]_{tap}$ as a function of tapping time

1—Si = 0.95;2—Si = 0.85;3—Si = 0.65

由表1可知,计算与测定值基本一致。表明本模型可较好地反映攀钢半钢冶炼条件下的沸腾钢脱氧过程。

表1 典型炉次计算值与实测值比较

Table 1 Comparison of typical calculation with measurement

炉号	$a_{[O]_f}$		$\Delta[\%O]_{tap}$		$[\%O]_{ingot}$		All add. /g·t^{-1}		范围
	实测值	计算值	实测值	计算值	实测值	计算值	实测值	计算值	
11599	0.0824	0.0795	0.0902	0.0934	0.0256	0.0241	300	300	合适
11601	0.0796	0.0809	0.0635	0.0557	0.0256	0.0278	200	220	合适
21550	0.0608	0.0537	0.0435	0.0394	0.0295	0.0305	190	200	合适
21601	0.0712	0.0698	0.0470	0.0462	0.0295	0.0279	100	100	合适
21839	0.01041	0.01147	0.0547	0.0646	0.0348	0.0295	746	720	超出

出钢后钢液氧含量随时间的变化如图3所示，其中 $[\%O]° = [\%O]_f + \Delta[\%O]_{tap}$。由图3可知，钢中氧含量随钢液在钢包中的镇静时间的延长而降低，但当镇静钢时间超过7min时，钢中 $[\%O]$ 变化不大。

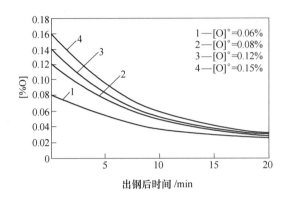

图3　钢液氧含量与镇静时间的关系

Fig. 3　Oxygen content in the ladle as a function of settling time before tapping

4.2　氧含量

典型炉次的计算结果与测定值对比见表1。

4.3　沸腾钢氧化性调整

如果沸腾钢钢液氧化性过强，则需用铝作调整性脱氧。需由铝脱除的氧量 $\Delta[\%O]_{Al}$ 为

$$\Delta[\%O]_{Al} = [\%O]_f + \Delta[\%O]_{tap} + \Delta[\%O]_{pour} - \Delta[\%O]_{Mn,Si} - [\%O]_{target} \quad (18)$$

其中，$[\%O]_{target}$ 大小应以获得钢液在模内的正常沸腾为原则。本文采用在攀钢实测的结果，其值可由式（19）得出

$$[\%O]_{target} = 0.004134 + 0.00271/[\%C]_{ingot} \quad (n=40, r=0.76) \quad (19)$$

而相应的铝加入量 W_{Al}（g/t）则为

$$W_{Al} = (54/48) \cdot \eta_{Al} \cdot \Delta[\%O]_{Al} \quad (20)$$

利用式(3)~式(13)及式(18)~式(20)可准确地计算出加铝调整量 W_{Al}，如图4所示（略）。作为一个简化计算，可导出以下简化计算公式（假定出钢时间为270s）：

$$W_{Al} = 0.54(1007 + 35.7/[\%C]_f)\exp(-0.00225t_1) \quad (21)$$

计算表明，出钢时间越长，终点钢中碳含量越低，则 W_{Al} 也越大。这与实际生产过程是一致的。

5　结论

（1）通过实际测定工业生产条件下沸腾钢氧含量及其影响因素，建立了适合于攀钢半钢冶炼的预测沸腾钢氧含量及脱氧控制的数学模型。

（2）由模型确定的氧含量、出钢过程吸氧量等与测定值基本吻合。

（3）通过本模型可实现对加铝调整量的定量计算。

符号说明

A_i——产物颗粒 i 的表面积，m^2

$a_{[O]f}$——终点氧活度，ppm

$a_{[O]b}$——拉碳氧活度

$[\%O]_b$——拉碳碳含量

$[\%O]_f$——终点碳含量

$[\%O]_{ingot}$——模内碳含量

$C_{[O]}$——熔池氧体积摩尔浓度

$C_{[O]i}$——反应界面氧体积摩尔浓度

D——扩散系数，m^2/s

d_1——出钢口直径，m

d_2——钢包直径，m

g——重力加速度

h_0——出钢口至钢包内钢液面的垂直距离，m

h_o——出钢口至钢包底的垂直距离，m

K——传质系数，m^2/s

K_N——钢液吸氮速度常数

K_O——钢液吸氧速度常数

m——拉碳次数

M_{O_2}——氧气摩尔量

N——单位体积内的脱氧产物颗粒数，$1/m^3$

V——钢液运动黏度

$[\%N]$——钢锭模的氮含量

$[\%N]_o$——钢包的氮含量

$[\%N]_s$——钢液中氮的饱和溶解度

$n_{[O]i}$——氧向反应界面传输的摩尔数

$[\%O]_f$——终点氧含量

$[\%O]_{ingot}$——模内氧含量

$[\%O]_{target}$——目标控制氧含量

$\Delta[\%O]_{Al}$——铝脱氧量

$\Delta[\%O]_{Mn,Si}$——锰、硅脱氧量

$\Delta[\%O]_{pour}$——二次氧化增氧

$\Delta[\%O]_{tap}$——出钢过程增氧

Q_a——空气卷入出钢流的速度，m^3/s

Q_S——出钢流的流量，m^3/s

R——气体常数

Re——Renolds 准数

T_i——脱氧产物颗粒 i 的半径，m

$[\%S]_b$——拉碳硫含量

$[\%S]_f$——终点硫含量

Sc——Schmidt 准数

Sh——Sherwood 准数

T_b——拉碳温度

T_f——终点温度

t——时间，s

u——钢包内钢液流动速度，m/s

V_0——钢液流出出钢口的速度，m/s

V_1——钢流到达钢包时的速度，m/s

W_{Al}——吨钢加铝量，g/t

We——Weber 准数

ζ_1——卷入出钢流的氧气被钢液吸收的比率，0.60~0.95

ζ_2——钢流在出钢口处的收缩系数，0.80~0.95

σ——钢液表面张力，N/m^2

ρ_a——空气密度，kg/m^3

ρ_s——钢液密度，kg/m^3

参 考 文 献

[1] K. Nakanishi, J. Szekely, et al. Met. Trans., 1975 (6B): 111-123.

[2] 黎之政，张千象，杨素波，等. 攀钢脱氧工艺调查及脱氧制度的建立鉴定材料，1990：23-30.

[3] E. Turkdogan. JISI, 1966 (204): 914.
[4] 柯玲, 等. 钢铁, 1983 (7): 23-30.
[5] 王忠义, 等. 中国炼钢学术会议论文选集. 北京: 中国金属学会编, 1982: 133-137.
[6] 蔡开科. 浇注与凝固 [M]. 北京: 冶金工业出版社, 1987: 13-25.
[7] 黄希祜. 钢铁冶金原理 [M]. 北京: 冶金工业出版社, 1983: 250-278.
[8] 张先棹. 冶金传输原理 [M]. 北京: 冶金工业出版社, 1988: 427-448.
[9] 陈家祥. 炼钢常用数据图表手册 [M]. 北京: 冶金工业出版社, 1985: 800-1200.
[10] H. Hosoda, et al. Trans. ISIJ., 1976 (16): 118-130.
[11] K. Nakanishi, J. Szekely, et al. Ironmak. & Steelmak., 1975 (2): 115-127.

Mathematical Model on Oxygen Content Level of Rimmed Steel with Semisteel

Yang Subo Cai Kaike

(University of Science and Technology Beijing)

Chen Yu Wei Shitong Du Dexin

(Panzhihua Iron and Steel Research Institute)

Abstract: Based on the measurement of oxygen content level of rimmed grades, an oxygen predicting model for rimmed steel, made from semisteel, was developed for application under industrial production conditions. The calculation results by the model show good agreement with the measured data.

Keywords: semisteel steelmaking; deoxidization; rimmed steel; mathematical model

RH 真空处理生产 IF 钢时脱碳行为的研究

靖雪晶　张立峰　蔡开科　　朱立新　费惠春　崔　健

（北京科技大学）　　　　　　（宝山钢铁集团公司）

摘　要：建立了从碳氧平衡出发的 RH 真空处理脱碳数学模型，模型综合考虑了碳氧的传质、真空室搅拌能等因素对脱碳的影响。模型得出，脱碳容积系数（ak_c）和真空室搅拌能成 0.8 次方的关系。IF 钢现场生产数据验证了该模型的可靠性。利用该模型得出 RH 脱碳速率的影响因素，对优化 RH 处理 IF 钢操作工艺提供指导。本文还得出 RH 处理时 OB 与否曲线图，最佳 OB 时间和最佳 OB 量。

关键词：二次精炼；RH；脱碳模型；IF 钢

1　引言

固溶碳量对冷轧钢板深冲性能的影响已广为人知，特别是最近用正在成为主流的连续退火法得到加工性能好的冷轧钢板，降低固溶碳更不可少，所以要求炼钢操作把碳降至极低范围。RH 是生产超低碳钢的主要装置，关于这方面钢水脱碳行为的研究已很多[1-3]，基本能够满足各自所针对的对象。

中国宝钢已形成 LD—RH—CC 的成熟工艺生产 IF 钢。本文针对该厂的 RH 真空处理设备，研究钢水脱碳行为。本文作者曾建立了 RH 传统脱碳模型，该模型在碳大于 80ppm 时能很好地吻合该厂 RH 处理 IF 钢脱碳规律，但在碳小于 80ppm 时模型计算值与实测值存在明显偏离。本文在该模型的基础上加以改进，很好地解释了低碳范围内脱碳速率变慢的现象。

2　RH 处理脱碳数学模型的建立

2.1　模型假设

（1）钢包和真空室中的钢水均充分混合；
（2）脱碳反应只在真空室中进行；
（3）气—液界面的 C、O 浓度与 CO 气相分压保持平衡；
（4）脱碳速率由 C、O 传质控制。
反应模型如图 1 所示。

2.2　模型方程

在上述假定条件下，根据钢包和真空室钢液中 C、O

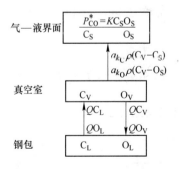

图 1　RH 脱碳模型原理图

本文发表于《南方钢铁》，1998 年，第 4 期：4～7，11。

的质量平衡关系得到式（1）~式(5)。在假定假设（3）成立时，气—液界面的 C-O 浓度关系式如（6）所示。

$$W(dC_L/dt) = Q(C_V - C_L) \quad (1)$$

$$W(dO_L/dt) = Q(O_V - O_L) \quad (2)$$

$$W(dC_V/dt) = Q(C_L - C_V) - ak_C\rho(C_V - C_S) \quad (3)$$

$$W(dO_V/dt) = Q(O_L - O_V) - ak_C\rho(O_V - O_S) \quad (4)$$

$$ak_C\rho(C_V - C_S)/M_C = ak_C\rho(O_V - O_S)/M_O \quad (5)$$

$$\log(10^{-8}C_S O_S / P_{CO}^*) = -(1160/T + 2.003) \quad (6)$$

其中
$$ak_O = 0.69 ak_C \quad (7)^{[4]}$$

2.3 容积系数的讨论

传统模型认为 ak_C 为常数，但有关研究表明对于 RH 真空处理设备，物质传递系数 k 与 ε 有关，有关实验也表明：在低碳范围内，碳的容积系数 ak_C 是一个常数[5,6]，但在 RH 处理中，由于真空室压力的变化，气—液界面积也会发生变化，另外 CO 的生成速率也在发生变化，所以 ak_C 值并非固定不变。因此假定：

$$ak_C \rho / w \propto \xi^n \quad (8)$$

本模型将确定 n 值的大小。

真空室搅拌能由式（9）[7]计算：

$$\varepsilon_M = \frac{6.18 V_g T_1}{w}\left\{\ln\left(1 + \frac{H}{1.46 \times 10^{-5} P}\right) + \left(1 - \frac{T_0}{T_1}\right)\right\} \quad (9)$$

RH 钢水环流量用式（10）计算[3]：

$$Q = 7.43 \times 10^3 G^{1/3} D^{4/3} (\ln P_1/P_2)^{1/3} \quad (10)$$

3 脱碳模型的验证

用于模型计算的 RH 设备参数见表 1。在计算脱碳曲线时，假定 P_{CO} 等于真空室内压力，初始自由氧等于用定氧探头测得的值；吹氩流量和温度变化曲线参考生产实绩值。

表 1 用于模型计算的 RH 设备参数

处理钢水量	真空室中钢水量	浸渍管直径
W/t	t	mm
300	9	500

模型计算结果如图 2 所示。由图可见，当 $n = 4/5$ 时，模型计算值与实测值能很好地吻合。对于不同的钢水初始碳氧含量，可以用本模型预测处理不同时间后的钢水碳含量。

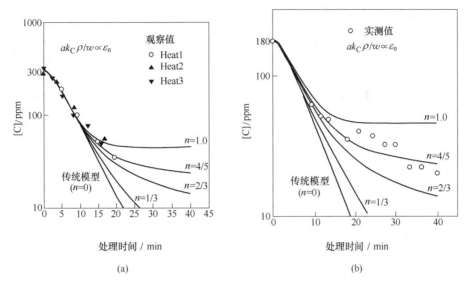

图 2 改进模型计算值与观测值的比较

4 脱碳速率的影响因素分析

4.1 RH 处理初始碳含量对脱碳速率的影响

由模型计算可知，当初始碳氧含量分别为 300ppm、600ppm，吹氩流量为 1250NL/min 左右，一定压降制度，处理 18min 达到的最低碳含量水平为 39ppm；要使碳含量降到 20ppm 以下，应使 RH 脱碳时间延长到 40min。因此，为了使在目前该厂 RH 设备参数不改动的情况下达到最低碳含量，仅靠延长 RH 处理脱碳时间是不现实的，这涉及与连铸机匹配的问题。

从模型计算可知，RH 初始碳含量越低，在相同处理时间内达到的碳含量也越低。可见，为了达到最低 RH 脱碳终了钢水碳含量，降低转炉出钢钢水含量是有必要的，但这又增加了转炉负荷，对生产不利。

4.2 RH 处理初始氧含量对脱碳速率的影响

图 3 是利用本模型计算出的对一定碳含量达到最大脱碳速率所必需的初始自由氧含量图。图中直线为达到最大脱碳速率和最低终点碳含量的初始碳氧含量的最佳值。若初始氧含量低于该直线，则初始氧含量过低，造成脱碳速率降低，终点碳含量较高；若初始氧含量高于该直线，则初始氧含量过高，对脱碳速率及终点碳含量没有影响，但将导致脱碳终点氧过高，这将需要更多的铝脱氧。

4.3 真空室内搅拌能

图 4 为用本模型计算的在低碳范围时增大 RH 真空室搅拌能对脱碳速率的影响。从图可见，适当增加真空室中的搅拌能能够显著提高 RH 的脱碳速度。

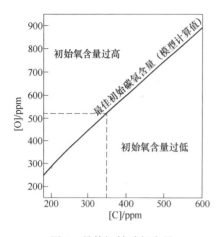

图3 最佳初始碳氧含量

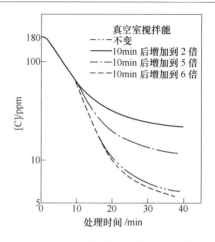

图4 真空室搅拌能对脱碳速率的影响

增大真空室搅拌能的方法有：

（1）真空室底部吹氩[8]：氩气从真空室底部通过7个喷嘴吹入，在处理开始5min后直到处理终点，脱碳速率增加，特别在处理10min后所获得的脱碳速率明显增大；

（2）RH氩气喷吹技术[9]：在川崎千叶厂260tRH，在脱碳处理后期$4m^3/min$的速率从浸渍管吹入钢水，部分H_2溶解在钢水中使钢水中的[H]增至大约3ppm，从而改善真空室钢水中气泡的释放，增加气液界面积。碳含量20~10ppm范围内的表观脱碳速率从$0.05min^{-1}$增加到$0.1min^{-1}$。脱碳处理25min钢中碳降到7ppm，脱碳处理25min能稳定获得[C]<10ppm的超低碳钢。

5 RH-OB处理时的反应模型

5.1 RH-OB处理时脱碳反应模型的建立

假设真空室中钢水充分混合。由RH-OB法，当O_2吹入钢水时，氧的质量平衡关系式（4）式变为：

$$w(dO_v/dt) = Q(O_L - O_V) - ak_0\rho(O_V - O_S) + 1.429 \times 10^3 \beta F_{O_2} \qquad (11)$$

因此RH-OB时模型由方程（1）、（2）、（3）、（5）、（6）和方程（11）组成。模型中各参数的确定同RH脱碳模型。对于该厂目前RH设备$n=4/5$。RH-OB脱碳模型的计算条件同RH脱碳模型。

5.2 最佳OB量的讨论

图5是由模型计算出的最佳初始碳、氧含量曲线，近似为[C]/[O]=0.67的直线。线下的区域可以进行OB处理，线上的区域不可进行OB处理，否则将造成钢中氧急剧升高。

对OB区域，氧含量低于最佳值，可采用OB

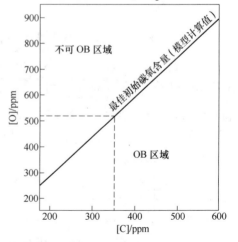

图5 OB与否曲线图

法吹氧以增加脱碳速度,当氧含量比最佳值低 $\Delta[O]$(ppm) 时,可吹入 $\Delta[O]/3$(Nm³) 的 O_2。吹入氧高于该值,钢中氧将急剧升高,且并不增加脱碳速度;低于该值,钢液的脱碳速度未达到最大,且处理终了碳含量偏高。

5.3 OB 最佳时间的讨论

图 6 通过模型计算比较了不同 OB 时间对钢液脱碳和脱氧的影响。由图 6 可见,在 RH 处理初期进行 OB 处理,与中期和后期处理相比,脱碳速率最大且处理后钢中氧最低。因此采取 RH 处理前期 OB 对降低钢液碳含量、提高钢液纯净度有重要的意义。

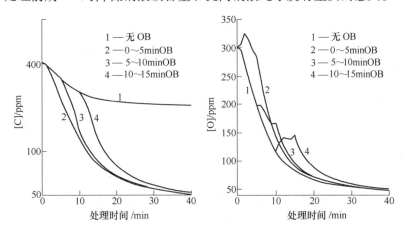

图 6 不同 OB 时间对脱碳速率和对钢中氧含量的影响

6 结论

(1) 改进模型引入真空室搅拌能对脱碳速率的影响,得出当 $ak_c\rho/w \propto \varepsilon^{4/5}$ 时,改进模型能在全碳浓度范围内反映宝钢 RH 脱碳规律。

(2) RH 处理初始碳含量越低;在其他条件相同的情况下,处理相同时间得到的终点碳越低;另外,在 RH 处理后期适当增大真空室搅拌能是增大低碳范围内脱碳速率的最有效方法。

(3) 当初始碳氧含量在 OB 与否曲线图的 OB 区域时,进行 RH-OB 处理能大大提高脱碳速率,OB 时间应在 RH 处理开始 5min 内完成,最佳 OB 量为(最佳初始氧含量—钢水氧含量)/3(Nm³);若初始碳氧含量在 OB 与否图的不可 OB 区域。

符号说明

W——RH 处理钢水重量,t

w——真空室中钢水重量,t

C——钢水中碳含量,ppm

O——钢水中氧含量,ppm

Q——环流量,t/min

M——原子量,g/mol

P_{CO}^{M}——气相中 CO 分压,atm

ρ——钢水密度,t/m³

ak——容积系数,m³/min

V_g——CO 的生成速度,Nm³/min

T_0——生成气体温度,K

T_V——真空室内钢水温度,K

H——真空室内熔池深度，m
F_{O_2}——通过 OB 管的 O_2 的流速，Nm^3/min
β——由 OB 管吹入钢水的氧气吸收率，60%
p——真空室压力，torr
ε_M——搅拌能，W/t
G——吹氩流量，Nm^3/min
D——浸渍管直径，cm
ρ——钢液（槽内）密度，$7.0 g/cm^3$
P_1——大气压力，torr
P_2——真空室压力，torr

下标 L，s，v 分别代表钢包、反应界面、真空室

参 考 文 献

[1] Tatsuro Kuwabara，等. RH 反应器内脱碳变化的研究与操作改进. 见：国外炉外精炼译文集. 北京：冶金部炉外精炼办公室，1993：35-43.
[2] Musataka Yano. Nippon Steel Technical Report, 1994, 4 (61): 15-21.
[3] Koji Yamaguchi, et al. ISIJ International, 1992, 32 (1): 126-135.
[4] Y. Kita，等. 加古川钢铁厂无间隙钢的精炼工艺. Nippon Steel Technical Report, 1994, 4 (61): 25-29.
[5] S. Kouroki, et al. Sumitomo Search, 1990, 44: 237.
[6] M. Mabuchietal. CAMP-ISIJ, 1989, 2: 1229.
[7] K. Mori, et al. Tetsu-to-Hagane, 1981, 67: 672.
[8] Tatsuro Kuwabara，等. RH 反应器内脱碳变化的研究与操作改进. Nippon Steel Technical Report, 1994, 4 (61): 35-43.
[9] Yamaguchi. K, et al. Kawasaki Steel Giho, 1993, 25 (4): 283-286.

A Study of the Decarburization Behaviour of IF Steel in RH Degasser

Jing Xuejing Zhang Lifeng Cai Kaike

(University of Science and Technology Beijing)

Zhu Lixin Fei Huichun Cui Jian

(Baoshan Iron and Steel Group Corporation)

Abstract: A mathematic model for RH vacuum decarburization was proposed, based on the balance between carbon and oxygen in the molten steel and by taking into account the influence on the decarburization rate of both the mass transfer of carbon and oxygen in the molten steel and the stirring energy (ε) in the vacuum vessel. The volume coefficient of decarburization was found proportional to ε to the power of 0.8. The model has been confirmed by the IF steel production experience; and the factors affecting the RH decarburization rate have been derived from the model, which could serve as a guidance for optimizing the production process of RH treated IF steel. An "oxygen blast-or-not" curve, and the optimal time and amount of oxygen blast for RH degassing were also determined in the present discussion.
Keywords: secondary refining; RH degassing; decarburization model; IF steel

RH 生产超低碳钢的工艺优化

方 东　刘中柱　蔡开科

（北京科技大学）

摘　要：通过建立 RH 真空处理脱碳数学模型，研究了 [C]$_0$、[O]$_0$、吹氩流量、浸入管内对脱碳效果的影响，模型计算结果表明，针对某厂 RH 处理工艺，若适当提高转炉出钢 [C]，降低出钢 [O]，即可满足钢中 [C] 的要求，有可降低脱碳终点 [O]，从而减少脱氧合金的消耗。

关键词：RH 真空处理；脱碳

1　引言

某厂利用 LD→RH→CC 工艺生产超低碳钢，RH 真空处理主要承担脱碳。脱氧与合金化、成分微调等任务。为满足钢中碳小于 0.002% 的要求，实际生产中转炉出钢碳控制在 0.02%～0.03%，氧在 0.07%～0.1%，经 RH 真空处理碳降到 0.002% 以下，脱碳结束时氧在 0.04%～0.07% 之间，因而需要消耗大量的合金进行脱氧，使生产成本增加，同时脱氧产物对钢水污染严重，针对这种现状，我们结合此厂现行生产工艺，建立了 RH 真空处理脱碳的数学模型，旨在为提出更合理的 RH 真空处理工艺提供依据。

2　RH 脱碳数学模型的建立

2.1　模型的假设

在建立脱碳数学模型时，考虑 RH 内的碳、氧传质，作如下假设[1]：（1）真空室和钢包内钢水完全混合；（2）脱碳反应只在真空室内进行；（3）气—钢液界面上的碳、氧浓度与气相中 CO 分压平衡；（4）脱碳速率由碳、氧的传质控制。

2.2　模型方程

根据以上假设，利用质量守恒原理，RH 真空处理脱碳模型可用以下方程描述。

$$\frac{dC_L}{dt} = \frac{Q}{W}(C_v - C_L) \tag{1}$$

$$\frac{dO_L}{dt} = \frac{Q}{W}(O_v - O_L) \tag{2}$$

$$\frac{dC_v}{dt} = \frac{Q}{W}(C_L - C_v) - \frac{ak_C\rho}{w}(C_v - C_s) \tag{3}$$

本文发表于《北京科技大学学报》，1999 年，第 5 期：425～427，435。

$$\frac{dO_v}{dt} = \frac{Q}{W}(O_L - O_v) - \frac{ak_O\rho}{w}(O_v - O_s) \tag{4}$$

$$ak_C\rho(C_v - C_s)/M_c = ak_O\rho(O_v - O_s)/M_O \tag{5}$$

$$\log(10^{-8}C_S O_S/P_x) = -(1160/T + 2.003) \tag{6}$$

2.3 参数的确定

(1) 钢水循环流量。RH 真空处理钢水循环流量 Q 的计算公式[2]:

$$Q = 10.9 \times G^{1/3} \times D^{4/3} \times \left(\ln\frac{P_0}{P_c}\right)^{1/3} \tag{7}$$

(2) 容积系数。碳的容积系数 ak_C 与真空室搅拌能 ε 有关,即: $ak_C \propto \varepsilon^n$,同时,碳的容积系数还随气—液界面面积等的变化而变化,因而本文假设 $n = a + bt$,则有 $ak_C = \varepsilon^{a+bt}$,其中,$n$、$a$、$b$ 均为系数。

根据 Higbie's 的穿透理论,即 $(ak_O/ak_C) = (D_O/D_c)^{0.5} = 0.69$,Suzuki 等人[1]用试验证明了此结论可靠性,所以 $ak_O = 0.69 ak_C$。

2.4 模型的验证

利用 Runge-Kutta 法求解微分方程组,根据我们试验所取得数据,当 n 取常数时无法用模型准确模拟整个脱碳过程,因此取 $n = a + bt$,通过调整 a 和 b 的值来模拟生产过程,当 $a = 0.5$,$b = -0.35$ 时,模型计算与试验实测值吻合很好,如图1所示; b 为负值表明了搅拌能对碳氧的容积系数的影响随脱碳过程的进行而减小。可见,对此厂RH真空处理取 $n = 0.50 - 0.35t$ 是合适的。

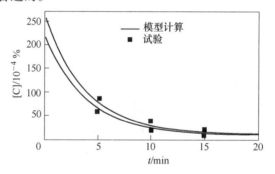

图1 脱碳过程模型计算与试验实测的比较

3 计算结果与讨论

3.1 初始碳含量对脱碳速率的影响

初始氧含量 $[O]_0 = 0.085\%$,计算不同初始碳含量 $[C]_0$ 的脱碳情况,如图2所示,$[C]_0$ 越高,脱碳终点钢中碳也越高。当 $[C]_0 = 0.01\% \sim 0.04\%$,$[C]_0$ 每增加0.01%,终点碳增加 $0.0003\% \sim 0.0005\%$,当 $[C]_0 = 0.04\% \sim 0.055\%$,$[C]_0$ 每增加0.01%,终点碳增加 0.0007%;当 $[C]_0 > 0.055\%$,$[C]_0$ 每增加0.01%,终点碳增加 $0.006\% \sim 0.01\%$。因此,对一定的氧含量,对应一个临界碳含量,当钢中碳低于此临界值时,$[C]_0$ 对终点碳

影响较小。图3示出了与氧含量对应的临界碳含量,当钢中碳在此线以下时,相同处理时间 $[C]_0$ 对终点碳的影响较小,而当钢中碳高于此线时,脱碳速率降低,达到相同的终点碳需延长处理时间,因而生产率降低。

同时,根据此模型还可确定合理的脱碳时间。以 $[C]_0 = 0.02\%$ 为例,当处理到15min时,钢中碳已达到0.0015%,脱碳速率降到0.0001% min以下,此时若继续脱碳意义不大,应及时地进行脱氧、合金化等后续工序的处理,这样一方面可缩短总处理时间,提高生产率;另一方面,在总处理时间不变的情况下,可加长RH纯脱气时间,减少钢中夹杂物等杂质。

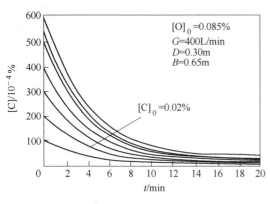

图2 初始碳含量对脱碳的影响

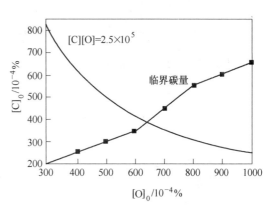

图3 与初始氧对应的临界碳含量

3.2 初始氧含量对脱碳速率的影响

$[C]_0 = 0.025\%$,计算不同 $[O]_0$ 的脱碳情况,如图4所示,$[O]_0$ 越高,脱碳速率越快,脱碳终点碳也越低。但 $[O]_0 > 0.04\%$ 时,对终点碳几乎没有影响。由此可见,对不同的碳含量同样有一个与之匹配的临界氧含量,使脱碳速率达到最快。图5即与碳含量对应的临界氧含量。当钢中氧含量低于该直线时,将造成脱碳速率降低,相同脱碳时间终点碳升高;当氧含量高于该直线时,氧含量对脱碳速率几乎没有影响,因而相同脱碳时间终点碳也无变化,但RH脱碳终点的氧将升高,消耗更多的脱氧合金,生产成本增加。

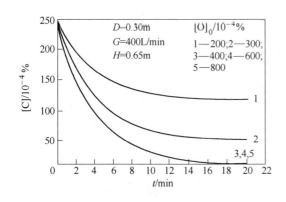

图4 初始氧含量对脱碳的影响

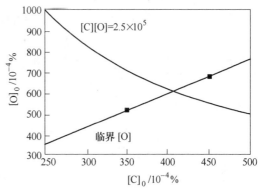

图5 与初始碳对应的临界氧含量

目前冶炼超低碳钢，转炉出钢时碳实际控制在 0.02%~0.03%，氧在 0.07%~0.1% 之间，RH 处理后碳降到 0.002% 以下，而钢中氧在 0.04%~0.07%。根据图 3 和图 5 所示的临界碳、氧含量以及碳氧乘积曲线（1600℃，101.325kPa），若控制转炉终点 [C] 在 0.035%~0.045%，对应的氧含量在 0.065%~0.075%，RH 处理过程中吹氩流量加大到 700L/min，则利用模型计算 RH 处理 15min，碳可达到 0.0018%~0.0021%，钢中氧达到 0.01%~0.02%，这样既可满足无取向硅钢的要求，又可减少脱氧合金消耗量。

3.3 吹氩流量对脱碳速率的影响

吹氩流量对脱碳速率的影响如图 6 所示，随吹氩流量的增加，脱碳速率增加，终点碳降低，可见增加吹氩流量了提高脱碳速率。

3.4 浸入管内径对脱碳速率的影响

浸入管内径对脱碳速率的影响如图 7 所示。由图看见，随浸入管内径增加，脱碳速率增加，终点碳含量降低，由于浸入管主要通过钢水循环流量来影响脱碳速率，因而此结果也表明：增加钢水循环流量可提高脱碳速率，缩短脱碳时间。

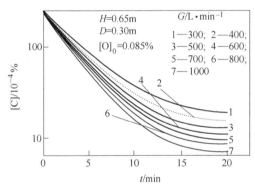

图 6 吹氩量对脱碳的影响

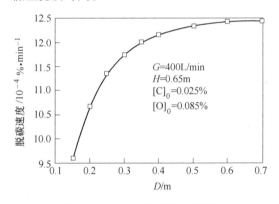

图 7 浸入管内径对脱碳的影响

3.5 合理的处理工艺

结合图 3、图 5 和图 6 的分析，利用模型计算了 $H = 0.65m$、$D = 0.3m$ 条件下，RH 处理不同钢种（对 RH 终点碳含量要求不同）所采用的合适的工艺，如图 8 所示。例如，当 RH 处理终点碳含量（$[C]_0$）要求达到 0.002% 时，由图 8 可查出合适的 $[C]_0$ 为 0.039%、$[C]_0$ 为 0.065 和吹氩流量为 640L/min。

4 结论

（1）影响 RH 脱碳速率的因素主要有：初

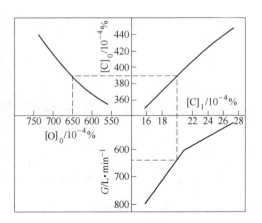

图 8 RH 处理工艺优化

始氧含量、初始碳含量、吹氩流量、浸入管内径。

（2）由模型计算可知，RH处理超低碳钢时，如果转炉出钢碳控制在0.035%~0.075%，氧可控制在0.065%~0.075%，处理过程中吹氩流量增加到700L/min，则RH处理15min后，钢中碳可达到0.0018%~0.0021%，这样既能满足RH处理终点碳含量的要求，又可减少脱氧合金消耗量，减少脱氧产物对钢水的污染。

符号说明

C_L, C_v, C_s——钢包、真空室、气—液反应界面碳的质量分数，10^{-4}%

ak_C, ak_O——碳、氧传质的容积系数，m^3/min

D——浸入管内径，m

G——氩气流量，L/min

Q——钢水循环流量，t/min

P_0——大气压力，1.01325×10^5 Pa

P_v——真空室压力，Pa

$[C]_0$, $[O]_0$——初始碳、初始氧质量分数，10^{-4}%

O_L, O_v, O_s——钢包、真空室、气—液反应界面氧的质量分数，10^{-4}%

t——脱碳时间，min

ε——真空室搅拌能，W/min

T——钢水温度，K

w, W——真空室、钢包内钢水质量，t

H——浸渍管提升高度，m

ρ——钢水密度，7.0×10^3 kg/m^3

M_C, M_O——碳，氧相对原子量，$M_C = 12$，$M_O = 16$

参 考 文 献

[1] Koji Yamaguchi. 超低碳钢的精炼条件对RH脱气装置脱碳反应的影响 [J]. 解世海译. 武钢技术，1993（8）：40.

[2] 区铁. RH真空处理钢水循环流量的研究 [J]. 炼钢，1993，9（1）：56.

Optimum Process of RH Treatment for Ultra-low Carbon Steel

Fang Dong　Liu Zhongzhu　Cai Kaike

(University of Science and Technology Beijing)

Abstract: A mathematical model was established and applied to simulate decarburization in RH degasser and to study the effects of $[C]_0$, $[O]_0$, flow amount of Ar and diameter of the snorkels on the decarburization. The results obtained by using the model showed that as considering the RH process in the plant, the oxygen in the melt at the end of decarburization can be reduced by increasing the original carbon and decreasing the original oxygen without unacceptable carbon content. Thus the consumption of deoxidizing alloy can be reduced, and the inclusions produced in deoxidizing process can be reduced.

Keywords: RH treatment; decarburization

RH 处理过程钢液脱硫

艾立群　蔡开科

（北京科技大学）

摘　要：为满足管线钢生产对低硫含量的要求，近年来开发了利用 RH 真空处理装置通过喷吹粉剂或在真空室添加脱硫剂脱硫的新方法，讨论了该方法的脱硫机理、脱硫剂的渣系选择及组成、转炉渣改性处理等问题，并结合国内外试验和生产情况，着重针对真空室添加脱硫剂脱硫方法的应用技术及效果做了总结分析。

关键词：RH 处理；脱硫效率；转炉渣改性；添加脱硫剂

1　引言

随着国内外市场的需求，改善管线钢焊接性和抗 SSC、HIC 裂纹的要求迫使冶金企业在冶炼工艺中采取必要的深脱硫措施。本文主要针对 BF—LD—(LF)RH—CC 流程生产管线钢时转炉后流程的深脱硫问题，特别是 RH 脱硫问题做一分析、综述。

目前，钢液脱硫的方法从工艺讲主要有：钢液渣洗、钢包喷粉、真空处理脱硫、喂丝等。而反应机理包括用金属 Ca、Mg 或稀土元素直接生成硫化物脱硫和渣金置换反应两种。这里主要讨论 RH 处理时渣金反应脱硫。

在 RH 真空处理时脱硫有它独特的优越性：（1）RH 内高真空使钢液中氧活度降低，更有利于脱硫；（2）RH 处理过程脱硫避开了顶渣，所受钢包顶渣影响相对较小；（3）RH 内脱硫处理由于隔绝大气而不会因钢液表面紊流而吸氮。目前 RH 处理过程脱硫的方法有 RH 喷吹脱硫粉剂和 RH 真空室投入脱硫剂两种。前者脱硫很彻底，脱硫率可达 80% ~90%，钢液硫含量由 30×10^{-6} 降至 50×10^{-6}（质量分数）以下。但其需要复杂而昂贵的喷吹设备；后者虽相对脱硫率较低，但不需添加、改造任何设备，方法简便易行，且脱硫率可达 40% ~60% 左右。

2　RH 处理钢液脱硫理论基础

RH 处理钢液脱硫反应式为：

$$[S] + (O^{2-}) = (S^{2-}) + [O]$$

$$C'_S = K_A \cdot a_{O^{2-}}/f_{S^{2-}} = a_O(\%S^{2-})/[\%S] = a_O L_S \tag{1}$$

可见，硫容量 C'_S 表示参加反应炉渣的脱硫能力。C'_S 越高，单位质量熔渣的脱硫能力越强（式中 L_S 为硫在渣金间分配比）。

据脱硫率的定义式，为实现高的脱硫率，增加 L_S 和渣量是主要措施。而考虑经济因素提高 L_S 是唯一有潜力的关键措施。由式（1）可知，L_S 由 C'_S 和 a_O 共同决定。为提高脱硫率，须从以下入手：

(1) 降低 a_0 这要求脱氧先于脱硫进行。从工艺上要采取措施降低渣中 FeO、MnO 从根本上消除氧源。为此，转炉出钢要严格挡渣，减少下渣量并对钢包渣进行改性处理。如下渣量太大就要换包或扒渣。另外，RH 处理脱硫时要不断补充脱氧剂，如铝粒。

(2) 选择合理渣系，提高炉渣的 C'_S。由以上分析可知，从热力学角度脱硫主要集中在高硫容量渣系选择及对渣的处理上。

(3) 改善动力学条件，促进渣金反应的平衡。

从动力学观点出发，一般认为脱硫的限制性环节为硫在钢中的扩散（硫含量较低时）和硫在渣中的转移（钢中硫含量较高时）。

脱硫速度的表达式为[1]：

$$-d[\%S]/dt = k_T[\%S] + k_P([\%S] - [\%S]_e) \tag{2}$$

$$k_T = \eta_1 \eta_2 W_f L_S / W_m$$

$$k'_P = (A_P \rho k_P / W_m)(L_S W_S + W_m / L_S W_S)$$

式 (2) 中的第一项为瞬态反应速率，第二项为持续反应速率。

式中 k_T, k_P ——分别为瞬态和持续反应速率常数；

W_f, W_m ——分别为粉体吹入速度、钢液量；

η_1, η_2 ——粉体反应效率、平衡到达程度；

L_S ——渣粒子的平衡硫分配比；

A_P ——有效反应面积；

ρ ——钢液密度；

k'_P ——总括传质系数。

在真空室投入脱硫剂脱硫时，式 (2) 中第二项起作用。改善对钢液的搅拌等动力学条件有利于提高总括传质系数、增大有效反应面积从而增大脱硫速率。

3 脱硫剂渣系的确定

根据各主要渣系的硫容量情况[2]，用于钢液脱硫的可选渣系主要有 $CaO\text{-}CaF_2$、$CaO\text{-}CaF_2\text{-}Al_2O_3$、$CaO\text{-}Al_2O_3\text{-}SiO_2$ 渣系。

$CaO\text{-}CaF_2$ 渣系具有最高脱硫能力，因此在相同脱硫任务下脱硫剂耗量最低。该类渣目前主要用于 RH 内脱硫处理及钢液脱磷。单从脱硫角度考虑，CaF_2 含量在 40% 左右为最佳组成，此时硫分配比约为 170~180[3]。另据称该渣系配入 5% 的 Al_2O_3 会提高脱硫率，但含量不能高于 10%[4]。考虑渣剂对耐材寿命的影响，一般在 $CaO\text{-}CaF_2$ 渣中加入 10%~15% MgO（质量分数）。

即使是在喷吹 $CaO\text{-}CaF_2$ 系脱硫剂时，如图 1 所示[5]，钢中 T[O] 也对脱硫构成很大影响。由该图可得出结论：脱硫应在 T[O] 降至 50~70ppm 以下时进行。由此可见，RH 处理脱硫选择时机很关键。即使是喷吹 $CaO\text{-}CaF_2$ 脱硫也须以优化顶渣成分及钢、渣充分脱氧为前提。

$CaO\text{-}CaF_2\text{-}Al_2O_3$ 渣系的硫容量比 $CaO\text{-}CaF_2$ 的低。该渣系是电渣重熔的基本渣系。另外，也可作为 VOD、VAD 炉的精炼渣系，也可将此渣系炉渣作为脱硫剂加入 RH 炉内脱硫。

由该渣系硫容量与渣组成的关系图 2[6] 可知,该渣系的组成在 CaO≥50%、CaF$_2$>20%、Al$_2$O$_3$<25% 范围,特别是 CaO 在 30%~60%、CaF$_2$ 在 45%~55%、Al$_2$O$_3$<10% 范围为脱硫最佳组成范围[7]。如日本曾用过 CaO 64%、CaF$_2$ 18%、Al$_2$O$_3$ 18% 的预熔渣作 RH 内的脱硫剂[8](以上成分均为质量分数)。

CaO-Al$_2$O$_3$-SiO$_2$ 渣系是人们研究最多、应用最广的一个基本渣系,广泛应用于 LF、VOD、VAD 等二次精炼过程。在 RH 处理过程脱硫时更多地把它作为较理想的顶渣渣系。由三元相图可知[5](见图 2),1300℃左右该渣系低熔点区共有三个,分别在图中标为Ⅰ、Ⅱ、Ⅲ。而图中Ⅰ、Ⅲ具有较高的 SiO$_2$ 含量不能用于铝脱氧钢的精炼处理而Ⅱ区 SiO$_2$ 活度较低不会回硅,该组成渣适宜作铝脱氧钢的精炼渣。较高硫容量的渣组成集中在: CaO 60%~65%、Al$_2$O$_3$ 25%~30%、SiO$_2$<10%(质量分数),此时 CaO 近饱和,L_S 为 200~300[5]。这恰恰是 LD—RH—CC 流程脱硫的理想终渣组成。

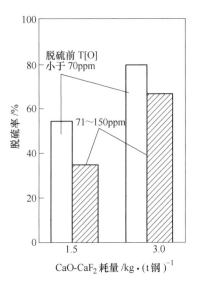

图 1 T[O] 对脱硫率的影响

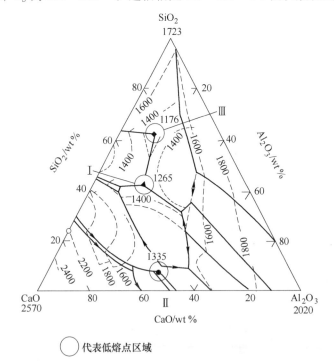

○ 代表低熔点区域

图 2 CaO-Al$_2$O$_3$-SiO$_2$ 渣熔点图

4 RH 处理钢水脱硫工艺与效果

4.1 转炉渣的控制及炉渣改性处理

由图 2 可知,为实现高的脱硫率,必须降低 a_O,这要求脱氧先于脱硫进行。从工艺上要采取措施降低渣中 FeO、MnO，减少氧源。炉渣改性处理的另一个目的是改变顶渣渣系，由 CaO-SiO$_2$-FeO 渣系转变为 CaO-CaF$_2$-Al$_2$O$_3$ 或 CaO-Al$_2$O$_3$-SiO$_2$ 渣系，以增加渣中硫容量。

从国内外工厂的实际情况看，目前生产洁净钢的典型企业（尤其日本）一般转炉出钢后要吸渣处理，吸渣后再造新渣。没有除渣手段的工厂必须严格挡渣出钢以减轻渣改性负担，并改性处理钢包内下渣，以避免氧化性很强的渣干扰后续脱硫。改性剂主要有：Al + CaO、Al + CaO + CaF$_2$、Al + CaCO$_3$、Al + CaO·Al$_2$O$_3$ 等。其中，石灰石和铝应用居多，此类改性剂的主要问题是 FeO 还原不彻底，$w(FeO) > 10\%$。另外，石灰石也消耗铝：

$$Al + 3CO_2 = 3CO + Al_2O_3$$

但此改性剂的优点是石灰石的分解反应使炉渣沸腾利于 Al 和 FeO 反应；另外，石灰石碎裂促使反应进行。使用 Al + 石灰时烟尘较大且易结壳，所以，一般要配加萤石。

钢种不同，则渣改性处理要求亦不同。生产低硫钢时除要求终渣低 FeO、MnO 外，要控制 MI 指数（曼内斯曼指数 Mannesmann Index：CaO%/%SiO$_2$%/Al$_2$O$_3$%）在 0.3 左右。

渣改性包括两步：先是在出钢开始前或出钢时加入调渣剂石灰和萤石，在出钢近结束时再加改性剂。而 Al 应以粒状与其他改性剂于出钢快结束时加入。武钢和日本广畑厂生产硅钢时在出钢至 1/2 时加入 8kg 的 CaO-CaF$_2$（80:20）脱硫剂在钢包内可将硫由出钢时的 0.004% 降至 0.003%[9]。

4.2 RH 处理脱硫工艺

霍戈文在生产低合金高强度钢时采用了真空室添加脱硫剂脱硫的方法，脱硫剂的组成为 CaO-Al$_2$O$_3$-SiO$_2$ 渣系。具体内容包括：出钢时挡渣处理，出钢过程每吨钢加入 3kg 石灰和 1.3kg 预熔铝酸钙，控制钢中铝为 0.060% 并于出钢后在渣面补加入 50kg（320t 钢液）的铝粒子。在 RH 处理过程每吨钢加入 4kg 石灰和 4kg1~3mm 的预熔铝酸钙。脱硫结果见表 1。霍戈文的脱硫效率为 35%。其结果也表明，RH 处理时槽内 FeO 结壳的熔化给真空槽内增加外来氧（这一结果与诸多报道相吻合）。事实上，除该氧源外，还有漏入大气、吸入钢渣、耐材等。根据这一现象，RH 内脱硫必须在加脱硫剂的同时再补加铝。

表 1 霍戈文 RH 处理脱硫结果

项　目	出钢后	钢包中	RH-OB 开始	RH 处理结束
[S]/%	0.0067	0.0059	0.0057	0.0043
(FeO)/%	15.2	—	1.7	0.4
(MnO)/%	4.67	—	1.6	1.3
(CaO)/%	53	—	52.6	51.9
(Al$_2$O$_3$)/%	1.6	—	33.6	36.1

武钢的平均脱硫率为 60%，钢种（质量分数）含铝 0.100%~0.300%、含硅 1.0%~3.5% 的硅钢。其主要技术措施是：严格挡渣出钢，渣层小于 100mm；渣中氧化铁小于 10%，碱度 3~4；渣改性加 8kg/t 石灰和萤石（8:2）（在出钢一半时加入）。对脱硫的工艺要求有：(1) 脱硫剂 CaO、CaF$_2$ 的比例为 6:4，加入量 3~5kg/t；(2) 采用活性石灰，脱硫剂要防潮；(3) 脱硫剂粒度 3~5mm；(4) 脱硫剂加入时机应在深脱氧 2min 之后进行；(5) 投入速度要连续均匀并控制在 150kg/t；(6) 要在脱硫剂加完后保持搅拌 3~

5min；(7) RH 脱硫时每加 1.5kg/t 脱硫剂需补加铝 0.25kg/t。

新日铁广畑厂的试验与武钢基本相同。脱硫剂加入量为 6kg/t 时其脱硫率为 50%。据其称，脱硫剂加入位置也很重要，上升管上方投入比下降管上方投入效率要高近 10%。

台湾中钢公司 RH 内投入脱硫剂脱硫时首先采用（质量分数）20% CaF_2、80% CaO，但脱硫率不稳定，试用几种不同配比的脱硫剂效果也不理想。最后采用 100% CaO 效果很好。脱硫剂的用量吨钢大于 6kg（具体效果不详）。

宝钢近期做了管线钢 RH 处理脱硫的试验。脱硫剂组成为（质量分数）65%~85% CaO 和 15%~35% CaF_2，粒度小于 5mm，脱硫时间为 10~15min。现场试验脱硫率为 46.7%（平均由 30ppm 下降至 16×10^{-6}）。

作者与攀钢合作也进行了相关试验，试验在 130t RH-MFB 炉上进行。采取的主要技术措施包括：(1) 控制转炉下渣量小于 100mm，并利用 CaC_2 代替铝实施炉渣改性处理以控制渣中（FeO% + MnO%）< 3%，炉渣碱度控制在 3~5。当渣改性剂加入量为 2.0~2.5kg/t 时的改性效果如图 3 所示。(2) 考虑到减轻对耐材的侵蚀及降低温降，本试验采用预熔型脱硫剂，以减少单相的 CaF_2。

由以上分析，可以得出结论：只要采取适当措施，RH 处理过程投入脱硫剂脱硫可以达到 40%~60% 的脱硫率。而 RH 处理喷吹粉剂的脱硫效率可达 80%~90%。

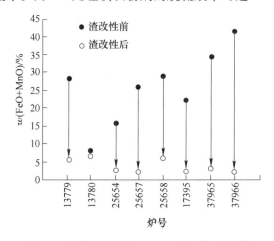

图 3　渣改性试验前后 $w(FeO + MnO)\%$ 的变化

4.3 RH 脱硫不同工艺的综合比较

RH 脱硫工艺按脱硫剂的加入方式不同可分为喷吹法和投入法。而喷吹法中又据喷吹位置不同细分为 RH-IJ 法（利用插入钢包中的喷枪在上升管的下方喷入粉剂）、RH-PB 法（在搅拌气体喷嘴处喷入粉剂）和利用 KTB 氧枪系统改造而来的 RH-PTB 法。各种脱硫方法的比较见表 2。

表 2　各种脱硫方法的比较

脱硫效果	综合优势	劣势
40%~60%	不需改造现有车间、设备； 工艺简单、易行	反应效率低；侵蚀耐材 0.7~1mm/炉（不脱硫炉次为 0.4~0.5mm/炉）

续表2

脱硫效果	综合优势	劣 势
50%~80%	不增加氧枪成本； 对耐材影响小； 可以升温； 负压输粉，枪不易堵	需增加部分设备；反应持续时间比RH-IJ、RH-PB法短； 粉剂利用率较低
70%~90%	脱硫反应效率高	需增加整套喷吹设备、车间改造； 易喷溅； 喷嘴处侵蚀严重
70%~90%	粉剂参与钢液多次循环； 脱硫反应效率很高	需增加整套喷吹设备、车间改造；粉剂易堵枪，喷枪开支高

据以上分析，尽管RH-IJ法、RH-PB法的脱硫效率较高，但由于该工艺需要高投资，RH处理采用投入法脱硫仍不失为一种具有较好脱硫效果的方案。

尽管国内外针对该项技术做了一些应用基础和生产试验，但人们对影响RH处理脱硫的主要因素与脱硫速率、脱硫效果之间的定量关系掌握不够。脱硫剂物理性状及组成、制备方法、顶渣氧化性、脱硫剂的熔化及流动行为、钢水条件、真空条件、钢液循环速率及搅拌条件对脱硫的影响还缺乏系统的研究。

5 结语

RH处理过程脱硫技术业已确立，但无论是有关冶金反应的基础研究还是生产技术依据还有许多问题有待于解决，有关RH深脱硫技术相关的工艺因素与过程优化方面的工作有待于进一步具体和深化。改善脱硫方法与效果方面的工作还将继续下去。

参 考 文 献

[1] 原义明. CaO-CaF$_2$系フラックス吹入みによゐ取锅内溶钢の脱硫 [J]. 铁と钢. 1988, 74 (5)：828.

[2] 德田昌则. 搅拌卜の精炼反应 [C]. 西山纪念技术讲座第100、101回. 日本铁钢协会，昭和59年，第100、101回：46.

[3] Y. Takemura. The Development of RH-Injection Technology [C]. International Conference Secondary Metallurgy Preprints, Aachen, Sept21-23, 1987：245-255.

[4] S. L. DSCosta, et al. Clean Steel Practice at USIMINAS [C]. Clean Steel 3 Proceedings of Conference. The Institute of Metals, 1986：289-296.

[5] T. Hat akeyama. RH-PB—二次精炼新工艺 [J]. 国外炉外精炼技术（一），1997（10）：75.

[6] E. Render, et al. Steel Desulphurization with Synthetic Slags [J]. Clean Steel 3, June, 1986：181-190.

[7] 小林润吉. 溶钢の取锅精炼 [R]. 西山纪念技术讲座. 日本铁钢协会，第122、123回：281.

[8] 松野英寿. 环流式脱ガス炉におけろ溶钢脱硫举动 [J]. CAMP-ISIJ, 1992：240.

[9] 张文华. 赴日研修考察报告 [R]. 转炉与连铸，1987（4）：1.

Desulphurization Technology for Molten Steel in RH Treatment Process

Ai Liqun Cai Kaike

(University of Science and Technology Beijing)

Abstract: In order to meet the requirements of low sulphur content for pipeline steel, one new method is developed to inject flux via RH equipment or to add flux for desulphurization. The desulphurization mechanism of this method, selection and components of desulphurizing agent as well as modification of converter slag are discussed in this paper. Combining with trials and production in foreign countries, this paper emphatically analyzes the application and effects of this desulphurization method by flux addition in RH process.

Keywords: RH; desulphurization efficiency; modification of converter slag; addition of desulphurizing agent overview

用 CaO-CaF$_2$-FeO 系渣进行钢水深脱磷

田志红　艾立群　蔡开科　　　石洪志　王　涛　郑建忠　朱立新
（北京科技大学）　　　　　　（上海宝山钢铁股份有限公司技术中心）

摘　要：为了生产超低磷钢，在1600℃用高碱度 CaO-CaF$_2$-FeO 系渣对低磷钢水进行了炉外深脱磷的研究。分析了氧化性和碱度对脱磷效果的影响，确定了合适的渣系组成，测得1600℃下该渣系的磷容量在 $10^{18.54} \sim 10^{20.2}$ 范围内。实验结果表明：氧化性和碱度是影响脱磷效果的两个制约性因素；在钢水初始磷含量为0.01%左右的条件下，使用该渣获得了大于50%的脱磷率及低于0.005%（最低可达0.0027%）的磷含量；在300t转炉上进行的初步生产试验也获得了50%左右的脱磷率及0.006%左右的成品磷含量。

关键词：低磷钢；CaO-CaF$_2$-FeO 系渣；脱磷

1 引言

为了获得"纯净"的钢，常常要降低和控制钢中的碳+磷+硫+氮+氢和全氧（TO）含量。磷对于绝大多数钢种来说是有害元素，磷偏聚在晶界上会引起钢的低温脆性和回火脆性，还会降低钢的可焊性、抗裂纹性、抗腐蚀性。现有钢种对钢中磷含量提出了更高的要求。一些低温用钢、海洋用钢、抗氢致裂纹钢甚至要求磷含量低于0.01%或0.005%。

日本和欧洲对于低磷钢和超低磷钢的生产研究较多[1-3]。日本采用铁水预处理工艺使进入转炉铁水的磷含量降到0.01%，再经转炉吹炼，可以生产出磷含量小于0.005%的钢水。在欧洲，由于在铁水预处理工艺中大量的硅被脱除，限制了转炉中废钢的加入量，所以铁水预处理工艺在这里很少使用，因此要生产低磷钢或超低磷钢，必须在转炉出钢后采用特殊的脱磷剂进行炉外处理。目前，我国很多厂家转炉出钢后钢水的磷含量还没有达到低磷水平，因而要生产低磷钢或超低磷钢，开发钢水炉外脱磷工艺尤为重要。

笔者以低磷含量钢水为前提，使用高碱度、低氧化性的 CaO 系渣进行钢水炉外脱磷，进行了1kg碳管炉实验和100kg的感应炉实验，旨在找出降低钢中磷含量的合适脱磷剂的组成，确定出该渣系的脱磷能力及工艺因素对脱磷效果的影响。

2 研究方法

1kg 实验在高温碳管炉内进行，其结构如图1所示。坩埚为氧化镁质坩埚外套石墨坩埚。坩埚容量为1kg。碳管炉内以氮气作为保护气体。用可控硅进行过程控温，钢水温度控制在1600±10℃。每隔3min或5min取一次钢样，实验时间维持在30min左右。

在1kg碳管炉实验的基础上，又在100kg感应炉上进行了类似实验。感应炉工作频率为1000Hz，采用温控仪连续控温。感应炉的实验过程基本与碳管炉类似，不同的是感应炉实验中在向钢水表面添加脱磷渣料的同时，又按1%比例加入了转炉渣，以模拟生产现场的下渣量。

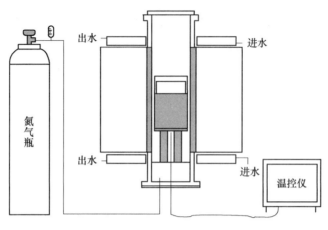

图1 实验装置

Fig. 1 Scheme of experimental apparatus

实验用的原料为工业纯铁和低碳铝镇静钢。钢水初始磷含量为0.01%左右，部分炉次的初始磷含量在0.005%~0.006%范围内。

用石英管取碳管炉实验的钢样，用样勺取感应炉实验的钢样，用氧化锆质定氧探头测定钢水的氧活度。

3 实验结果及分析讨论

3.1 磷分配比和磷容量

熔渣与钢水之间的脱磷反应可用下式表示，即：

$$2.5(FeO) + [P] = (PO_{2.5}) + 2.5[Fe] \tag{1}$$

表示熔渣脱磷能力的方法有多种，其中渣—金反应平衡时的磷分配比 L_P 是一种最基本的方法，L_P 的定义如下：

$$L_P = \frac{w(P)}{w[P]} \tag{2}$$

式中 $w(P)$，$w[P]$——熔渣和钢水中磷的质量分数。

图2示出笔者及前人实验得到的熔渣氧化性对磷分配比的影响。可见磷分配比随着熔渣中 FeO_n 含量的提高而增加。碳管炉和感应炉两种实验所用脱磷剂的初始组成是相同的，但从实验结果来看，两种实验的磷分配比的差异较大，即前者的磷分配比小于后者。其原因是前者的氧分压低于后者，最终使得熔渣中的 FeO_n 含量不同，因此磷分配比明显受氧分压的影响。本实验条件下，当熔渣中 FeO_n 含量为35%时获得的最大磷分配比为115。而在熔渣 FeO_n 含量与本实验相同的条件下，1600℃时，Wrampelmeyer 等[4]得到的 CaO-FeO_n-Al_2O_3 渣的磷分配比为40~200；H Ishii 等[4]得到的 CaO-MgO-FeO_n-Al_2O_3-SiO_2 渣的磷分配比在40~250范围内。笔者的研究结果与文献[4]不同的原因在于：前者所用熔渣的初始磷含量较低（约0.01%），而文献[4]中熔渣的初始磷含量为0.02%，这也是本研究

的磷分配比较低的原因之一。根据笔者和文献［4］的结果可以看出，在保持熔渣高碱度的条件下继续加大熔渣中 FeO_n 含量，磷分配比仍有继续增大的趋势。

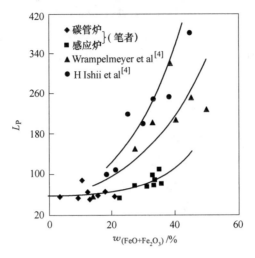

图 2　熔渣中 FeO_n 含量对磷分配比的影响

Fig. 2　Effect of w FeO_n on phosphorus L_P

由于氧分压对磷分配比的影响很大，所以用磷分配比描述熔渣脱磷能力有一定的局限性，只能应用于相同氧分压条件下不同渣系的比较。磷容量 $C_{PO_4^{3-}}$ 考虑了氧分压，因此它可以应用于不同渣系间脱磷能力的比较。Wagner 对渣—气间磷容量的定义式如下：

$$\frac{1}{2}P_2 + \frac{5}{4}O_2 + \frac{3}{2}(O^{2-}) = (PO_4^{3-}) \tag{3}$$

$$C_{PO_4^{3-}} = \frac{K_3 (a_{O^{2-}})^{3/2}}{f_{PO_4^{3-}}} = \frac{w(PO_4^{3-})}{P_{P_2}^{1/2} \cdot P_{O_2}^{5/4}} \tag{4}$$

式中　K_3——式（3）的平衡常数；

$a_{O^{2-}}$——熔渣中氧离子的活度；

$f_{PO_4^{3-}}$——熔渣中磷酸根的活度系数；

$w(PO_4^{3-})$——熔渣中磷酸根的质量分数；

P_{O_2}——渣—金界面的氧分压；

P_{P_2}——与液态金属中磷平衡的磷分压。

磷分压可由式（5）、式（6）计算得到[5]：

$$1/2P_2 = [P] \tag{5}$$

$$\Delta G^O = -157700 + 5.4T \quad (J/mol) \tag{6}$$

氧分压可由式（7）、式（8）计算得到[5]：

$$1/2O_2(g) = [O] \tag{7}$$

$$\Delta G^P = -117110 - 3.39T \quad (J/mol) \tag{8}$$

钢水中磷和氧的活度系数 f_P、f_O 均以质量分数为 1% 的溶液作为标准态，可用式（9）、式（10）计算得到[6]：

$$\lg f_P = e_P^P w_{[P]} + e_P^C w_{[C]} + e_P^O w_{[O]}$$
$$= 0.062 w_{[P]} + 0.13 w_{[C]} + 0.13 w_{[O]} \quad (9)$$
$$\lg f_O = e_O^O w_{[O]} = (-1750/T + 0.734) w_{[O]} \quad (10)$$

根据以上各式，在本实验条件下，计算得出 1600℃ 时 CaO-CaF$_2$-FeO 系渣的磷容量 $C_{PO_4^{3-}} = 10^{18.54} \sim 10^{20.2}$。而相同温度下，H Ishii 等[4]测得 CaO-MgO-FeO$_n$-Al$_2$O$_3$-SiO$_2$ 渣的磷容量 $C_{PO_4^{3-}} = 10^{18.8} \sim 10^{19.3}$，Shigeko[5]等测得 CaO 和 3CaO·SiO$_2$ 双饱和的 CaO$_{(satd)}$-SiO$_2$-Fe$_t$O 渣系的磷容量 $C_{PO_4^{3-}} = 10^{19.15} \sim 10^{19.45}$。

3.2 脱磷剂氧化性对脱磷效果的影响

根据脱磷的热力学分析可知，高氧化性是脱磷的有利条件，所以使用高氧化性渣是脱磷的有效手段之一。但脱磷剂中的 FeO 会侵蚀包衬，而且 FeO 含量越高对包衬侵蚀越严重。为此，本实验将 FeO 含量选择在 0~20% 之间。

脱磷率的表达式为：

$$\eta_P = (w_{[P]_i} - w_{[P]_f})/w_{[P]_i}$$

式中　$w_{[P]_i}, w_{[P]_f}$——钢水初始和终点的磷含量，%。

脱磷剂氧化性对脱磷率的影响如图 3（a）所示。

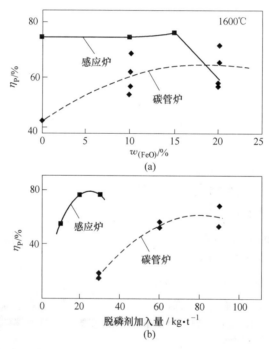

图 3　脱磷剂中氧化铁含量（a）及脱磷剂加入量（b）对脱磷率的影响
Fig. 3　Effect of $w_{(FeO)}$ (a) and flux addition (b) on η_P

可见，在 1kg 碳管炉实验中，随着脱磷剂氧化性的增强，脱磷率增大。当脱磷剂中含 FeO 时，可以获得大于 50% 的脱磷率并使钢水终点磷含量小于 0.005%（最低达到 0.0027%），即获得超低磷水平的钢；而在 100kg 感应炉实验中，即使脱磷剂中不含 FeO，也可获得 75% 的脱磷率和 0.003% 的终点磷含量。感应炉实验中，钢水自由氧含量在 0.04%~0.09% 范围内，这说明当钢水中的自由氧含量较高时，脱磷剂中 FeO 的含量不是影响脱磷效果的主要因素，甚至会因为 FeO 含量的增加而降低碱性物质的含量，从而使脱磷效果降低；而钢水中的自由氧含量较低时，脱磷剂中 FeO 的含量对脱磷效果有一定的影响。当 FeO 含量大于 20% 时，脱磷率的增加趋势及钢水终点磷含量的降低趋势均较缓慢。热力学分析表明，这是氧化性和碱度综合影响的结果。根据图 3（a）中脱磷效果的趋势可以得知，脱磷剂中 FeO 含量为 20% 左右时为脱磷效果的转折点。根据实际产品对钢中磷含量的要求，在满足脱磷效果的前提下，脱磷剂中 FeO 含量应越低越好。FeO 含量在 10%~20% 时就可以获得大于 50% 的脱磷率和低于 0.005%（最低可达到 0.003%）的终点磷含量，完全可以满足生产超低磷钢的要求。

3.3 脱磷剂加入量对脱磷效果的影响

为摸清实际生产中所需脱磷剂的加入量，分别在碳管炉和感应炉中进行了脱磷剂加入量对脱磷效果的影响实验。在碳管炉实验中，由于坩埚壁粘渣，加入过程中由于损失及挥发等原因造成脱磷剂损失较大，因而加入量较大；在感应炉实验中脱磷剂的加入量较少。

图 3（b）示出脱磷剂加入量对脱磷效果的影响。可见，随着脱磷剂加入量的增加，脱磷率提高。在 1kg 碳管炉实验中，脱磷剂加入量小于 30kg/t 时，由于渣量较少，脱磷反应不充分，脱磷率较低；脱磷剂加入量超过 60kg/t 时，脱磷率大于 60%。100kg 感应炉实验中，脱磷剂加入量为 20kg/t 就可以满足脱磷的需要。当钢水初始磷含量在 0.01% 左右时，可以获得大于 75% 的脱磷率和 0.003% 左右的终点磷含量。在实际大规模生产中，脱磷剂的加入量可能会更低一些。渣量过大，不仅成本高，包衬侵蚀严重，对后续工位的操作也有影响。因此，在保证脱磷效果的前提下，脱磷剂加入量应越少越好。从图 3（b）还可以看出，感应炉的脱磷效果比碳管炉好。这可能与感应炉的感应搅拌有关，因为感应搅拌增强了脱磷的动力学条件，从而提高了脱磷效果。

3.4 碱度（CaO 含量）对脱磷效果的影响

根据脱磷热力学原理，高碱度是脱磷的有效条件之一。由于 FeO 对包衬有侵蚀作用，脱磷剂中应尽量降低 FeO 的含量。对于这种低氧化性渣，可以通过提高脱磷剂的碱度来保证较高的脱磷效果。而不含 SiO_2 等酸性氧化物的脱磷剂属于这种高碱度脱磷剂。由于脱磷剂中不含 SiO_2 等酸性氧化物，本实验以 CaO 含量对脱磷效果的影响来代表碱度对脱磷效果的影响。

图 4 为脱磷剂中 CaO 含量（碱度）对脱磷率的影响。可见 CaO 含量在 60%~75% 时，可获得大于 50% 的脱磷率和低于 0.005%（最低 0.0027%）的钢水终点磷含量。1kg 碳管炉和 100kg 感应炉实验曲线的走向完全不同，这是因为钢水中自由氧含量不同所致。当钢水中的自由氧含量较高（感应炉 0.04%~0.09%）时，碱度对脱磷效果的影响占主导地位，所以随着 CaO 含量的增加，脱磷率增大，钢水终点磷含量也很低，可降到 0.003%。CaO 含量为 75% 时脱磷率略微下降，是因为该炉次的初始磷含量稍低的缘故。当钢水中自由氧含量较低（碳管炉为 0.02% 左右）时，可得出以下两个结果：

（1）CaO 含量小于 70% 时，随着 CaO 含量的增加脱磷率下降。这主要是因为：在

CaF₂含量保持基本不变的情况下，增加 CaO 含量反而会导致 FeO 含量的降低。由此可以得知，当 CaO 含量小于 70% 时，脱磷效果主要受控于脱磷剂中 FeO 的含量，也就是说氧化性对脱磷效果的正面影响大于碱度的影响。

（2）CaO 含量大于 70% 时，继续增加脱磷剂中的 CaO 含量，脱磷效果不稳定。CaO 含量过高时，熔渣化渣不好，脱磷的动力学条件恶化。

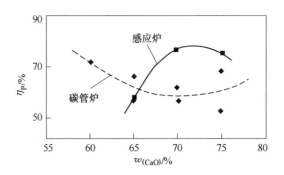

图 4　碱度（CaO 含量）对脱磷率的影响
Fig. 4　Effect of $w_{(CaO)}$ on η_P

总之，CaO-CaF₂-FeO 系脱磷剂的脱磷效果受碱度和氧化性的综合影响，合理选择脱磷剂的组成，可以获得满意的脱磷效果。

3.5　初始磷含量对脱磷效果的影响

为了探索初始磷含量对脱磷效果的影响，在脱磷剂组成、加入量和温度一定的情况下，用碳管炉对初始磷含量为 0.005%～0.006% 和 0.009%～0.010% 的钢水进行了实验，结果如图 5 所示。可以看出，钢水初始磷含量为 0.009% 左右时的脱磷率比 0.006% 左右时高。可见，钢水初始磷含量越高，脱磷率越大。这是由于钢水初始磷含量较高时脱磷速度快，脱磷反应进行得比较充分。

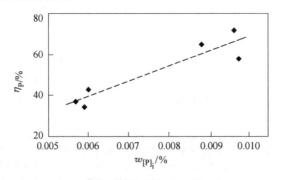

图 5　初始磷含量对脱磷率的影响
Fig. 5　Effect of $w_{[P]_i}$ on η_P

3.6　钢水氧化性对脱磷效果的影响

为探索脱磷剂对未脱氧钢、弱脱氧钢及脱氧钢脱磷效果的影响，感应炉实验中，在温度为1620℃、脱磷剂中FeO含量为10%的条件下,进行了钢水中自由氧含量为0.08%、0.04%、小于0.01%时的脱磷实验,结果如图6所示。实验测得脱磷后钢水的自由氧含量约为0.03%。从图6可见,钢水自由氧含量升高,脱磷率增大,脱磷效果提高;钢水中自由氧含量小于0.01%时,也获得了60%左右的脱磷率。这证明在较低的钢水自由氧含量下脱磷效果也很好。因此可以预见:在大规模生产中,可以不脱氧或弱脱氧出钢,在出钢过程中冲混脱磷或在钢包中脱磷,可以获得更好的脱磷效果。

笔者在实验室实验的基础上,又在上海宝山钢铁股份有限公司300t转炉出钢钢包中进行了初步的生产性试验。试验结果表明:所用CaO-CaF$_2$-FeO渣的脱磷效果良好,脱磷率大于50%,精炼后钢水中的磷含量降低到0.006%,为低磷钢和超低磷钢的生产提供了技术保证。

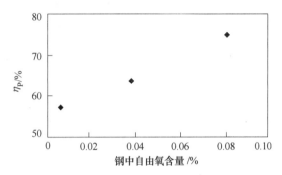

图6 钢水氧化性对脱磷率的影响

Fig. 6 Effect of oxygen content on η_P

4 结论

(1) 在1600℃下使用高碱度CaO-CaF$_2$-FeO系渣,对低磷钢(钢水初始磷含量约为0.01%)进行炉外脱磷是可行的,可以获得大于50%的脱磷率及低于0.005%(最低可达0.0027%)的超低磷水平的磷含量。1600℃下该渣的磷容量在$10^{18.54} \sim 10^{20.2}$范围内。

(2) 随着钢水初始磷含量的增加,脱磷率增大。

(3) 随着脱磷剂加入量的增加,脱磷率增大。在感应炉实验条件下,脱磷剂加入量在20kg/t时,脱磷率可以达到77%,钢水最终磷含量为0.003%。

(4) 钢水中自由氧含量越高越有利于脱磷。当钢水中自由氧含量达到一定值时,脱磷剂中无氧化物成分也可获得较好的脱磷效果。

参 考 文 献

[1] Borgi C,张炯明. 钢水的深脱磷处理 [J]. 国外钢铁, 1992, (8): 25-30.
[2] Kiyohid Hayashi, Masanobu Iikeda, Hideo Katagiri. Dephosphorization of Liquid Steel by Sodium Carbonate [J]. Transactions ISIJ, 1984, 24B: 207.
[3] 杨吉春,王清华,那树人,等. IF钢水炉外脱磷的实验研究 [J]. 包头钢铁学院学报, 1997, 16 (4): 254-258.
[4] Ishii H, Fruehan R J. Dephosphorization Equilibria between Liquid Iron and Highl yBasic CaO-Based Slags Saturated with MgO [J]. I &SM, 1997 (2): 47-54.

[5] Shigeko Nakamura, Fumitaka Tsukihashi, Nobuo Sano. Phosphorus Partition between CaO_{satd}-BaO-SiO_2-FetO Slags and Liquid Iron at 1873 K [J]. ISIJ International, 1993, 33 (1): 53-58.

[6] Sigwork G K, Elliott J F. The Thermodynamics of Liquid Dilute Iron Alloys [J]. Metal Science, 1974, 18: 298-310.

Deep Dephosphorization of Liquid Steel with CaO-CaF_2-FeO Slag

Tian Zhihong   Ai Liqun   Cai Kaike

(University of Science and Technology Beijing)

Shi Hongzhi   Wang Tao   Zheng Jianzhong   Zhu Lixin

(Baoshan Iron and Steel Co.)

Abstract: In order to produce ultra-low phosphorus steel, the deep dephosphorization experiment of steel containing phosphorus about 0.01% outside BOF was carried out by high basic slag of CaO_2-CaF_2-FeO at 1600℃. The effect of process factors (oxidizability, basicity, etc.) on dephosphorization was analyzed and the appropriate composition of the flux was determined. The results show that oxidizability and basicity have reverse effect on dephosphorization and the dephosphphorization ratio of 50% and phosphorus content of 0.005% or 0.0027% can be obtained by using this kind of flux when the initial phosphorus content in the liquid steel is about 0.01%. The primary industrial trial in 300 t converter shows that 50% dephosphorization ratio and phosphorus content of 0.006% in finished steel are obtained.

Keywords: low phosphorus steel; CaO-CaF_2-FeO flux; dephosphorization

炼钢过程钢中氧的控制

杨阿娜 刘学华 蔡开科

(北京科技大学)

摘 要：为了实现对钢中氧含量的控制，提高产品的内在质量，通过对转炉—RH 精炼—连铸生产超低碳钢工艺的研究，探讨了钢中总氧含量及夹杂物的影响因素和控制技术，建立了相应的氧含量预报模型。研究结果表明：转炉中控制合适的出钢碳含量、温度和终渣氧化性，RH 中保持合适的下渣量、纯脱气时间以及钢包渣的氧化性，连铸过程中减少耐材的 SiO_2 含量、改善保护浇注效果等措施均利于降低钢中的总氧含量，改善钢材的质量性能。

关键词：总氧含量；夹杂物；预测模型

1 引言

在钢铁冶炼过程中，炼铁是一个还原过程，通过还原剂（C、CO）把铁矿石中的氧（Fe_3O_4、Fe_2O_3）脱除，使其成为含有碳、硅、锰、磷的生铁；而炼钢是一个氧化过程，通过吹入纯氧气，使碳、硅、锰、磷氧化变成不同含碳量的钢液。当吹炼到终点时，钢水中溶解了过多的氧（称为 $[O]_r$），在出钢时，必须进行脱氧，把溶解氧转变成氧化物夹杂，通常钢中总氧含量 = 溶解氧含量 + 夹杂物中氧的含量（即 $w[O] = w[O]_溶 + w[O]_夹杂$）。为了提高钢水的纯净度，必须降低钢中的总氧含量。由此可见，炼钢过程中钢中氧的控制尤为重要[1,2]。本文结合我们近年来的工作，针对转炉—RH 精炼—连铸生产超低碳钢 IF 钢工艺讨论了各工序钢中氧的影响因素及控制措施。

2 转炉终点钢中氧的控制

转炉终点钢水的氧含量是钢中内生夹杂物生成的重要条件。氧含量高则生成的一次和二次脱氧产物就多，后续精炼和连铸采用的各种方法只能去除部分生成的夹杂物。本实验根据选取的 400 余炉生产数据重点研究了转炉终点氧含量的影响因素，并建立相应的预报模型。

2.1 终点碳含量

当脱碳反应接近终点，如果继续吹氧则会发生铁的大量氧化，从而使钢液的溶解氧增多，图 1 是转炉冶炼终点碳含量和氧含量关系图。从图中可见：当终点碳含量 [C] < 0.04% 时，钢水的终点氧含量相对较高；终点碳含量 [C] 在 0.02%～0.04% 范围内时，有些炉次钢水中氧波动在平衡曲线附近（区域Ⅰ），而有些炉次钢水中氧含量则远离平衡曲线（区域Ⅱ），说明在该区域钢水过氧化严重，因此应该控制合适的出钢碳含量。经过

本文发表于《钢铁研究学报》，2005 年，第 3 期：21～25。

实验分析得知:钢液中 C-Fe 的选择性氧化平衡点为 [C] = 0.035%,也就是说终点 [C] < 0.035% 时,钢水的过氧化非常严重;转炉出钢时合适的碳含量范围为 0.03% ~ 0.05%,此时钢中 [O]$_溶$ 总体水平较低。

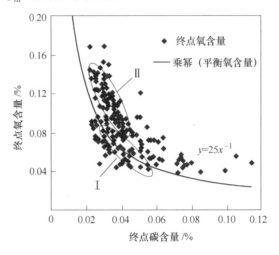

图 1 转炉冶炼终点碳氧关系图

Fig. 1 Relationship of carbon and oxygen at the end of converter refining

2.2 终点温度

图 2 为转炉冶炼终点钢水温度对自由氧含量的影响。可见,在终点 [C] = 0.025% ~ 0.04% 时,终点氧含量虽然较分散,但总的趋势是随着终点温度的升高,终点氧基本呈上升趋势。对数据进行统计分析得知,温度在 1620 ~ 1680℃ 范围内时,氧含量总体水平较低,平均为 0.07%,该范围的炉次共占总炉次的 30% 左右;出钢温度大于 1680℃ 时,终点钢水氧含量有明显的升高趋势,平均为 0.097%,占总炉次的 70% 左右。综合考虑,在保证后续工艺温降的条件下,将转炉终点温度控制在 1640 ~ 1680℃,对于低氧钢的生产是

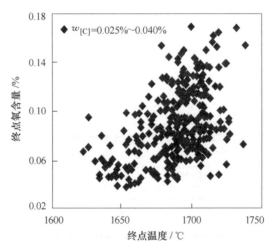

图 2 转炉冶炼终点温度与氧含量关系图

Fig. 2 Relationship of temperature and oxygen at the end of converter refining

非常有利的,此时平均氧含量在 0.07% 左右。

2.3 终渣氧化性

通常用渣中(FeO + MnO)的含量来表征终渣氧化性。冶炼超低碳钢时高碱度、低氧化性的渣能取得较好的效果,(FeO + MnO)的含量越高,说明钢水的过氧化越严重。(FeO + MnO)含量与终点氧、碳含量的关系如图3所示。由图可知:渣中(FeO + MnO)含量增加,钢水终点氧含量呈上升趋势;终点[C] < 0.04% 时,渣中(FeO + MnO)波动较大,说明此时吹氧脱碳是比较困难的,而铁则被大量氧化。

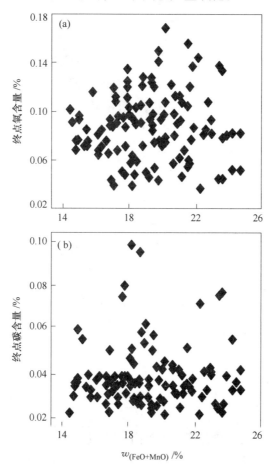

图 3 炉渣中(FeO + MnO)含量与终点氧含量(a)和终点碳含量(b)的关系图

Fig. 3 Relationship between wFeO + wMnO and oxygen content (a) and carbon content (b) of metal

为了有效地控制转炉终点氧含量,对冶炼过程进行实时的生产指导。根据确定的控制变量以及生产统计数据,采用多元回归分析法建立了转炉冶炼超低碳钢终点氧含量预报模型,即:

$$w_{[O]_e} = -3712.92 + 16.38w_{[C]} + 248.7w_{[Si]} - 1014.05w_{[Mn]} - 3523.57w_{[P]} - 1.22t -$$
$$1.25R + 18.06/w_{[C]_e} - 2640.15w_{[Mn]_e} + 3523.57w_{[P]_e} + 3.75t_e -$$
$$3.55 \times 10^{-2}Q + 8.92w_{(FeO)} \tag{1}$$

式中　$w_{[C]}$，$w_{[Si]}$，$w_{[P]}$，$w_{[Mn]}$——铁水中碳、硅、磷、锰含量,%;
　　　$w_{[C]e}$，$w_{[Mn]e}$，$w_{[P]e}$——冶炼终点钢水中碳、锰、磷含量,%;
　　　R——废钢比;
　　　t，t_e——铁水温度、终点温度,℃;
　　　Q——吹氧量,m³;
　　　$w_{(FeO)}$——渣中氧化铁含量,%。

此模型的预报结果如图4所示,可见预报值与实测值相对误差在 ±13.8%。

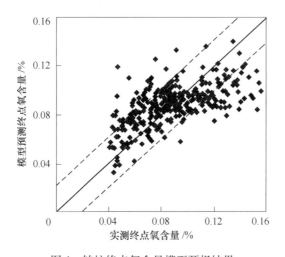

图4　转炉终点氧含量模型预报结果
Fig. 4　Predicting results of end-point oxygen predicting model

由式(1)可知,在铁水成分和吹炼制度一定的条件下,要降低转炉终点氧含量,应该注意以下几点:(1)控制终点碳含量应不小于0.035%;(2)终点温度应控制在1640~1680℃范围内;(3)渣中的(FeO+MnO)含量应保持在14%~18%范围内;(4)采取强化复吹工艺(尤其是对于超低碳钢)。终点碳含量在0.02%~0.05%范围内,顶吹终点氧含量0.07%~0.09%;终点碳含量0.02%~0.05%范围内,复吹终点氧含量为0.025%~0.06%。

因此,在转炉冶炼中采用动态控制,提高转炉碳含量和温度的双命中率,减少后吹,加强复吹效果是降低转炉终点氧含量含量的有效措施。既可节约铁合金消耗,更重要的是减少了钢中夹杂物的生成,提高了钢的内部质量。

3　RH中钢水氧含量的控制

RH真空处理钢水中总氧含量的影响因素之一是夹杂物上浮去除速率,通常提高吹氩流量、增大浸渍管直径,能够提高夹杂物上浮去除速率,有助于夹杂物的上浮除去。但针对某一座具体的RH真空处理装置而言,在保持吹氩流量、钢液环流量不变的情况下,影响钢中总氧含量的主要因素还有初始氧含量、钢包渣中的(FeO+MnO)含量、钢包衬及钢包渣中的SiO_2含量和纯脱气时间等。

3.1 初始氧含量

RH处理过程中，纯环流开始时的初始氧含量越低，相同纯脱气时间内钢水的总氧含量越低。

3.2 钢包渣中（FeO+MnO）含量

RH处理过程中，渣中（FeO+MnO）是主要的二次氧化来源。研究发现，纯脱气处理时间为15min条件下，渣中$w(FeO+MnO)=2\%$时，钢水中总氧为24.8ppm；渣中$w(FeO+MnO)=10\%$时总氧为32.2ppm，$w(FeO+MnO)=20\%$时总氧为41.4ppm。因此，有必要在转炉出钢时尽可能减少下渣量，使钢包渣层最好保持在20~30mm，同时在出钢后进行钢包渣还原处理，使渣中（FeO+MnO）含量低于2%以下，这将使钢水清洁度有很大提高。日本大多数厂家，出钢后均进行钢包渣还原处理，使钢包渣中（FeO+MnO）含量小于2%，甚至达到1%的水平。对于IF钢，RH脱碳结束后（FeO+MnO）含量应低于10%甚至5%。

3.3 钢包衬及钢包渣中SiO_2

当渣中（FeO+MnO）含量低于10%时，钢包衬及钢包渣中SiO_2对钢水的二次氧化占主要地位。因此，若要生产超纯净钢，钢包衬及钢包渣中SiO_2含量应尽量少，所以应使用碱性钢包、碱性保温剂。

3.4 纯脱气时间

随着处理时间的延长，钢中总氧含量显著降低。但处理时间继续延长时，氧含量变化不大。因此，纯脱气时间在15~20min比较合适。

在此基础上建立的RH处理过程中钢水中总氧含量的预测公式为[3]：

$$w_{T[O]} = [13.688 + 0.936 w_{[FeO+MnO]}]\left[1 - \exp\left(-0.0514 \frac{D_1^{0.21} G^{0.4158}}{W_1^{0.42}} \times \tau_1\right)\right] + w_{[O]_0} \times$$

$$\exp\left(-0.0514 \frac{D_1^{0.21} G^{0.4158}}{W_1^{0.42}} \times \tau_1\right) \quad (2)$$

式中　D_1——浸渍管直径，cm；

　　　W_1——钢包钢水重量，t；

　　　G——吹氩流量，L/min；

　　　τ_1——钢液处理时间，min；

　　　$w_{[O]_0}$——处理前钢水初始氧含量，$10^{-4}\%$。

RH钢水中T[O]预测计算值与实测值比较如图5所示。可以看出，二者基本吻合，这说明可以用式（2）对RH处理过程中钢水中总氧含量的水平进行预测。利用此预测公式，可以针对于产品的用途、级别及用户对钢清洁度的要求确定合理的RH处理操作制度。

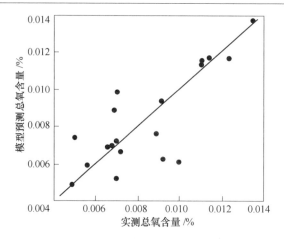

图 5 钢中氧实测值和预测值的对比

Fig. 5 Comparison of experimental and predicting total oxygen

4 连铸过程中氧的控制

钢水经炉外精炼处理后，钢水中总氧含量可以达到 0.002% ~ 0.003%，甚至更低一些。钢水中夹杂物大部分（85%以上）都上浮排除，可以说钢水很"干净"。在连铸中的主要任务就是防止钢水再污染，并设法进一步排除夹杂物[4]。

过去人们仅把中间包作为从钢包到结晶器间钢液的分配器和存储器，随着对钢质量要求的越来越严格以及钢包冶金的成功，人们认识到中间包对于控制钢中氧含量，提高钢水洁净度也起着重要的作用。

生产实践分析发现，浇注过程中中间包钢水总氧含量与下述因素有关：钢包钢水氧含量、钢包渣中（FeO + MnO）含量、钢包与中间包耐火材料中 SiO_2 含量、钢包到中间包钢水吸气量、水口直径、中间包钢水量、铸坯断面积、拉速、浇注时间。对于一台连铸机，在中间包结构、水口直径、中间包钢水量、铸坯断面积、拉速基本不变的前提下，建立中间包钢水中 T[O] 预测模型如下[4]：

$$w'_{T[O]} = [6.804 + 1.664w(FeO + MnO) + 1.706 \times \Delta_{[N]}] \times \left[1 - \exp(1.372 \times 10^{-7}) \times \left(\frac{\rho A_s^3 \times v_c^3}{W_2 \times D_2^4}\right)^{0.45} \times \tau_2\right] + w_{[O]_0} \times \exp\left[1.372 \times 10^{-7} \times \left(\frac{\rho A_s^3 \times v_c^3}{W_2 \times D_2^4}\right)^{0.45} \times \tau_2\right] \quad (3)$$

式中 $\Delta_{[N]}$ ——钢包→中间包吸氮量，10^{-6}；

A_s ——铸坯断面积，mm^2；

v_c ——拉速，m/min；

D_2 ——中间包水口直径，mm；

W_2 ——中间包钢水重量，t；

ρ ——钢液密度，kg/cm^3；

τ_2 ——浇注时间，min。

中间包钢水中 T[O] 预测计算值与实测值比较如图 6 所示。由中间包总氧含量的预测模型分析可知，减少钢包渣中（FeO + MnO）含量、降低耐火材料中 SiO_2 含量、改善保护浇注效果使吸氮小于 0.0003%，有利于总氧含量的降低。

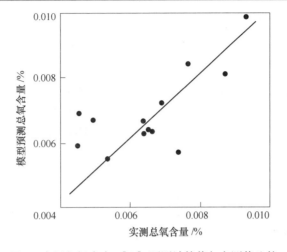

图 6 中间包钢水中 T[O] 预测计算值与实测值比较

Fig. 6　Comparison of experimental and predicting total oxygen content in the tundish

为了防止钢水再污染并进一步排除夹杂物，在连铸过程中采用的技术措施包括[5]：(1) 采用保护浇注、碱性包衬、碱性覆盖剂和中间包密封充氩等技术来防止二次氧化；(2) 采用钢包下渣检测器和中间包恒重操作来防止浇注过程下渣；(3) 通过控制结晶器液面及结晶器钢水流动的合理性，采用合适的保护渣防止结晶器卷渣；(4) 中间包采用挡墙+坝、阻流器和电磁离心搅拌、结晶器采用 EMS、EMBr 来促进浇注过程中夹杂物的进一步排除；(5) 提高非稳态浇注操作水平。

综上所述，随着对转炉终点氧含量的严格控制以及炉外精炼技术、中间包冶金技术的发展，近几十年来，钢中的总氧含量不断降低，夹杂物越来越少，钢水越来越"干净"，钢材性能不断改善。1970～2000 年钢中平均总氧含量的变化情况如图 7 所示[6]。

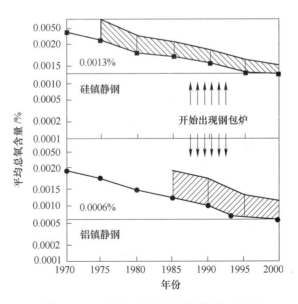

图 7　1970～2000 年钢中平均 T[O] 水平

Fig. 7　Average total oxygen level of the steel between 1970 to 2000

5 结论

改善钢的质量,提高钢的洁净度应从产生夹杂物的源头抓起,尽可能控制转炉冶炼终点 $[O]_{溶}$ 在较低的范围;其次在钢水进入结晶器之前要严格控制钢中夹杂物,二次精炼是获得"干净"钢水的关键。而在连铸过程中一是要防止钢水再污染,二是在钢水流动过程中要创造条件尽可能的去除夹杂物,这样才能保证最终产品的洁净度。

参 考 文 献

[1] 薛正良,李正邦,张家雯,等. 用氧化钙坩埚真空感应熔炼超低氧钢的脱氧动力学 [J]. 钢铁研究学报,2003,15 (5):5-8.
[2] 杨文远,于平. 大型电弧炉炼钢用氧的模拟实验及其工业应用 [J]. 钢铁研究学报,2002,14 (1):1-5.
[3] 张立峰. 纯净钢钢水洁净度的工艺及理论研究 [D]. 北京:北京科技大学,1998.
[4] 刘中柱,蔡开科. 纯净钢及其生产技术 [J]. 钢铁,2002,35 (2):64-69.
[5] 张立峰,蔡开科. 中间包冶金技术的发展 [J]. 华东冶金学院学报,1997,14 (4):340-346.
[6] Oxygen in Steelmaking: towards Cleaner Steels [J]. Ironmaking and Steelmaking,2001,29 (2):83.

Oxygen Control in the Process of Steelmaking

Yang Ana　Liu Xuehua　Cai Kaike

(University of Science and Technology Beijing)

Abstract: In order to control the oxygen in the steel and improve the inherent quality of the products, by the technological research of producing ultra-low carbon steel in the process of BOF-RH-CC, the influcing factors and controlling technology to the total oxygen content and inclusions in the liquid steel are analysed, and corresponding predicting models are established. The results shows that the measures will be propitious to decrease the total oxygen in the steel and improve the quality performance of the products such as controlling proper tapping carbon content、temperature and final slag oxidizability in the BOF, maintaining suitable tapping flowing、treating time and the ladle slag oxidizability in the RH, reducing the SiO_2 content in the refractory and improving the effect of protective casting in the continous casting.

Keywords: total oxygen; inclusion; predicting model

小方坯连铸低碳低硅铝镇静钢可浇性研究

刘学华[1,2]　韩传基[1]　蔡开科[1]　宋　超[2]　茆　勇[2]　孙　维[2]　张建平[2]

（1. 北京科技大学；2. 马鞍山钢铁股份有限公司技术中心）

摘　要：在分析水口堵塞的基础上，结合马钢三炼钢生产实际，采用正交试验法研究了钙处理的喂线速度、喂线量和中间包水口内径大小对 140mm×140mm 小方坯连铸低碳低硅高酸溶铝钢水口堵塞的影响，结果表明，提高喂线速度，加大喂线量和增加水口内径可避免水口的堵塞。采用以上工艺，连浇炉数达 8~10 炉，且铸坯内部和表面质量良好。

关键词：小方坯连铸；铝镇静钢；可浇性；正交试验

1　引言

连铸低碳铝镇静钢生产中，中间包水口的堵塞是困扰钢厂的一大难题，尤其是小方坯连铸机因其中间包水口内径相对较小，在浇注铝镇静钢时经常发生水口堵塞，导致生产中断，这对小方坯连铸品种的扩大、铸坯质量以及生产率的提高均有不良影响。为此，有必要对小方坯连铸低碳低硅铝镇静钢的水口堵塞进行深入研究，以改善钢水的可浇性，增大连浇炉数。

2　水口堵塞机理

国内外冶金工作者对引起水口堵塞的原因及堵塞机理做了大量的研究，包括钢水质量、钢水温度、水口材质和结构以及水口传热和二次氧化等方面[1]。虽然尚有一些问题有待探讨，但迄今为止的研究结果均表明：铝氧化物在水口壁上的附着烧结以及钢液与水口耐火材料之间发生的化学反应是造成水口堵塞的重要原因。钢中铝氧化物的主要来源有：

（1）钢水中悬浮的夹杂物主要为脱氧产物 α Al_2O_3 颗粒依靠界面张力的作用黏附在水口壁上；

（2）水口材料与钢水发生 $3SiO_2(s)+3C(s)+4Al = 2Al_2O_3(s)+3Si+3C$ 反应生产的 Al_2O_3；

（3）水口耐火材料空隙中吸附的 O_2 与钢水中的 Al 反应生产的 Al_2O_3；

（4）随着水口内壁钢水温度下降析出的 Al_2O_3。

文献[2]认为水口的堵塞现象可分成三个步骤：夹杂物的形成、夹杂物的传递到水口壁和夹杂物黏附在水口壁上。所以，其防止措施也都从以上环节入手。在众多的措施中，以用钙处理的方法使钢中高熔点的 Al_2O_3 夹杂物与 CaO 形成低熔点的铝酸钙消除水口

本文发表于《北京科技大学学报》，2005 年，第 4 期：431~435。

堵塞是最理想和最有效的防止措施[3,4]。然而钙处理时，钢水中溶解钙与硫、氧含量关系复杂，所以钙处理效果不稳定，有时还适得其反。本研究的目的在于探讨合适的钙处理工艺和连铸工艺，以期解决小方坯浇注低碳低硅高酸溶铝钢的水口堵塞问题。

3 实验及分析

实验钢种为 SWRCH8A，实验时成分控制目标（质量分数）：$[C] \leqslant 0.08\%$；$[Si] \leqslant 0.06\%$；$[Mn] = 0.20\% \sim 0.45\%$；$[S] \leqslant 0.006\%$；$[P] \leqslant 0.015\%$；$[Al] \geqslant 0.025\%$；$[Al]_s \geqslant 0.02\%$。

实验采用的工艺路线：铁水预处理—50t 转炉—吹氩—LF 精炼—140mm×140mm 方坯连铸机连铸。

钙处理喂线速度、喂线量和中间包上水口尺寸为因素，采用二水平的正交实验 L8(2^3)，见表 1。各实验方案中，中间包上水口材质为锆质。每个实验方案各实验 1~3 炉钢水。

表 1 实验方案
Table 1 Orthogonal experimental design

序 号	喂线速度 /m·s^{-1}	喂钙铁线量 /m	中间包水口内径 /mm
方案 1	<3.0	600	<20
方案 2	<3.0	400	<20
方案 3	<3.0	600	>20
方案 4	<3.0	400	>20
方案 5	>3.0	600	<20
方案 6	>3.0	400	<20
方案 7	>3.0	600	>20
方案 8	>3.0	400	>20

3.1 喂线速度与水口堵塞

在喂线速度小于 3.0m/s 的前 4 个方案中，中间包水口开浇 10min 左右，水口都逐渐被堵塞，造成浇注中断。堵塞的部位主要在水口的上部，图 1（a）是被堵塞的中间包水口典型照片，其能谱图分析结果如图 1（b）所示。能谱图分析表明堵塞物的主要成分是 Al_2O_3 和少量的 CaO、SiO_2 等物质。用 X 射线衍射仪对水口堵塞物进行定性分析，其结果是 Al_2O_3、$CaO \cdot 2Al_2O_3$ 和少量的 MgO 和 SiO_2。

在喂线速度大于 3.0m/s 的 4 个方案中，以方案 6 的浇注时间最短，约 17min；方案 5 的浇注时间约 35min；方案 8 浇注时间达到 74min。而方案 7 则顺利浇完 3 炉试验钢，方案 7 浇完的中间包水口如图 2（a）所示，该图显示，其内壁有一薄层附着物，能谱图分析结果如图 2（b）所示，X 射线衍射定性分析结果是 12C·7A 和 C·A 及 SiO_2、MgO 的混合物。

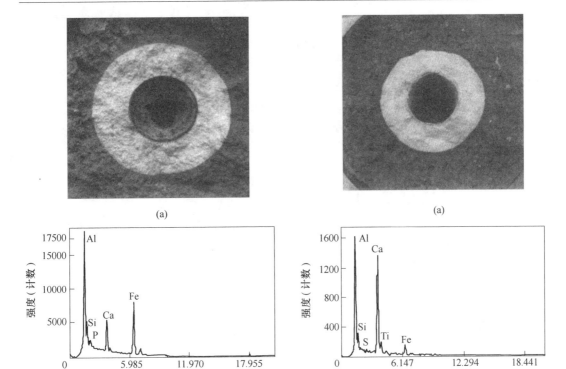

图 1 水口及水口堵塞物电镜分析
(a) 堵塞物；(b) 能谱图
Fig. 1 Photograph of tundish nozzle (a) and SEM analysis of nozzle-clogging material after casting 1 heat (b)

图 2 水口及水口壁附着物电镜分析
(a) 浇 3 炉后的水口；(b) 水口附着物能谱图
Fig. 2 Photograph of tundish nozzle (a) and SEM analysis of deposit builder on the nozzle wall after casting 3 heats (b)

3.2 喂线速度与钙的回收率

当钙加入到钢液后，一部分溶解到钢液中，一部分挥发损失掉，其余的被夹杂物及炉渣炉衬所消耗。把钢液中的总钙量与加入的总钙量之比称为钙的回收率，按下式计算。

$$\eta_{Ca} = \frac{[\%Ca]_T}{[\%Ca]_{add}} \times 100\% \quad (1)$$

式中　$[\%Ca]_{add}$——加入的总钙量；
　　　$[\%Ca]_T$——钢液中的总钙量；
　　　η_{Ca}——钙的回收率。

由于钢水中总钙随钢水的静止时间的延长不断变化，因此钙的回收率的计算依不同时间 $[\%Ca]_T$ 而不同，采用钙处理后的 $[\%Ca]_T$ 进行计算，结果如图 3 (a)、(b) 所示。

图 3 表明，在实验工艺条件下，随着喂线速度的增大，钢中钙含量也增加，钙的回收率也相应增大；相反，即使喂线量较大，但喂线速度较低时，钢中钙含量也较低，如图 3 (c) 所示。因此，如何确定合理的喂线速度是达到最佳钙处理效果的一个关键因素。

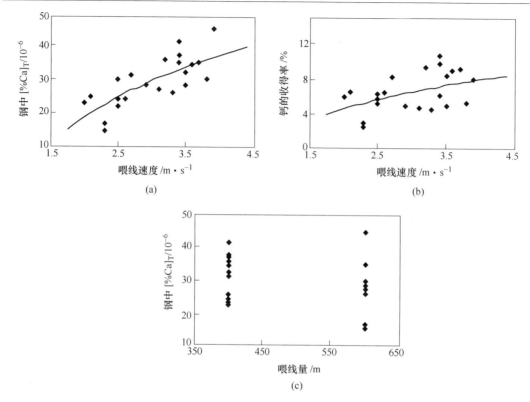

图 3 钢中钙含量（a）和回收率（b）与喂线速度的关系及钙含量与喂线量的关系（c）

Fig. 3 Wire feeding speed vs. Ca content (a), wire feeding speed vs. the ratio of $[\%Ca]_T$ to $[\%Ca]_{add}$ (b), and Ca content vs. the amount of feeded wire (c)

文献[5]认为钙线的最大喂入深度 $H_0 = H - 0.15$，因此最佳喂线速度为：

$$v = (H - 0.15)/t \tag{2}$$

式中 v——喂线速度，m/s；

t——铁皮熔化时间，s；

H——钢包钢水的深度，m。

钙铁线的理化性能为：Ca28%，Fe>60%，Al>2.5%，P<0.03%，S<0.03%（质量分数）。线径为13mm，铁粉比为1/1.3，铁皮米重为155kg，铁皮厚0.4mm，芯粉米重为220g。根据文献[6,7]的研究结果，对 ϕ13mm 钙铁线，其熔化时间为 1~1.5s，计算时取 $t = 1.25$s。按式（2）计算的喂线速度约为 1.8m/s。从图 3（a）可见，喂速为 1.8m/s 时，钢水中 Ca 含量并不高，其原因在于式（2）成立的前提条件是：钙线能垂直进入钢液且与渣和空气中氧等的反应量应尽量小。但实际观察情况并非如此。其原因是：喂线机导管弯曲度不够，矫直段长度不够，钙线进入钢液前就已发生偏转；钙线进入钢液后，受钢液浮力和紊流的作用以及外包铁皮遇热软化，实际钙线在钢液内部偏转程度加强；底吹氩气泡的"真空室"作用加速了钙蒸气的逸出；钢水中的硫、氧、耐火材料、炉渣以及空气中氧等与钙的反应不可避免。

从现场观察的现象看，喂线时钢液面 Ca 燃烧主要集中于喂线区域以外，表明钙线在钢液中确实发生偏转。另外，在钢水温度为1600℃左右，喂速达到4.0m/s时，并未发生喂进钢液的钙线穿出钢液面的现象。基于以上事实，将式（2）修正为：
$$v = \gamma(H - 0.15)/t \tag{3}$$
式中 γ ——修正系数，$\gamma = 1.5 \sim 2.5$。

采用修正后的公式（3），计算时取 $\gamma = 2.0$，得 $V = 3.6 m/s$。生产中把喂线速度增大到 $3.5 \sim 4.0 m/s$ 范围后，钢中总钙增大到 40×10^{-6} 左右，从而证实了以上修正公式基本正确。

由分析可知，影响钙的回收率的因素是多方面的，但在一定的工艺和设备条件下，喂线速度和喂线量则是影响钙回收率最主要的因素。

3.3 钙含量对钢水可浇性的影响

钙处理时，钙与 Al_2O_3 发生如下反应：
$$x[Ca] + y(Al_2O_3) = (xCa(y - 1/3x)Al_2O_3) + 2/3x[Al]$$

反应的方式是钙在 Al_2O_3 颗粒中扩散，将铝置换出来，形成铝酸钙。随着铝酸钙中 CaO 含量增加，其熔点逐渐降低。Al_2O_3 转变的演变顺序为 $Al_2O_3 \to CaO \cdot 6Al_2O_3 \to CaO \cdot 2Al_2O_3 \to CaO \cdot Al_2O_3 \to 12CaO \cdot 7Al_2O_3 \to 3CaO \cdot Al_2O_3$。其中 $12CaO \cdot 7Al_2O_3$ 的熔点为 1455℃，在浇注温度下呈液态，是钙处理最希望得到的物质。

钢中钙、铝及氧之间的反应为：
$$[Ca] + [O] = (CaO) \tag{4}$$
$$\lg K_{CaO} = \lg\left(\frac{a_{Ca} \cdot a_O}{a_{CaO}}\right) = -\frac{25655}{T} + 7.65 \tag{5}$$
$$3[Al] + 2[O] = (Al_2O_3) \tag{6}$$
$$\lg K_{Al_2O_3} = \lg\left(\frac{a_{Al}^2 \cdot a_O^3}{a_{Al_2O_3}}\right) = -\frac{61304}{T} + 20.37 \tag{7}$$

根据式（7）得氧的活度为：
$$a_O = a_{Al_2O_3}^{1/3} \cdot a_{Al}^{-2/3} \cdot 10^{-20434/T + 6.79} \tag{8}$$

根据式（4）、式（5）、式（8）得 Fe-Al-Ca 系统中钙的活度 a_{Ca} 为：
$$a_{Ca} = a_{CaO} \cdot 10^{-25655/T + 7.65} \cdot a_{Al}^{2/3} \cdot 10^{20423/T - 6.79} \cdot a_{Al_2O_3}^{-1/3} \tag{9}$$

CaO、Al_2O_3 的活度因夹杂物成分的不同而变化，许多学者对 CaO-Al_2O_3 系统中氧化物活度值进行了测定[8]，本文选取的活度值见表 2。

表 2 CaO-Al_2O_3 系平衡相对应的氧化物活度值

Table 2 Activity of equilibrium phases in CaO-Al_2O_3 system

相	a_{CaO}	$a_{Al_2O_3}$
C/L	1.000	0.017
12C·7A	0.340	0.064
L/C·A	0.150	0.275
C·A/C·2A	0.100	0.414
C·2A/C·6A	0.043	0.631
C·6A/A	0.003	1.000

根据式（8）和表 2 中的数据可绘出图 4。

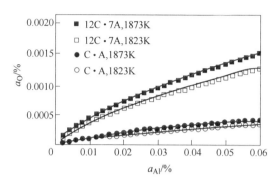

图 4 钢液中钙、铝的热力学平衡
Fig. 4 Equilibrium between Ca and Al in the CaO-Al$_2$O$_3$ system

把 SWRCH8A 钢化学成分和相互作用系数（见表 3）代入式（9）和式（10）中进行计算得出：

$$f_{Al} = 1.16, f_{Ca} = 0.154 \sim 0.211, f_{Ca} = 0.183$$

$$\lg f_{Al} = e_{Al}^C[\%C] + e_{Al}^{Si}[\%Si] + e_{Al}^{Mn}[\%Mn] + e_{Al}^P[\%P] + e_{Al}^S[\%S] + e_{Al}^{Al}[\%Al] + e_{Al}^O[\%O] + e_{Al}^{Ca}[\%Ca] \tag{10}$$

$$\lg f_{Ca} = e_{Ca}^C[\%C] + e_{Ca}^{Si}[\%Si] + e_{Ca}^{Mn}[\%Mn] + e_{Ca}^P[\%P] + e_{Ca}^S[\%S] + e_{Ca}^{Al}[\%Al] + e_{Ca}^O[\%O] + e_{Ca}^{Ca}[\%Ca] \tag{11}$$

$$a_{Al} = 1.16[\%Al] \tag{12}$$

$$a_{Ca} = 0.183[\%Ca] \tag{13}$$

表 3 Wagner 相互作用系数
Table 3 Wagner activity coeffience

$e_i^j(j\rightarrow)$	C	Si	Mn	P
Al	0.091	0.057	0.035	0.048
Ca	-0.320	-0.110	-0.100	-4.000

$e_i^j(j\rightarrow)$	S	Al	O	Ca
Al	0.030	0.043	-1.980	-0.470
Ca	-1.330	-0.072	-445.000	-0.002

由图 4 和式（9）、式（10）可知：

（1）$a_{Al} = 0.03\%$，$T = 1550$℃时，如果要生成 CaO·Al$_2$O$_3$ 和 12CaO·7Al$_2$O$_3$，需喂入的钙线量应使钙活度分别达到 2.17ppm 和 8.02ppm，对应的钙含量分别为 11.86ppm 和 43.83ppm。

（2）$a_{Al} = 0.03\%$，$T = 1600$℃时，如果要生成 CaO·Al$_2$O$_3$ 和 12CaO·7Al$_2$O$_3$，需要喂入的钙线量应使钙活度达到 2.61ppm 和 9.57ppm，对应的钙含量分别为 14.26ppm 和 52.3ppm。

由此可知，在 1600℃下，$a_{Al} = 0.03\%$，只要能保证钢中钙含量在 45~55ppm，就能把钢中大部分 Al$_2$O$_3$ 转变成 12CaO·7Al$_2$O$_3$。方案 7 和方案 8 的钢水中钙含量分别 37ppm

和47ppm，见表4，与计算值接近，所以具有较好的可浇性。

文献［9］计算得出，[Ca]/[Al]＞0.14，可防止水口堵塞。由于钢中的溶解钙不容易确定，文献［10，11］认为可用钢中的总氧和总钙来反映夹杂物的变性程度，即在1600℃时，$[\%Ca]_T/[\%O]_T$大于0.6，生成CA和液态的$12CaO \cdot 7Al_2O_3$；$[\%Ca]_T/[\%O]_T$大于0.77或更大时，生成为$12CaO \cdot 7Al_2O_3$。表4是本次试验中各方案夹杂物的变性指标。就[Ca]/[Al]和$[\%Ca]_T/[\%O]_T$这两个指标来看，后4个方案夹杂物变性效果较好，图1和图2中水口内壁附着物的检验结果与文献［9-11］报道的结果一致，证实了以上分析的正确性。

表4 钙处理夹杂物变形指标
Table 4 Deformation indexes of inclusions in Ca-treated steel

方案	$[Ca]_T$/ppm	[Al]/ppm	$[O]_T$/ppm	$[Ca]_T$/[Al]	$[Ca]_T/[O]_T$
1	17	258	67	0.066	0.254
2	20	274	54	0.073	0.370
3	15	332	61	0.045	0.246
4	24	231	59	0.104	0.407
5	41	332	70	0.123	0.586
6	39	315	59	0.124	0.661
7	47	294	50	0.160	0.940
8	37	281	55	0.132	0.673

3.4 中间包水口内径对钢水可浇性的影响

从表5可知，采用大水口的浇注时间比小水口的要长，其原因是水口处存在着氧化铝等夹杂物的聚集速率和钢水对水口内壁夹杂物的冲刷速率的相对平衡，或水口材料与夹杂物反应形成低熔点物的速率和钢水对反应产物的带走速率间的相对平衡。而加大中间包上水口内径，相当于减少了单位体积钢水中夹杂物在水口壁上的聚集几率，因此可有效地提高钢水的可浇性。

表5 水口内径与浇注时间
Table 5 Tundish nozzle diameter and casting time

方 案	水口内径/mm	浇注时间/min
1	18	8
2	18	5
3	27	11
4	27	8
5	18	35
6	18	17
7	27	90
8	27	74

4 生产实绩

马钢从 2003 年 3 月开始采用 LF 精炼 + 钙处理 +140mm×140mm 小方坯连铸工艺生产低碳低硅高酸溶铝冷镦钢,由于钙处理过程喂线速度低,钢包保护浇注效果差,中间包水口内径小,往往浇 1 炉或半炉钢水就因为中间包水口发生堵塞而被迫停浇,造成较大的经济损失。经近 4 个月的试验,在优化钙处理工艺和连铸工艺的基础上,成功地解决了小方坯生产低碳低硅高酸溶铝钢的水口堵塞问题。目前连浇炉数稳定在 8~10 炉,铸坯酸溶铝的质量分数大于 0.02%,铸坯表面质量和内部质量较好,产量约 12 万吨/年。

5 结语

(1) 中间包水口的堵塞是铝镇静钢浇注过程中的普遍现象,而钙处理是解决水口堵塞最有效的方法之一。马钢通过优化钙处理工艺和连铸工艺成功解决了小方坯浇注低碳低硅高酸溶铝钢的水口堵塞问题,使连浇炉数稳定在 8~10 炉,提高了生产效率。

(2) 影响钙处理效果的因素很多,其中喂线速度和喂线量是最主要的原因,在马钢三炼钢的条件下,增大喂线速度,提高吨钢喂钙量到 0.4~0.55kg 后,钙的回收率稳定在 8%~10%。

(3) 保护浇注的好坏、中间包水口的材质和内径的大小对钢水的可浇性有重要的影响,采用锆质水口并适当增大中间包水口内径,可显著提高钢水的可浇性。

参 考 文 献

[1] Singh S N. Mechanism of alumina buildup in tundish nozzle during continuous casting of aluminum- killed [J]. MetallTrans, 1975, 5 (10): 2165.

[2] 龚坚. 浸入式水口堵塞机理 [J]. 连铸, 2001 (2): 4.

[3] Saxena S K, sandberg H. Mechanism of clogging of tundish nozzle during continuous casting of aluminum-killed steel [J]. San J Metall, 1978, 7 (3): 126.

[4] 董履仁, 刘新华. 钢中大型非金属夹杂 [M]. 北京: 冶金工业出版社, 1991: 199.

[5] 干勇. 炼钢—连铸等新技术 800 问 [M]. 北京: 冶金工业出版社, 2003: 180.

[6] 盘昌烈. 连铸钢水喂硅钙线工艺及效果 [C]. 见: 第七届全国炼钢学术会议论文. 北京, 1992: 275.

[7] 张小兵, 徐有斌. 钢中喂线过程的传热数学模型 [J]. 上海工业大学学报, 1991 (6): 530.

[8] Vasilij P, Blazenko K, John W H. Thermodynamic conditions for inclusions modification in calcinm treated steel [J]. Steel Res, 1991, 62 (7): 289.

[9] Howard M P. Thermodynamics of nozzle blockage in continuous casting of calcium containing steels [J]. Metall Trans B, 1984, 15B: 547.

[10] Geldenhuis J MA. Minimisation of calcium additions to low caibon steel grades [J]. Ironmaking Steelmaking, 2000, 27 (6): 15.

[11] Scott R. Story analysis of the influence of slag [C]. In: Metal and Inclusion Chemistry on the Cleanliness and Castability of Steel 2001 Steelmaking conference Procedings. Baltimoer Maryland, 2001: 883.

炼钢过程钢中氧的控制

杨阿娜 刘学华 蔡开科

(北京科技大学)

摘　要：为了实现对钢中氧含量的控制，提高产品的内在质量，通过对转炉—RH 精炼—连铸生产超低碳钢工艺的研究，探讨了钢中总氧含量及夹杂物的影响因素和控制技术，建立了相应的氧含量预报模型。研究结果表明：转炉中控制合适的出钢碳含量、温度和终渣氧化性，RH 中保持合适的下渣量、纯脱气时间以及钢包渣的氧化性，连铸过程中减少耐材的 SiO_2 含量、改善保护浇注效果等措施均利于降低钢中的总氧含量，改善钢材的质量性能。

关键词：总氧含量；夹杂物；预测模型

1　引言

在钢铁冶炼过程中，炼铁是一个还原过程，通过还原剂（C、CO）把铁矿石中的氧（Fe_3O_4、Fe_2O_3）脱除，使其成为含有碳、硅、锰、磷的生铁；而炼钢是一个氧化过程，通过吹入纯氧气，使碳、硅、锰、磷氧化变成不同含碳量的钢液。当吹炼到终点时，钢水中溶解了过多的氧（称为 $[O]_r$），在出钢时，必须进行脱氧，把溶解氧转变成氧化物夹杂，通常钢中总氧含量＝溶解氧含量＋夹杂物中氧的含量（即 $w[O] = w[O]_溶 + w[O]_夹杂$）。为了提高钢水的纯净度，必须降低钢中的总氧含量。由此可见，炼钢过程中钢中氧的控制尤为重要[1,2]。本文结合我们近年来的工作，针对转炉—RH 精炼—连铸生产超低碳钢 IF 钢工艺讨论了各工序钢中氧的影响因素及控制措施。

2　转炉终点钢中氧的控制

转炉终点钢水的氧含量是钢中内生夹杂物生成的重要条件。氧含量高则生成的一次和二次脱氧产物就多，后续精炼和连铸采用的各种方法只能去除部分生成的夹杂物。本实验根据选取的 400 余炉生产数据重点研究了转炉终点氧含量的影响因素，并建立相应的预报模型。

2.1　终点碳含量

当脱碳反应接近终点，如果继续吹氧则会发生铁的大量氧化，从而使钢液的溶解氧增多，图 1 是转炉冶炼终点碳含量和氧含量关系图。从图中可见：当终点碳含量 [C] < 0.04% 时，钢水的终点氧含量相对较高；终点碳含量 [C] 在 0.02%～0.04% 范围内时，有些炉次钢水中氧波动在平衡曲线附近（区域Ⅰ），而有些炉次钢水中氧含量则远离平衡曲线（区域Ⅱ），说明在该区域钢水过氧化严重，因此应该控制合适的出钢碳含量。经过

实验分析得知:钢液中 C-Fe 的选择性氧化平衡点为 [C] = 0.035%,也就是说终点 [C] < 0.035% 时,钢水的过氧化非常严重;转炉出钢时合适的碳含量范围为 0.03% ~ 0.05%,此时钢中 [O]※ 总体水平较低。

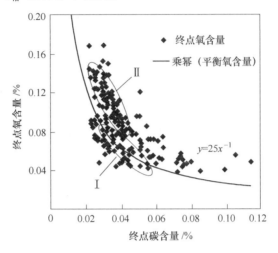

图 1 转炉冶炼终点碳氧关系图

Fig. 1 Relationship of carbon and oxygen at the end of converter refining

2.2 终点温度

图 2 为转炉冶炼终点钢水温度对自由氧含量的影响。可见,在终点 [C] = 0.025% ~ 0.04% 时,终点氧含量虽然较分散,但总的趋势是随着终点温度的升高,终点氧基本呈上升趋势。对数据进行统计分析得知,温度在 1620 ~ 1680℃ 范围内时,氧含量总体水平较低,平均为 0.07%,该范围的炉次共占总炉次的 30% 左右;出钢温度大于 1680℃ 时,终点钢水氧含量有明显的升高趋势,平均为 0.097%,占总炉次的 70% 左右。综合考虑,在保证后续工艺温降的条件下,将转炉终点温度控制在 1640 ~ 1680℃,对于低氧钢的生产是

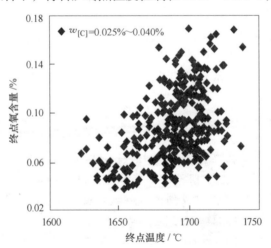

图 2 转炉冶炼终点温度与氧含量关系图

Fig. 2 Relationship of temperature and oxygen at the end of converter refining

非常有利的,此时平均氧含量在0.07%左右。

2.3 终渣氧化性

通常用渣中(FeO + MnO)的含量来表征终渣氧化性。冶炼超低碳钢时高碱度、低氧化性的渣能取得较好的效果,(FeO + MnO)的含量越高,说明钢水的过氧化越严重。(FeO + MnO)含量与终点氧、碳含量的关系如图3所示。由图可知:渣中(FeO + MnO)含量增加,钢水终点氧含量呈上升趋势;终点[C] < 0.04%时,渣中(FeO + MnO)波动较大,说明此时吹氧脱碳是比较困难的,而铁则被大量氧化。

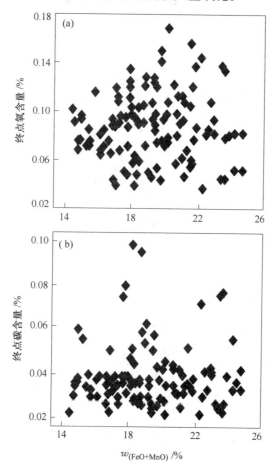

图3 炉渣中(FeO + MnO)含量与终点氧含量(a)和终点碳含量(b)的关系图
Fig. 3 Relationship between wFeO + wMnO and oxygen content (a) and carbon content (b) of metal

为了有效地控制转炉终点氧含量,对冶炼过程进行实时的生产指导。根据确定的控制变量以及生产统计数据,采用多元回归分析法建立了转炉冶炼超低碳钢终点氧含量预报模型,即:

$$w_{[O]_e} = -3712.92 + 16.38w_{[C]} + 248.7w_{[Si]} - 1014.05w_{[Mn]} - 3523.57w_{[P]} - 1.22t -$$
$$1.25R + 18.06/w_{[C]_e} - 2640.15w_{[Mn]_e} + 3523.57w_{[P]_e} + 3.75t_e -$$
$$3.55 \times 10^{-2}Q + 8.92w_{(FeO)} \tag{1}$$

式中 $w_{[C]}$, $w_{[Si]}$, $w_{[P]}$, $w_{[Mn]}$——铁水中碳、硅、磷、锰含量,%;

$w_{[C]_e}$, $w_{[Mn]_e}$, $w_{[P]_e}$——冶炼终点钢水中碳、锰、磷含量,%;

R——废钢比;

t, t_e——铁水温度、终点温度,℃;

Q——吹氧量,m^3;

$w_{(FeO)}$——渣中氧化铁含量,%。

此模型的预报结果如图4所示,可见预报值与实测值相对误差在 ±13.8%。

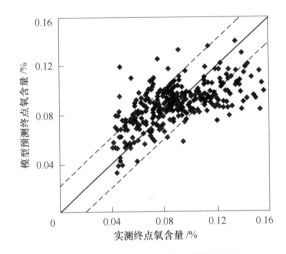

图 4　转炉终点氧含量模型预报结果

Fig. 4　Predicting results of end-point oxygen predicting model

由式(1)可知,在铁水成分和吹炼制度一定的条件下,要降低转炉终点氧含量,应该注意以下几点:(1)控制终点碳含量应不小于0.035%;(2)终点温度应控制在1640~1680℃范围内;(3)渣中的(FeO+MnO)含量应保持在14%~18%范围内;(4)采取强化复吹工艺(尤其是对于超低碳钢)。终点碳含量在0.02%~0.05%范围内,顶吹终点氧含量0.07%~0.09%;终点碳含量0.02%~0.05%范围内,复吹终点氧含量为0.025%~0.06%。

因此,在转炉冶炼中采用动态控制,提高转炉碳含量和温度的双命中率,减少后吹,加强复吹效果是降低转炉终点氧含量含量的有效措施。既可节约铁合金消耗,更重要的是减少了钢中夹杂物的生成,提高了钢的内部质量。

3　RH中钢水氧含量的控制

RH真空处理钢水中总氧含量的影响因素之一是夹杂物上浮去除速率,通常提高吹氩流量、增大浸渍管直径,能够提高夹杂物上浮去除速率,有助于夹杂物的上浮除去。但针对某一座具体的RH真空处理装置而言,在保持吹氩流量、钢液环流量不变的情况下,影响钢中总氧含量的主要因素还有初始氧含量、钢包渣中的(FeO+MnO)含量、钢包衬及钢包渣中的SiO_2含量和纯脱气时间等。

3.1 初始氧含量

RH 处理过程中，纯环流开始时的初始氧含量越低，相同纯脱气时间内钢水的总氧含量越低。

3.2 钢包渣中（FeO + MnO）含量

RH 处理过程中，渣中（FeO + MnO）是主要的二次氧化来源。研究发现，纯脱气处理时间为 15min 条件下，渣中 $w(FeO + MnO) = 2\%$ 时，钢水中总氧为 24.8ppm；渣中 $w(FeO + MnO) = 10\%$ 时总氧为 32.2ppm，$w(FeO + MnO) = 20\%$ 时总氧为 41.4ppm。因此，有必要在转炉出钢时尽可能减少下渣量，使钢包渣层最好保持在 20~30mm，同时在出钢后进行钢包渣还原处理，使渣中（FeO + MnO）含量低于 2% 以下，这将使钢水清洁度有很大提高。日本大多数厂家，出钢后均进行钢包渣还原处理，使钢包渣中（FeO + MnO）含量小于 2%，甚至达到 1% 的水平。对于 IF 钢，RH 脱碳结束后（FeO + MnO）含量应低于 10% 甚至 5%。

3.3 钢包衬及钢包渣中 SiO_2

当渣中（FeO + MnO）含量低于 10% 时，钢包衬及钢包渣中 SiO_2 对钢水的二次氧化占主要地位。因此，若要生产超纯净钢，钢包衬及钢包渣中 SiO_2 含量应尽量少，所以应使用碱性钢包、碱性保温剂。

3.4 纯脱气时间

随着处理时间的延长，钢中总氧含量显著降低。但处理时间继续延长时，氧含量变化不大。因此，纯脱气时间在 15~20min 比较合适。

在此基础上建立的 RH 处理过程中钢水中总氧含量的预测公式为[3]：

$$w_{T[O]} = [13.688 + 0.936 w_{[FeO+MnO]}]\left[1 - \exp\left(-0.0514 \frac{D_1^{0.21} G^{0.4158}}{W_1^{0.42}} \times \tau_1\right)\right] + w_{[O]_0} \times$$

$$\exp\left(-0.0514 \frac{D_1^{0.21} G^{0.4158}}{W_1^{0.42}} \times \tau_1\right) \tag{2}$$

式中 D_1——浸渍管直径，cm；

W_1——钢包钢水重量，t；

G——吹氩流量，L/min；

τ_1——钢液处理时间，min；

$w_{[O]_0}$——处理前钢水初始氧含量，10^{-4}%。

RH 钢水中 T[O] 预测计算值与实测值比较如图 5 所示。可以看出，二者基本吻合，这说明可以用式（2）对 RH 处理过程中钢水中总氧含量的水平进行预测。利用此预测公式，可以针对于产品的用途、级别及用户对钢清洁度的要求确定合理的 RH 处理操作制度。

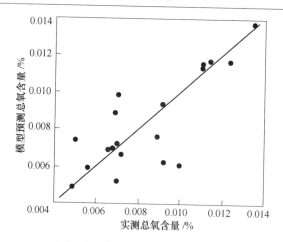

图 5 钢中氧实测值和预测值的对比

Fig. 5 Comparison of experimental and predicting total oxygen

4 连铸过程中氧的控制

钢水经炉外精炼处理后，钢水中总氧含量可以达到 0.002% ~ 0.003%，甚至更低一些。钢水中夹杂物大部分（85% 以上）都上浮排除，可以说钢水很 "干净"。在连铸中的主要任务就是防止钢水再污染，并设法进一步排除夹杂物[4]。

过去人们仅把中间包作为从钢包到结晶器间钢液的分配器和存储器，随着对钢质量要求的越来越严格以及钢包冶金的成功，人们认识到中间包对于控制钢中氧含量，提高钢水洁净度也起着重要的作用。

生产实践分析发现，浇注过程中中间包钢水总氧含量与下述因素有关：钢包钢水氧含量、钢包渣中（FeO + MnO）含量、钢包与中间包耐火材料中 SiO_2 含量、钢包到中间包钢水吸气量、水口直径、中间包钢水量、铸坯断面积、拉速、浇注时间。对于一台连铸机，在中间包结构、水口直径、中间包钢水量、铸坯断面积、拉速基本不变的前提下，建立中间包钢水中 T[O] 预测模型如下[4]：

$$w'_{T[O]} = [6.804 + 1.664w(FeO + MnO) + 1.706 \times \Delta_{[N]}] \times \left[1 - \exp(1.372 \times 10^{-7}) \times \left(\frac{\rho A_s^3 \times v_c^3}{W_2 \times D_2^4}\right)^{0.45} \times \tau_2\right] + w_{[O]_0} \times \exp\left[1.372 \times 10^{-7} \times \left(\frac{\rho A_s^3 \times v_c^3}{W_2 \times D_2^4}\right)^{0.45} \times \tau_2\right] \quad (3)$$

式中　$\Delta_{[N]}$ ——钢包→中间包吸氮量，10^{-6}；

　　　A_s ——铸坯断面积，mm^2；

　　　v_c ——拉速，m/min；

　　　D_2 ——中间包水口直径，mm；

　　　W_2 ——中间包钢水重量，t；

　　　ρ ——钢液密度，kg/cm^3；

　　　τ_2 ——浇注时间，min。

中间包钢水中 T[O] 预测计算值与实测值比较如图 6 所示。由中间包总氧含量的预测模型分析可知，减少钢包渣中（FeO + MnO）含量、降低耐火材料中 SiO_2 含量、改善保护浇注效果使吸氮小于 0.0003%，有利于总氧含量的降低。

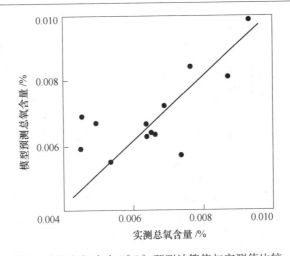

图 6　中间包钢水中 T[O] 预测计算值与实测值比较

Fig. 6　Comparison of experimental and predicting total oxygen content in the tundish

为了防止钢水再污染并进一步排除夹杂物,在连铸过程中采用的技术措施包括[5]:(1)采用保护浇注、碱性包衬、碱性覆盖剂和中间包密封充氩等技术来防止二次氧化;(2)采用钢包下渣检测器和中间包恒重操作来防止浇注过程下渣;(3)通过控制结晶器液面及结晶器钢水流动的合理性,采用合适的保护渣防止结晶器卷渣;(4)中间包采用挡墙+坝、阻流器和电磁离心搅拌、结晶器采用 EMS、EMBr 来促进浇注过程中夹杂物的进一步排除;(5)提高非稳态浇注操作水平。

综上所述,随着对转炉终点氧含量的严格控制以及炉外精炼技术、中间包冶金技术的发展,近几十年来,钢中的总氧含量不断降低,夹杂物越来越少,钢水越来越"干净",钢材性能不断改善。1970~2000 年钢中平均总氧含量的变化情况如图 7 所示[6]。

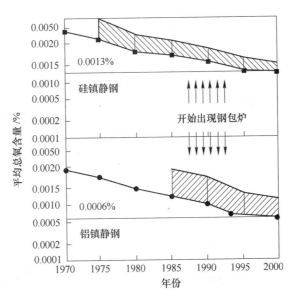

图 7　1970~2000 年钢中平均 T[O] 水平

Fig. 7　Average total oxygen level of the steel between 1970 to 2000

5 结论

改善钢的质量,提高钢的洁净度应从产生夹杂物的源头抓起,尽可能控制转炉冶炼终点 $[O]_溶$ 在较低的范围;其次在钢水进入结晶器之前要严格控制钢中夹杂物,二次精炼是获得"干净"钢水的关键。而在连铸过程中一是要防止钢水再污染,二是在钢水流动过程中要创造条件尽可能的去除夹杂物,这样才能保证最终产品的洁净度。

参 考 文 献

[1] 薛正良,李正邦,张家雯,等. 用氧化钙坩埚真空感应熔炼超低氧钢的脱氧动力学 [J]. 钢铁研究学报,2003,15(5):5-8.
[2] 杨文远,于平. 大型电弧炉炼钢用氧的模拟实验及其工业应用 [J]. 钢铁研究学报,2002,14(1):1-5.
[3] 张立峰. 纯净钢钢水洁净度的工艺及理论研究 [D]. 北京:北京科技大学,1998.
[4] 刘中柱,蔡开科. 纯净钢及其生产技术 [J]. 钢铁,2002,35(2):64-69.
[5] 张立峰,蔡开科. 中间包冶金技术的发展 [J]. 华东冶金学院学报,1997,14(4):340-346.
[6] Oxygen in Steelmaking:towards Cleaner Steels [J]. Ironmaking and Steelmaking,2001,29(2):83.

Oxygen Control in the Process of Steelmaking

Yang Ana　Liu Xuehua　Cai Kaike

(University of Science and Technology Beijing)

Abstract:In order to control the oxygen in the steel and improve the inherent quality of the products, by the technological research of producing ultra-low carbon steel in the process of BOF-RH-CC, the influcing factors and controlling technology to the total oxygen content and inclusions in the liquid steel are analysed, and corresponding predicting models are established. The results shows that the measures will be propitious to decrease the total oxygen in the steel and improve the quality performance of the products such as controlling proper tapping carbon content、temperature and final slag oxidizability in the BOF, maintaining suitable tapping flowing、treating time and the ladle slag oxidizability in the RH, reducing the SiO_2 content in the refractory and improving the effect of protective casting in the continous casting.

Keywords:total oxygen; inclusion; predicting model

小方坯连铸低碳低硅铝镇静钢可浇性研究

刘学华[1,2] 韩传基[1] 蔡开科[1] 宋 超[2] 茆 勇[2] 孙 维[2] 张建平[2]

（1. 北京科技大学；2. 马鞍山钢铁股份有限公司技术中心）

摘 要：在分析水口堵塞的基础上，结合马钢三炼钢生产实际，采用正交试验法研究了钙处理的喂线速度、喂线量和中间包水口内径大小对 140mm × 140mm 小方坯连铸低碳低硅高酸溶铝钢水口堵塞的影响，结果表明，提高喂线速度，加大喂线量和增加水口内径可避免水口的堵塞。采用以上工艺，连浇炉数达 8~10 炉，且铸坯内部和表面质量良好。

关键词：小方坯连铸；铝镇静钢；可浇性；正交试验

1 引言

连铸低碳铝镇静钢生产中，中间包水口的堵塞是困扰钢厂的一大难题，尤其是小方坯连铸机因其中间包水口内径相对较小，在浇注铝镇静钢时经常发生水口堵塞，导致生产中断，这对小方坯连铸品种的扩大、铸坯质量以及生产率的提高均有不良影响。为此，有必要对小方坯连铸低碳低硅铝镇静钢的水口堵塞进行深入研究，以改善钢水的可浇性，增大连浇炉数。

2 水口堵塞机理

国内外冶金工作者对引起水口堵塞的原因及堵塞机理做了大量的研究，包括钢水质量、钢水温度、水口材质和结构以及水口传热和二次氧化等方面[1]。虽然尚有一些问题有待探讨，但迄今为止的研究结果均表明：铝氧化物在水口壁上的附着烧结以及钢液与水口耐火材料之间发生的化学反应是造成水口堵塞的重要原因。钢中铝氧化物的主要来源有：

（1）钢水中悬浮的夹杂物主要为脱氧产物 $\alpha\text{-}Al_2O_3$ 颗粒依靠界面张力的作用黏附在水口壁上；

（2）水口材料与钢水发生 $3SiO_2(s) + 3C(s) + 4Al = 2Al_2O_3(s) + 3Si + 3C$ 反应生产的 Al_2O_3；

（3）水口耐火材料空隙中吸附的 O_2 与钢水中的 Al 反应生产的 Al_2O_3；

（4）随着水口内壁钢水温度下降析出的 Al_2O_3。

文献[2]认为水口的堵塞现象可分成三个步骤：夹杂物的形成、夹杂物的传递到水口壁和夹杂物黏附在水口壁上。所以，其防止措施也都从以上环节入手。在众多的措施中，以用钙处理的方法使钢中高熔点的 Al_2O_3 夹杂物与 CaO 形成低熔点的铝酸钙消除水口堵塞是最理想和最有效的防止措施[3,4]。然而钙处理时，钢水中溶解钙与硫、氧含量关系复杂，所以钙处理效果不稳定，有时还适得其反。本研究的目的在于探讨合适的钙处理工艺和连铸工艺，以期解决小方坯浇注低碳低硅高酸溶铝钢的水口堵塞问题。

3 实验及分析

实验钢种为 SWRCH8A，实验时成分控制目标（质量分数）：[C]≤0.08%；[Si]≤0.06%；[Mn]=0.20%~0.45%；[S]≤0.006%；[P]≤0.015%；[Al]≥0.025%；$[Al]_s$≥0.02%。

实验采用的工艺路线：铁水预处理—50t 转炉—吹氩—LF 精炼—140mm×140mm 方坯连铸机连铸。

钙处理喂线速度、喂线量和中间包上水口尺寸为因素，采用二水平的正交实验 L8(2^3)，见表 1。各实验方案中，中间包上水口材质为锆质。每个实验方案各实验 1~3 炉钢水。

表 1 实验方案
Table 1 Orthogonal experimental design

序号	喂线速度 /m·s^{-1}	喂钙铁线量 /m	中间包水口内径 /mm
方案 1	<3.0	600	<20
方案 2	<3.0	400	<20
方案 3	<3.0	600	>20
方案 4	<3.0	400	>20
方案 5	>3.0	600	<20
方案 6	>3.0	400	<20
方案 7	>3.0	600	>20
方案 8	>3.0	400	>20

3.1 喂线速度与水口堵塞

在喂线速度小于 3.0m/s 的前 4 个方案中，中间包水口开浇 10min 左右，水口都逐渐被堵塞，造成浇注中断。堵塞的部位主要在水口的上部，图 1（a）是被堵塞的中间包水口典型照片，其能谱图分析结果如图 1（b）所示。能谱图分析表明堵塞物的主要成分是 Al_2O_3 和少量的 CaO、SiO_2 等物质。用 X 射线衍射仪对水口堵塞物进行定性分析，其结果是 Al_2O_3、$CaO·2Al_2O_3$ 和少量的 MgO 和 SiO_2。

在喂线速度大于 3.0m/s 的 4 个方案中，以方案 6 的浇注时间最短，约 17min；方案 5 的浇注时间约 35min；方案 8 浇注时间达到 74min。而方案 7 则顺利浇完 3 炉试验钢，方案 7 浇完的中间包水口如图 2（a）所示，该图显示，其内壁有一薄层附着物，能谱图分析结果如图 2（b）所示，X 射线衍射定性分析结果是 12C·7A 和 C·A 及 SiO_2、MgO 的混合物。

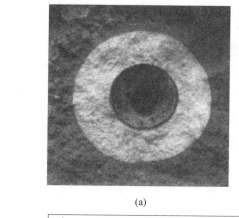
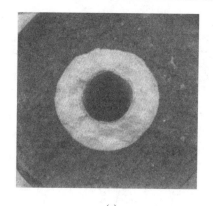

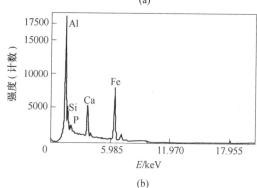
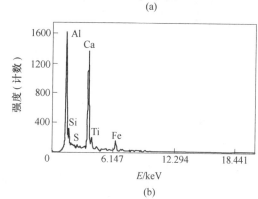

图1 水口及水口堵塞物电镜分析
（a）堵塞物；（b）能谱图

Fig. 1 Photograph of tundish nozzle (a) and SEM analysis of nozzle-clogging material after casting 1 heat (b)

图2 水口及水口壁附着物电镜分析
（a）浇3炉后的水口；（b）水口附着物能谱图

Fig. 2 Photograph of tundish nozzle (a) and SEM analysis of deposit builder on the nozzle wall after casting 3 heats (b)

3.2 喂线速度与钙的回收率

当钙加入到钢液后，一部分溶解到钢液中，一部分挥发损失掉，其余的被夹杂物及炉渣炉衬所消耗。把钢液中的总钙量与加入的总钙量之比称为钙的回收率，按下式计算。

$$\eta_{Ca} = \frac{[\%Ca]_T}{[\%Ca]_{add}} \times 100\% \quad (1)$$

式中 $[\%Ca]_{add}$ ——加入的总钙量；
$[\%Ca]_T$ ——钢液中的总钙量；
η_{Ca} ——钙的回收率。

由于钢水中总钙随钢水的静止时间的延长不断变化，因此钙的回收率的计算依不同时间 $[\%Ca]_T$ 而不同，采用钙处理后的 $[\%Ca]_T$ 进行计算，结果如图3（a）、（b）所示。

图3表明，在实验工艺条件下，随着喂线速度的增大，钢中钙含量也增加，钙的回收率也相应增大；相反，即使喂线量较大，但喂线速度较低时，钢中钙含量也较低，如图3（c）所示。因此，如何确定合理的喂线速度是达到最佳钙处理效果的一个关键因素。

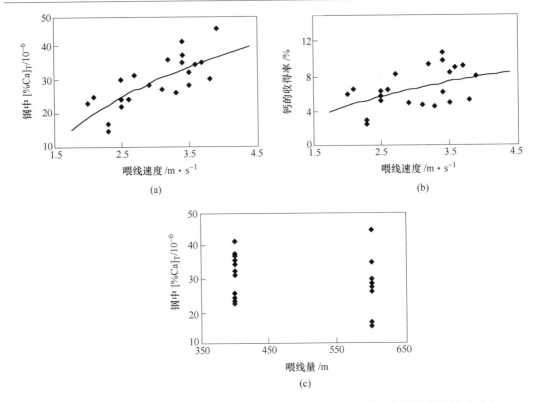

图 3 钢中钙含量 (a) 和回收率 (b) 与喂线速度的关系及钙含量与喂线量的关系 (c)

Fig. 3 Wire feeding speed vs. Ca content (a), wire feeding speed vs. the ratio of $[\%Ca]_T$ to $[\%Ca]_{add}$ (b), and Ca content vs. the amount of feeded wire (c)

文献 [5] 认为钙线的最大喂入深度 $H_0 = H - 0.15$，因此最佳喂线速度为：

$$v = (H - 0.15)/t \tag{2}$$

式中 v——喂线速度，m/s；

t——铁皮熔化时间，s；

H——钢包钢水的深度，m。

钙铁线的理化性能为：Ca28%，Fe > 60%，Al > 2.5%，P < 0.03%，S < 0.03%（质量分数）。线径为 13mm，铁粉比为 1/1.3，铁皮米重为 155kg，铁皮厚 0.4mm，芯粉米重为 220g。根据文献 [6, 7] 的研究结果，对 ϕ13mm 钙铁线，其熔化时间为 1~1.5s，计算时取 $t = 1.25$s。按式 (2) 计算的喂线速度约为 1.8m/s。从图 3 (a) 可见，喂速为 1.8m/s 时，钢水中 Ca 含量并不高，其原因在于式 (2) 成立的前提条件是：钙线能垂直进入钢液且与渣和空气中氧等的反应量应尽量小。但实际观察情况并非如此。其原因是：喂线机导管弯曲度不够，矫直段长度不够，钙线进入钢液前就已发生偏转；钙线进入钢液后，受钢液浮力和紊流的作用以及外包铁皮遇热软化，实际钙线在钢液内部偏转程度加强；底吹氩气泡的"真空室"作用加速了钙蒸气的逸出；钢水中的硫、氧、耐火材料、炉渣以及空气中氧等与钙的反应不可避免。

从现场观察的现象看，喂线时钢液面 Ca 燃烧主要集中于喂线区域以外，表明钙线在钢液中确实发生偏转。另外，在钢水温度为 1600℃ 左右，喂速达到 4.0m/s 时，并未发生

喂进钢液的钙线穿出钢液面的现象。基于以上事实,将式(2)修正为:

$$v = \gamma(H - 0.15)/t \tag{3}$$

式中 γ——修正系数,$\gamma = 1.5 \sim 2.5$。

采用修正后的公式(3),计算时取 $\gamma = 2.0$,得 $V = 3.6 \text{m/s}$。生产中把喂线速度增大到 $3.5 \sim 4.0 \text{m/s}$ 范围后,钢中总钙增大到 40×10^{-6} 左右,从而证实了以上修正公式基本正确。

由分析可知,影响钙的回收率的因素是多方面的,但在一定的工艺和设备条件下,喂线速度和喂线量则是影响钙回收率最主要的因素。

3.3 钙含量对钢水可浇性的影响

钙处理时,钙与 Al_2O_3 发生如下反应:

$$x[Ca] + y(Al_2O_3) = (xCa(y - 1/3x)Al_2O_3) + 2/3x[Al]$$

反应的方式是钙在 Al_2O_3 颗粒中扩散,将铝置换出来,形成铝酸钙。随着铝酸钙中 CaO 含量增加,其熔点逐渐降低。Al_2O_3 转变的演变顺序为 $Al_2O_3 \to CaO \cdot 6Al_2O_3 \to CaO \cdot 2Al_2O_3 \to CaO \cdot Al_2O_3 \to 12CaO \cdot 7Al_2O_3 \to 3CaO \cdot Al_2O_3$。其中 $12CaO \cdot 7Al_2O_3$ 的熔点为 1455℃,在浇注温度下呈液态,是钙处理最希望得到的物质。

钢中钙、铝及氧之间的反应为:

$$[Ca] + [O] = (CaO) \tag{4}$$

$$\lg K_{CaO} = \lg\left(\frac{a_{Ca} \cdot a_O}{a_{CaO}}\right) = -\frac{25655}{T} + 7.65 \tag{5}$$

$$3[Al] + 2[O] = (Al_2O_3) \tag{6}$$

$$\lg K_{Al_2O_3} = \lg\left(\frac{a_{Al}^2 \cdot a_O^3}{a_{Al_2O_3}}\right) = -\frac{61304}{T} + 20.37 \tag{7}$$

根据式(7)得氧的活度为:

$$a_O = a_{Al_2O_3}^{1/3} \cdot a_{Al}^{-2/3} \cdot 10^{-20434/T+6.79} \tag{8}$$

根据式(4)、式(5)、式(8)得 Fe-Al-Ca 系统中钙的活度 a_{Ca} 为:

$$a_{Ca} = a_{CaO} \cdot 10^{-25655/T+7.65} \cdot a_{Al}^{2/3} \cdot 10^{20423/T-6.79} \cdot a_{Al_2O_3}^{-1/3} \tag{9}$$

CaO、Al_2O_3 的活度因夹杂物成分的不同而变化,许多学者对 CaO-Al_2O_3 系统中氧化物活度值进行了测定[8],本文选取的活度值见表2。

表2 CaO-Al₂O₃ 系平衡相对应的氧化物活度值
Table 2 Activity of equilibrium phases in CaO-Al₂O₃ system

相	a_{CaO}	$a_{Al_2O_3}$
C/L	1.000	0.017
12C·7A	0.340	0.064
L/C·A	0.150	0.275
C·A/C·2A	0.100	0.414
C·2A/C·6A	0.043	0.631
C·6A/A	0.003	1.000

根据式(8)和表2中的数据可绘出图4。

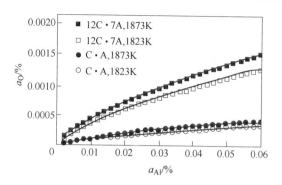

图 4 钢液中钙、铝的热力学平衡
Fig. 4 Equilibrium between Ca and Al in the CaO-Al$_2$O$_3$ system

把 SWRCH8A 钢化学成分和相互作用系数（见表 3）代入式（9）和式（10）中进行计算得出：

$$f_{Al} = 1.16, f_{Ca} = 0.154 \sim 0.211, f_{Ca} = 0.183$$

$$\lg f_{Al} = e_{Al}^{C}[\%C] + e_{Al}^{Si}[\%Si] + e_{Al}^{Mn}[\%Mn] + e_{Al}^{P}[\%P] + e_{Al}^{S}[\%S] +$$
$$e_{Al}^{Al}[\%Al] + e_{Al}^{O}[\%O] + e_{Al}^{Ca}[\%Ca] \tag{10}$$

$$\lg f_{Ca} = e_{Ca}^{C}[\%C] + e_{Ca}^{Si}[\%Si] + e_{Ca}^{Mn}[\%Mn] + e_{Ca}^{P}[\%P] + e_{Ca}^{S}[\%S] +$$
$$e_{Ca}^{Al}[\%Al] + e_{Ca}^{O}[\%O] + e_{Ca}^{Ca}[\%Ca] \tag{11}$$

$$a_{Al} = 1.16[\%Al] \tag{12}$$

$$a_{Ca} = 0.183[\%Ca] \tag{13}$$

表 3 Wagner 相互作用系数
Table 3 Wagner activity coeffience

$e_i^j(j \rightarrow)$	C	Si	Mn	P
Al	0.091	0.057	0.035	0.048
Ca	-0.320	-0.110	-0.100	-4.000
$e_i^j(j \rightarrow)$	S	Al	O	Ca
Al	0.030	0.043	-1.980	-0.470
Ca	-1.330	-0.072	-445.000	-0.002

由图 4 和式（9）、式（10）可知：

（1）$a_{Al} = 0.03\%$，$T = 1550℃$ 时，如果要生成 CaO·Al$_2$O$_3$ 和 12CaO·7Al$_2$O$_3$，需喂入的钙线量应使钙活度分别达到 2.17ppm 和 8.02ppm，对应的钙含量分别为 11.86ppm 和 43.83ppm。

（2）$a_{Al} = 0.03\%$，$T = 1600℃$ 时，如果要生成 CaO·Al$_2$O$_3$ 和 12CaO·7Al$_2$O$_3$，需要喂入的钙线量应使钙活度达到 2.61ppm 和 9.57ppm，对应的钙含量分别为 14.26ppm 和 52.3ppm。

由此可知，在 1600℃ 下，$a_{Al} = 0.03\%$，只要能保证钢中钙含量在 45~55ppm，就能把钢中大部分 Al$_2$O$_3$ 转变成 12CaO·7Al$_2$O$_3$。方案 7 和方案 8 的钢水中钙含量分别 37ppm

和 47ppm，见表 4，与计算值接近，所以具有较好的可浇性。

文献 [9] 计算得出，[Ca]/[Al] >0.14，可防止水口堵塞。由于钢中的溶解钙不容易确定，文献 [10,11] 认为可用钢中的总氧和总钙来反映夹杂物的变性程度，即在 1600℃时，$[\%Ca]_T/[\%O]_T$ 大于 0.6，生成 CA 和液态的 $12CaO \cdot 7Al_2O_3$；$[\%Ca]_T/[\%O]_T$ 大于 0.77 或更大时，生成为 $12CaO \cdot 7Al_2O_3$。表 4 是本次试验中各方案夹杂物的变性指标。就 [Ca]/[Al] 和 $[\%Ca]_T/[\%O]_T$ 这两个指标来看，后 4 个方案夹杂物变性效果较好，图 1 和图 2 中水口内壁附着物的检验结果与文献 [9-11] 报道的结果一致，证实了以上分析的正确性。

表 4 钙处理夹杂物变形指标
Table 4 Deformation indexes of inclusions in Ca-treated steel

方案	$[Ca]_T$/ppm	[Al]/ppm	$[O]_T$/ppm	$[Ca]_T/[Al]$	$[Ca]_T/[O]_T$
1	17	258	67	0.066	0.254
2	20	274	54	0.073	0.370
3	15	332	61	0.045	0.246
4	24	231	59	0.104	0.407
5	41	332	70	0.123	0.586
6	39	315	59	0.124	0.661
7	47	294	50	0.160	0.940
8	37	281	55	0.132	0.673

3.4 中间包水口内径对钢水可浇性的影响

从表 5 可知，采用大水口的浇注时间比小水口的要长，其原因是水口处存在着氧化铝等夹杂物的聚集速率和钢水对水口内壁夹杂物的冲刷速率的相对平衡，或水口材料与夹杂物反应形成低熔点物的速率和钢水对反应产物的带走速率间的相对平衡。而加大中间包上水口内径，相当于减少了单位体积钢水中夹杂物在水口壁上的聚集几率，因此可有效地提高钢水的可浇性。

表 5 水口内径与浇注时间
Table 5 Tundish nozzle diameter and casting time

方 案	水口内径/mm	浇注时间/min
1	18	8
2	18	5
3	27	11
4	27	8
5	18	35
6	18	17
7	27	90
8	27	74

4 生产实绩

马钢从 2003 年 3 月开始采用 LF 精炼 + 钙处理 + 140mm × 140mm 小方坯连铸工艺生产低碳低硅高酸溶铝冷镦钢，由于钙处理过程喂线速度低，钢包保护浇注效果差，中间包水口内径小，往往浇 1 炉或半炉钢水就因为中间包水口发生堵塞而被迫停浇，造成较大的经济损失。经近 4 个月的试验，在优化钙处理工艺和连铸工艺的基础上，成功地解决了小方坯生产低碳低硅高酸溶铝钢的水口堵塞问题。目前连浇炉数稳定在 8~10 炉，铸坯酸溶铝的质量分数大于 0.02%，铸坯表面质量和内部质量较好，产量约 12 万吨/年。

5 结语

（1）中间包水口的堵塞是铝镇静钢浇注过程中的普遍现象，而钙处理是解决水口堵塞最有效的方法之一。马钢通过优化钙处理工艺和连铸工艺成功解决了小方坯浇注低碳低硅高酸溶铝钢的水口堵塞问题，使连浇炉数稳定在 8~10 炉，提高了生产效率。

（2）影响钙处理效果的因素很多，其中喂线速度和喂线量是最主要的原因，在马钢三炼钢的条件下，增大喂线速度，提高吨钢喂钙量到 0.4~0.55kg 后，钙的回收率稳定在 8%~10%。

（3）保护浇注的好坏、中间包水口的材质和内径的大小对钢水的可浇性有重要的影响，采用锆质水口并适当增大中间包水口内径，可显著提高钢水的可浇性。

参 考 文 献

[1] Singh S N. Mechanism of alumina buildup in tundish nozzle during continuous casting of aluminum- killed [J]. MetallTrans, 1975, 5 (10): 2165.
[2] 龚坚. 浸入式水口堵塞机理 [J]. 连铸, 2001 (2): 4.
[3] Saxena S K, sandberg H. Mechanism of clogging of tundish nozzle during continuous casting of aluminum-killed steel [J]. San J Metall, 1978, 7 (3): 126.
[4] 董履仁, 刘新华. 钢中大型非金属夹杂 [M]. 北京: 冶金工业出版社, 1991: 199.
[5] 干勇. 炼钢—连铸等新技术 800 问 [M]. 北京: 冶金工业出版社, 2003: 180.
[6] 盘昌烈. 连铸钢水喂硅钙线工艺及效果 [C]. 见: 第七届全国炼钢学术会议论文. 北京, 1992: 275.
[7] 张小兵, 徐有斌. 钢中喂线过程的传热数学模型 [J]. 上海工业大学学报, 1991 (6): 530.
[8] Vasilij P, Blazenko K, John W H. Thermodynamic conditions for inclusions modification in calcinm treated steel [J]. Steel Res, 1991, 62 (7): 289.
[9] Howard M P. Thermodynamics of nozzle blockage in continuous casting of calcium containing steels [J]. Metall Trans B, 1984, 15B: 547.
[10] Geldenhuis J MA. Minimisation of calcium additions to low caibon steel grades [J]. Ironmaking Steelmaking, 2000, 27 (6): 15.
[11] Scott R. Story analysis of the influence of slag [C]. In: Metal and Inclusion Chemistry on the Cleanliness and Castability of Steel 2001 Steelmaking conference Procedings. Baltimoer Maryland, 2001: 883.

由图6可知,板坯中形成分子氢（H_2）所产生的压力超过钢的允许强度就会产生裂纹。C-Mn钢在室温抗张强度在300~650MPa。高强度钢和高碳钢板坯对这种氢致裂纹更为敏感。

4.3 板坯中氢的分布[3]

钢水由液态变成固态钢中氢含量决定于钢的成分和铸态结构。连铸坯在表面和内部有温度梯度,故[H]溶解度也存在梯度。铸坯从高温向低温变化时[H]由于凝固结构缺陷扩散受到阻碍,在缺陷处形成的分子氢存在于铸坯中。从含B和不含B的C-Mn钢板坯,冷却到室温,沿板坯厚度方向每隔25mm切取试样分析钢中[H],沿板坯厚度方向[H]分布如图7所示。

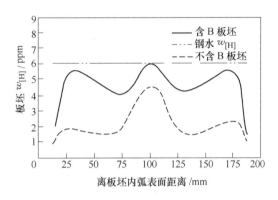

图7 沿板坯厚度方向[H]分布

Fig.7 The [H] distribution along the direction of the slab thickness

由图可知:含B与不含B板坯中从内弧→外弧[H]含量变化趋势是相近的。这说明在板坯激冷层结构致密,[H]含量较低,板坯中心区由于疏松缩孔H_2较高,而在柱状晶区[H]含量较低。

连铸坯切割后以不同冷却方式板坯中[H]含量变化如图8所示。由图可知,板坯堆冷与空冷钢中[H]差别不显著,但缓冷比快冷有足够时间促进分子氢扩散到大气中。

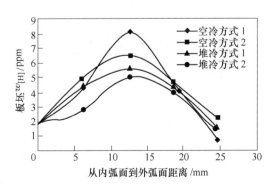

图8 不同冷却方式板坯中$w_{[H]}$变化

Fig.8 The change of $w_{[H]}$ in different cooling way of slab

板坯再加热到不同温度板坯［H］变化如图9所示。由图可知，加热时间和加热温度对［H］的移除有重要影响。因加热温度高［H］扩散速率加快。在加热时，板坯显微结构的转变促进了分子氢H_2的移除，随板坯温度的升高也阻碍了［H］向板坯内部扩散。因此，直接热装板坯轧制裂纹为0，冷装或堆冷入炉板坯裂纹率为10.14%。

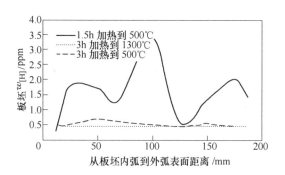

图9 板坯再加热到不同温度板坯$w_{[H]}$变化

Fig. 9 The change of $w_{[H]}$ in slab when heating to different temperature

4.4 钢中氢的去除

转炉冶炼钢水$w_{[H]}$为4~6.5ppm，电炉钢水$w_{[H]}$为4~7ppm。去除钢水中［H］方法有：

(1) 降低原材料和辅助材料水分，$w_{[H_2O]}<0.5\%$；
(2) 烘烤好耐火容器（钢包、中包等）；
(3) 吹Ar搅拌，H_2向Ar气泡扩散去氢（CAS、钢包吹Ar等）；
(4) 真空处理（RH、DH、VD）。

RH处理过程钢水$w_{[H]}$变化，如图10所示。

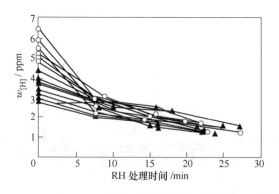

图10 RH处理过程钢水$w_{[H]}$变化

Fig. 10 The change of $w_{[H]}$ content in molten steel in RH process

由图可知：钢水初始［H］高时，RH处理初期［H］下降较快，［H］去除速率较高，说明H高的扩散系数。不管钢水初始［H］高低，RH处理10min后直到RH处理结束，钢水［H］含量几乎相同。

5 钢中氮控制

5.1 钢中氮溶解

氮在纯铁液中溶解服从 Sicvert's Law。钢中的氮以原子存在：

$$1/2 N_2(g) =\!=\!= [N]$$

$$a_{[N]} = K \sqrt{P_{N_2}}$$

$$w_{[N]} = 0.0025 P_{N_2}^{0.5}$$

平衡常数 K 是温度的函数。当 $P_{N_2} = 0.1 \mathrm{MPa}$，氮在铁液和不同结构铁中的溶解度与温度有关。如 1873K 时 $w_{[H]} = 25.4 \mathrm{ppm}$，而 $w_{[N]} = 451 \mathrm{ppm}$。这是因为 N_2 分子结合比 H_2 结合牢固。

5.2 炼钢过程钢水中氮的演变

5.2.1 转炉吹炼

在转炉吹炼钢过程中有从气相中吸氮也有由 C-O 反应生成 CO 气泡排氮的可能。脱碳速率最大钢水中 [N] 含量最低。出钢时钢水 $w_{[N]}$ 一般在 10~15ppm，它与氧气纯度及复吹气体（Ar 或 N_2）有关。

5.2.2 电炉冶炼

电炉冶炼过程钢水 [N] 决定于空气渗入电弧区的程度、电弧长度、泡沫渣等因素。为防止吸氮，重要的是保持电弧被泡沫渣遮挡防止空气进入电弧区。随喷碳粉速率增加（相当于 CO 量增加）钢水中 [N] 减少（见图 11 中曲线 2）。如果喷碳粉速率和 CO 生成速率超过了某一合理值，渣子泡沫化程度高从炉门逸出，炉内渣量减少，电弧暴露将导致钢水 [N] 增加（见图 11 中曲线 3）。合理的喷碳粉量和泡沫渣可使电炉出钢 $w_{[N]}$ 达到小于 25ppm 的水平（见图 11 中曲线 1）[3]。

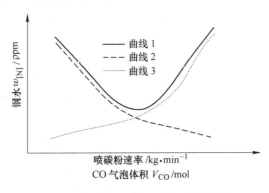

图 11　喷碳粉速率与出钢氮含量关系

Fig. 11　The relationship between the carbon powder injection rate and the nitrogen in steel

应当指出，采用未脱氧出钢，钢水高的 [O] 含量，可减少钢流卷入空气的吸氮速率，可减少钢水吸氮 1/3~1/2。

5.2.3 炉外精炼

在大气下钢包精炼影响钢水吸[N]因素：钢包炉电弧加热，钢包炉内保持微正压操作防止空气吸入，合适的吹Ar强度，防止钢水裸露，合金中的氮含量。

在正常操作条件下，经LF精炼后钢水增氮5~10ppm。在真空条件下，钢水中氢的扩散系数比其他元素高，故RH有很高的脱氢效率。而S、O是表面活性元素，降低了氮的传质系数，脱氮效率较低。RH处理脱氧钢水钢水去氮率为10%~15%，RH处理未脱氧钢水[N]去氮率30%~40%。

RH处理过程钢水[N]含量变化如图12所示[4]。由图12可知：RH去除[N]明显决定钢水[O]、[S]含量。RH处理未脱氧钢由于[O]高，[N]几乎不降低。RH处理高[N]钢水，处理开始[N]下降很快。对于超低硫管线钢要求$w_{[S]}<7$ppm，低硫促进除氮，使钢中$w_{[N]}<40$ppm。

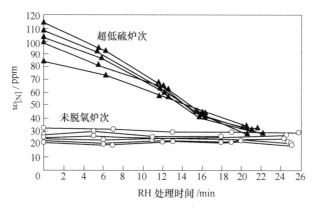

图12　RH处理过程中总氮平均含量的变化

Fig. 12　The change of the nitrogen average content in RH process

5.2.4 连铸过程吸氮

经炉外精炼的钢水已很纯净了，钢水氮氧含量已很低，在浇注过程要防止吸氮：提高钢包自开率，防止烧氧；钢包→中间包保护浇注；中间包合适的流场防止长水口周围钢液面裸露；开浇、换钢包尽量减少敞开浇注。

从钢包→中间包钢水吸氮$w_{\Delta[N]}<3~5$ppm是可接受的。追求目标是小于3ppm甚至零吸氮。以某厂转炉流程生产超低碳钢为例，钢水平均[N]含量演变如图13所示。

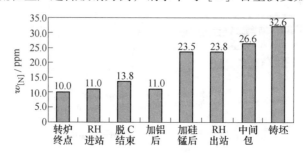

图13　钢水平均[N]含量演变

Fig. 13　The evolution of average [N] content in molten steel

6 钢中氧控制

6.1 钢中氧质量分数概念[5,6]

当转炉吹炼到终点，钢水中溶解了过多氧（溶解氧[O]或氧活度$a_{[O]}$），出钢时在钢包内必须进行脱氧合金化，把[O]$_溶$转变为氧化物夹杂（[O]$_{夹杂}$）从钢液中排除。所以钢中总氧T[O]可表示为：T[O] = [O]$_溶$ + [O]$_{夹杂}$。

出钢时钢水中[O]$_溶$很高，[O]$_{夹杂}$→0，T[O] ≈ [O]$_溶$。脱氧合金化后[O]$_{夹杂}$很高，而[O]$_溶$很低，故T[O] ≈ [O]$_{夹杂}$。因此，可以用钢中T[O]表示钢的洁净度，也就是夹杂物的水平。T[O]越低则钢越"干净"。因此，对高质量的钢要把T[O]降低到小于20ppm的水平，这是炼钢生产全流程要解决的问题。

6.2 脱氧控制

转炉吹炼终点溶解氧[O]$_溶$很高，出钢时在钢包进行脱氧合金化。脱氧就是把钢中[O]$_溶$转变为脱氧产物[O]$_{夹杂}$。要控制好所生成的脱氧产物组成形态和熔点，夹杂物易上浮、可浇性好。根据钢种，有以下几种脱氧模式：

(1) 硅镇静钢（Si+Mn脱氧）。控制合适的Mn/Si比（2.5~3.0）和钢包顶渣成分得到液相MnO·SiO$_2$夹杂呈球形液态易上浮。

(2) 硅锰+少量铝脱氧（Si+Mn+Al）。控制钢中酸溶铝w_{Als}<0.006%使其生成液相锰铝榴石（3MnO·Al$_2$O$_3$·2SiO$_2$）呈液态，易上浮不堵水口。

(3) 铝镇静钢。对于低碳低硅铝镇静钢，钢中w_{Als} = 0.02%~0.05%，脱氧产物全部为Al$_2$O$_3$，熔点高（2050℃），可浇性差，易堵水口。Al$_2$O$_3$可塑性差，影响钢材性能和表面质量。为此采用重钙处理（CaAl线、CaFe线），使其生成12CaO·7Al$_2$O$_3$有利于夹杂物上浮，改善钢水可浇性。

(4) 细晶粒钢。C-Mn钢为细化晶粒用Al脱氧（w_{Als} = 0.01%~0.02%），主要为Al$_2$O$_3$夹杂。采用轻钙处理使其形成钙长石CaO·Al$_2$O$_3$·2SiO$_2$（w_{CaO}: 20%~25%，$w_{Al_2O_3}$: 37%，w_{SiO_2}: 44%）或钙黄长石2CaO·Al$_2$O$_3$·2SiO$_2$（w_{CaO}: 40%，$w_{Al_2O_3}$: 37%，w_{SiO_2}: 22%），夹杂物熔点低呈液态易上浮，可浇性好。

6.3 炉外精炼钢水氧控制

钢水脱氧生成夹杂物，炉外精炼目的是：

(1) 把夹杂物传输到渣/钢界面。钢水中夹杂物上浮主要决定熔池搅拌，促进夹杂物碰撞聚合长大（5~200μm）。采用办法是吹Ar搅拌，真空循环。

(2) 渣相吸附夹杂物。它决定于渣/钢界面能和夹杂物溶解于渣相的能力。液相夹杂物完全溶解于渣相，而固体夹杂物在渣中有限溶解。这与渣相成分、温度和渣量有关。随着炉外精炼技术的发展，钢水中T[O]含量不断降低，夹杂物越来越少，钢水越来越干净，钢材性能不断改善。由于引入炉外精炼，对于硅镇静钢$w_{T[O]}$可达15~20ppm，对于铝镇静钢可达小于10ppm[7]。

6.4 连铸过程钢水氧控制

经过炉外精炼得到的干净钢水（$w_{T[O]} = 10 \sim 30 \text{ppm}$）在连铸过程中一方面是防止干净钢水再污染，另一方面在钢水传递过程中，控制钢水在中间包和结晶器流动使夹杂物上浮到渣相进一步净化钢水。

防止干净钢水再污染措施：防止浇注过程下渣（钢包→中间包→结晶器）；防止空气二次氧化（钢包→中间包→结晶器注流保护浇注）；钢包自开率操作；长水口操作；结晶器液面稳定性；控制好非稳态浇注操作。浇注过程中进一步净化钢水措施：使用碱性耐火材料；中间包冶金（挡墙、坝、阻流器等）；结晶器钢水流动（SEN 设计）；结晶器电磁搅拌（M-EMS、EMBr、FC mold）。上述技术措施都已十分成熟，在生产上应用使钢中 T[O] 进一步降低，超低碳钢铸坯 T[O] 降到小于 10ppm 的水平。

在炼钢—精炼—连铸工艺流程生产洁净钢必须控制好以下几点：

（1）降低转炉终点氧含量，这是产生夹杂物源头。

（2）精炼要促进原生脱氧产物大量上浮。

（3）连铸要减轻或杜绝钢水二次氧化，防止新的夹杂物生成。

（4）防止炉外精炼后干净钢水再污染。

把产生产品缺陷夹杂物消灭在钢水进结晶器之前，二次精炼和连铸操作是生产洁净钢关键。

7 结语

（1）钢纯净度是一个相对概念，连铸坯中 S、P、N、H、O 降到什么水平应根据钢种和钢制品的用途而决定。

（2）在炼钢生产流程中，应充分发挥有利的热力学条件去除杂质元素。铁水［S］应重点放在进转炉之前预处理，［P］重点在转炉内处理；［O］应重点放在钢水进入结晶器前的各工序；［H］应重点放在原材料水分干燥和真空处理；［N］重点放在钢水传递过程中钢水保护。

（3）在炼钢生产流程中去除有害杂质元素，应充分发挥钢包顶渣和钢水搅拌动力学作用，加速钢/渣的化学反应和钢水第二相质点（夹杂物、气泡）向渣相的传质速率以提高去除效率。

（4）在炼钢生产流程中去除有害杂质元素，其处理方法五花八门，应根据生产条件和产品大纲质量要求建立适应本厂生产出杂质元素含量较低、低、超低水平的工艺路线，以满足低成本高质量的竞争要求。

参 考 文 献

[1] M. Nadif, et al. Desulfurrization practices in Arcelor Mittal Flat carbon Western Europe [J]. Revue de Metallurgie-CIT, Juillet/Aout 2009：270.

[2] 田志红. 超低磷钢炉外深脱磷的工艺和理论研究 [D]. 北京：北京科技大学，2005：7.

[3] Sunday Abraham, et al. Hydrogen and Nitrogen Control and Breakout Warning Model for Casting Non-Degassed Steel [J]. Iron and Steel Technology, 2010：55.

[4] A. Jungrethmeier, et al. Vacum Dgassing at Voest-Alpine Stahl Linz Impact on Productivity and Metallurgy [C]. 2001 Steelmaking Conference Proceedings, 587.
[5] 蔡开科. 连铸坯质量控制 [M]. 北京：冶金工业出版社, 2010: 55.
[6] 蔡开科. 转炉—精炼—连铸过程钢中氧控制 [J]. 钢铁, 2004, 39 (8): 50.
[7] Oxygen in Steelmaking: towards cleaner Steels. Ironmaking and Steelmaking, 2002, 29 (2): 83.

The Strategy for Ultra-Purity Control of Molten Steel in the Steelmaking-Secomdary-Refining-Continuous Casting Process

Cai Kaike　Sun Yanhui

(University of Science and Technology Beijing)

Tian Zhihong

(Shougang Technology Research Institute)

Abstract: With growing demands of steel quality, purity of steel becomes more and more important, steel purity is controlled by a wide range of metallurgical technology and operating practices in order to achieve low or ultra-low content level of harmful elements (S, P, N, H, O). This paper reviews the different aspects of steel products, removal principle and technology, and attaining the required ultra-low level of sulfur, phosphorus, Nitrogen, Hydrogen and Oxygen.

Keywords: ultra-purity control; steelmaking; secondary refining; continuous casting process

物理模拟与数值模拟

WULI MONI YU SHUZHI MONI

连铸中间包钢水停留时间分布的模拟研究

蔡开科　李绍舜　黎学玛　林小明

（北京钢铁学院炼钢教研室）

摘　要：中间包是钢水流入结晶器的最后一个冶金容器，它对铸坯质有重大影响。为减少铸坯中的夹杂物，必须改善钢水在中间包内的停留时间分布和流动状态，使夹杂物充分上浮分离。

本文用水力学模型和光电示踪法，研究了中间包流量、液面高度、挡墙形式和钢流注入方式等对平均停留时间和流动状态的影响，指出了中间包液面高度对平均停留时间影响最为显著，而挡墙的作用在于改善了钢水流动的轨迹。

1　引言

连续铸锭技术的发展，使人们逐渐认识到不应将中间包仅看成是将钢水从钢包注入结晶器的一个简单的中间容器，它还起着重要的冶金作用。一个合适中间包应满足的要求是：

（1）稳定流动，减少表面扰动，避免渣子卷入结晶器；

（2）最大限度地增加钢水在中间包内的停留时间，促进夹杂物上浮；

（3）促进钢渣间的层流运动，有利于渣子吸收夹杂物。

钢水中的夹杂物经中间包流入结晶器，是铸坯中夹杂物的主要来源。对铸坯中氧化物夹杂起源研究指出[1]：中间包渣卷入及包衬侵蚀带入30%，中间包液面和结晶器液面氧化占25%，钢流的二次氧化35%，中间包水口溶蚀10%。对铸坯轧制产品的探伤检验指出[2]，主要是粒度大于$50\mu m$的夹杂物造成产品缺陷。

国内外研究者用水力模型方法研究指出[3~5]，在中间包内设置挡渣墙，能促使夹杂物上浮分离，在生产上应用取得了良好效果。

本义目的是采用水力模型和光电示踪法，研究液体流量、液面高度、挡墙形式等因素对中间包内液体停留时间分布的影响。

2　试验原理和方法

2.1　模化原理

连铸中间包是用有机玻璃制作的模型，实物与模型的尺寸比为1:3，保证几何相似。钢水在中间包流动可看成是不可压缩流体的等温运动。为确保现象的相似性，主要是考虑实物的Fr与模型的Fr'相等得：

速度比：

本文发表于《北京钢铁学院学报》，1984年，第2期：39~47。

$$Fr = Fr'$$
$$\frac{v^2}{gl} = \frac{v'^2}{gl'}$$
$$\frac{v'}{v}\sqrt{\frac{l'}{l}} = \sqrt{\frac{1}{3}} = 0.575$$

流量比：
$$\frac{模型流量\ Q'}{模型流量\ Q} = \frac{v'l'^2}{vl^2} = 0.063$$

在流量比等于 0.063 时，模型中间包水口直径 d' 为：
$$d' = \sqrt{\frac{\pi F'}{4}} = \sqrt{\frac{3.14 \times 309.61}{4}} = 20\text{mm}$$

$$\frac{模型平均停留时间\ \theta'}{模型平均停留时间\ \theta} = \frac{1/v'}{1/v} = 0.58$$

$$\theta = 1.724\theta'$$

2.2 测试原理[6,7]

在被测液流中的某一点，注入一定剂量的若丹明 B 示踪物，示踪物随液体流动。用某波长的光照射示踪物迅速发出另一波长的荧光，在恒定光强照射下，被激发出的荧光强度与示踪物浓度成固定的函数关系。因此，可用光导纤维探头。把激励光集中引导到任意检测点，同时探头另一束光导纤维传出被激发的荧光，通过光电转换，变成电信号加以记录，从而反映出示踪物在探头所在点的浓度变化规律，也就间接地反映了液体的流动状况。系统中被测定点的示踪物浓度变化规律是一个随机变量 $C(t)$，若以示踪物注入时刻为时间起点 $t=0$，则某一个检测点的示踪物浓度变化规律如图 1 所示。

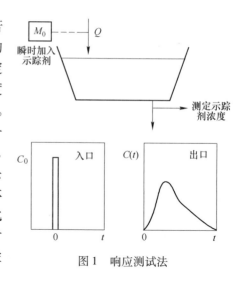

图 1 响应测试法

可用数学期望（均值）和方差来描述随机变量 $C(t)$ 的基本特征。

数学期望即均值：
$$\theta_c = \frac{\int_0^\infty tC(t)\,dt}{\int_0^\infty C(t)\,dt}$$

θ_c 的物理含义为过示踪物的质量中心时间坐标，故又叫平均停留时间。

随机变量 $C(t)$ 的方差为：
$$S_c^2 = \frac{\int_0^\infty (t - \theta_c)^2 C(t)\,dt}{\int_0^\infty C(t)\,dt}$$

$$S_c^2 = \frac{\int_0^\infty t^2 C(t)\,dt}{\int_0^\infty C(t)\,dt} - \theta_c^2$$

S_c 表示随机变量 $C(t)$ 与其质量中心的偏离程度。

通过光电转换技术，以输出电压信号 $U(t)$ 来反映示踪物浓度时，如系统中存在 $U(t) = KC(t)$ 的线性关系，则可用 $U(t)$ 曲线计算平均停留时间 θ_c 或方差 S_c，与用 $C(t)$ 曲线结果是相同的。即：

$$\theta_u = \frac{\int_0^\infty tU(t)\,dt}{\int_0^\infty U(t)\,dt} = \frac{\int_0^\infty tKC(t)\,dt}{\int_0^\infty KC(t)\,dt} = \theta_c$$

$$S_u^2 = \frac{\int_0^\infty t^2 U(t)\,dt}{\int_0^\infty U(t)\,dt} - \theta_u^2 = \frac{\int_0^\infty t^2 KC(t)\,dt}{\int_0^\infty KC(t)\,dt} - \theta_c^2$$

2.3 测试设备

试验模型和测试装置示意图如图 2、图 3 所示。测试系统的调试主要是找出在多大的激励光电压下，示踪物浓度与输出信号电压的线性关系。多次试验证明，当激励光电压为 130V 时，中间包示踪剂浓度在 0~0.8ppm，与输出电压成线性关系（见图 4）。因此，在试验中必须保持中间包内检测点溶液最大浓度不超过 0.8ppm。

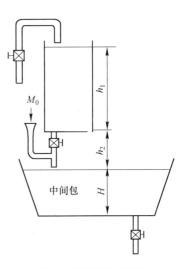

图 2 试验模型示意图

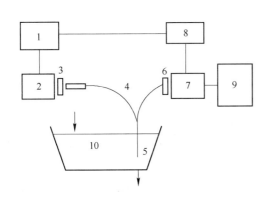

图 3 测试仪器框图

1—稳压电源；2—激励光源；3—入射光滤光片；
4—光导纤维源；5—探头；6—滤光片；7—光电转换放大电路；
8—变压稳压电源；9—函数记录仪；10—中间包模型

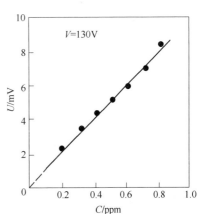

图 4 系统的 C-U 曲线

2.4 数据处理

调整并启动仪器，将若丹明 B 溶液迅速加入大包钢流进入中间包，函数记录仪记录检测点处（水口处）浓度变化曲线（见图 5）。为了方便，把连续函数转化为离散性函数进行计算。具体方法是：将示踪剂注入时刻为起点 $t=0$，终点为 $U(t)$ 恢复为原始值的时刻。将整个曲线分为几个 Δt 的等分，得出相应的 $U_i(t)$ 值。

每个试验重复 4 次，计算算术平均值，即为平均停留时间。

$$\theta_c = \frac{\Delta t \sum_{i=1}^{n} i U_i(t)}{\sum_{i=1}^{n} U_i(t)}$$

$$S_c^2 = \frac{\Delta t^2 \sum_{i=1}^{n} i^2 U_i(t)}{\sum_{i=1}^{n} U_i(t)} - \theta_c^2$$

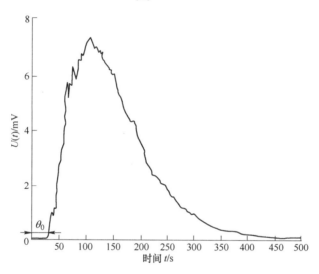

图 5　实例 $U(t) - t$ 曲线

3　试验结果与讨论

试验了不同因素对平均停留时间的影响。这些因素是：

(1) 流量 Q：模型流量选择 5.1L/min、8.5L/min、13.5L/min、16.9L/min、20.3L/min，分别模拟相当的拉速为 0.3m/min、0.5m/min、0.8m/min、1.0m/min、1.2m/min。

(2) 中间包液面高度 H：100mm、150mm、200mm、250mm、300mm（实际高度是乘 3）。

(3) 中间包挡墙形状和安放位置，如图 6 所示。

(4) 大包钢水注入方式：敞开浇注和保护套管浇注两种。

试验结果如下：

(1) 流量和液面高度对 θ 的影响。由试验测定的 $U(t)$ 曲线计算的 $\bar{\theta}$ 如图 7 所示。由图可知，流量增加（相当于拉速增加），平均停留时间减少；而液面高度增加，平均停留时间延长。因而，采用大容量深熔池的中间包，可以大幅度延长钢水停留时间，有利于夹杂物上浮。

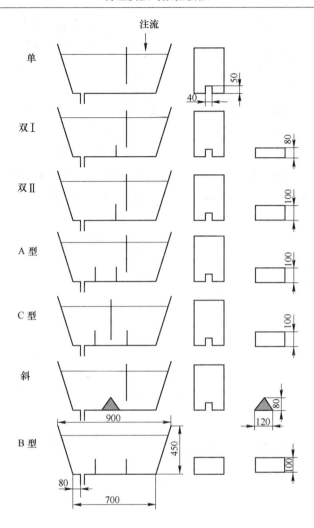

图 6 不同挡墙形状及位置示意图

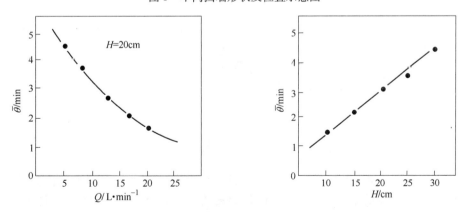

图 7 中间包流量和液面高度对 $\bar{\theta}_c$ 的影响

本试验的模型是工厂实际尺寸按比例缩小。实际生产数据是：当液面高度为 600mm 时，中间包体积为 0.94m³；板坯断面为 210mm×1250mm，拉速为 1.2m/min 时，钢水流量为 0.315m³/min，故平均停留时间 $\bar{\theta}$ 约为 2.98min。由模型实测：当拉速为 1.2m/min，相当的模型流量为 20L/min，在液面高度为 20cm 时，测定的平均停留时间 $\bar{\theta}'$ 为 1.8min。由 $\bar{\theta} = 1.724 \bar{\theta}'$ 得实际的平均停留时间为 3.1min。由实验测定与实际的平均停留时间的相对误差为 4.1%。

（2）挡墙的作用。由试验测定的不同挡墙形式的 $U(t)$ 曲线计算的 $\bar{\theta}$ 关系如图 8 所示。与无挡墙相比，单墙缩短了平均停留时间 $\bar{\theta}$：$H = 150mm$，$\bar{\theta} = 35\%$，$H = 200mm$，$\bar{\theta} = 15\%$，$H = 250mm$，$\bar{\theta} = 8\%$。$\bar{\theta}$ 的缩短可能是由于单墙的隧道作用，加快了液体从水口的流出。与无挡墙相比，其他形式的挡墙不同程度地延长了平均停留时间 $\bar{\theta}$，$H = 100mm$、$\bar{\theta} = 6\% \sim 12\%$，$H = 200mm$、$\bar{\theta} = 10\% \sim 15\%$，$H = 250mm$、$\bar{\theta} = 4\% \sim 8\%$。但是以 A 型、双Ⅱ型、斜型为好。

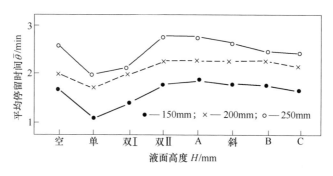

图 8　挡墙形状对 $\bar{\theta}$ 的影响

（3）挡墙对中间包流动状态的作用。挡墙对中间包钢水平均停留时间的延长不甚显著。示踪剂随大包注流加入时刻（$t = 0$）到中间包水口最先出现响应所需要的时间定义为停滞时间。在 $U(t)$ 曲线上表现为 θ_0（见图 5），它是描述流动状况的一个参数。不同挡墙对 θ_0 的影响如图 9 所示。

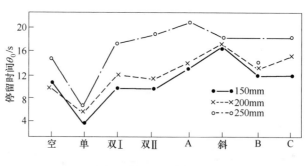

图 9　挡墙对 θ 的影响

在流量和液面高度一定时，可用 θ_0 来估计不同挡墙对流动状态的影响。由图 9 可知，设置单墙的中间包 θ_0 最短，说明进入中间包的钢液，大部分沿包底在很短的时间内进入结晶器，中间包内大部分为死区（见图 10（a）），因而使 $\bar{\theta}$ 也最小。从夹杂物模拟试验表明，夹杂物上浮少，大部分流入结晶器。而 A 型、双Ⅱ型、斜型墙，液体不是沿包底流出中间包，而是产生了向钢液面的回流运动（见图 10（b）），流动路程加长，延长了 θ_0 和 $\bar{\theta}$，这有利于夹杂物的上浮分离。

从流动状态观察表明，中间包内液体流动可分为死区、层流区和紊流区。使用挡渣墙后，使钢水停滞时间和平均停留时间有所延长，更重要的是消除了中间包的死区，改变了流动轨迹，有利于夹杂物的上浮分离。

（4）中间包液面的临界高度。当中间包液面高度降低到某一临界高度时，水口上面的液体会出现漏斗状的旋涡，这股旋流能将包顶部的渣子卷入水口流入结晶器内。因此，在停浇或换大包时，中间包液面必须保持高于出现旋涡的临界高度。水口流量与液面临界高度关系如图11所示。从试验结果来看，如拉速为1.2m/min，中间包内液面高度必须为300mm才能防止渣子卷入。

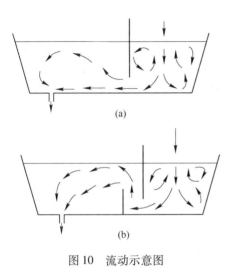

图10 流动示意图

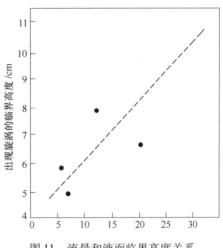

图11 流量和液面临界高度关系

（5）大包钢流注入方式。在其他条件一定时，敞开浇注和带套管浇注对中间包钢水平均停留时间影响如图12所示。显然，钢流注入方式对$\bar{\theta}$影响不大。但敞开浇注钢液表面极不平静，容易卷入渣子，而带套管浇注钢液表面平静，可防止渣子卷入钢液，并且可防止注流的二次氧化，这有利于减少钢中大型夹杂物。

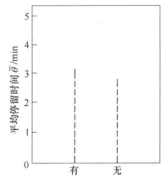

图12 注入方式对$\bar{\theta}$的影响

4 结论

（1）改善钢液在中间包内的流动状态，延长钢水停留时间，有利于夹杂物充分上浮。

（2）中间包钢液面加高，平均停留时间延长。因此，采用大容量深熔池的中间包是有利于夹杂物去除。

（3）中间包内设置挡墙，不仅能延长钢水的停留时间，而且更重要的是改变了流体流动的轨迹，促使夹杂物的上浮分离。但挡墙的形状和安放位置是非常重要的，本试验中以双墙和斜墙效果较好。

（4）大包注流采用保护套管浇注，换包或停浇时保持中间包临界液面高度是防止渣子卷入结晶器的有效措施，必须予以重视。

参 考 文 献

[1] 川上公成. 国外连铸技术 译文集（一）. 冶金部情报总所，1982：62.
[2] 小舞忠信，等. 国外连铸技术 译文集（一）. 冶金部情报总所，1982：265.
[3] 垣生泰弘. 造块工程ならぴに连铸工程に书ける钢中大型非金属介在物の低减法に关すろ研究.
[4] 金本雅雄，等. 水モデル实验によろ连铸ヌテブ"内大型介在物の低减にフぃて. 中山制钢技报，19：23.
[5] 中间包挡渣墙研究. 攀枝花钢铁研究院，1978，9.
[6] 化学工程基础. 北京大学化学系编. 1976，6.
[7] 洪纯一，等. 光电示踪仪的研制及在化学工程中应用. 北京化工学院，1981.

Study of Fluid "Renewal Time" for Continuous Casting Tundish by Simulation of Water Model

Cai Kaike   Li Shaoshun   Li Xuema   Lin Xiaoming

(Beijing University of Iron and Steel Technology)

Abstract: The tundish is the important metallurgical unit of the continuous casting. In order to increasing demand for steel of higher quality. effective measures must be elaborated to remove the large non-metallic inclusions by optimizing fluid flow and renewal time of liquid steel in the tundish, making impossible to raise. from steel melts.

The paper presented the influence of liquid debit, teeming spout immersed in bath, deep bath, proper dam on the fluid renewal time and flow pat-tern in the tundish by the experiment of water model. Liquid depth and proper dam of tundish are very effective for renewal time and flow pattern in the tundish.

水平连铸中间包流动特性的模拟研究

蔡开科 王利亚 李绍舜 曲 英

(北京钢铁学院炼钢教研室)

摘 要：浇注过程中钢水在中间包内的流动特性对中间包的设计、工艺操作和铸坯质量都有重要影响。本文结合马钢水平连铸7.5t中间包，模拟研究了中间包内液体流动行为和平均停留时间分布规律。在生产中应用结果证明对夹杂物的去除有明显的效果。

关键词：水平连铸；中间包流动

1 引言

连铸中间包是钢水进入结晶器的最后一个耐火材料容器。中间包除向结晶器稳定供应钢水外，还起着重要的冶金作用。因此近年来连铸中间包在不断向综合反应器方向发展。

浇注过程中钢水在中间包内的流动特性，对中间包的设计、工艺操作和铸坯质量都有重要影响。本文结合马钢水平连铸7.5t中间包，通过模型试验研究了中间包钢液合理的流动行为和钢水在中间包内平均停留时间分布，并在生产上进行了验证，取得了明显的效果。

2 试验方法

2.1 模型的设计

设中间包内钢水流动为黏性不可压缩稳定等温流动，根据相似原理有三个相似准数：

雷诺数 $$Re = \frac{\rho u l}{\mu}$$

欧拉数 $$Eu = \frac{P}{\rho u^2}$$

弗鲁德数 $$Fr = \frac{gl}{u^2}$$

式中 ρ——密度；
  l——长度；
  u——速度；
  μ——黏性系数；
  P——压力；
  g——重力加速度。

严格来说，要使模型和原型相似，应使模型和原型间的三个准数各自相等。但这种有

本文发表于《北京钢铁学院学报》，1987年，第3期：1~7。

三个定性准数相等的模型一般是难以实现的。考虑到中间包内流动主是由重力引起的，这里取弗鲁德数为定性准则。

$$\frac{gl_m}{u_m^2} = \frac{gl_R}{u_R^2}$$

式中，下标 m 表示模型，R 表示原型，则：

$$\frac{u_m}{u_R} = \sqrt{\frac{l_m}{l_R}} = \sqrt{K}$$

式中 K——模型与实物的几何比例。

若用 Q_m 表示模型流量，Q_R 表示原型流量，则：

$$\frac{Q_m}{Q_R} = \frac{u_m l_m^2}{u_R l_R^2} = \sqrt{K^{\frac{5}{2}}}$$

本试验中 $K = 1/2$，即模型尺寸比实际中间包缩小 $1/2$，则：$\frac{u_m}{u_R} = 0.70l$，$\frac{Q_m}{Q_R} = 0.176$。

2.2 刺激响应法

研究反应器内流体停留时间分布，通常用刺激响应的实验方法[1]，即在反应器入口处加一刺激信号（如示踪剂），在出口处观察系统对此刺激的响应，如图1所示。

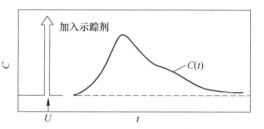

图 1 响应曲线示意图

Fig. 1 Schematic of replication curve

平均停留时间 τ 和方差 S 分别为

$$\tau = \frac{\int_0^\infty tC(t)\mathrm{d}t}{\int_0^\infty C(t)\mathrm{d}t} \quad (1)$$

和

$$S^2 = \frac{\int_0^\infty (t-\tau)^2 C(t)\mathrm{d}t}{\int_0^\infty C(t)\mathrm{d}t} \quad (2)$$

方差表示了液体在反应器内停留时间和平均停留时间的偏差。在一定程度上可以反映反应器流动的均匀性。方差越小，则液体的停留时间越接近于平均停留时间，反应器中流动越均匀平稳。

在实际进行数据处理时，由于 $C(t)$ 曲线的确切数学形式不知，必须将以上两式化为离散型进行计算。如把 $C(t)$ 曲线分为几等分，则

$$\tau = \frac{\Delta t \sum_{i=1}^n iC_i(t)}{\sum_{i=1}^n C_i(t)} \quad (3)$$

$$S^2 = \frac{\Delta t^2 \sum_{i=1}^{n} i^2 C_i(t)}{\sum_{i=1}^{n} C_i(t)} \quad (4)$$

2.3 试验装置

本试验采用光导纤维装置测定示踪剂浓度变化[2]，若丹明 B 作为示踪剂。试验确定在 0.5~0.8ppm 浓度范围内，荧光强度（电压信号）与若丹明 B 浓度成线性关系。

将光导纤维探头固定在中间包两个水口处，把配一定浓度的若丹明 B 从钢包水口处加入，同时启动 $x-y$ 记录仪，由记录的浓度变化曲线（见图 2），按式 (3) 计算平均停留时间。

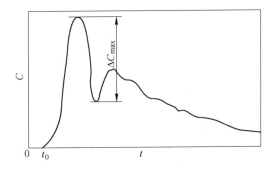

图 2 中间包模型流体响应曲线

Fig. 2 Replication curve of flow within the tundish model

3 试验结果与讨论

3.1 流量对平均停留时间的影响

流量表现为拉速的大小。由图 3 可知，流量越大，中间包液体平均停留时间越短。按物质衡算关系，中间包内单位时间示踪剂减少量等于单位时间从水口流出的示踪剂量，即

$$\frac{dC}{dt}V = -QC \quad (5)$$

式中　V——中间包有效容积；
　　　C——示踪剂浓度；
　　　Q——流量；
　　　t——时间。

响应曲线是脉冲型的浓度曲线，如假定中间包内经过很短时间就可达到完全混合，则

$$C = \frac{1}{\tau} \cdot e^{-t/\tau}\left(-\frac{1}{\tau}\right)$$

$$\frac{dC}{dt} = \frac{1}{\tau} \cdot e^{-t/\tau}\left(-\frac{1}{\tau}\right) \quad (6)$$

比较式 (5) 和式 (6) 得

$$\tau = \frac{V}{Q} = \frac{HF}{Q} = AH \tag{7}$$

由式（7）计算的停留时间与试验结果比较，如图 4 所示。由图可知，计算值与试验值非常接近。根据方差分析，流量对平均停留时间影响最为显著。实际中间包平均停留时间 τ_R 与模型的 τ_m 的关系为：

$$\frac{\tau_R}{\tau_m} = \frac{l_R}{l_m} \cdot \frac{V_m}{V_R}, \quad \tau_R = 1.414\tau_m \tag{8}$$

即实物中的钢水停留时间是模型中的 1.414 倍。如拉速为 3m/min，模型内液面高度 $H = 400$mm 时，$\tau_m = 8.38$min，则实际中间包内钢液高度为 800mm 的 $\tau_R = 11.85$min。因此，平均停留时间可以完全满足中间包内夹杂物上浮的要求。

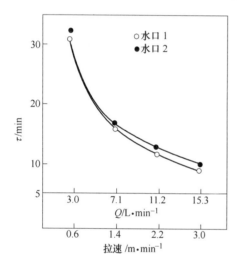

图 3 流量对平均停留时间的影响

Fig. 3 Influence of flow rate on the average residence time

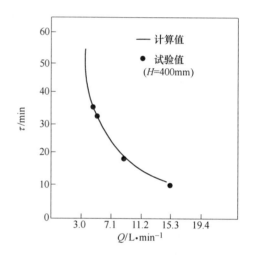

图 4 计算值与试验值比较

Fig. 4 Comparison between the calculated and experimental results

3.2 液面高度的影响

图 5 为中间包内液面高度对平均停留时间的影响。由图看出，中间包内液面越高，τ 越大。它可用式（7）说明。式中 A 是与流量有关的系数，τ 与 H 成正比关系：液面越高，液体在中间包内运动轨迹加长，平均停留时间增加，有利于夹杂物充分上浮，从而可以改善钢坯质量。因此，目前连铸中间包向大容量深熔池方向发展。

3.3 中间包底部形状的影响

水平连铸中间包底部倾斜度具有中间隔墙的作用，不同倾角对 τ 的影响如图 6 所示，由图可知，底部倾斜度对 τ 的影响不很显著，主要是影响流动状况。

为了研究底部形状对流动均匀性的影响，必须分析响应曲线的形状特点。由图 2 可知，定义 $\Delta C_{max}/\bar{C}$ 表示中间包内流动的不均匀性（ΔC_{max} 为最大浓度差，$\bar{C}$ 为平均浓度）。

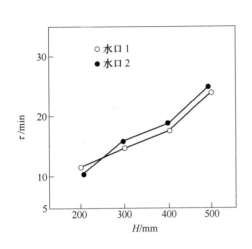

图 5 中间包液面高度对 τ 的影响

Fig. 5 Influence of liquid depth in the tundish on average residence time

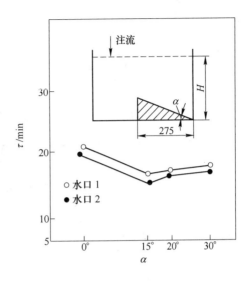

图 6 中间包底部形状对 τ 的影响

Fig. 6 Influence of base form within tundish on average residence time

中间包底部倾角越大,$\Delta C_{max}/\overline{C}$ 就越小,说明流动越均匀,这对于中间包内温度和成分的均匀化与夹杂物上浮有重要的意义。图 7 表示了它们之间的关系。倾斜角 α 越大,垂直边越高,液体改变了传统的流动路线,从而减少了中间包内的死区,使流动比较均匀而平稳,如图 8 所示。

3.4 钢包注流方式的影响

钢包注流注入中间包有敞开和带保护管浇注两种方式。试验证明,当其他条件一定时,这两种注流方式对 τ 无影响,但后者可使流动平稳,增加了流动的均匀性,可防止注流的二次氧化。

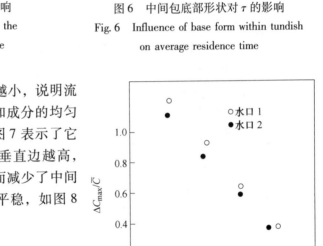

图 7 中间包底部倾斜对流动均匀性的影响

Fig. 7 Influence of the base inclination within tundish on the flow uniformity

3.5 临界液面高度的影响

在一般连铸中间包中钢水沿垂直方向流出,当液面高度低于一定值后(一般为 200～300mm),水口上方的液面会形成旋涡,严重时会形成旋涡漏斗,这样,不但易将空气卷入水口,促进二次氧化,而且会使钢水顶部覆盖渣卷入水口进入结晶器,使铸坯内大型夹杂物增加。试验观察到,水平连铸中间包即使液面高度很低,也不会产生上述现象。因而在浇注结束时可把中间包内残余钢水损失减到最小。

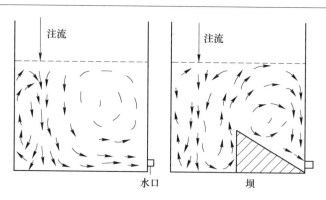

图 8 中间包流场示意图

Fig. 8 Flow diagram within the tundish model

4 生产中应用效果

双流水平连铸机由 5t 电炉供应钢水，钢包容量为 15t，中间包容量为 7.5t；内型尺寸为 1900mm×700mm×1070mm，包底略有倾斜。浇注 $\phi 80$ 圆坯，浇注过程中中间包液面高度保持 800mm 左右，采用敞开浇注，正常工作拉速为 2.5～3.0m/min。

为调查浇注过程中间包钢水夹杂物的变化，用 $\phi 25 \times 150mm$ 的取样器，在浇注过程中分别从钢包和中间包取样，用 Q-900 图像分析仪，分析试样中夹杂物量，见表 1。由表可知，中间包内钢水夹杂物比钢包平均减少 40%～70%，这说明在中间包内有充分时间允许夹杂物上浮，有利于钢水净化。

表 1 钢包和中间包夹杂物量变化

Table 1 Variation of inclusion quantity in tundish and ladle

编 号	钢包样中出现夹杂物的区域	中间包样中出现夹杂物的区域
622	0.011	0.00697
631	—	0.0017
632	0.0149	0.00398

5 结论

（1）钢水在中间包内停留时间分布在一定程度上能反映钢水运动特性。影响中间包内钢水停留时间分布主要是拉速和液面高度。在液面高度一定时，拉速增加，平均停留时间减少；而拉速一定时，液面高度增加能显著增加停留时间，有利于夹杂物上浮。

（2）由试验和理论分析表明，在实际生产中平均停留时间可由式（7）计算，在拉速为 1.5～3m/min、液面高度为 400～800mm 时其误差小于 10%。

（3）中间包隔墙对停留时间无明显影响。隔墙的作用主要是使流动均匀平稳，减少了中间包死区，有利于中间包内钢水温度和成分的均匀化与夹杂物的上浮。

（4）钢包注流采用保护管浇注，能改善中间包内液体流动状况，可防止注流的二次氧化，提高了铸坯的质量。

（5）对中间包内液体流动观察表明，即使液面高度很低时，钢液面上不会产生旋涡。

因此在浇注末期,只要在钢水静压力允许的条件下,可尽量减少中间包内的残留钢水量,而不必担心渣子卷入结晶器。

(6) 从生产上使用效果来看,中间包内钢水中夹杂物量比钢包平均减少40%~70%,这说明中间包有充分时间允许夹杂物上浮,有利于钢水的净化。

致谢:马钢公司二炼钢厂对水平连铸中间包的取样和试样加工提供了支持和帮助,特致衷心谢意。

参 考 文 献

[1] 鞭岩. 冶金反应工程学 [M]. 蔡志鹏,谢裕生,译. 北京:科学出版社,1981:5.
[2] 洪纯一,等. 光导示踪仪的研制及其在化学工程中的应用. 北京化工学院资料,1981.

Flow Characteristics within the Tundish of Horizontal Continuous Casting by Simulation

Cai Kaike　Wang Liya　Li Shaoshun　Qu Ying

(Beijing University of Iron and Steel Technology)

Abstract: In the continuous casting process, the tundish is the last container with refractory lining before the molten steel is poured into the mold.

The flow characteristics within the tundish has a strong influence on the tundish design, technology operation and the quality of strand.

In this paper, the flow behaviour and liquid residence time within the tundish of HCC have been studied by water simulation. As well as some good results for decanting inclusions in the tundish was found during continuous casting.

Keywords: horizontal continuous casting; flow characteristics within the tundish

板坯连铸结晶器铜板温度场研究

郭 佳 蔡开科

（北京科技大学）

摘　要：本文建立了结晶器钢板二维非稳态传热数学模型，研究了板坯结晶器铜板温度场。利用工厂实测数据对模型进行了验证。讨论了拉速、冷却水流速、铜板厚度、水垢和铜板镀层对铜板温度分布的影响。

关键词：板坯连铸；结晶器；温度场；模型

1 引言

结晶器是连铸机的"心脏"，钢水在结晶器的凝固实质上是把钢水热量通过铜板传给冷却水的过程，铜板的传热状况对铸机产量和铸坯质量有重要影响。板坯结晶器是由两块宽面铜板和两块窄面铜板组合而成所需浇注的断面。

结晶器铜板的温度分布对于热量传递，提供坯壳与铜板接触状态的信息，渣膜润滑层的形成以及铜板寿命都有十分重要的影响。为了解铜板的温度分布，通常是在铜板厚度方向的热面（钢水侧）、冷面（冷却水侧）的不同高度处设置热电偶，测定拉坯过程中铜板温度变化[1,2]。板坯结晶器铜板中有水槽和螺钉，传热状态较复杂，可用数值计算方法模拟铜板的温度分布来开展研究工作[3]。

本文目的是建立铜板二维非稳态传热数学模型研究铜板温度分布并讨论工艺参数对铜板温度分布的影响。

2 铜板传热数学模型的描述

如图1所示，为建立铜板数学模型，作如下假设：

（1）铜板导热系数 λ 各向同性；

（2）铜板密度 ρ 和比热 c 视为常数；

（3）拉坯方向（z 向）铜板传热忽略不计；

（4）宽面铜板能全面反映浇注过程的传热状态，互呈对称性，故模型只考虑一块宽面铜板的温度分布。

取铜板中一个微元体做热平衡，可导出：

$$\frac{\partial^2 T}{\partial x^2} + \frac{\partial^2 T}{\partial y^2} = \frac{\partial T}{\partial t} \qquad (1)$$

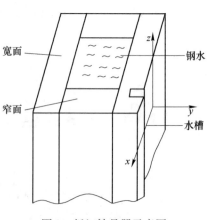

图1　板坯结晶器示意图

本文发表于《炼钢》，1994年，第3期：27~31。

求解此方程的条件：

初始条件：
$$T(x,y) = T_0 \tag{2}$$

边界条件如图 2 所示，结晶器铜板宽面温度场求解的边界条件有以下几种情况：

（1）钢水与铜板交界面（AC 面）。

$$\lambda \frac{\partial T}{\partial y} = q^3 \tag{3}$$

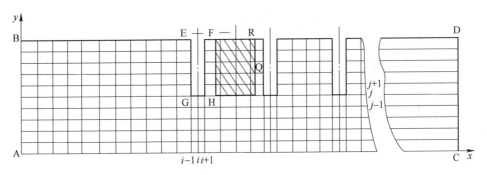

图 2　铜板边界条件和网格划分示意图

（2）结晶器宽面铜板与窄面铜板交界面（AB、CD 面）。

$$-\lambda \frac{\partial T}{\partial x} = -\lambda \frac{\partial T}{\partial y} = 0 \tag{4}$$

（3）结晶器铜板与支持钢板接触面（BD 面）。

$$-\lambda \frac{\partial T}{\partial x} = -\lambda \frac{\partial T}{\partial y} = 0 \tag{5}$$

（4）铜板水槽与冷却水接触面（EG、FH 面）。

$$-\lambda \frac{\partial T}{\partial x} = -\lambda \frac{\partial T}{\partial y} = h_w(T - T_w) \tag{6}$$

$$h_w = 0.023 \frac{\lambda_w}{d} Re^{0.8} Pr^{0.4} \tag{7}$$

（5）钢板螺钉与支撑铜板接触面（RQ 面）。

$$-\lambda \frac{\partial T}{\partial x} = -\lambda_s \frac{\partial T}{\partial y} \tag{8}$$

综合以上各式，便得到求解板坯结晶器铜板温度场的非稳定态二维传热数学模型。

3　模型求解及验证

3.1　网格划分

所计算的结晶器铜板宽面尺寸 50mm×900mm×2210mm，水槽和螺钉沿宽面中心线对称分布。其结构尺寸和网格划分如图 2 所示。图中 AC 面为与钢水接触面，BD 面为与固定钢板接触面，为非均匀网格，共 377×11 节点。分别列出内部节点和边界点（AC、BD、AB、CD、EG、FH 和 A、B、C、D、E、F、G、H、R、Q）的差分方程，构成了求解铜板温度场方程组。

3.2 计算参数选取

(1) 铜板导热系数 $\lambda^{[4]}$。所取的 λ 值如下：

λ_1 (镀层区) = 20 J/(m·s·℃)；

λ_2 (离表面 5mm) = 334.9 J/(m·s·℃)；

λ_3 (离表面 5~15mm) = 376.7 J/(m·s·℃)；

λ_4 (其余铜板) = 397.6 J/(m·s·℃)；

λ_5 (不锈钢螺钉) = 52 J/(m·s·℃)。

(2) 密度 ρ 和比热 $c^{[5]}$。

铜板：$\rho = 8954 \text{kg/m}^3$；$c = 0.3831 \text{kJ/(kg·℃)}$。

不锈钢螺钉：$\rho = 7833 \text{kg/m}^3$；$c = 0.65 \text{kJ/(kg·℃)}$。

(3) 冷却水参数。

$\rho = 1.0 \text{kg/m}^3$；$c = 4.18 \text{J/(kg·℃)}$；$\lambda = 2.209 \text{kJ/(m}^2\text{·h·℃)}$。

(4) 冷却水与铜板界面传热系数 $h_w^{[4]}$。

将有关参数代入式 (7) 整理得：

$$h_w = 141.8 v^{0.8}$$

(5) 结晶器热流 q_s。根据工厂板坯连铸机结晶器平均热流统计，回归得到结晶器热流密度 q_s：

$$q_s = 640 - 75\sqrt{\frac{H}{v}}$$

3.3 模型的验证

在结晶器宽面铜板上，距铜板顶部 200mm、400mm、600mm 处分别装有 6 个热电偶 (离铜板热面 10mm)，康铜热电偶从螺栓中心孔插入与仪表连接，在控制室的屏幕上显示所测点的温度瞬时值，可起漏钢预报的作用。

在现场记录了拉速为 1.0m/min、1.2m/min、1.4m/min 三种工况下离铜板上口 200mm、400mm、600mm 处的温度值。以拉速为 1.0m/min 为例，计算铜板温度与实测温度，如图 3 所示。

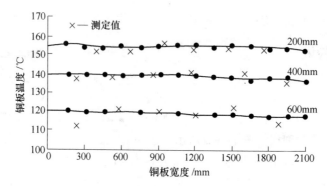

图 3 计算的铜板温度与测定值比较

由图可知,计算值与实测值基本接近,其相对误差小于10%。说明建立的模型是可行的。

4 结晶分析与讨论

4.1 铜板厚度方向温度分布

如图4所示,沿铜板厚度从热面到冷面铜板温度分布基本上为一簇平行的等温曲线。由图可知:(1)铜板热面温度为305.4℃,在冷却水槽区域铜板温度曲线呈弓形。(2)水槽两边铜板温度比中间铜板温度低约15℃。(3)由于不锈钢螺栓的导热系数比铜小5倍,引起局部区域温度升高。(4)与冷却水接触的铜板温度小于60℃,不会使水沸腾。

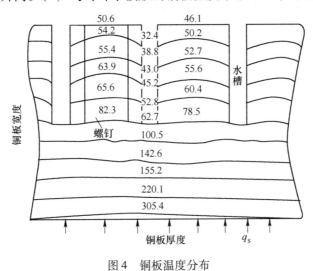

图4 铜板温度分布

4.2 拉速对铜板温度的影响

如图5所示,拉速从0.8m/min增加到1.6m/min,铜板热面温度明显增加,最大相差50℃。

拉速为1.2m/min时沿结晶器高度热面和冷面的铜板温度如图6所示。在弯月面区铜

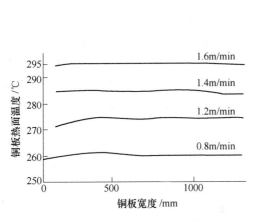

图5 拉速对铜板热面温度的影响

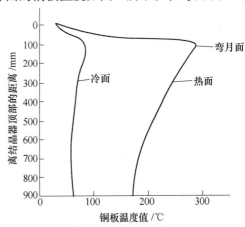

图6 沿结晶器高度铜板温度分布

板热面温度最高约为295℃，出结晶器铜板温度约为180℃；弯月面区冷面铜板温度小于100℃。当拉速提高到1.6m/min时，热面铜板温度达322℃，未超过铜的再结晶温度。

4.3 冷却水流速对铜板温度的影响

冷却水流速从3m/s增加到11m/s，铜板热面温度大大降低（见图7）。由 $h_w - Av_w^{0.8}$ 可知，水流速度增加，传热系数 h 增大，使铜板与冷却水传热效率增加，铜板温度降低。当水速为3m/s时，铜板热面温度升高到350℃以上，超过了铜的再结晶温度，而使铜板的强度和硬度降低。当水速为11m/s时铜板热面温度为240℃左右。若再增加冷却水流速，对铜板传热便无多大影响。因此采用冷却水流速为7~8m/s，可使铜板热面和冷面达到合适的温度值，取得良好的传热效果。

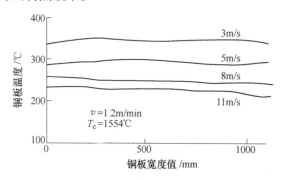

图7　冷却水速度对铜板热面温度的影响

4.4 铜板厚度的影响

当拉速为1.2m/min，冷却水流速为7m/s时计算结果表明：随铜板厚度变小，铜板热面温度呈下降趋势。铜板厚度从40mm减小到20mm，铜板热面温度下降约70℃。但是选择结晶器铜板厚度时还应考虑水槽尺寸和固定螺栓的安装，以保证使用过程中铜板所需的强度和刚度。

4.5 水垢对铜板温度的影响

铜板冷却水槽中水垢增厚，传热系数变小，会造成铜板热面和冷面温度升高。水垢厚度为0.1mm、0.17mm、0.29mm、0.6mm时的传热系数分别为30kJ/($m^2 \cdot s \cdot ℃$)、20kJ/($m^2 \cdot s \cdot ℃$)、12kJ/($m^2 \cdot s \cdot ℃$)、6kJ/($m^2 \cdot s \cdot ℃$)。当冷却水流速为7.2m/s，水垢厚度为0.16mm时，弯月面区热面温度为295℃，冷面铜板温度小于100℃（见图8），结晶器处于良好的传热状态。如水垢厚度增至0.6mm时，热面铜板温度便高达550℃，大大超过铜的再结晶温度，使铜板硬度和强度降低，这是不允许的。因此结晶器要采用软水，避免水垢生成。同时要定期清洗水槽，清除水垢。

4.6 铜板材质的影响

结晶器铜板一般采用Cu-Ag、Cu-Cr、Cu-Zr合金，以提高强度和使用中抗变形能力。为提高铸坯表面质量，并在铜板上采用Ni或Ni-Cr合金镀层。当拉速为1.4m/min，冷却

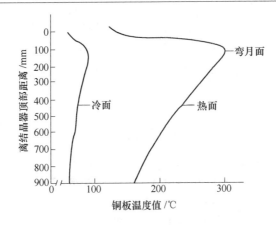

图 8 沿结晶器高度铜板温度分布

水流速 7.2m/s，铜板厚度 50mm，计算表明，无镀层铜板热面温度为 290℃，有 Ni-Cr 镀层时为 310℃。

5 结论

（1）建立的板坯结晶器铜板二维非稳态温度场数学模型，利用有限差分法求解。计算的铜板温度分布与现场结晶器漏钢预报实测的温度基本接近，其相对误差小于 10%，说明模型是可行的。

（2）拉速是影响铜板温度场的主要因素。拉速增大，钢板温度升高。计算表明，对 250mm 厚板坯，拉速由 1.4m/min 增加到 1.6m/min，铜板热面温度不会超过再结晶温度，铜板冷面温度不会达到水的沸点。

（3）冷却水流速增大，可使铜板温度降低。冷却水流速由 5m/s 增加到 8m/s，铜板温度下降 28℃；而由 8m/s 增加到 11m/s，铜板温度仅下降 10℃；冷却水再增加，铜板温度变化更小。因此，保持冷却水 7~8m/s 的水速是适宜的。

（4）水垢增厚，铜板传热能力下降，使铜板温度升高。当水垢厚度由 0.1mm 增加到 0.6mm 时，铜板热面温度达到 550℃，这是不允许的。因此采用软水，定期清洗，以防止水垢生成。

（5）铜板厚度越薄，铜板温度越低，但选择铜板厚度还应同时考虑水槽大小和结晶器强度和刚性，以保证必需的抗变形能力。

符号说明

λ——铜导热系数，kW/(m·℃)

c——铜比热，kJ/(kg·℃)

ρ——铜密度，kg/m³

q_s——结晶器热流密度，kJ/(m²·s)

h_w——冷却水传热系数，kW/(m²·℃)

Re——雷诺数

λ_s——钢板导热系数，kW/(m·℃)

t——时间，s

Δt——时间步长，s

v——拉速，m/min

H——结晶器铜板高度，m

v——冷却水速度，m/s

Pr——普朗特数
d——水槽宽度，m
λ_w——冷却水导热系数，kW/(m² · ℃)
T_w——冷却水温度，℃

Δx——x 方向空间步长
Δy——y 方向空间步长
T——铜板温度，℃

参 考 文 献

[1] R. Albemy, et al. Etude de la Lingotiere de Coulee Continuedu Brame [J]. Asco. RP., 1974: 74-22.
[2] S. Deshimaru, et al. Effect of 3-Dimensional mold-Taper of Narrow Face on the Heat Extraction [J]. Tetsu to Hagane, 1984, 70 (4): S20B.
[3] Brian G, Thomas. Application of Mathematical model to the C. C. Slab mold [J]. Steelmaking Proc, 1989: 423.
[4] 刘明延, 等. 板坯连铸设计与计算（上册）[M]. 北京: 机械工业出版社, 1990: 451.
[5] 德意志联邦共和国工程师协会, 工艺与化学工程学会编. 传热手册 [M]. 北京: 化学工业出版社, 1983.

Numerical Study on Temperature Field of Mould of Slab Concaster

Guo Jia   Cai Kaike

(University of Science and Technology Beijing)

Abstract: A two-dimensional transient heat transfer model has been developed with the goal of modeling the temperature field of the copper mould wall. Qualitative agreement was found between model and operating temperature data. The effect of following variables on mould temperature distribution has been studied: speed, water velocity, wall thickness, scale deposition and galvanization layer.

Keywords: slab continuous casting; mould; temperature field; model

阻流器流控装置下中间包内的流场

李冀英　韩传基　蔡开科　　杨素波　严学模
（北京科技大学）　　　　　（攀枝花钢铁研究院）

摘　要：通过物理和数学模拟研究了一种新型中间包流控装置——阻流器对中间包内流场的影响。并通过同传统的单挡墙、坝下中间包内流场的比较，得出阻流器可改变中间包内传统的流场，使钢液由长水口注入中间包后再返回自身，从而消除了中间包短流，发展了表面流，延长了滞止时间和平均停留时间，有利于中间包内夹杂物的去除。在较大的拉速下使用单挡墙＋单坝＋阻流器的组合结构，效果更好。数学模型计算出的流场同水模型实验吻合较好。
关键词：中间包；流场；水模型；阻流器

1　引言

为了优化中间包内的流场，冶金工作者通过数学或物理模型对中间包内钢液的流动特性进行了许多研究[1-3]，先后发展了挡墙、坝、斜墙、过滤器等流控装置。但是，中间包长水口注入区高速湍流造成的渣子卷入、耐火材料侵蚀及对夹杂物上浮去除的阻止作用没有得到根本解决。对中间包冲击垫进行改进而发明的阻流器可使钢液由长水口注入中间包后再返回自身，从而降低中间包注流区的涡流。本文利用1/4模型，对中间包内设置阻流器的流场进行了研究，并且同传统的单挡墙＋单坝结构下的流态进行了比较。

2　水模型试验

基于 Fr 准数建立模型，相似比例取为1/4。整个试验装置如图1所示，试验的信号采集系统由电导率仪、数据放大器、A/D 转换板及计算机组成。利用饱和的 KCl 溶液作为电导液。长水口在中间包内的浸入深度为75mm，模拟水流量取为 $1.2 m^3/h$。

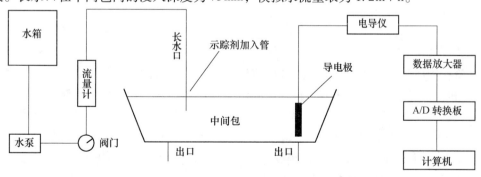

图1　试验装置示意图

试验所用的阻流器结构如图 2 所示。它放置在中间包长水口的下方，阻流器既可单独使用也可以同其他流控装置配合使用。为了对比研究了中间包内无流控装置，使用单挡墙+单坝结构和挡墙+坝+阻流器 3 种工况下的流动特性。挡墙及坝在中间包内的布置如图 3 所示。

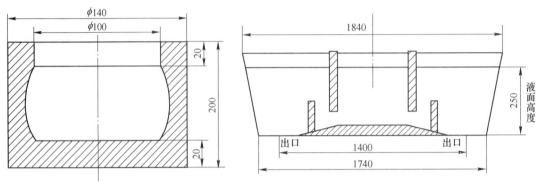

图 2　阻流器结构示意图　　　　图 3　单挡墙+单坝在中间包内的布置

3　研究方法

试验以测定电导液在中间包内的停留时间分布曲线（RTD）为主，并在中间包内加入甲基橙进行流场照相。根据混合理论，中间包内可分为活塞流区、全混流区及死区，各区体积分数采用以下公式计算：死区体积分数 $\varphi_d = 1 - \bar{t}/t_a$；活塞流提及百分数：$\varphi_p = (t_d + t_p)/2\bar{t}$；全混流体积百分数：$\varphi_m = 1 - \varphi_d - \varphi_p$；式中，$\bar{t}$ 为流体质点在中间包内的平均停留时间，$\bar{t} = \int_0^x tE(t)dt / \int_0^x E(t)dt$，$\int_0^x E(t)dt = 1$；$t$ 为时间，$E(t)$ 表示在 t 时刻测得的示踪剂相对浓度，t_d 为流体质点在中间包内的最小停留时间即滞止时间，可从 RTD 曲线或数据文献中直接得到；t_p 为峰值时间即 RTD 曲线上电导率最大值对应的时间；t_a 为流体质点在中间包内的理论停留时间，其计算式为 $t_a = Q/V$，其中 Q 为中间包内液体的体积（m³），V 为体积流量（m³/s）。理论上认为，提高活塞流体积，减小死区体积，以及延长滞止时间、平均停留时间均有利于夹杂物的去除。

4　试验结果与讨论

试验利用甲基橙作为染色剂，对各种流控装置下中间包内的流态进行了照相，如图 4 所示。同时还利用 PHOENICS 软件计算了各流控装置下的流场，如图 5 所示。

4.1　中间包内无流控装置

其流态如图 4（a）所示。流体由长水口加入中间包后，同中间包的底部相碰撞然后向四处散开，一部分沿中间包底部向前出口处流动，形成中间包底部的短流；一部分沿中间包侧墙向前、向上到达中间包液面，然后向前、向中间包内部流动，在长水口的四周形成一个很大的漩涡；在出口的上方也形成一个大的漩涡。由计算出的流场图 5（a）也可看出钢包注流动能很大，直冲包底，而且实际生产中钢包位于大包回转台，流股对中间包

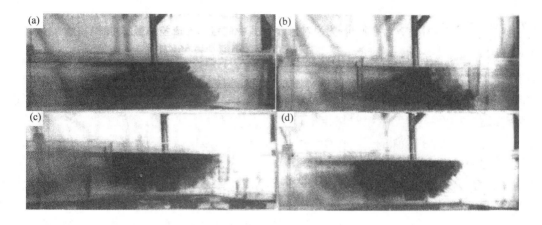

图4 各种流控装置下中间包内的流态照片（加入示踪剂5s后）
(a) 无流控装置下的流态；(b) 单挡墙+单坝结构下的流态；(c) 阻流器下的流态；
(d) 阻流器+单挡墙+单坝下的流态

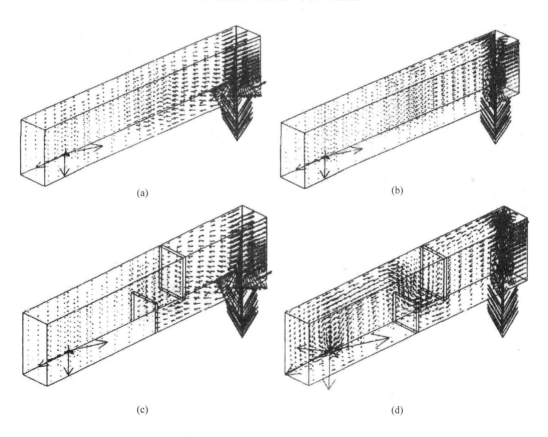

图5 各种流控装置下的计算流场
(a) 无流控装置；(b) 仅使用阻流器；(c) 单挡墙+单坝；(d) 单挡墙+单坝+阻流器

底部及注流点处两侧壁的冲击将更大。该装置下中间包内钢液的行程较短，平均停留时间小，不利于夹杂物的去除。

4.2 中间包加单挡墙+单坝

其流态如图4（b）所示，在此装置下流股同中间包底部相碰撞后仍然沿侧墙向上、向前流动，但是遇到挡墙后即形成反方向的漩涡而垂直流向自由表面，然后转而向下和底部流股混合流到坝处因受坝的抬升而再次流向自由表面，然后再向下流向中间包出口。这种流动形态同中间包内无流控时相比增加了钢水的停留时间，为夹杂物的去除创造了条件，并且由于坝的存在消除了较强的中间包底部短流。但是仍然有一部分钢液在沿侧墙向前流动时没有受到挡墙的阻挡而直接到达坝，然后流向自由表面，这部分钢液的停留时间要小于受到挡墙的阻挡而在挡墙的右侧形成涡流的那部分钢液。并且在两挡墙之间该流控装置下的流态同无流控装置时相同，钢液到达中间包后均由中间包底部向前、向上流向中间包液面，从而表面流不发达，流股经历钢渣界面时间短，不利于夹杂物的去除，并且对侧墙的冲击也较大。其计算流场如图5（b）所示。

4.3 中间包仅使用阻流器

其流态如图4（c）所示，当钢液从长水口喷出后进入阻流器，然后全部返回自身，从而同来流相撞能量损失较大，返流到达中间包自由表面后沿表面向前、向下流动，从出口流出。使用阻流器可产生较强的表面流增加了钢液同中间包表面保护渣的接触时间，为夹杂物被中间包保护渣吸附提供了可能，并且阻流器完全避免了钢液从中间包长水口喷出后不同表面保护渣接触从出口流出，从而消除了的短流，可使全部钢液返回自由表面，计算流场如图5（c）所示。另外，使用阻流器后对中间包底部截面冲击较小，并从底截面速度图如图6（a）所示，使用阻流器后在该截面上并没有像前两种流场那样流股同中间包底部碰撞后以较大的速度向四周扩展（见图6（b）），对中间包侧墙产生较重的侵蚀，而是因阻流器的作用返回自身，在阻流器同中间包侧墙之间是速度较小的缓慢流动。

图6 中间包底截面的两种流态
（a）使用阻流器；（b）不使用阻流器

4.4 单挡墙+单坝+阻流器结构

在仅用阻流器时，中间包的表面流发展较为充分，但向前、向下流动较快，因此我们又进行了阻流器同单挡墙+单坝结构相组合的试验，阻流器仍位于中间包长水口的正下方，其流态如图4（d）所示，可见在两挡墙之间钢液的流态与只用阻流器时相同，但由于受到挡墙的阻挡由阻流器返回自由表面的钢液并没能以较大的速度向前、向下运动,而是沿挡墙垂直向下运动,从挡墙的下部流过然后因坝的作用再次流向自由表面然后向前向下流向出口,在出口的上方形成了漩涡,从而该流控装置避免了短流,增加了钢液在中间包内的流程,延长了停留时间,有利于夹杂物的上浮及保护渣对夹杂物的吸收。其计算流场如图5(d)所示。

4.5 结果对比

对4种中间包结构下测定的RTD曲线分析,结果见表1。使用阻流器同无流控装置相比提高了滞止时间及活塞流体积,但是由于钢液在到达液面后向前向下流动较快,因此平均停留时间变化不大。而使用单挡墙+单坝+阻流器结构,由于挡墙对返到液面钢液向出口流动的阻碍,减缓了钢液流动从而显著提高了滞止时间、平均停留时间,增大了活塞流体积。

表1 水模型实验结果比较

项　目	滞止时间/s	平均停留时间/s	活塞流体积比率/%	死区体积比率/%	全混流体积比率/%
无流控装置	16.0	109.8	7.9	58.5	33.6
单挡墙+单坝	45.0	234.0	23.5	12.6	63.9
阻流器	27.5	111.8	11.5	55.5	33.0
阻流器+单挡墙+单坝	66.5	210.8	34.5	23.9	41.6

流量对平均停留时间及死区体积百分比的影响如图7所示。可见平均停留时间随拉速的增加而减小,死区体积也随拉速的增大而减小;单挡墙+坝及挡墙+坝+阻流器结构要明显优于无控流装置。但是在较高的拉速下阻流器+单挡墙+单坝结构要优于其他装置。

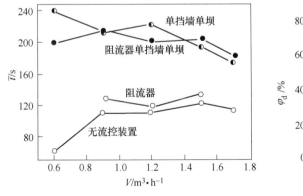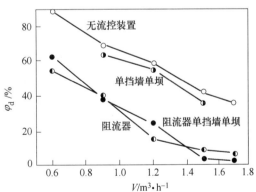

图7 不同流量下平均停留时间及死区体积比率的比较

5 结论

中间包使用阻流器可改变传统的中间包内流场,增加滞止时间和平均停留时间,增大活塞流体积,消除中间包短流,从而有利于中间包内夹杂物的去除。在较高的拉速下使用阻流器+单挡墙+单坝结构可使中间包内的流态最优。

参 考 文 献

[1] Singh S, Koria S C. Tundish Steel Melt Dynamics With and Without Modifiers Through Physical Modelling [J]. Ironmaking and Steelmaking, 1996, 23 (3): 255.
[2] Mclean A. The Turbbulent Tundish-Contaminator or Refiner Steelmaking Conference Proceedings, 1998, 79: 3.
[3] Sinha S K, Godiwalla K G. Fluid Flow Characterization in Twin Strand Continuous Casting Tundish Water Model [J]. Ironmaking and Steelmaking, 1993, 20 (6): 485.

Fluid Flow Characterization in the Tundish with Preventur Pad

Li Jiying   Han Chuanji   Cai Kaike

(University of Science and Technology Beijing)

Yang Subo   Yan Xuemo

(Iron and Steel Research Institute of Panzhihua)

Abstract: Through physical and mathmaterical simulation, the flow patterns in the tundish with a new-born type of flow control device-Preventur Pad were studied. Compared with the typical dams and weirs, preventur pad can return the fluid from the stockel directly to itself, maximize the mean and minimum residence times, increase plug volume and cancel short circulation in the tundish. Especially in high-speed casting, preventur pad + dam + weir has better effect on the removing of inclusions from the tundish. The fluid patterns in the tundish with preventur pad have been proved through mathematical simulation.

Keywords: tundish; fluid flow; water modelling; preventur pad

板坯连铸中间包流动控制及冶金效果研究

吴 巍　　　　　　　　　韩传基　蔡开科
（安阳钢铁集团有限责任公司）　　　　　（北京科技大学）

摘　要：针对安钢二炼钢板坯连铸机的产品质量问题，对中间包进行了改形设计，用数学和物理模拟方法研究了不同的控流装置对流场和夹杂物上浮率的影响，最后确定出合适的中间包挡墙+坝的内部结构，生产实践证明取得了明显的冶金效果。

关键词：流动控制；中间包；连铸

1 问题的提出

安钢连铸板坯的主要质量问题是中板夹杂废品率高，对铸坯的检验表明，夹杂物主要是由中间包操作及渣子卷入钢水造成的。中间包为椭圆形，中间包内钢水的流动存在问题是：

（1）中间包容量小，浇注液面低，旋涡卷渣严重；

（2）钢包注点离中间包水口太近（只有750mm），钢水流动距离短，停留时间短，夹杂物上浮机会少；

（3）由于操作不当，钢包注流直接冲击中间包水口附近，一部分钢水直入结晶器，且由于冲击区的紊流使中间包渣卷入结晶器。

为了抑制中间包渣卷入结晶器，决定把椭圆形中间包改为矩形中间包，并增加控流装置。本文论述了中间包改造及生产应用冶金效果。

2 中间包物理模拟研究

根据以上分析，结合安钢二炼钢厂生产实际条件，决定把椭圆形中间包改为矩形中间包，容量由8t增加到12t，并增加控流装置（见图1）。根据水模型试验，确定矩形中间包控流装置的合理结构。

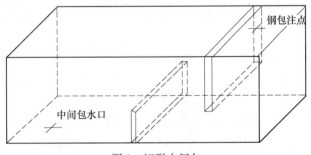

图1　矩形中间包
Fig. 1　Rectangular tundish

本文发表于《钢铁》，1999年，第10期：14～15, 23。

根据相似原理，取几何相似比例1:2，模型中间包尺寸见表1。试验对单挡墙＋单坝及单挡墙＋双坝分别进行了研究，最终确定出单挡墙＋单坝的方案。与无挡墙、坝的中间包相比，单挡墙＋单坝的中间包平均停留时间和流动特性指标均有明显改善（见表2）。

表1 模型中间包尺寸
Table 1 Dimensions of model tundish

项目名称	中间包倒锥度/(°)	中间包液面高/mm	上口长度/mm	上口宽度/mm	下底长度/mm	下底宽度/mm	冲击点距右墙/mm	冲击点距后墙/mm	水口距前墙/mm	水口距后墙/mm	中间包高度/mm
原形	5	700	2550	880	2410	740	300	300	230	200	800
模型	5	350	1275	440	1205	370	150	150	115	100	400

表2 无挡墙坝与单挡墙单坝结果比较
Table 2 Comparison result between no weir-dam and optimistic weir-dam tundish

项　目	无挡墙和坝	挡墙＋坝
模型中间包停留时间/理论停留时间/min	6.5	6.5
平均停留时间/min	3.2	5.1
原形中间包停留时间/理论停留时间/min	9.52	9.52
平均停留时间/min	4.53	7.22
滞止时间/s	24.5	86.0
上浮率/%	98.86	99.81
死区/%	51.40	22.46
活塞流区/%	12.86	35.45
混合区/%	35.74	42.09

3　中间包数学模拟研究

运用数学模拟的方法对水模型确定矩形中间包有无控制装置的两种工况条件下的流动过程进行定性描述，采用PHOENICS计算程序。计算结果表明，矩形中间包不加控流装置的流畅特点是：

（1）入口区湍流波及面大，整个液面波动不稳定；
（2）具有很强的底部流股，钢水路径短，停留时间短；
（3）钢水混合差，流动不均匀，存在死区。

加挡墙、坝后的矩形中间包流场得到如下几个方面的改善：

（1）注入流股造成的湍流被控制在入口区，防止了表面波扩散，使出口区平稳流动；
（2）产生钢液的上升流，增大了钢水路径，停留时间延长；
（3）使流动平稳，钢水充分混合，死区减少。

两种结构中间包的湍动能计算结果如图2所示。可见，中间包加挡墙和坝的控流装置，钢液流动有明显改善。

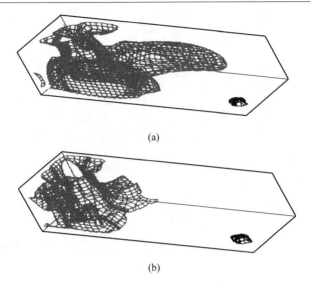

(a)

(b)

图 2 中间包湍流动能分布

Fig. 2 Distribution of turbulent flow energy in tundish

(a) 湍动能为 $0.0003 m^2/s^2$ 的等值面（未加挡墙和坝）；
(b) 湍动能为 $0.0003 m^2/s^2$ 的等值面（加挡墙和坝）

4 工厂应用结果

4.1 试样采集

对加挡墙和坝的矩形中间包和原用的椭圆形中间包进行了生产应用对比试验，从钢包→中间包→铸坯进行了系统取样，并加工成所需的规格。

4.2 试样分析与检验

采用大样电解法（Slims 法）分析钢中大颗粒夹杂，用金相法检验钢中围观夹杂物，用 LECO 仪分析钢中总氧含量。

4.3 试验结果

以钢中大颗粒夹杂量、微观夹杂量和总氧含量来评价中间包钢水和铸坯中的清洁度。共进行两个浇次（6 炉/浇次）的对比试验，钢种为 Q235，板坯断面为 150mm×950mm，其试验结果见表 3。

表 3 钢洁净度试验结果（平均值）

Table 3 Experimental results for steel cleanness (average value)

项 目		每 10kg 钢水中大颗粒夹杂/mg	微观夹杂/个·mm^{-2}	总氧/ppm
中间包	椭圆形	638.5	9.4	160.5
	矩 形	422.8	4.0	110.5
	减少率/%	33.9	57.5	31.2

续表 3

项　目		每10kg钢水中大颗粒夹杂/mg	微观夹杂/个·mm^{-2}	总氧/ppm
铸　坯	椭圆形	271.6	6.1	151
	矩　形	238.1	3.8	117
	减少率/%	12.3	37.7	22.5

由表 3 可知，与椭圆形中间包相比，使用矩形中间包后，中间包和铸坯中的夹杂物都明显减少。

在其他工艺条件不变的条件下，带挡墙和坝的矩形中间包经过半年多的工业试验，到 1995 年 9 月全部推广使用。从中板废品的统计，使用效果见表 4。

加挡墙和坝的矩形中间包推广使用后，中板夹杂废品降低了 21.8%。

表 4　中板夹杂废品统计
Table 4　Statistics result of medium plate defect referred to inclusions

工　况	轧制量/t	夹杂废品量/t	返废率/%
1~8 月未用	214919	1383.96	0.64
9~12 月已用	110445	565.53	0.50

5　结语

（1）在二炼钢厂板坯连铸机现有条件下，把原有的椭圆形中间包改为矩形中间包的设计是合理的。

（2）使用带有挡墙加坝的矩形中间包，使板坯中的夹杂物明显减少，从而使中板夹杂废品降低了 21.8%。

Study of the Effect of Flow Control in Tundish for Slab Continuous Casting

Wu Wei

(Anyang Iron and Steel Group Co., Ltd.)

Han Chuanji　Cai Kaike

(University of Science and Technology Beijing)

Abstract: In order to reduce inclusion in continuous cast slab, effect of various tundish flow control devices on flow field and inclusion removal has been studied by mathematical and physical simulation, and optimum tundish shape and inner configuration is obtained. The medium plate quality in terms of inclusions has been improved by use of optimum tundish.

Keywords: flow control; tundish; continuous casting

连铸板坯结晶器浸入式水口试验研究

万晓光　韩传基　蔡开科

（北京科技大学）

杨素波　严学模　顾武安

（攀枝花钢铁研究院）

摘　要：结合某厂两种断面的结晶器内腔尺寸，采用 1∶0.6 水模型研究方法，系统地研究了浸入式水口结构参数、吹气量、拉速等工艺操作参数同结晶器液面波动、流股对结晶器窄面的冲击力及涡心高度之间的关系，得出了适用于两种断面的合理的凹型浸入式水口。并利用水模拟试验和工厂试验进行了对比研究，结果表明，应用凹型浸入式水口取得了良好的效果。

关键词：板坯连铸；结晶器；浸入式水口；试验研究

1　引言

结晶器在连铸设备中是非常重要的部件，被称为连铸机的"心脏"。结晶器中钢液的流动行为与铸坯的卷渣、卷气、裂纹等缺陷直接相关。连铸中间包浸入式水口的形状、出口角度和底部结构直接影响着结晶器内钢液的流态和夹杂物的上浮分离[1-6]。本文结合某厂二流板坯连铸机两种断面的结晶器内腔尺寸，采用正交试验方法，得到了适合于高拉速的浸入式水口结构，并利用水模拟试验和工厂试验，对比研究了浸入式水口两种不同的底部结构对结晶器内流动过程和铸坯质量的影响。

2　试验方法

为了保证模型结晶器内流体流动及液面波动同实际结晶器内相似，根据相似原理，应保证惯性力及表面张力相似，因此本试验采用 Fr 和 We 相等而使 Re 处于同一自模化区。经计算本试验选用 1∶0.6 比例的试验模型。试验装置如图 1 所示，其中结晶器、塞棒、浸入式水口和中间包均由有机玻璃制成。为避免模型结晶器出口对流场的影响，模型结晶器的高度取 1200mm。

试验系统整体设由微机、打印机、电测仪及各种传感器组成。利用该系统可结晶器内弯月面处、结晶器宽度 1/4 处和浸入式水口附近三个点的液面波动进行测量，根据采集所有波浪的平均波高，作为衡量各点液面波动剧烈程度的指标。同时该系统还可准确测量流股同窄面碰撞点压力的大小，包括最大值、最小值及其相应的出现时间。同时为真实反映结晶器内流场状况，试验中采用着色法和发泡粒子来进行流场显示，以测量各工况条件下注流在结晶器内的冲击深度，采用片光源照相记录。

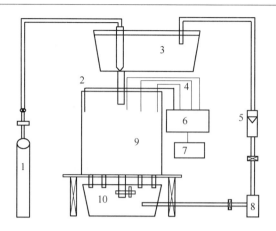

图 1 试验装置示意图
Fig. 1 Schematic of experimental apparatus
1—氮气瓶；2—微压传感器；3—中间包；4—波高传感器；5—流量计；
6—数据采集系统；7—计算机；8—水泵；9—结晶器；10—水槽

在试验过程中，采用正交实验方法，通过改变拉速、塞棒吹气量、浸入深度、浸入式水口直径、浸入式水口侧孔倾角、侧孔总面积同水口横断面积之比，来研究结晶器内的流动状况和结晶器液面的波动状况，得到适合于高拉速的浸入式水口结构参数。新设计的浸入式水口与现场用倒"Y"型水口结构示意图如图 2 所示。

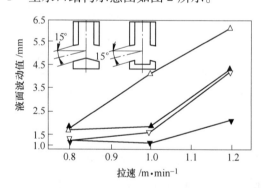

图 2 两种水口液面波动的比较
Fig. 2 Comparison of wave amplitude
弯月面波动值：▲—凹型水口，▼—倒"Y"型水口；
宽度1/4处波动值：△—凹型水口，▽—倒"Y"型水口

3 水模型试验结果与讨论

3.1 结晶器内的液面波动

图 2 为新设计的凹型水口与倒"Y"型水口在各拉速下对应的结晶器液面波动。可以得知，倒"Y"型水口的液面波动小，弯月面较死，这是由于流股从水口上部向下冲到水口底部后，被水口底部的尖叉直接劈开为两部分，从而使流股在结晶器内向下的冲击速度大，流股冲击深度深，对结晶器液面的扰动减小；但是由于流股流出水口侧孔时的速度

大，在水口侧孔上部造成的负压必然也增大，从而导致了水口壁处的液面波动加大。所以使用倒"Y"型水口，弯月面较死但水口壁处液面波动过大。

对于凹型水口，流股在凹槽内得到缓冲，其湍动能减小，同时也使流股出水口侧孔后向下冲击的速度减小，这样，流股的动能减小，流股中气泡对流股的抬升作用加大，从而导致了流股对液面的扰动加大。但由图2可知，使用凹型水口后，弯月面及结晶器宽度1/4处液面较活，有利于保护渣对夹杂物的吸收。

3.2 流股的冲刷力

两种水口的窄面冲刷力的对比如图3所示。由图3可知，对两种水口而言，流股对窄面的冲刷力均随拉速的增加而增大，但是，倒"Y"型水口的窄面冲刷力要远远大于凹型水口的窄面冲刷力，当拉速为1.2m/min时，倒"Y"型水口的窄面冲刷力为凹型水口的2.27倍。可见使用凹型水口有利于结晶器窄面初生坯壳的均匀生长。

3.3 流股冲击深度（涡心高度）

使用两种水口的涡心高度的对比如图4所示，两种水口的涡心高度均随拉速的增加而增大，倒"Y"型水口的涡心高度远远大于凹型水口的涡心高度，当拉速为1.2m/min时，倒"Y"型水口的涡心高度为凹型水口涡心高度的1.4倍。使用凹型水口有利于结晶器钢液中夹杂物和气泡的上浮去除。

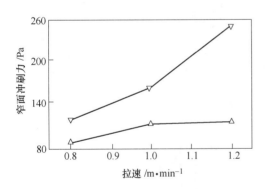

图3 两种水口窄面冲刷力的比较

Fig. 3 Comparison of wave impetus

▽—倒"Y"型水口；△—凹型水口

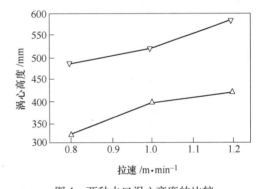

图4 两种水口涡心高度的比较

Fig. 4 Comparison of height of the center of vortex

▽—倒"Y"型水口；△—凹型水口

4 生产试验与应用

4.1 试验方法

利用凹型水口和倒"Y"型水口做了两个浇次的对比试验。试验目的是检验使用凹型浸入式水口的冶金效果。第1流结晶器安装凹型水口，第2流安装倒"Y"型水口，试验钢种为09CuPRe和Stb32。试验条件如下：

（1）在每炉分别用玻璃吸管从第1流和第2流结晶器取钢样，经加工成小于5mm×5mm试样，用Leco仪定氧，分析钢中总氧含量。

(2) 分别测定结晶器钢液面液渣层厚度，其位置分别为：A—水口壁处，B—结晶器宽面1/4处，C—结晶器窄面处。

(3) 分别从第1流和第2流铸坯取样，加工成金相试样，检验铸坯厚度1/4处夹杂物。

(4) 分别从第1流和第2流结晶器取渣样，分析结晶器渣中 Al_2O_3 量。

4.2 试验结果

4.2.1 结晶器钢液面保护渣液渣层厚度

评价结晶器内流动状况好坏的一个指标是结晶器上面液态保护渣层的厚度。以浇 Stb32 钢为例，测得液渣层厚度见表1。

表1 液渣层厚度
Table 1 Thickness of molten slag

测量位置	A	B	C	平均值	增加率/%
第1流	14.5	12.5	11.8	12.9	24.2
第2流	11.0	10.0	10.0	10.3	—

由表1可知，使用凹型水口结晶器钢液面保护渣液渣层厚度比倒"Y"型水口增加了24.2%，水模型试验表明，当拉速为1.2m/min时，凹型水口流股的冲击深度减少了，钢液面活跃了，促进了钢水面的更新，有利于保护渣熔化，因此液渣层厚度增加了，有利于液态保护渣吸收夹杂物和渗漏到坯壳与铜板之间，改善结晶器润滑，改善铸坯的表面质量。

4.2.2 液渣吸收夹杂物

以200mm×1250mm断面结晶器浇注Stb32钢为例，在第1流和第2流结晶器中取液渣样，分析渣中 Al_2O_3 量，用凹型水口的第1流结晶器液渣层厚度平均值为12.9mm，而用倒"Y"型水口的第2流结晶器液渣层厚度平均值为10.3mm。计算出结晶器液渣层的渣量及其所含的 Al_2O_3 平均重量，得出液渣中 Al_2O_3 的增加率，见表2。

表2 保护渣中的 Al_2O_3
Table 2 Al_2O_3 in slag

第1流		第2流		Al_2O_3 增加率/%
液渣量/kg	渣中 Al_2O_3/kg	液渣量/kg	渣中 Al_2O_3/kg	
11.2875	0.8895	9.0125	0.7913	12.41

由表2可知，使用凹型水口渣中 Al_2O_3 量比倒"Y"型水口增加了12.41%，说明液渣量增厚了，吸收的夹杂物增加了。

4.2.3 结晶器钢水中总氧 T[O]

用玻璃吸管从第1流和第2流结晶器吸取钢样，分析钢中 T[O]，分析结果表明，用凹型水口比用倒"Y"型水口结晶器钢中 T[O] 减少15%~30%，这说明水口出口流股的冲击深度减小了，涡心高度减小了，有利于钢液中夹杂物的上浮，被保护渣吸收。

4.2.4 铸坯中夹杂物比较

铸坯内弧侧厚度 1/4 处的夹杂物统计结果见表 3。

表 3 铸坯厚度 1/4 处夹杂物
Table 3 Inclusion at 1/4 thickness of slab (%)

炉次	第 1 流	第 2 流	减少率
1	0.1789	0.1991	-10.15
2	0.1994	0.1906	+4.60
3	0.0898	0.1083	-17.90
4	0.0508	0.0764	-33.50
5	0.0481	0.0786	-38.80

由表 3 可知，使用凹型水口后，铸坯内弧侧 1/4 厚度处的夹杂量比用倒"Y"型水口平均减少了约 20%。这是由于使用凹型水口后，流股在结晶器内的冲击深度减小，使结晶器内热中心上移，从而加速了保护渣的熔化，使保护渣在单位时间内吸收的夹杂量增加；另外，流股在结晶器内的冲击深度浅，被流股带入结晶器内的夹杂物在上浮过程中克服的静压力随之减小，从而加快了夹杂物的上浮速度；而且，流股的冲击深度浅，夹杂物易捕捉区的面积缩小，因此，夹杂物被凝固前沿捕捉的几率大大减少。

5 结论

（1）采用水模型的方法对底部为倒"Y"型和凹型两种结构的浸入式水口进行对比试验表明，凹型结构水口流股对窄面的冲击力和涡心高度比倒"Y"型水口都有明显降低，且结晶器弯月面较活跃，利于结晶器内保护渣的熔化，利于改善结晶器润滑。

（2）用倒"Y"型水口与凹型水口进行对比生产试验表明，结晶器保护渣液渣层厚度增加了 24.2%，液渣中 Al_2O_3 含量增加 12.41%，结晶器钢水中 T[O] 量减少了 15% ~ 30%，铸坯厚度 1/4 处夹杂物减少了 20% ~ 22%。说明使用这种凹型浸入式水口有利于夹杂物上浮、提高铸坯质量。

参 考 文 献

[1] Herbertson J. Modeling of Metal Delivery to Continuous Casting Moulds [C]. Steelmaking Conference Proceedings (74), 1991: 171-185.

[2] Guptad. A Water Model Study of the Flow Asymmetry Inside a Continuous Casting Slab Mold [J]. Metallurgical and Materials Transactions B, 1996, 27B (10): 757-764.

[3] Yeong-HoHo. Analysis of Molten Steel Flow in Slab Continuous Caster Mold [J]. ISIJ International, 1994, 34 (3): 255-264.

[4] Ferrett I. Submerged Nozzle Optimization to Improve Stainless Steel Surface Quality at TERNI Steelworks.

[5] Steelmaking Conference Proceedings (68). 1985: 49-57.

[6] Thomas B G. Simulation of Fluid Flow Inside a Continuous Slab Casting Machine [J]. Metallurgical Transactions B, 1990, 21B: 387-400.

[7] Besshon. Numerical Analysis of Fluid Flow in Continuous Casting Mold by Bubble Dispersion Model [J]. ISIJ International, 1991, 31 (1): 40-45.

Experimental Research of Submerged Entry Nozzle of Slab Continuous Casting

Wan Xiaoguang Han Chuanji Cai Kaike

(University of Science and Technology Beijing)

Yang Subo Yan Xuemo Gu Wuan

(Panzhihua Iron and Steel Research Institute)

Abstract: In accordance with the similarity principle, the effects of construction, immersion depth of SEN, gas injection on the fluid flow in the mould and the wave amplitude and impetus under different casting speed have been studied by water modeling. The results provide theoretical basis for choosing reasonable construction of SEN. The slab quality referred to inclusion content can be improved by applying the optimum SEN.

Keywords: slab continuous casting; mould; submerge entry nozzle; experimental research

包晶相变对连铸坯初生坯壳凝固收缩的影响

荆德君 刘中柱 蔡开科

(北京科技大学)

摘　要：基于 Fe-C 合金的微观组织结构，建立了碳钢线性热膨胀系数计算模型，计算出不同碳含量的钢种在不同温度下的瞬时线性热膨胀系数，并将计算值应用于铸坯热—弹—塑性应力模型，研究了包晶相变对连铸坯初生坯壳凝固收缩的影响。模拟结果表明：浇注碳含量在 0.1% 附近的包晶钢时，初生坯壳在靠近弯月面区域和角部区域的收缩很不规则，容易诱发表面缺陷。

关键词：连铸；铸坯；包晶相变；热膨胀系数；热—弹—塑性应力模型；凝固收缩

1　引言

铸坯表面缺陷（如凹陷、纵裂）与初生坯壳的收缩变形密切相关，而钢中碳含量对坯壳的变形有重要影响。许多学者研究证实[1,2]，表面凹陷的形成明显受钢中碳含量的影响，在钢中碳含量（质量分数，下同）为 0.1% 时影响最严重，实际连铸生产中发现，浇注碳含量为 0.09%~0.12% 的钢种时，结晶器热流量、坯壳与铜壁间摩擦力和铜板温度均较低，同时坯壳生长不规则，铸坯表面很容易产生裂纹[3,5]。以上现象的产生主要是由于坯壳内部发生了包晶相变。

在目前研究坯壳收缩变形的数学模型中，由于计算热应变时大多将碳钢的线性热膨胀系数 T 视为常数，不考虑温度和相组织的影响，因此难以体现包晶相变所起的作用。本文作者首先利用建立的碳钢种在不同温度下的瞬时线性热膨胀系数 $T(T)$，然后将计算结果作为材料力学参数代入铸坯热—弹—塑性应力模型，模拟出坯壳在冷却收缩力（包含了包晶相变的影响）、钢水静压力以及结晶器铜壁接触反力共同作用下的收缩变形情况，以期对实际生产中浇注包晶钢时出现的现象作进一步的理论解释和论证。

2　数学模型

首先利用钢的线性热膨胀系数计算出不同碳含量的钢种随温度而变化的线性热膨胀系数曲线 $T(T)$，然后将其以力学参数形式代入铸坯热—弹—塑性应力模型进行应力场分析。

2.1　碳钢瞬时线性热膨胀系数计算模型的建立

当材料的温度由 T_{ref}（基准的参考温度）变化到 T 时，材料长度 L 的相对变化为：

本文发表于《钢铁研究学报》，1999 年，第 3 期：13~17。

$$X^{th}(T) = \frac{\Delta L(T)}{L(T_{ref})} = \frac{L(T) - L(T_{ref})}{L(T_{ref})} \tag{1}$$

根据密度 d 与 L^3 成反比,可推导出 X^{th} 与 d 间存在以下关系:

$$X^{th}(T) = L^3 \overline{\frac{d(T_{ref})}{d(T)}} - 1 \tag{2}$$

则瞬时线性膨胀系数定义为:

$$T(T) = \overline{\frac{dX^{th}}{dT}} \tag{3}$$

由此可见,欲求出瞬时线性热膨胀系数,关键在于确定碳钢在不同温度下的密度值。

以 [C]≤0.8% 的碳钢为研究对象,根据其冷却时凝固组织的特点(见图1),按照碳含量分为以下4组:

(1) [C] < 0.09%:

L→L + W→W→W + V→V→T + V→T + Fe₃C

(2) [C] = 0.09% ~ 0.16%:

L→L + W→W + V→V→T + V→T + Fe₃C

(3) [C] = 0.16% ~ 0.51%:

L→L + W→L + V→V→T + V→T + Fe₃C

(4) [C] = 0.51% ~ 0.80%:

L→L + V→V→T + V→T + Fe₃C

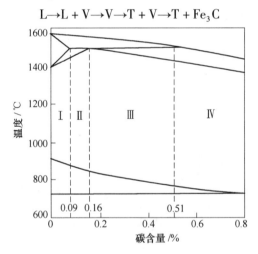

图 1 铁碳相图

Fig. 1 Fe-C phase diagram

碳钢凝固组织为多相混合体系,其密度按照式(4)和式(5)确定,即:

$$\frac{1}{d[T,(1+2+\cdots+i)]} = \frac{f_1}{d[T,(1)]} + \frac{f_2}{d[T,(2)]} + \cdots + \frac{f_i}{d[T,(i)]} \tag{4}$$

$$f_1 + f_2 + \cdots + f_i = 1 \tag{5}$$

式中,f_i 为体系中组成 i 的质量分数,可利用相图,根据杠杆规则由程序计算确定。组分 i(i 为 L、W、V、T 或 Fe₃C)的密度为温度和碳含量的函数:$d[T,(i)] = d(T,C)$,其值取自文献[6]。

计算线性热膨胀系数时,选固相线温度为基准参考温度。热膨胀系数由固相线处的数值线性地降低到零强度温度,即固相分率 $f_s = 0.8$ 对应的温度处的零值,在零强度温度以上范围,热膨胀系数保持为零。这样,就可以避免液相区产生热应力。

2.2 铸坯热—弹—塑性应力模型简介

利用有限元法,先计算铸坯温度场,然后将计算结果以热载荷的形式引入应力场。

2.2.1 铸坯温度场的计算

忽略拉坯方向传热,并根据对称性,取铸坯 1/4 断面薄片,其四边形 4 节点等参单元网格如图 2 所示。非稳态二维传热控制方程为:

$$d_c \frac{\partial T}{\partial t} = \frac{\partial}{\partial x}\left(\lambda \frac{\partial T}{\partial x}\right) + \frac{\partial}{\partial y}\left(\lambda \frac{\partial T}{\partial y}\right) \tag{6}$$

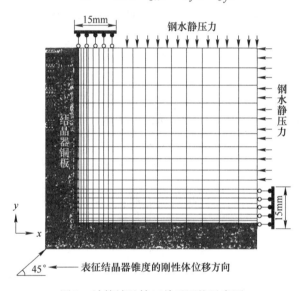

图 2 计算域及铸坯单元网格示意图

Fig. 2 Simulation domain and FEM mesh used for analysis

初始温度为浇注温度,铸坯表面散热热流采用现场实测值 $q = 2688 - 420t^{1/2}\,(\text{kW/m}^2)$,中心对称线处为绝热边界。模型中采用的热物理性能参数均随温度而变化,并且利用等效比热容 c 来考虑潜热的影响。另外,液相区对流效果通过适当放大液相区导热系数来实现。

2.2.2 铸坯应力场的计算

为利用温度场计算结果,采用与温度场一致的铸坯网格划分方法。体系中结晶器铜板为刚性接触边界,通过控制其运动轨迹(包括运动方向和速度)来表征结晶锥度。若铸坯表面某个节点与铜板间距离小于规定的接触判据,则认为在此处发生接触,对该节点施加接触约束(避免节点穿越铜板表面),否则按自由边界处理。

计算时将液、固区域作为一个整体,对高于液相线温度的材料的力学参数做特殊处理,使液相区液压力状态保持均匀的静压力状态,且施加在外部的钢水静压力可基本保持原值地传递到固态坯壳内侧。根据对称性,应在中心对称线上施加垂直方向的固定位移约束，但由于只关心坯壳的位移场，且坯壳厚度一般不会超过 15mm，所以只在距表面 15mm 的范围内施加约束。超出 15mm 的范围基本上为液相区，在其外边缘（对称线处）施加钢水静压力（压力值正比于离弯月面的距离）。

上述体系的力平衡方程为：

$$[K]\{W_i\} = \{R_{\text{exter}}\} + \{R_{x_0}\} \tag{7}$$

式中 $[K]$——系统的总刚矩阵；

$\{W\}$——节点位移列阵；

$\{R_{\text{exter}}\}$——系统外力（钢水静压力和结晶铜壁的接触反力）引起的等效节点载荷列阵；

$\{R_{x_0}\}$——热应变引起的等效节点载荷列阵。考虑包晶相变的影响，在计算 $\{R_{x_0}\}$ 时采用前面计算出的碳钢线性膨胀系数曲线。

计算采用热—弹—塑性模型，假定铸坯断面处于广义平面应变状态，服从 Mises 屈服准则和等向强化规律，其硬化曲线为分段线性[7]。

3 计算结果及讨论

以碳含量为 0.045%、0.100% 和 0.200% 的 3 种碳钢作为计算对象，采用相同的计算条件，即：铸坯断面尺寸为 150mm×150mm，拉坯速度 1.5m/min，浇注温度 1550℃，结晶器长 700mm，锥度 0.8%，弯月面距结晶器上口距离 100mm。

3.1 3 种碳钢的瞬时热膨胀系数

图 3 为计算出的碳钢的瞬时线性热膨胀系数曲线。可以看出：当 [C] = 0.045% 时，热膨胀系数在固相线温度以下区域突然变化。这是因为钢液凝固后发生初生的 W 相→V 相的转变，并伴随有比容变化，使得热膨胀系数急剧上升；当 [C] = 0.100% 时，热膨胀系数从两相区开始发生突变。这是因为钢液凝固时，液相和 W 相发生包晶反应，转变成 V 相，剩余的 W 相继续向 V 相转变。转变过程中的比容变化也引起热膨胀系数的急剧上升。

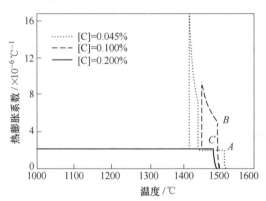

图 3 碳钢的瞬时线性热膨胀系数曲线

（3 条曲线中，非零值起始点为零强度温度对应点；A、B、C 为固相线温度对应点）

Fig. 3 Instant linear thermal expansion coefficient of carbon steel

另外，[C] = 0.045% 的 W 相→V 相转变温度区间较窄，转变较快（见图 1），因此线性热膨胀系数突变值较大。相比之下，[C]=0.100%的热膨胀系数突变值要小一些。虽然如此，但由于后者的相变温度区间较宽，其热膨胀系数突变的温度区间也较宽。由此可推断，另外，[C]=0.100%时发生的包晶相变对初生坯壳凝固收缩的影响将大于[C]=0.045%时发生的W相→V相转变的影响。

[C]=0.200%钢的热膨胀系数没有发生突变。这是因为虽然也有包晶相变发生，但它只发生在某个温度水平上（约1495℃），故对热膨胀系数的影响很小。

3.2 铸坯表面收缩量

图4示出[C]=0.045%、0.100%和0.200% 3种钢的铸坯表面收缩量沿拉坯方向和横断面方向的变化情况（其中底部的空间为结晶器钢板内壁面）。

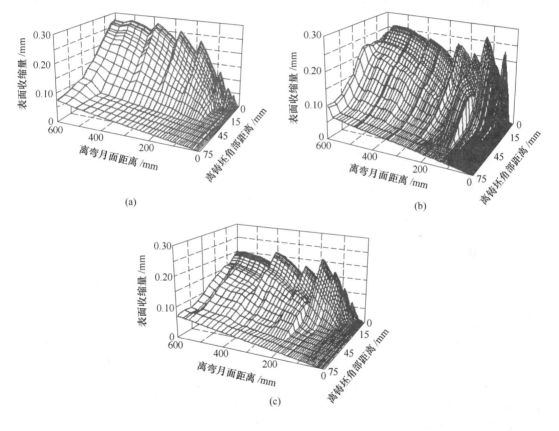

图4 铸坯表面收缩量
(a) [C]=0.045%；(b) [C]=0.100%；(c) [C]=0.200%
Fig. 4 Surface shrinkage of billet

从图中可以看出：铸坯角部在凝固的初期就收缩并脱离结晶器钢板，而靠近中间处几乎始终与钢板接触（只有[C]=0.100%的钢在靠近出口处才保持分离）。越靠近角部收缩脱离越早，收缩量也越大。

在钢水静压力作用下，收缩的坯壳会被压回结晶器铜板，从而使坯壳收缩发生波动，收缩面曲面图呈犬牙状（见图4）。靠近弯月面区域坯壳较薄，波动现象较为明显。另外，越靠近角部波动也越明显。初生坯壳的这种上收缩波动会导致应力集中、容易诱发裂纹等表面缺陷。

比较3种碳钢铸坯的表面收缩量可知：[C] = 0.100%的收缩最显著，收缩波动最大（弯月面区域），且波动沿横断面方向扩展最广；[C] = 0.200%钢的收缩量最小。

3.3 弯月面区域角部初生坯壳收缩状况

图5示出3种碳钢的铸坯角部在靠近弯月面区域的收缩情况。可以看出：在离弯月面20mm范围内，铸坯角部就脱离了结晶器钢板，其中[C] = 0.045%钢脱离最早，这是因为该钢种的固相线温度最高，最早凝固形成坯壳；[C] = 0.100%钢在形成初生坯壳后发生强烈收缩，但在离弯月面50mm处被增大的钢水静压力压回，然后又继续收缩。该钢种初生坯壳收缩最显著，收缩波动也最大，因此最容易诱发铸坯表面缺陷；[C] = 0.045%钢的初生坯壳收缩量和收缩波动程度明显地降低；[C] = 0.200%钢的初生坯壳收缩量和收缩波动程度最小。

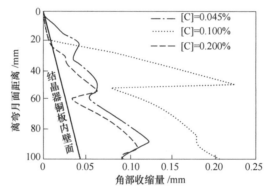

图5　弯月面区域初生坯壳角部收缩量

Fig. 5　Shrinkage of in itial shell of billet cornet at meniscus

4 结论

（1）对于碳含量在0.1%附近的包晶钢，其初生坯壳在结晶器上部和靠近角部区域的收缩很不规则，容易诱发铸坯表面缺陷。

（2）坯壳不规则收缩主要集中在弯月面下100mm范围内。由此可知，结晶器上部的锥度并不适合坯壳收缩。因此，应通过优化结晶器锥度来提高拉坯速度。一个重要的指导原则是在结晶器上部采用较大锥度，以促使坯壳与铜板良好接触。

参 考 文 献

[1] Singh S N, Blaxek K E. Journal of Metals, 1974, 26 (10): 17.
[2] Sugitani Y, Nakamura M. Tetsu-to-Hagane, 1979, 65 (12): 1702.
[3] Mahapatra R B, Brimacombe J K, Samarasekera I V. Metal-Lurgical Transactions, 1991, 22B (10): 875.
[4] Grill A, Brimacombe J K. Ironmaking and Steelmaking, 1976, 3 (2): 76.
[5] Saeki T, Ooguchi S, Mizoguchi S, et al. Tetsu-to-Hagane, 1982, 68 (13): 1773.

[6] Jabbonka A, Harste K, Schwerdtfeger K. Steel Reseatch, 1991, 62 (1): 24.
[7] Sorimachi K, Brimacombe J K. Ironmaking and Steelmaking, 1977, 4 (4): 240.

Influence of Petitectic Phase Transformation on Solidification Shrinkage of Initial Shell in Continuous Casting of Steel

Jing Dejun　Liu Zhongzhu　Cai Kaike

(University of Science and Technology Beijing)

Abstract: Based on the microstrure of Fe-C alloy, a mathematical model is established to compute the instant temperatures, By applying the computed result of thermal expansion coefficient to a thermalelas to plastic stress model of continuous casting billet, the influence of peritectic phase trans formation on the so lidification shrinkage of initial shell in continuous casting of steel is studied. The simulation results show that the initial shell shrinks irregular near the meniscus and corner for casting peritectic steel. The irregularity makes billet easy to form surface defects.

Keywords: continuous casting; billet; peritecric phase transformation; thermal expansion coefficient; thermalelasto plastic stress model; solidification shrinkage

RH 精炼过程钢液流动数值模拟和应用

张 琳 孙彦辉 朱进锋 许中波 蔡开科

（北京科技大学）

摘 要：结合某钢厂 RH 精炼装置，运用数值模拟的方法对脱气时的流场进行了计算，得出了该型号 RH 装置在该厂操作条件下的流场，并成功解释了操作中遇到的一些现象。利用实践生产中的经验公式与数据对模拟结果进行了验证，结果表明模拟结果可靠。最后利用该模型计算了 RH 内钢液的湍动能耗散情况以及钢液循环流量与吹 Ar 量的关系，并给出了最佳吹 Ar 量的控制范围。

关键词：精炼；流场；混合特性；数值模拟

1 引言

RH 脱气装置自 1959 年问世和投产至今，已由最初单纯的具备脱气功能扩展为一种还能去除碳、氧、硫和夹杂物，以及调整钢液温度和成分等的多功能精炼设备。RH 精炼反应的关键性限制环节在于钢液的循环流动和混合。成分和温度的均匀化、精炼反应的速度和效果等都与钢液的流动和混合密切相关。国内外对 RH 钢液的循环流动和混合虽已做过大量的研究[1-7]，但大多集中于研究某单一的 RH 过程，针对多功能 RH 装置的研究尚不多见，而且不同生产线上的 RH 装置所起的作用也不尽相同，因此对 RH 循环与混合特征的研究必须结合实际的生产需要。本文利用数值模拟的方法研究了某钢厂 300t 多功能 RH 装置内钢液的流动和混合特性以及对去除钢中夹杂物的影响，以期对该过程获得进一步的理解并为确定合理的过程工艺和操作参数提供必要的信息和依据。

2 数学模型的建立

2.1 假设条件

在 RH 设备中，由于气泡的提升、搅拌和真空度抽吸作用以及温度场变化对流动的影响，钢液的流动状态为复杂的湍流。为了便于建立模型，特作以下假设：

(1) 不考虑温度场对流动的影响；
(2) 气泡的浮力是驱动钢液循环流动的主要驱动力[8]；
(3) 气液两相区采用均相流模型，其含气率由经验公式[9]确定。

2.2 控制方程

RH 精炼过程钢包钢水流动可以看作是等温、不可压缩湍流流动，采用 $k\text{-}\varepsilon$ 双方程模型来描述湍流，其数学模型可以用以下的偏微分方程表示。

（1）连续性方程：

$$\frac{\partial}{\partial x_i}(\rho u_i) = 0 \tag{1}$$

（2）动量方程：

通过求解整个区域内单一的动量方程得到速度场，各相共享速度场结果。

$$\frac{\partial(\rho u_i u_j)}{\partial t} = -\frac{\partial P}{\partial x_i} + \frac{\partial}{\partial x_j}\left[\mu_{\text{eff}}\left(\frac{\partial u_i}{\partial x_j} + \frac{\partial u_j}{\partial x_i}\right)\right] + \rho g_i + S_i \tag{2}$$

式中　u_i，u_j——i 和 j 方向的速度，m/s；

　　　x_i，x_j——i 和 j 方向的坐标值，m；

　　　ρ——流体密度，kg/m³；

　　　P——压力，Pa；

　　　μ_{eff}——有效黏度系数（可用湍流模型确定），Pa·s；

　　　g_i——i 方向的重力加速度。

这里采用标准 k-ε 双方程湍流模型来确定有效黏度系数 μ_{eff} 使方程封闭，S_i 代表源项，此处 S_i 为零。

（3）湍流动能（k）方程：

$$\rho\left(\frac{\partial k}{\partial t} + u_j \frac{\partial k}{\partial x_j}\right) = \frac{\partial}{\partial x_j}\left(\mu_{\text{eff}} \frac{\partial k}{\partial x_j}\right) + G_k - \rho\varepsilon \tag{3}$$

式中　k——湍流动能，m²/s²；

　　　ε——湍流动能耗散率；

　　　G_k——湍流脉动动能的产生，表达式为：

$$G_k = \mu_\tau \frac{\partial u_i}{\partial x_j}\left(\frac{\partial u_i}{\partial x_j} + \frac{\partial u_j}{\partial x_i}\right)$$

$$\mu_{\text{eff}} = \mu_l + \mu_t, \quad \mu_t = \rho C_\mu \frac{k^2}{\varepsilon}$$

其中，μ_t 为湍流黏性系数，Pa·s；μ_l 为层流黏性系数，Pa·s；i，j 分别取 1，2，3，均为哑指标。

（4）湍动能耗散（ε）方程：

$$\rho\left(\frac{\partial \varepsilon}{\partial t} + u_j \frac{\partial \varepsilon}{\partial x_j}\right) = \frac{\partial}{\partial x_j}\left(\frac{\mu_{\text{eff}}}{\sigma_\varepsilon} \frac{\partial \varepsilon}{\partial x_j}\right) + \frac{\varepsilon}{k}(C_{\varepsilon 1} G - C_{\varepsilon 2} \rho\varepsilon) \tag{4}$$

式中　$C_{\varepsilon 1}$，$C_{\varepsilon 2}$，C_μ，σ_k，σ_ε——经验常数，采用朗道—斯玻尔丁推荐的值[10]，$C_{\varepsilon 1}$ = 1.43，$C_{\varepsilon 2}$ = 1.93，C_μ = 0.09，σ_k = 1.0，σ_ε = 1.3。

2.3　边界条件

RH 内流动的边界条件涉及真空室中的自由表面和钢包上表面的自由表面、包壁的壁面边界条件，以及入口、出口边界条件。

（1）自由表面。真空室和钢包熔池的自由表面，钢液直接与气相接触，不与固体表面接触，表面切应力很小，可以忽略不计，将平行于自由表面的速度分量和其他标量的梯度均设为零，垂直于自由表面的速度分量设为零，即有：

$$\frac{\partial u}{\partial y} = \frac{\partial w}{\partial y} = v = 0 \tag{5}$$

$$\frac{\partial P}{\partial y} = \frac{\partial k}{\partial y} = \frac{\partial \varepsilon}{\partial y} = 0 \tag{6}$$

式中，w 为垂直于 y 方向的速度。

（2）壁面边界条件。在钢包壁面上采用无滑移边界条件（即 $u_x = u_y = u_z = 0$）。对于湍流流动，由于近壁处动量脉动迅速减弱，故需考虑到湍流作用的减弱和层流作用的相对增强，该区域不用很细的网格，而是由壁面函数指定其行为。

（3）入口边界条件。上升管的吹 Ar 管为入口边界，吹 Ar 流量（本文流量均为标准大气压下的计量值）为 800~1900L/min。由于吹气孔截面积已知，入口速度垂直于所在面，将流量转化为速度，因此将吹 Ar 孔设为速度入口。为计算方便，将钢包上表面的自由表面设为压力入口条件，具体为 101.325kPa。

（4）出口边界条件。真空室出口处设为压力出口边界条件，压强为 133Pa。

2.4 初始条件

整个流体域除边界外初始速度为零；初始钢水深度为 3.8m，其余部分全部为气体。

3 物理模型及求解

3.1 物理模型

本模型以某钢厂 RH 为计算条件，物理模型为 1:1 模型，如图 1 所示。采用大型 CFD 软件应用上述计算方法对该厂 RH 真空处理装置内的流场进行了计算，涉及参数为：钢包内径为 4m，钢包内钢液深度为 3.8m，RH 真空室内径为 2.56m，浸渍管内径为 0.5m，浸渍管下端至吹 Ar 口距离为 0.75m，吹 Ar 口至真空室的距离为 1m，浸渍管浸入钢液深度为 0.5m。

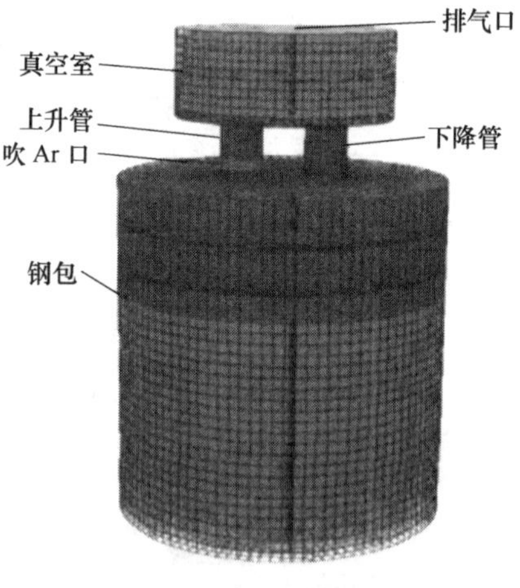

3.2 求解

图 1 物理模型
Fig. 1 Physical model

通过对物理模型进行网格划分将计算对象转化为有限单元体，把原来在时间和空间域上的连续物理量的场（如速度和压力场）用一系列有限个离散点上的变量值的集合来替代，通过一定的原则和方法建立这些离散点上场变量之间的关系代数方程组，迭代得到各个场变量的近似值，如速度、压力等在空间和时间上的分布。

4 计算结果与讨论

4.1 真空室流场分布

应用上述计算流场的方法对某钢厂 300t、RH 设备内钢液流场进行了模拟计算。从从图2可以看到吹氩时钢液在真空室以及钢包中的分布。钢包中钢液液面波动很小，但真空室中钢液波动厉害，特别是上升管上方钢液明显较高，应为混有大量气泡的上升钢液进入真空室后喷射造成的。从真空室流场图3可以看出，在真空室内，上升管的钢液喷入真空室，沿着真空室边缘流向下降管上方，经由下降管流回钢包。上升管的喷射作用和下降管上端在真空室内会产生强烈的抽吸作用，对混匀钢液有很好的效果。

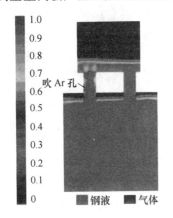 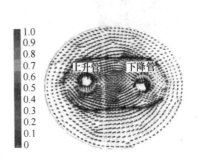

图 2　RH 精炼过程钢液的分布图
Fig. 2　Contours of liquid steel during RH refining process

图 3　真空室内速度场
Fig. 3　Velocity field in the vacuum chamber

4.2　钢包流场分布

图 4 ~ 图 6 为吹氩流量分别为 920L/min 和 1900L/min 时的模拟结果。从图 4 可以看出，由于气泡浮力的作用，钢液从吹气侧的浸渍管进入真空室熔池中，驱动上升管中的钢液向上流入真空室，在另一侧由重力作用，钢液由下降管流入钢包，从而使真空室熔池与钢包之间形成一个大的流动循环区。从下降管出来的液流速度很大（吹氩流量为 920L/min 时速度为 0.5m/s），在下降管内速度还得以发展，垂直向下速度到达包底前其主流外侧也才只减少到 0.21m/s（流量为 920L/min 时的结果），且下降主流股基本不发散。下降

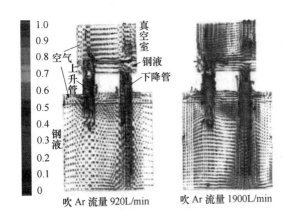 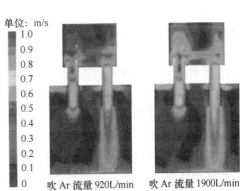

图 4　速度场
Fig. 4　Velocity field

图 5　速度云图
Fig. 5　Velocity contours

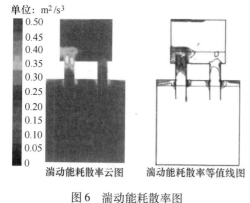

图 6 湍动能耗散率图

Fig. 6 Contours of turbulent dissipation rate

主流在冲击到包底后向圆周方向辐射状分散时速度的减小幅度加大,同时注流冲击包底后以辐射状沿钢包的桶壁方向向上流动。

由于上升管处活塞流的抽吸力,钢包中的钢液被抽入上升管,但钢液上升流时遇到上层流体的阻碍和自身重力的影响,上升管的抽吸作用对钢包钢液的搅拌远没有下降管大(见图5)。在浸渍管以上,钢包内钢液的流动速度要小于钢包中、下部,两浸渍管之间下方的钢液形成一个环流区,钢包壁几乎为滞留区。因而在实际 RH 处理钢液过程中,只看到微微的液面波动,而看不到钢包内钢液的强烈流动,这也保证了 RH 处理过程钢液不易卷渣,避免造成钢液污染。

从图4也可以看出,随着吹氩流量由920L/min 增加至1900L/min,下降管处流速增加明显。从图5的云图也可以发现,不只下降管流速增加明显,上升管处的抽吸能力也有增加,这必然增加钢液的循环速度和循环流量。因此可以通过最大吹 Ar 量缩短钢液在 RH 中的处理时间。

湍动能耗散率标志着湍流流动能力的损失速度。从图6可以看出,强湍流集中在上升管的出口处,其次为下降管的入口处,最弱湍流中在包壁。图中钢包红线以上部分虽然湍流也很强,但该区域的流体为空气,红线基本代表了钢包钢液自由液面,从图上可以看出红线附近钢液的湍流很弱,钢包表面钢液流动平稳。

4.3 钢液循环量

在真空室压力为133Pa,浸渍管内径均为500mm 的条件下,计算了吹 Ar 流量分别为658L/min、740L/min、920L/min、1120L/min、1330L/min、1400L/min、1770L/min 和 1900L/min 时钢液循环流量。循环流量是单位时间通过真空室的钢水量,在稳态时由于从上升管进入真空室的钢液量与从下降管流出的钢液量相同,因此这里通过在下降管处设置监测窗口,监测通过下降管截面的流量,即为钢液的循环流量。图7中的点代表不同吹氩流量下的循环流量,并通过这些点的拟合得到曲线。从图中可以看

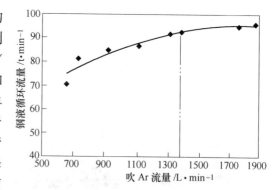

图 7 钢液循环流量与吹氩量的关系

Fig. 7 Relationship between Ar blowing and liquid steel flow rate

出,氩气喷吹量从658L/min 增大到1400L/min 时,钢液的循环流量从70.7t/min 快速增大到92.3t/min;吹氩流量由1400L/min 增加到1900L/min 时,循环流量由92.3t/min 增加到96.1t/min,也就是吹氩流量增加近36%,而循环流量仅增加4%,钢液循环量基本达到饱和值。氩气喷吹量较小时,气泡在上升管内均匀分布,钢液循环流量随着氩气流量的增

大而显著增加；当氩气喷吹量加大到一定值时，气泡所占比例很大，气泡尺寸增加，抽引效率降低，钢液循环流量增加有限。因此将吹氩量控制在1400～1500L/min是比较合理的。

5 计算结果的验证

5.1 用经验公式验证

根据日本学者渡边秀夫对300t RH研究的结果，总结出其RH装置的钢液环流量经验公式[11]：

$$Q = 0.02D^{1.5}G^{0.33} \tag{7}$$

式中　Q——环流量，t/min；
　　　G——吹氩流量，L/min；
　　　D——浸渍管直径，cm。

由于其RH装置与本厂RH装置设计参数基本一致，通过经验公式（7）计算得到现行生产条件下300t RH的钢水环流量与吹Ar量的关系为：

$$Q = 8.158G^{0.33} \tag{8}$$

图8为通过经验公式计算的环流量与实际数值模拟结果的对比。可以看出数值模拟结果与经验公式计算结果在吹Ar量大于1100L/min后误差比较小，而且趋势一致。

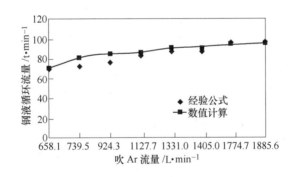

图8　数值计算与经验公式结果的对比
Fig. 8　Comparison of calculated data with empirical results

5.2 用实验数据验证

图9为该厂实际RH处理过程中取样分析得到的吹氩流量与钢中T[O]关系。吹Ar量由1396L/min增加到1642L/min，钢水中T[O]先下降然后趋于平缓；当吹Ar量大于1500L/min后，T[O]水平变化不大。可知钢液循环流量近饱和值，钢水中夹杂物不会再有明显的降低，这与数值模拟计算的结果是一致的。

根据夹杂物上浮观点，要保持合适的吹氩流量和钢水循环流量促进夹杂物的上浮，吹氩流量保持于1400～1500L/min，钢水循环量大于90t/min，钢水中T[O]保持于10～12ppm，没有必要再增加吹氩流量。

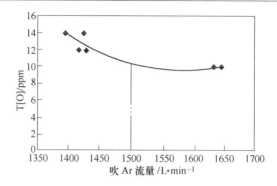

图 9 实际操作中吹氩流量与 T[O]的关系

Fig. 9 Relationship between Ar flow rate and T[O] in operation

6 结论

(1) 本模型能够模拟 RH 真空室和钢包内的钢液整体流动状况。

(2) RH 装置的下降管对钢包钢液的搅拌能力比上升管的抽引搅拌效果要大得多。

(3) 当吹氩流量增加到一定限度时,钢液循环流量增加有限,存在最优吹气量。经理论计算与生产验证,此 RH 装置最优吹氩流量为 1400～1500L/min,钢水循环流量大于 90t/min,钢水中 T[O]可达 10～12ppm 水平,没有必要增加吹 Ar 量。

参 考 文 献

[1] Wtanabe H, Asano K, Sseki T. Some chemical engineering aspects of RH degassing process [J]. Tetsu-to-Haganè, 1968, 54 (13): 1327.

[2] Fuji T, Mnchi I. Theoretical analysis on the degassing process in upper leg of RH degassing plant [J]. Tetsu-to-Hanganè, 1970, 56 (9): 1165.

[3] Ono K, Yanagida M, Katoh T, et al. The circulation rate of RH degassing process by water model experiment [J]. Electr Steelmaking, 1981, 52 (7): 149.

[4] Seshadri V, de Souza Costa S L. Cold model studies of RH degassing process [J]. Trans ISIJ, 1986, 26 (1): 133.

[5] Kuwabara T, Umezawa K, Mori K, et al. Investigation of decarburization behavior in RH reactor and its operation improvement [J]. Trans ISIJ, 1988, 28 (4): 305.

[6] Hanna R K, Jones T, Blake R, et al. Water modeling to aid improvement f degasser performance for production of ultralow carbon interstitial free steels [J]. Ironmaking Steelmaking, 1994, 21 (1): 37.

[7] Frank A, Wolfgang P. Circulation rate of liquid steel in RH degassers [J]. Steel Res, 1998, 69 (2): 54.

[8] Hsiao T C, Lehner T, Kjeuberg B. Fluid flow in laddles experimental results [J]. Scand J Metall, 1980, (9): 105.

[9] Cai Z P, Wei W S. Gas hold-up distribution and mathematic modeling of gas-liquid rising velocity in the jet zone of the bottom blown process [J]. Iron Steel, 1988, 23 (7): 19.

[10] FLUENT User's Guide. Fluent Inc, 2003.

[11] Zhang L F, Xu Z B, Zhu L X, et al. A model for predicting oxygen content of steel in the process of RH treatment [J]. Eng Chem Metall, 1997, 18 (4): 367.

Numerical Simulation of Liquid Steel Flowing in RH Refining Process and Its Application

Zhang Lin Sun Yanhui Zhu Jinfeng Xu Zhongbo Cai Kaike

(University of Science and Technology Beijing)

Abstract: A mathematical simulation of flow field in the vacuum chamber and ladle during RH degassing was carried out in combination with the RH refining equipment of a steel company. Based on the simulation results so me phenomenon during degassing operation can be explained. Proved by the formula and data obtained from the practice the simulation result is reliable. Finally, the model was used to calculate the turbulent dissipation rate field and the relation of circulation flow rate in the RH device with the quantity of Ar blowing, and the optimum quantity of gas blowing for the RH refining process was suggested.

Keywords: refining; flow field; mixing characteristics; numerical simulation

Fluid Flow and Inclusion Removal in Continuous Casting Tundish

Zhang Lifeng (Japan Society for the Promotion of Science)
Shoji Taniguchi (Tohoku University)
Cai Kaike (University of Science and Technology Beijing)

Three-dimensional fluid flow in continuous casting tundishes with and without flow control devices is first studied. The results indicate that flow control devices are effective to control the strong stirring energy within the inlet zone, and other zones are with much uniform streamline. By dividing tundish into two zones with different inclusion removal mechanisms the inclusion removal is calculated. Three modes of inclusion removal from molten steel in the tundish, i. e., flotation to the free surface, collision and coalescence of inclusions to form larger ones, and adhesion to the lining solid surfaces, are taken into account. The Brownian collision, Stokes collision, and turbulent collision are examined and discussed. The suitable coagulation coefficient is discussed, and a value of 0.18 is derived. Calculation results indicate that, besides flotation, collision of inclusion and adhesion to the lining solid surfaces are also important ways for inclusion removal from molten steel in tundish especially for the smaller inclusions. The flotation removal holds 49.5 pct, and the adhesion removal holds 29.5 pct for the tundish with flow control devices; the collision effect is reflected in improving flotation and dhesion. Finally, industrial experiment data are used to verify the inclusion removal model.

1 Introduction

The requirements regarding the improvement of quality of steel and performances achieved in ladle metallurgy lead us to consider the tundish not as a simple liquid steel container but as a real metallurgical reactor capable of appreciably diminishing the inclusion of the molten steel. Inclusions can greatly influence the properties of steel. The studies about improving the removal of inclusion from the molten steel in tundish are thoroughly carried out[1-5]. Kaufmann et al.[1] and Tacke and Ludwig[2] modeled fluid flow and inclusion removal based on the general viewpoint that inclusions tend to rise to the top surface slag with their Stokes velocities[2], which come from the density difference between molten steel and inclusions, but the collision of inclusions and adhesion to the solid surface are ignored. Ilegbusi and Szekely[3] studied the turbulent collision and coalescence effect on inclusion removal in a tundish with electromagnetic force imposed on but only for inclusions with size of 20, 40, 60, 80, and 100 μm. Sinha and Sahai[4] took into account the buoyancy, turbulent collision, and adhesion to the solid surface, but not for every size. Sahai and Emi discussed the criteria for water modeling of the melt flow and inclusion removal in tundish, especially the criteria for collision and coalescence of inclusions.

All the existing models had varying degrees of success in predicting the inclusion removal efficiency in tundish. However, none of the above investigations attempted to study the whole effect of inclusion size. Although the study of Sinha and Sahai[4] is for 12 sizes of inclusions, inclusions less than 25 μm in size were ignored. The following section of this article will verify that smaller inclusions have a much larger collision removal rate and adhesion removal rate to the solid surfaces than bigger ones. On the other hand, other important collision modes, such as the Stokes collision, were not discussed. Also, all the studies on the inclusion removal in tundishes quoted the turbulent collision rate constant from Saffman and Turner[6] and took the coagulation coefficient as 1, in fact, because not all the inclusions colliding each other can coalesce for the reason of the force balance between the viscous force and van der Waals force; because some aggregates of inclusions will detach again, the coagulation coefficient must be less than 1.

In this article, three-dimensional fluid flow velocity distributions of liquid steel in tundish with and without flow control devices are calculated. The results of the turbulent energy dissipation rate (stirring energy) are used directly to calculate the inclusions removal, i. e., the stirring energy is taken as the binding point between the fluid flow and inclusion removal. The collision model of inclusions and the adhesion model to solid surface are analyzed and established. Effects of flotation, collision, and adhesion on the removal of inclusions are discussed. Finally, industrial experiment data are used to verify the inclusion removal model.

The tundish of a steel plant in the People's Republic of China is taken as the object. In an industrial experiment, the tundish is with flow control devices: two dams and one weir with holes on it. The dimensions of the tundish and the operation parameters are given in Table 1, and the schematic of tundish is shown in Figure 1. In this article, the same tundish but without flow control devices is also studied to compare the effect of flow control devices on fluid flow and inclusions removal.

Table 1　The dimensions and operation parameters of tundish

Items	Value
Length	9m
Width	1.6m
Depth	1.2m
Flow control devices	2dams, 1 weir with holes on it
The first dam height	0.67m
The distance from inlet to the first dam	0.47m
The distance from inlet to the weir	1.215m
The height from Weir to tundish bottom	0.05m
The second dam height	0.43m
The distance from inlet to the second dam	1.59m
The distance from inlet to outlet	3m
Slab section	$250 \times 1300 mm^2$
Casting speed	1.2m/min

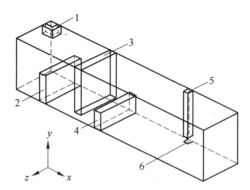

Fig. 1 Schematic of tundish configuration (one-quarter of whole tundish)
1—inlet; 2—the first dam; 3—weir with holes on it; 4—the second dam;
5—stopper rod; 6—outlet

2 Mathematical model

2.1 Fluid flow of liquid steel

The flow of liquid steel in tundish is thought to be steady, turbulent, and isothermal. The k-s two-equation model is used to simulate turbulence. The following general form can express all the differential equations (the continuity equation, the momentum balance equation, turbulent energy, and its dissipation rate equation) to be solved in the present model:

$$\mathrm{div}(\rho u \phi + \mathrm{I grad} \phi) = S_\phi \tag{1}$$

The terms and coefficients occurring in this expression depend on the variable under consideration, φ, and have to be specified individually, which are the same as Reference [2].

The finite differentiation computer code PHOENICS is employed to solve numerically. The boundary condition is the same as that published by Reference [2]. Because of symmetry, a quarter of the whole tundish is calculated. Figure 2 shows the mesh for chiculation offluid flow in tundisn ($34 \times 20 \times 15$).

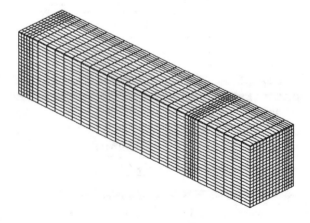

Fig. 2 The mesh for calculation of fluid flow in tundish($34 \times 20 \times 15$)

domain is divided into a nonuniform grid of 43 (longitudinal) ×20 (vertical) × 15 (transverse) (Figure 2).

2.2 Flotation of inclusions

The inclusions rise up because of the buoyancy force coming from the density difference between the inclusion and the molten steel. The inclusion's rising velocity can be expressed by Stokes velocity:[2]

$$w = (2/9)gr_i^2 \Delta\rho/u \tag{2}$$

The inclusion number density change due to the flotation removal can be represented by Eq. (3):

$$\frac{\mathrm{d}n(r)}{\mathrm{d}t} = \frac{n(r)w_i}{H} \tag{3}$$

2.3 Collision of inclusions

The inclusions are assumed to be solid, spherical, and uniformly distributed in the bath. The existence of inclusion cannot influence the arbitrary macroscopic flow pattern. Every inclusion is considered to move independently of others until a collision occurs. Upon contact, two inclusions are assumed to coalesce instantaneously to form a new spherical inclusion that rises with a higher velocity than its parents do and will be removed from the bath when reaching the top surface or solid refractory surfaces. The following three modes of collision are considered in this article: Brown collision, turbulent collision, and Stokes collision.

The number of collisions per unit volume and unit time between two inclusions with size r_i and r_j is represented by Eq. (4):

$$N_{ij} = \beta(r_i, r_j)n(r_i)n(r_j) \tag{4}$$

where, $\beta(r_i, r_j)$ is the collision rate constant with a dimension of volume/time, also called the "collision volume".

2.3.1 Brownian collision

Because of Brown movement, the inclusions contact, collide, and coagulate each other. The rate constant of Brown collision is represented by Eq. (5):

$$\beta_1(r_i, r_j) = \frac{2kT}{3u}\left(\frac{1}{r_i} + \frac{1}{r_j}\right)(r_i + r_j) \tag{5}$$

2.3.2 Turbulent collision

Because of the movement of turbulent eddies, the inclusions collide each other. The rate constant of turbulent collision quotes that of Saffman and Turner[6],

$$\beta_2(r_i, r_j) = 1.3(r_i + r_j)\sqrt{\varepsilon/\nu} \tag{6}$$

where, ε is the mean stirring energy of the molten steel, and it will be worked out by the fluid flow simulation. It should be stated here that in the turbulent collision rate constant equation of Saffman and Turner, a factor of $\sqrt{\pi}$ was ignored by carelessness. So the constant in Eq. (6) should be

2.294 not 1.3. But because all of the extant studies about the particle collision use 1.3, in the present article, this value is still used.

2.3.3 Stokes collision

The inclusions rise with Stokes velocity (Eq. (2)), and the bigger inclusion has larger rising velocity. If the faster inclusion catches up with and contacts with the slower one, collision and coalescence happens. The rate constant of Stokes collision can be easily derived as follows:

$$\beta_3(r_i, r_j) = \frac{2g\Delta\rho}{9u}|r_i^2 + r_j^2|\pi(r_i + r_j)^2 \tag{7}$$

From Eqs. (5) through (7), it can be found that the following factors have effect on the rate constant of collision: inclusion size, stirring energy and viscosity of molten steel, and densities of liquid steel and inclusion.

Number density change of inclusions due to collision has been given by Reference [8] as Eq. (8) but multiplies the coagulation coefficient α to the collision constant rate; in the following section of the present article, the sense and value of a will be discussed.

$$\frac{dn(r)}{dt} = \frac{1}{2}\int_0^r n(r_i)\alpha\beta(r_i, r_j)n(r_j)\left(\frac{r}{r_j}\right)dr_i - n(r_i)\int_0^{r_{max}} n(r_j)\alpha\beta(r_i, r_j)dr_j \tag{8}$$

where, $r_i^3 + r_j^3 = r^3$. The collision rate constant is as foollows:

$$\beta_2(r_i, r_j) = \beta_1(r_i, r_j) + \beta_2(r_i, r_j) + \beta_2(r_i, r_j) \tag{9}$$

2.4 Adhesion of inclusions to walls and bottom

When inclusion moves close to the walls or bottom (refractory lining), if the property of the solid surface is similar with that of inclusion, when the inclusion comes in contact with the solid surface, it will be adhered on it. The adhesion processing is related to the properties of fluid flow and inclusion, boundary layer, and so on. Here, about the effect of solid surface on the removal of inclusion, the result of Oeters[9] is quoted

$$\frac{dn(r)}{dt} = -\frac{0.62 \times 10^{-2} u'^3 r^2}{\nu^2} Sn(r) \tag{10}$$

where, S is the area of solid surface, u' is the turbulent.

velocity fluctuation, and ε is the turbulent energy dissipation rate adjacent to the solid surface that will be worked out by the fluid flow simulation.

According to Kolmogorov[10], the following relationship exists:

$$\varepsilon = \frac{u'^3}{l_e} \tag{11}$$

where, l_e is the characteristic scale of turbulent eddies close to the solid surface, and the following relationship exits[11], $l_e = (\nu^3/\varepsilon)^{1/4}$.

Substituting Eq. (11) into Eq. (10) gives

$$\frac{dn(r)}{dt} = -Mr^2 n(r) \qquad (12)$$

where

$$M = -\frac{0.62\varepsilon^{3/4} \times 10^{-2}}{\nu^{5/4}} S \qquad (13)$$

2.5 Inclusion removal model

Inclusions in the molten steel of tundish are removed by three mechanisms: floating to the free surface, collision with each other, and adhesion to the solid surfaces. The tundish is divided into two zones to calculate the inclusions removal (Figure 3): Zone I —left of weir (inletzone); and Zone II —right of weir. The modes of inclusion removal in the two zones are assumed as follows: Zone I: (1) the turbulent collision and Brownian collision of inclusions; and (2) adhesion to the solid surfaces. In this zone, the floating of inclusions is neglected because the strong turbulent will return the previously floated out inclusions into bulk again. In the industry experiment, it is clearly seen that in Zone I, the strong turbulence almost entrains all of the surface slag, and the molten steel is exposed to the air at some places. So it is rational for ignoring the inclusions floating removal in Zone I for the objected tundish system. The change rate of inclusion number density, therefore, can be represented by the following equation:

$$\frac{dn(r)}{dt} = \frac{1}{2}\int_0^r n(r_i)\alpha\beta(r_i, r_j)n(r_j)\left(\frac{r}{r_j}\right)dr_i - n(r)\int_0^{r_{max}} n(r_i)\alpha\beta(r_i, r_j)dr_j - Mr^2 n(r) \qquad (14)$$

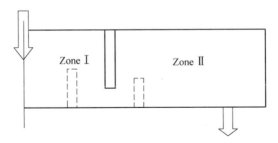

Fig. 3 The division schematic of tundish for the calculation of inclusion removal by different mechanisms (Zone I: left of weir, and Zone II: right of weir)

Zone II: (1) the floating to the free surface; (2) Stokes collision and Brownian collision and turbulence collision; and (3) adhesion to the solid surfaces. The change rate of inclusion number density can be represented by the following equation:

$$\frac{dn(r)}{dt} = \frac{1}{2}\int_0^r n(r_i)\alpha\beta(r_i, r_j)n(r_j)\left(\frac{r}{r_j}\right)dr_i -$$

$$n(r)\int_0^{max} n(r_j)\alpha\beta(r_i,r_j)\mathrm{d}r_j - \frac{n(r)w_i}{H} - Mr^2 n(r) \tag{15}$$

Equations (14) and (15) are the central equations for the inclusion removal.

In the following section of the present article, the results of fluid flow simulation will verify the rationality for the division of tundish.

3 Experiments

3.1 Water model experiment

By Froude number similarity criteria[5], a 1:4 tundish water model is established to measure the residence time of water at a different place of the tundish; the results will be used to calculate the inclusion removal.

3.2 Industrial experiment

Low carbon Al-killed steel is used as the experimental steel grade. Samples are taken at some sites (Figure 4, A through D places) with regular time interval during continuous casting. At place A, big samples (ϕ100mm × 200mm) and vacuum samples (ϕ5mm × 150mm) are taken; at places B and C, only vacuum samples are taken; and at place D, small samples (ϕ30mm × 10mm) and vacuum samples are taken. The big samples are used to analyze the inclusion number by the Slimes method. The basic steps of the Slimes method are, first, electrolysis, then washing the slimes, then treating the slimes by acid technology to extract the inclusions, and, last, grading the extracted inclusions by sieving. The vacuum samples are used to get the total oxygen content. The small samples are for metallographic microscope observation. It should be stated that the results of metallographic microscope observation are two-dimensional (i.e., the inclusion number per unit observation area), but they can be converted into three-dimensional (i.e., the inclusion number per unit volume) by the theory of Fullman[12]. The surface slag samples and solid surfaces (walls, bottom, weir, and dams) samples are taken to check the inclusions rising effect to the free surface and adhesion effect to the refractory lining.

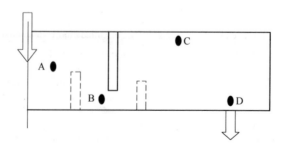

Fig. 4 Sampling sites (A through D) of tundish in the industrial experiment

4 Results and Discussion

4.1 Water model experiment results

The water residence time and the dead zone volume distribution of tundishes with and without flow control devices are shown in Figure 5. It is clear that the residence time of the tundish with flow control devices is larger than that of without flow control devices, and the dead zone (the definition of dead zone is $V_d = 1 - \bar{t}/t_m$) is smaller. This indicates that the flow condition of the tundish with flow control devices is more favorable for improving the inclusions removal.

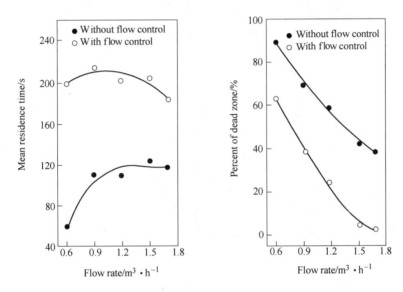

Fig. 5 The water residence time and the volume of dead zone by water model experiment

For the tundish with flow control devices, if the residence time at point D is 1, the residence time at point A is 0.1, at point B is 0.3, and at point C is 0.6 (points A through D are the same as Figure 4). For the real tundish used in the industrial experiment, by the liquid steel flow rate, it can be calculated that the real residence time of liquid steel in the tundish, t_m, is about 10 minutes, so the residence time at point A is 1 minute, point B is 3 minutes, point C is 6 minutes, and point D is 10 minutes, i.e., the time for liquid steel residence in Zone I is 3 minutes and in Zone II is 7 minutes; then the calculation of Eq. (14) is limited within 3 minutes and Eq. (15) within 7 minutes.

4.2 Results of industrial experiment

The results of Slimes analysis for the sample at the inlet place are shown in Figures 6 and 7. Figure 6 is the image of inclusions, which indicates that the angular alumina is the main inclusion. Figure 7 is the size distribution of inclusions in weight, by which an approximate exponent grading is carried out to grade the inclusions with a radius interval of 1μm, i.e., the following assumption

Fig. 6 The image of inclusions extracted from steel by Slimes method

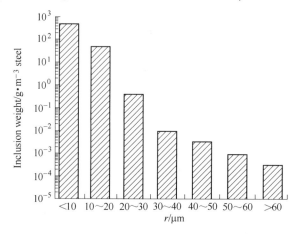

Fig. 7 The size distribution of inclusions in weight extracted from steel by Slimes method

is made: only the inclusions with radii of 1, 2, 3 μm, etc. exist; the other inclusions, for example, 1.5 and 50.3 μm in radii, do not exist. Then the following initial inclusion number density is found:

$$n(r) = \begin{cases} 1.067 \times 10^{12} e^{-0.65r} & 1 \leqslant r \leqslant 30 \mu m \\ 8.167 \times 10^{5} e^{-0.18r} & 31 \leqslant r \leqslant 75 \mu m \\ 0 & r > 75 \mu m \end{cases} \quad (16)$$

The main inclusion in the Al-killed steel is Al_2O_3, so the balance of Al_2O_3 inclusions in slag and lining refractory can evaluate the floating to the free surface and adhesion to the solid surfaces. The collision of inclusion cannot be evaluated quantitatively in the experiment its effect on the inclusion removal is included in the flotation effect and adhesion effect.

(1) The surface slag analysis. The tundish in the industrial experiment is with flow control devices. The slag is basic, its initial Al_2O_3 content is 1.5 pct, but after casting, the value increased to 12.5 pct, which indicates that some Al_2O_3 inclusions rise up to the free surface. Converting the Al_2O_3 content into volume fraction by Eq. (17), the result is 1.76×10^{-4}.

$$\theta_f = \frac{W_s \Delta Al_2O_3}{W_m} \frac{\rho_F}{\rho_P} \tag{17}$$

(2) The collision analysis of inclusions. For the collision of inclusions, quantitative results cannot be found, but some qualitative results from the industrial experiment are also useful. Lots of collision examples of inclusions are observed in liquid steel samples (Figure 8). It should be noticed that the inclusion size for the sample at point A (inlet zone) is smaller than at point D (outlet zone), which indicates that in the course of the molten steel flowing from the inlet to the outlet, some small inclusions collide coalesce into bigger ones.

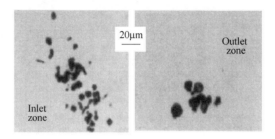

Al_2O_3 inclusions

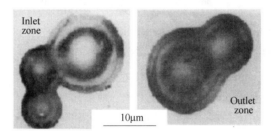

SiO_2 inclusions

Fig. 8 Collision examples of inclusions
(By metallographic microscope observation)

(3) The solid surface (lining refractory) analysis. The analysis of Al_2O_3 content of used lining and flow control devices indicates a configuration of three layers: initial one, transitional one, and the reaction one (Figure 9). The Al_2O_3 content increment between the initial layer and the reaction one is 6 to 7 pct, and the reaction layer is about 1 to 3mm in thickness. Converting the change of Al_2O_3 content into volume fraction by Eq. (18), the result is about 0.995×10^{-4}.

$$\theta_s = \frac{h_s \Delta Al_2O_3}{W_m} \frac{\rho_W \rho_F}{\rho_P} \tag{18}$$

During pouring, the liquid steel always contacts with the four walls and the bottom of tundish; the boundary layers existence makes it possible for inclusions to be adhered to the solid surface in a sense of fluid flow. On the other hand, mechanical erosion, chemical reaction, and absorption of inclusion can happen, which can affect the steel cleanliness. So it is a mistake if only taking the free slag surface as the inclusion destination; "the six surfaces metallurgy of tundish" must be imposed

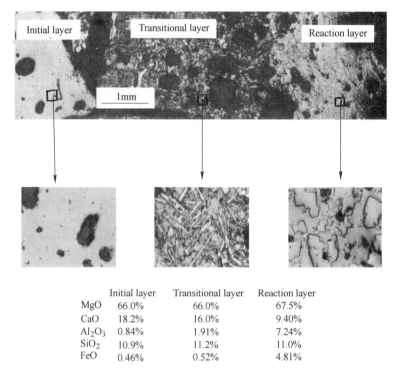

Fig. 9 An example of the image of used lining refractory (long wall of tundish) by microscope observation and the main chemical components

in order to develop a maximum reactive surface.

At the inlet, the volume fraction of inclusions to liquid steel is about 4×10^{-4} (corresponding to the total oxygen content of 70 to 100ppm), i.e., $\theta_{inlet} = 4 \times 10^{-4}$ So, in the industrial experiment, the floating removal ratio is $\theta_f/\theta_{inlet} = 44$pct, and the adhesion removal ratio is $\theta_s/\theta_{inlet} = 25$pct. So, the total inclusion removal ratio in tundish with flow control devices is 69pct. The effect of collision to the inclusion removal is included in the flotation effect and adhesion effect.

4.3 Results of molten steel fluid flow simulation

4.3.1 Flow situation in the bulk

Figure 10 is the result of three-dimensional flow velocity distribution. Zone I has a larger velocity than other places of tundish. With the flow control devices (Figure 10 (b)), the stronger turbulence is formed than that without flow control devices (Figure 10 (a)). Figure 11 is the isoline of $1 \times 10^{-4} m^2/s^3$ of the turbulent kinetic energy dissipation rate, s, of liquid steel. The value of s is larger than $1 \times 10^{-4} m^2/s^3$ in the left region of the isoline, and it is less than $1 \times 10^{-4} m^2/s^3$ in the right region. So the strong turbulence is much better controlled within Zone I when with flow control devices (Figure 11 (b)) than without flow control devices (Figure 11 (a)), and the flow in Zone II is much smoother. Figure 12 shows the streamline. When with flow control devices (Figure 12 (b)), the streamline is much longer than that without flow control devices (Figure

12 (a)), which increases the inclusion residence time and is favorable for the inclusions removal. It is clear that some liquid steel flow through the holes of the weir.

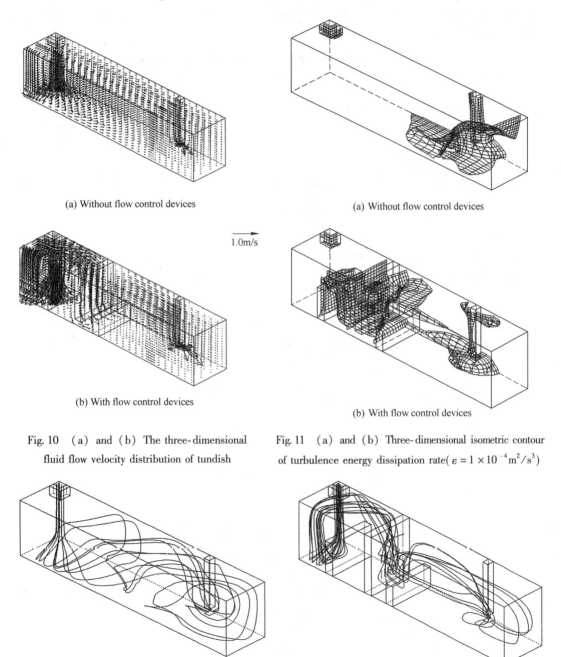

Fig. 10 (a) and (b) The three-dimensional fluid flow velocity distribution of tundish

Fig. 11 (a) and (b) Three-dimensional isometric contour of turbulence energy dissipation rate($\varepsilon = 1 \times 10^{-4} m^2/s^3$)

Fig. 12 (a) and (b) Three-dimensional streamline of molten steel flow in mudish

Some factors of the flow simulation results about the two zones are shown in Table 2. Where the Reynolds number of molten steel flow is defined as $Re = \bar{u}H\rho/\mu$ is the mean velocity of the liquid steel flow. The results indicate that Zone I is more turbulent than Zone II; the turbulent energy dissipation rate and the Reynolds number are about 102 times larger than those of Zone II. So the inclusion removal mechanism must be different in the two zones, and the division of tundish for inclusion removal calculation is rational. The mean value of ε will be taken into Eq. (6) to calculate the turbulent collision rate constant.

Table 2 Some results of the fluid flow calculation in tundish

Parameters	Without flow control devices		With flow control devices	
	Zone I	Zone II	Zone I	Zone II
The mean value of $\varepsilon/m^2 \cdot s^{-3}$	9.6×10^{-3}	9.3×10^{-5}	5.3×10^{-2}	1.6×10^{-6}
Mean velocity of fluid/$m \cdot s^{-1}$	0.12	5.3×10^{-3}	0.15	6.2×10^{3}
Reynolds of fluid flow	1.5×10^{5}	6.7×10^{3}	1.9×10^{3}	7.9×10^{3}

4.3.2 Flow situation adjacent to the solid surfaces

The turbulent energy dissipation rate adjacent to the solid surfaces is showed in Figure 13. On the long wall, except the inlet zone with ε of 10^{-2} to $10^{-4}\,m^2/s^3$, the value of s is about 10^{-4} to 10^{-6} m^2/s^3 (Figure 13 (a)); on the short wall, ε is about $10^{-4.5}$ to $10^{-7}\,m^2/s^3$ (Figure 13 (b)).

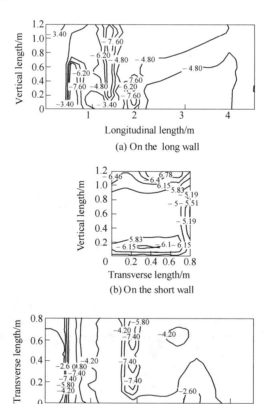

(a) On the long wall

(b) On the short wall

(c) On the bottom

Fig. 13 (a) throergh (c) The isoline of log a acacnt to the solid smrface of tundish with flow control devices

On the bottom, s is not uniform, and in the inlet zone it is larger than 10^{-3} m^2/s^3; the other places are about 10^{-3} to 10^{-6} m^2/s^3 (Figure 13 (c)). The value of ε near the solid surface will be used to calculate M by Eq. (13), which is to calculate the effect of adhesion to the solid surfaces.

Figure 14 is flow velocity distribution adjacent to the long wall of tundish; when with flow control devices, the large velocities are confined well in the inlet zone, and Zone I has much larger stirring energy than Zone II.

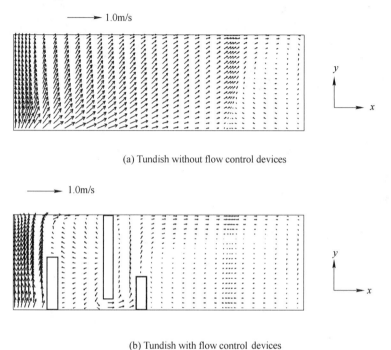

(a) Tundish without flow control devices

(b) Tundish with flow control devices

Fig. 14 (a) and (b) The fluid flow velocity distribution adjacent to the long wall of tundish

4.4 Results of the inclusion removal simulation

4.4.1 Discuss for the collision rate constant

Figure 15 is the isoline of the collision rate constant $\beta(r_i, r_j)$. The value of the collision rate constant for the Brown collision is very small, less than 10^{-15} m^3/s (Figure 15 (a)). The value for Stokes collision (Figure 15 (b)) is larger than that of the Brown collision, and it is zero for the two inclusions with the same sizes, which is because they have the same rising velocities so cannot contact each other. To the inclusions bigger than 40μm in radius, the Stokes collision rate constant is bigger than 10^{-11} m^3/s. The turbulent collision rate constant is about 10^{-8} to 10^{-13} m^3/s at Zone I. (Figure 15 (c)), and that for the tundish with flow control devices is larger than without flow control devices. So the bigger stirring energy is favorable for increasing the collision rate constant. But the turbulent collision rate constant at Zone II (Figure 15 (d)) is 100 times less that of Zone I, which indicates that in Zone II, the turbulent collision is not a main removal mode.

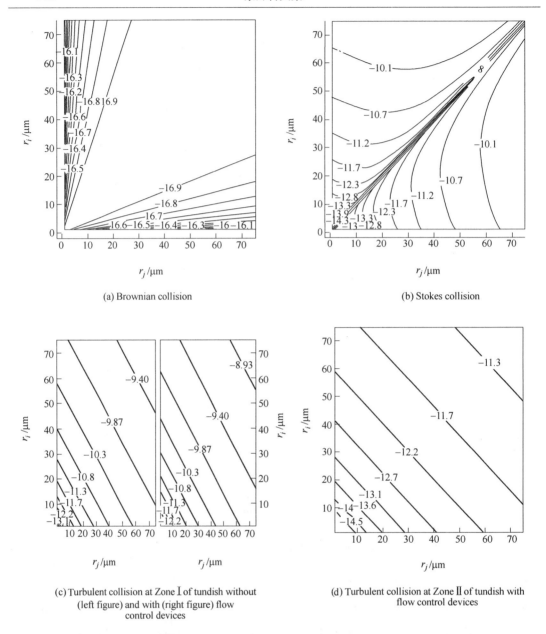

(a) Brownian collision

(b) Stokes collision

(c) Turbulent collision at Zone I of tundish without (left figure) and with (right figure) flow control devices

(d) Turbulent collision at Zone II of tundish with flow control devices

Fig. 15　(a) through (d) The value of $\log \beta_y$ as a function of inclusion size

From Figure 15, it is clearly seen that for every collision mode, the bigger inclusions have larger collision rate constants. But because the number densities of smaller inclusions are much higher than those of bigger inclusions, the collision number per unit time per unit volume (N_{ij} by Eq. (4)), on the contrary, is much more than that of bigger inclusions (Figure 16). Thus, the collision mode provides a natural way to remove smaller size inclusions that are difficult to be removed by flotation for their small rising velocities. By this mode, the smaller inclusions collide with each other and coagulate into larger ones, so the disappearance of the smaller particles creates new larger ones, and the larger ones can be removed easily by flotation for their big rising velocities.

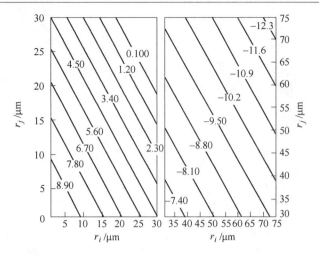

Fig. 16　The value of logN_{ij} as a function of inclusion size

4.4.2　Solving procession of Eq. (8)

Because the number density of the inclusion $n(r)$ is changed with time, direct integration of Eq. (8) is impossible. So, a numerical discretization with ranges of radii is needed to solve Eq. (8). The problem is the choice of the suitable size range. In the present study, the effect of size range on the calculation result is checked. The following size ranges (in radius) are checked respectively: 10, 5, 1, 0.5, 0.1, 0.05, and 0.01 μm. Finally, it is found that if the size range is not larger than 0.1 μm, the difference of the calculation results with different size range is not big. So 0.1 μm is chosen as the suitable size range. It should be stated that the following assumption is made:

$$\begin{cases} r = r_k & \text{if } r_k^3 \leqslant r^3 < \dfrac{r_k^3 + r_{k+1}^3}{2} \\ r = r_{k+1} & \text{if } \dfrac{r_k^3 + r_{k+1}^3}{2} \leqslant r^3 < r_{k+1}^3 \end{cases} \quad (19)$$

where, $r = r_i + r_j$, i.e., the inclusion r_i collides with inclusion r_j and coagulates into inclusion r.

Another problem is the choice of the r_{max}, i.e., the maximum inclusion size, which means the inclusions larger than r_{max} are assumed to disappear. Here, r_{max} takes 75 μm, which is because there are almost no inclusions larger than 75 μm by the samples' analysis. In fact, according to Eq. (2), 75 μm inclusion has a rising velocity of 0.007 m/s; the time need to float out is 171 seconds. Because the molten steel residence time in Zone Ⅱ is 420 seconds, the inclusions larger than 75 μm in radii have enough time to be floated out.

4.4.3　Determination of the value of coagulation coefficient, α

To determine the value of a, the calculated result is compared with the industrial experiment by changing the inclusion number density to the total oxygen content (Figure 17). When a takes 0.18, the calculated value shows no big difference from the measured one. The suitable value of a is 0.18.

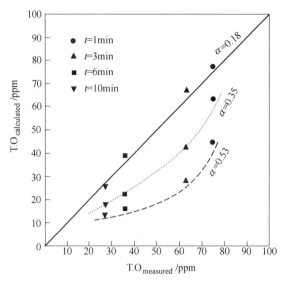

Fig. 17 Determination of coagulation coefficient (α) by fitting the results between calculation and experiment

According to Higashitai et al.[13], the coagulation coefficient a for turbulent collision depends on adhesive forces and hydrodynamic interaction and is a function of the group N_T by Eq. (20). N_T represents the ratio between the viscous force and the van der Waals force by Eq. (21).

$$\alpha = 0.732 \left(\frac{5}{N_T}\right)^{0.242} \quad (20)$$

$$N_T = \frac{6\pi\mu r_i^3 (4\varepsilon/15\pi\nu)^{0.5}}{A} \quad (21)$$

where, A is the Hamaker constant for the Al_2O_3 inclusion in molten steel, according to Taniguchi et al.[11], and is about 2.3×10^{-20} J.

The value of the coagulation coefficient by Eq. (20) for Zone I is shown in Figure 18. It decreases with the inclusion size and stirring energy increasing and is about 0.025 to 0.31 to the inclusions with 1 to 70 μm in radius. The fitting result between experiment and calculation, $\alpha = 0.18$, is in this range. This value is smaller than the study on inclusion removal during the RH degassing process by Miki et al.[14], where they got the value of a with 0.27 to 0.63. This difference partly comes from the treatment of the alumina cluster size. In the study of Miki et al., the alumina cluster radius is considered by fractal theory[15]. But in the present article, all the inclusions are assumed to be spherical, which of course leads to some error, and the effect of cluster shape and size on the inclusion removal calculation is included in the fitting value of α. This means the error is diminished by a change in the value of α. But it should be stated that developing a mature fractal theory for the alumina cluster size treatment is very useful to understand the real removal mechanism of the alumina inclusions.

Here, another problem should be noticed. In the present study, the flow is assumed to be iso-

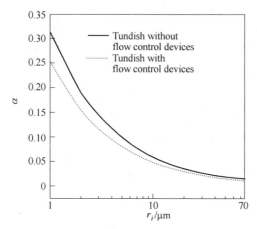

Fig. 18   Determination of coagulation coefficient (α) by theory analysis

thermal. But some studies[16,17] showed that the buoyancy force, which leads to an upwards flow tendency, is very important for the inclusion removal in continuous casting tundish. It is better to consider the temperature effect when simulating the inclusion removal. Here, this effect is ignored to make a simple simulation of the fluid flow. In fact, this effect is also included in the value of α; it can be imagined that if the fluid flow is nonisothermal, the turbulent energy dissipation rate will become larger, and then the fitting value of a will become smaller to get a good agreement between the calculation and measurement.

4.4.4   Results of the calculation of the inclusion removal

Figure 19 shows the change of the inclusions' number density with time and inclusion size. The number densities of the inclusions less than 25 μm in radius always decrease with the time increment. But those with inclusions bigger than 25 μm in radii increase first, and then after several minutes they decrease again (Figure 19 (a)). The increment of which is because lots of smaller inclusions

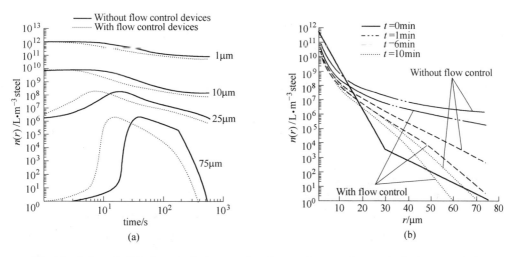

Fig. 19   (a) and (b) Some inclusions number density change with time (calculation results)

collide and coalesce each other into bigger ones; the decreasing is because the bigger inclusions have big rising velocities and quickly float to the free surface and are removed from bulk.

At the outlet of the tundish (t = 10minutes), some of the inclusions' number densities are bigger than those at the inlet (t = 0minutes) (Figure 19 (b)), which is also due to the collision of inclusions. For the tundish without flow control devices, the number of inclusions with radii from 17.5 to 65.5 μm increases during the molten steel residence time, and the inclusions bigger than 72 μm in radii can be totally removed. For the tundish with flow control devices, the number of the inclusions with radii from 20 to 49 μm increases during the liquid steel residence time, and those bigger than 61 μm in radii can be totally removed.

Here, the proportion of the total volume occupied by the inclusions, i.e., the volume fraction of inclusions in molten steel, θ, is defined as

$$\theta = \sum n(r_i) 4\pi r_i^3 / 3 \quad (22)$$

then gives the removal ratio of inclusions in terms of φ as

$$\eta_\theta = \frac{\theta_{\text{inlet}} - \theta_{\text{outlet}}}{\theta_{\text{inlet}}} \quad (23)$$

Figure 20 shows the results of inclusion removal in term of η_θ. The following characteristics can be clearly seen.

(1) The flow control devices are favorable for the inclusion removal. The removal ratio is 51 pct when without flow control devices but is 79 pct when with flow control devices.

(2) Floating to the free surface is still an important removal way for the inclusions in tundish. It is about 36 to 50 pct. Figure 21 shows the inclusion rising velocity (Eq. (2)), time t_f, needed to rise up to the free surface, and the removal rate at t = 6 minutes by Eq. (3). With the inclusion size increment, the rising velocity increases so t_f decreases, which indicates that the bigger inclusions are easy to float out. But because the number density of big inclusion is very small, its flotation removal rate decreases with the inclusion size increment.

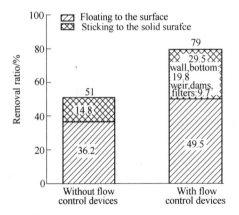

Fig. 20 The calculated inclusion removal ratio

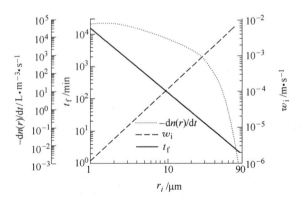

Fig. 21 The value of inclusion rising velocity, time needed to rise up to the free surface, and removal rate by flotation at t = 6min as a function of inclusion size

(3) Adhesion to the solid surface plays an important role to the inclusion removal. When with flow control devices, the adhesion removal is about 29.5 pct (tundish walls and bottom holds 19.8 pct, and flow control devices holds 9.7 pct), and it is 14.8 pct when without flow control devices. Two conclusions about the function of flow control devices on the adhesion effect are generated: lots of inclusions are adhered on them; and flow control devices are also favorable for the inclusions adhesion on the walls and bottoms. Flow control devices increase the stirring energy of the inlet zone (as discussed in the previous section of the present article), according to Eq. (13), which increases the value of M and prompts the adhesion to the solid surfaces. Figure 22 shows the result of inclusion adhesion removal rate at $t = 6$ minutes by Eq. (12); smaller inclusions have larger removal rates than bigger ones, so the adhesion removal is specially effective for the smaller inclusions, and stronger stirring energy is favorable for the adhesion.

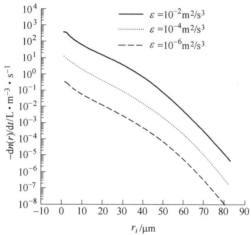

Fig. 22 The inclusion removal rate by adhesion to the solid surface at $t = 6$min

The effect of collision is embodied in improving the floating and adhesion. The new inclusions are generated by collision partly floating up to the free surface, partly adhering to the solid surface, and partly flowing into the continuous casting mold with the molten steel. Figure 23 shows the ratio of collision removal, which has been included in Figure 20. This figure indicates that, in the inclusions floating removal, the new generated inclusions by collision hold 9.8 pct for the tundish without flow control devices and hold 16.8 pct for the tundish with flow control devices; in the inclusions adhesion removal, the new generated inclusions by collision hold 5.2 pct for the tundish without flow control devices and hold 9.5 pct for the tundish with flow control devices. Figure 24 indicates that the turbulence collision at Zone Ⅰ is the main collision removal mode, the Brownian collision removal is less than 0.1 pct, The Stokes collision removal is less than 2.1 pct, and the turbulence collision removal at Zone Ⅱ is smaller than 2 pct. So a very important conclusion is drawn here; in continuous casting tundish, the inclusion removal mechanism is mainly by turbulence collision in Zone Ⅰ and then mainly by floating to the free surface in Zone Ⅱ, which means though big inclusions are generated by collision, they have enough time to be floated out in Zone Ⅱ.

Figures 23 and 24 also show that the flow control devices are favorable for the collision of inclusions.

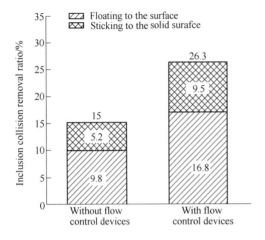

Fig. 23 The collision removal contribution to floating removal and adhesion removal

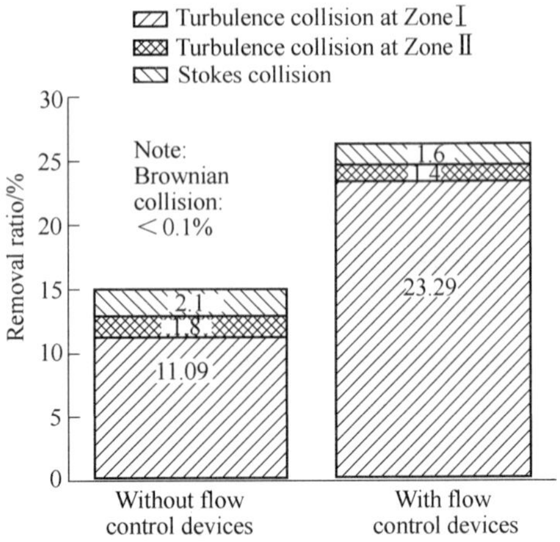

Fig. 24 The comparison of inclusion removal effect by different collision modes

In the experiment, for the tundish with flow control devices, the floating removal ratio is 44 pct, the adhesion removal ratio is 25 pct, and the whole inclusion removal ratio is 69 pct. In calculation, the whole inclusion removal ratio is 79 pct, the floating removal is 49.5 pct, and the adhesion removal is about 29.5 pct. Although the result of experiment is not exactly the same as that of calculation, their tendencies show no big difference.

Figure 25 shows the comparison of inclusion number density at the outlet between calculation and experiment sample analysis by metallographic microscope observation. It should be stated that the metallographic microscope observation has some error because it is by eye. Regardless, this figure shows good agreement between calculation and experiment.

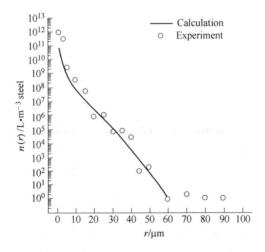

Fig. 25 Comparison of inclusion number density at outlet place between calcutation and metallographic microscope observation

5 Conclusions

(1) By the k-ε two-equation model, the three-dimensional fluid flow in continuous casting tundishes with and without flow control devices is first studied. The results indicate that flow control devices effectively control the strong stirring energy within the inlet zone (Zone I); the other zones (Zone II) are with much uniform streamline. The stirring energy and the Reynolds number of Zone I are about 100 times more than those of Zone II. The stirring energy is taken as the binding point between fluid flow and inclusion removal.

(2) The flow control devices are favorable for the inclusion removal. The total removal ratio is 51 pct when without flow control devices (floating removal holds 36.2 pct, and the adhesion removal holds 14.8 pct), and the inclusions bigger than 72 μm in radii can be totally removed. The total removal ratio is 79 pct when with flow control devices (floating removal holds 49.5 pct, and the adhesion removal holds 29.5 pct), and the inclusions bigger than 61 μm in radii can be totally removed.

(3) The collision numbers per unit time and unit volume steel of small inclusions are much bigger than big inclusions; the collision mode provides a natural way to remove smaller size inclusions. The suitable coagulation coefficient is 0.18 by fitting the results of experiment and calculation and is 0.025 to 0.31 by theory analysis. By using the flow control devices, a strong turbulent condition confined in the inlet zone promotes the collision of inclusions and improves the inclusions removal. In continuous casting tundish, the inclusion removal mechanism is mainly by turbulence collision in Zone I and then mainly by floating to the free surface in Zone II. Though big inclusions are generated by collision, they have enough time to be floated out in Zone II. The turbulent collision at Zone II, Stokes collision, and Brownian collision are not so important and hold less than 1.8, 2.1, and 0.1 pct, respectively.

(4) Floating to the free surface is still an important removal way for the inclusions in tundish. It is about 36 to 50 pct. The big inclusions are easily floated out for their large rising velocities.

(5) Adhesion to the solid surface plays an important role on the inclusion removal. Smaller inclusions have larger removal rates than big ones, and stronger stirring energy is favorable for the adhesion. Flow control devices have two functions on the adhesion effect: adhering some inclusions and improving inclusions adhesion to the walls and bottoms. The idea of "six surfaces metallurgy of tundish" must be imposed in order to develop a maximum reactive surface.

(6) In the experiment, for the tundish with flow control devices, the floating removal ratio is 44 pct, and the adhesion removal ratio is 25 pct; the whole inclusion removal ratio is 69 pct. The effect of collision to the inclusion removal is included in the flotation effect and adhesion effect. The experiment results show no big difference from the calculation. Both the experiment and the calculation indicate that floating to the slag surface, collision of inclusions, and adhesion to the solid surfaces are all important ways for inclusions removal.

A —— Hamaker constant, J

g —— gravitational acceleration, m/s^2

h —— reaction layer thickness of the lining refractory, m

H —— tundish depth, m

k —— Bolzman constant, J/K

l_e —— characteristic scale of turbulent eddies close to the solid surface, m

M —— constant for the calculation of adhesion of inclusion to the solid surfaces

$n(r)$ —— number density of inclusion with radius r, L/m^3

N_{ij} —— number of collision per unit volume and per time, L/(m$^3 \cdot$ s)

N_T —— characteristic ratio constant between the viscous force and the van der Waals force for calculating the coagulation coefficient

r —— inclusion radius, m

r_{max} —— maximum inclusion radius, m

Re —— Reynolds number

S —— area of solid surfaces, m^2

T —— time, s

t —— mean residence time measured by model experiment, s

t_m —— theoretical residence time calculated from the flow rate, s

T —— temperature, K

u —— fluid flow velocity, m/s

u' —— turbulent velocity fluctuation, m/s

$\bar{u}$ —— mean fluid flow velocity, m/s

V_d —— dead zone volume in the water model experiment

w —— Stokes rising velocity of the inclusions, m/s

W_s —— tundish slag weight, kg

W_m —— liquid steel weight, kg

ΔAl_2O_3 —— Al_2O_3 content increment of the slag or lining refractory, pct

α —— coagulation coefficient

β —— (r_i, r_j) collision rate constant of r_i and r_j inclusions, m^3/s

ε —— stirring energy, m^2/s^3

φ —— variable, representing the fluid flow velocity, turbulent energy, and its dissipation rate

Γ —— coefficient

θ —— volume fraction of inclusion to liquid steel

θ_{inlet} —— volume fraction of inclusion to liquid steel at the inlet place

θ_f —— volume fraction of inclusion to liquid steel by flotation to the free surface, slag

θ_s —— volume fraction of inclusion to liquid steel by adhesion to solid surface

ρ, ρ_F —— liquid steel density, 7000 kg/m^3

ρ_p —— inclusion density, 3000 kg/m^3

ρ_w ——density of used lining refractory reaction layer, 2500kg/m^3

$\Delta\rho$ ——density difference between the liquid steel and inclusions, kg/m^3

η ——inclusion removal rate, pct

μ ——liquid steel viscosity, $7.0 \times 10^{-3} \text{Pa} \cdot \text{s}$

ν ——liquid steel viscosity, $1 \times 10^{-6} \text{m}^2/\text{s}$

i, j, k ——inclusion sequence number

References

[1] B. Kaufmann, A. Niedermayr, H. Sattler, et al. Steel Res., 1993, 64 (4): 203-209.
[2] K. H. Tacke, J. C. Ludwig. Steel Res., 1987, 58 (6): 262-270.
[3] O. J. Ilegbusi, J. Szekely. Iron Steel Inst. Jpn. Int., 1989, 29 (12): 1031-1039.
[4] A. K. Sinha, Y. Sahai. Iron Steel Inst. Jpn. Int., 1993, 33 (5): 556-566.
[5] Y. Sahai, T. Emi. Iron Steel Inst. Jpn. Int., 1996, 36 (9): 166-173.
[6] P. G. Saffman, J. S. Turner. J. Fluid Mechanics, 1956, 1: 16-30.
[7] S. Taniguchi, A. Kikuchi. Tetsu-to-Haganei, 1992, 78 (4): 527-535.
[8] K. Nakanishi, J. Szekely. Trans. Iron Steel Inst. Jpn., 1975, 5: 522-530.
[9] F. Oeters. Metallurgy of Steelmaking, Verlag Stahleisen mbH, Dussel-dorf, 1994: 323.
[10] A. N. Kolmogoroff. Comp. Rend. Acad. Sci. URSS, 1941, 30: 311-318.
[11] S. Taniguchi, A. Kikuchi, T. Ise, et al. Iron Steel Inst. Jpn. Int., 1996, 36: S117-S120.
[12] R. L. Fullman. Trans. AIME, 1953, 197: 447-453.
[13] K. Higashitai, R. Ogawa, G. Hosokawa, et al. J. Chem. Eng. Jpn., 1982, 15: 299-304.
[14] Y. Miki, Y. Shimada, B. G. Thomas, et al. Iron Steelmaker, 1997, 8: 31-38.
[15] R. Jullien, M. Kolb, R. Botet. J. Phys. Lett., 1984, 45: L211-L216.
[16] S. Joo, R. I. L. Guthrie. Metall. Trans., 1993, 24B: 755-766.
[17] J. J. S. Barreto, M. A. M. Barron, R. D. Morales. Iron Steel Inst. Jpn. Int., 1996, 36 (5): 543-552.

Prediction and Analysis on Formation of Internal Cracks in Continuously Cast Slabs by Mathematical Models

Han Zhiqiang[1] Cai Kaike[2] Liu Baicheng[1]

(1. Department of Mechanical Engineering, Tsinghua University;
2. Department of Metallurgy Engineering, University of Science and Technology Beijing)

Abstract: The formation of internal cracks in continuously cast slabs is mainly attributed to the strain status and microsegregation near the solidifying front of the slabs. Based on this understanding, the effects of the strain status at solidifying front and the chemical composition of liquid steel on the internal cracks were studied using a strain analysis model and a microsegregation model developed in the present study. The tensile strains at the solidifying front caused by bulging, unbending, and misalignment of supporting rolls in a fourpoint-unbending bow caster were calculated. The roll gap in the caster was measured for the calculation of the strains caused by the misalignment of the supporting rolls. The calculated strain status near the solidifying front was used to predict the internal cracks. Critical strains based on some experimental data were adopted as the crack criteria. Sulfur prints of the slab transverse sections were used to verify the model predictions. The enrichment of chemical compositions in the interdendritic liquid and its effect on the freezing temperature of the liquid were studied with the microsegregation model, in which the transition of ferritic/austenitic solidification and the precipitation of MnS were taken into account. S and P were revealed to strongly accumulate at the columnar grain boundaries, and the segregation of P increases significantly when C content increases from 0.1% to 0.2%. With the accumulation of P and S in the interdendritic liquid, the freezing temperature of the liquid decreases obviously, thus the internal crack tendency is greatly increased.

Keywords: continuously cast slab; internal cracks; strain analysis; microsegregation; mathematical models

1 Introduction

Internal crack is one of the main defects in continuously cast slabs. It is very important to predict and control this defect in production of high quality and defect-free products in steel industry. It has been reported that the internal cracks are resulted from the excessive tensile strains produced at the solidifying front of the slab[1-6]. In continuous casting process, the factors such as bulging,[7-10], unbending or straightening[11-13], and misalignment of the supporting rolls[14,15] can result in tensile strains near the solidifying front of the slab. Once the total strain applied to the solidifying front exceeds a limit strain, termed critical strain, the solidifying front will crack along the columnar grain boundaries, thus forming internal cracks in the slab. Accompanying the cracking of the solidifying front, the solute-rich liquid ahead of the solidification interface is sucked into the cracks[1]. As a result, the internal cracks are usually accompanied by heavy segregation lines, which can be easily distinguished in sulfur prints[16]. On the other hand, the formation of the cracks also depends on the mechanical properties of the solidifying front, especially strength and ductility, which are closely related to the microsegregation near the solidifying front[1,17]. The enrichment of impurity elements, such as P and S, in the interdendritic liquid significantly decreases the freezing temperature of the liquid, thus obviously decreasing the deformation-resistant ability of the solidifying front. Accordingly, microsegregation is also responsible for the formation of the internal cracks.

Some researchers developed finite element models to analyze the strain status at the solidifying front as well as the strain distribution in the solidified shell of the slab, for example, the models for bulging[7,10], unbending[11,12], roll misalignment[14,15], and thermal strain analysis[18]. Most of these models just focus on one or several roll pitches. However, in most cases, we do not know in which segments in the whole length of the caster will the cracks probably form. In addition, these finite element models only considered one or two factors resulting in tensile strains at the solidifying front. In continuous casting practice, people are more interested in which of the factors dominates the formation of the cracks or the combined effects of all these factors. Moreover, the huge computing time and the lack of reliable constitutive relationship describing the mechanical behavior of steel at elevated temperatures greatly restrict the application of finite element method in quick analysis and diagnosis of an under-operating continuous casting process. In this paper, the effects of the strain status near the solidifying front and the steel composition on the formation of internal cracks were studied using an empirical equation based strain analysis model and a microsegregation model developed in the present study. The tensile strains at the solidifying front caused by bulging, straightening, and misalignment of supporting rolls in a four-point-unbending bow caster were calculated. The roll gap was measured for the calculation of the strains caused by the misalignment of supporting rolls. The calculated tensile strains were used to predict the formation of the internal cracks. The sulfur prints of the slab transverse sections were used to verify the model predictions. On the other hand, the accumulation of impurity elements, mainly S and P, in the interdendritic liquid and its effect on the freezing temperature of the liquid were studied using a microsegregation model, in which the transition of ferritic/austenitic solidification and the precipitation of MnS were taken into account.

2 Mathematical Models

2.1 Strain analysis model

The strain analysis model for the continuously cast slab is based on a heat transfer model, which was developed to calculate the variations of surface temperature and solidified shell thickness of the slab in the casting direction. According to the characteristics of heat transfer and solidification of the slab, a quarter of the transverse section of the slab was taken as the calculation domain. The heat transfer of the domain during its movement through the mold and secondary cooling zone is described by the following twodimensional transient heat conduction equation,

$$\rho c \frac{\partial T}{\partial t} = \frac{\partial}{\partial x}\left(\lambda \frac{\partial T}{\partial x}\right) + \frac{\partial}{\partial y}\left(\lambda \frac{\partial T}{\partial y}\right) + \rho L \frac{\partial f_s}{\partial t} \quad (1)$$

where, T is temperature, t is time, ρ, c, λ are the density, specific heat, and heat conductivity respectively. L is latent heat, and f_s is solid fraction. The model was numerically solved using the control-volume based finite difference method[19]. In the mold, the heat transfer at the slab surface was treated as a heat flux boundary. In the secondary cooling zone, the heat flux at the slab surface was calculated using heat transfer coefficients depending on the water flux on the slab surface. The main thermophysical property data used in the model are listed in Table 1.

Table 1 The main thermophysical property data

Properties	Values
Density/g·cm^{-3}	7.4
Heat capacity/cal·g^{-1}·℃$^{-1}$	0.16
Heat conductivity/cal·cm^{-1}·s^{-1}·℃$^{-1}$	0.07
Liquidus temperature/℃	$T_l = 1536 - \{90[C\%] + 6.2[Si\%] + 1.7[Mn\%] + 28[P\%] + 40[S\%] + 2.6[Cu\%] + 2.9[Ni\%] + 1.8[Cr\%] + 5.1[Al\%]\}$
Solidus temperature/℃	$T_s = 1536 - \{415.3[C\%] + 12.3[Si\%] + 6.8[Mn\%] + 124.5[P\%] + 183.9[S\%] + 4.3[Ni\%] + 1.4[Cr\%] + 4.1[Al\%]\}$

The solidified shell thickness is determined by using the solidus temperature after the temperature distribution in the slab is calculated. The tensile strains at the solidifying front caused by bulging, unbending, and misalignment of supporting rolls were calculated using the following empirical equations[15,20],

$$\varepsilon_B = \frac{1600 S \delta_B}{l^2} \quad (2)$$

$$\varepsilon_S = 100 \times \left(\frac{d}{2} - S\right) \times \left|\frac{1}{R_{n-1}} - \frac{1}{R_n}\right| \quad (3)$$

$$\varepsilon_M = \frac{300 S \delta_M}{l^2} \quad (4)$$

where, ε_B, ε_S, and ε_M are the strains caused by bulging, straightening, and roll misalignment, respectively. S is solidified shell thickness, l is roll pitch, δ_B is slab bulging deflection, d is slab thickness, R_{n-1} and R_n are the unbending radii, and δ_M is the roll misalignment amount. The slab bulging deflection δ_B was calculated using the following equation,

$$\delta_B = \frac{Pl^4}{32 E_e S^3}\sqrt{t} \quad (5)$$

where, P is the static pressure of liquid steel, t is the time for slab to travel a roll-pitch, and E_e is the equivalent elastic modulus that can be calculated using the following equation,

$$E_e = \frac{T_s - T_m}{T_s - 100} \times 10^6 \text{ N/m}^2 \tag{6}$$

where, T_s is solidus temperature, and T_m is the average of the surface temperature and the solidus temperature. The total strain at the solidifying front was calculated by

$$\varepsilon_T = \varepsilon_B + \varepsilon_S + \varepsilon_M \tag{7}$$

2.2 Microsegregation model

The microsegregation was calculated using the equation proposed by Brody and Flemings[21] based on the assumptions of limited diffusion in solid and complete diffusion in liquid,

$$C_s^* = kC_0 [1 - (1 - 2\alpha k)f_S]^{(k-1)/(1-2\alpha k)} \tag{8}$$

where, C_s^* is equilibrium solid concentration, C_0 is initial concentration, f_S is solid fraction, k is partition ratio, and α is a solidification parameter defined as

$$\alpha = \frac{4D_s t_s}{L^2} \tag{9}$$

where, D_s is the diffusion coefficient in solid, t_s is solidification time, and L is secondary dendrite arm spacing. The solidification time t_s is expressed by the following equation,

$$t_s = \frac{T_1 - T_s}{\partial T/\partial t} \tag{10}$$

where, T_1 is liquidus temperature, and T_s is solidus temperature. The secondary dendrite arm spacing can be expressed as the function of cooling rate[22],

$$L = 146 \times 10^{-6} \left(\frac{\partial T}{\partial t}\right)^{-0.39} \tag{11}$$

For α50 (corresponding to no diffusion in solid) Eq. (8) reduces to the Scheil equation[23]. However, for complete diffusion ($\alpha \circledR '$) no microsegregation appears, conflicting with equilibrium solidification. To improve the model for high a-values, the equation proposed by Clyne and Kurz[24] was used to correct α,

$$\alpha' = \alpha(1 - e^{-1/\alpha}) - \frac{1}{2}e^{-1/2\alpha} \tag{12}$$

For high α-values α' approaches 0.5, which substituted in Eq. (8) leads to equilibrium model. For low α-values α' equals α, the model is not alternated. There is no physical justification for this correction, it is purely mathematical and was chosen to give the correct results at the two extremes of high and low α.

The mutual effects between alloy components on microsegregation were assumed negligible except for the extreme of containing very high content of alloy elements. For each component, microsegregation was calculated by using Eq. (8), and the liquidus temperature as well as the temperatures corresponding to any solid fractions was calculated by summing the contributions of all alloy elements,

$$T_1 = T_p - \sum_i m_i C_{0,i} \tag{13}$$

$$T = T_p - \sum_i (m_i/k_i) C_{s,i}^* \tag{14}$$

where, the subscript i denotes different alloying components, T_p is fusion temperature of pure iron.

In solidification of steel, two solid phases can be distinguished, one is the ferritic (δ) crystal structure (bcc) and the other one is the austenitic (γ) crystal structure (fcc). For steel with carbon content lower than 0.1%, only ferritic crystal structure develops in the whole solidification. For steel with carbon content over 0.5%, only austenitic crystal structure develops in the whole solidification process. While for steel with carbon content lower than 0.5% and higher than 0.1%, the liquid steel firstly solidifies as ferritic phase, but when the carbon concentration in the interdendritic fluid exceeds 0.5%, the residual liquid will solidify as austenitic crystal structure. This transition of solidification mode has important influences on the microsegregation because of the very different solidification parameters in the two crystal phases (see Table 2).

Table 2 Solidification parameters[17]

Element	Ferritic			Austenitic		
	$D_s/m^2 \cdot s^{-1}$	$m/℃ \cdot \%^{-1}$	k	$D_s/m^2 \cdot s^{-1}$	$m/℃ \cdot \%^{-1}$	k
C	7.9×10^{-9}	80	0.2	6.4×10^{-10}	60	0.35
Si	3.5×10^{-11}	8	0.77	1.1×10^{-12}	8	0.52
Mn	4.0×10^{-11}	5	0.75	4.2×10^{-13}	5	0.75
P	4.4×10^{-11}	34	0.13	2.5×10^{-12}	34	0.06
S	1.6×10^{-10}	40	0.06	3.9×10^{-11}	40	0.025

To incorporate this effect in the model it is assumed that only carbon concentration controls this transition and other components do not influence the transition. Using Eq. (8) the solid fraction at which the transition occurs can be calculated[17],

$$f_{s,\delta\to\gamma} = \frac{1}{1-2\alpha k}\left[1 - \left(\frac{0.5}{C_0}\right)^{(1-2\alpha k)/(k-1)}\right] \tag{15}$$

where the ferritic data should be employed for α and k. In order to calculate the microsegregation at any solid fraction higher than $f_{s,\delta\to\gamma}$, a virtual zero concentration must be calculated. Based on Eq. (8) and the solidification parameters in austenitic phase, the virtual zero concentration would lead to the same concentration in residual liquid at the transition point. The virtual zero concentration can be calculated by the following equation[17],

$$C_0' = C_{1,\delta\to\gamma}[1 - (1-2\alpha k)f_{s,\delta\to\gamma}]^{(1-k)/(1-2\alpha k)} \tag{16}$$

where the austenitic data should be employed for α and k.

Sulfur is a strongly segregating element (low partition ratio), but its influence is limited by the precipitation of MnS. The solubility of MnS is 0.506 (%)^2 at 1500℃[17]. If the product of Mn and S concentrations exceeds this value, MnS will precipitate. With the precipitation of MnS, the S concentration decreases significantly without considerable change of the Mn concentration because the later is far higher than the S concentration. So, in present study, the S concentration in the interdendritic liquid was adjusted to satisfy the solubility demand and the Mn concentration was maintained unchanged once the product of these two concentrations exceeded the solubility. In the solution of this model, the cooling rate should be determined in prior. According to Cornelissen[17], the cooling rates during solidification are in the range of 186.5 – 0.19℃/s from the surface to the center of a 210mm thick slab, and the corresponding dendrite arm spacing varies from 19μm to 280μm. Considering that the internal cracks usually occur in the fully developed columnar grain zones in the slab, the dendrite arm spacing in these zones was measured. Based on the measured results, the dendrite arm spacing in the present model is taken as 200μm, its corresponding cooling rate is 0.45℃/s. An iterative procedure is employed for solving the model. Firstly, the solidus temperature is artificially assumed. By using the assumed temperature, C_s^* can be calculated, based on which the solidus temperature can be updated. The iteration is terminated when the solidus temperature becomes convergent. After the solidus temperature is determined, the concentrations and freezing temperatures of the interdendritic liquid corresponding to any solid fractions can be calculated by using Eqs. (8) and (14).

3 Results and Discussion

The calculation was based on a fully bowed continuous caster that has 18 segments and 98 pairs of rolls in its secondary cooling zone. The roll diameter and the roll pitch vary from φ155mm to φ325mm and from 199mm to 370mm, respectively. The metallurgical length of the caster is about 33m. The radius of the caster is 10.5m. A four point unbending system is equipped in the caster, in which the unbending radii are 13.5, 19.5, and 38.0m.

3.1 Validity of heat transfer model

The reliability of the heat transfer model is very important to the validity of the strain analysis model. The results of the heat transfer model were verified by using measured surface temperature and liquid core length data provided by the caster manufacturer. Four positions were selected as measurement points along the length of the slab, and the mid-width surface temperatures at these points were measured with a color comparator pyrometer. Figure 1 shows the comparison of the measured and the calculated surface temperatures. Although the calculated temperature has some deviation at the second measurement point, the overall prediction shows

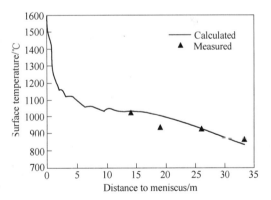

Fig. 1 The comparison of calculated and measured surface temperatures; steel composition C 0.16%, Si 0.30%, Mn 1.44%, P 0.012%, S 0.008%; section size 1300mm × 250mm; tundish temperature 1526 – 1529℃; casting speed 1.0 – 1.1m/min

good agreement with the measured results. In addition, the data of liquid core length provided by the caster manufacturer were used for further verification of the heat transfer model. The calculated results of the liquid core length under various process conditions were listed in Table 3. It is shown that the relative error of the predicted results is usually less than 5%, and the maximum error is no more than 8%. It is proved that the heat transfer model has the ability to provide reliable data for the strain analysis model.

Table 3 The calculated and caster manufacturer provided liquid core length data

Steel	Section size/mm	Casting speed /m·min^{-1}	Cooling water /L·kg^{-1} steel	Liquid Core Length		
				Caster manufacturer provided/m	Predicted /m	Relative error/%
Carbon steel	1550×230	1.2	0.84	23.0	24.8	+7.8
	1550×250	1.2		28.2	28.8	+2.1
Structural steel	1550×210	1.2	0.76	20.5	21.4	+4.4
	1550×230	1.0		20.0	20.7	+3.5
	1550×250	1.0		24.5	24.0	-2.1
Low alloy steel	1550×210	1.0	0.52	17.5	17.9	+2.3
	1550×230	1.0		20.8	20.7	-0.5

3.2 Strain distribution characteristics

The calculated bulging strain and straightening strain at the solidifying front along the length of the slab are shown in Figure 2. It can be seen that considerable bulging strain occurs immediately when the slab moves out of the mold, however, the strain decreases soon. After that, the bulging strain gradually increases and then decreases again. A large variety of calculations showed that although the magnitude of the bulging strain varies when the process condition is changed, the distribution of the strain along the length of the slab nearly has the same characteristics. The slab bulging between two adjacent rolls mainly depends on the static pressure of liquid steel, the roll pitch, and the stiffness of the solidified shell. When the slab just moves out of the mold, although the static pressure and the roll pitch are relatively small, severe bulging occurs because of the thin solidified shell and high surface temperature, correspondingly, the bulging strain at the solidifying front is very large. However, the bulging decreases very quickly due to the intensive cooling from the spraying water. With further downward movement of the slab, the static pressure of the liquid steel increases significantly and the roll pitch also increases to some extent, while the thickness of the solidified shell has not increased to a certain level at which the shell is strong enough to resist the static pressure, thus considerable bulging takes place again. As a result, very serious tensile strain occurs at the solidifying front. In the segments near the end of the liquid core, the slab bulging decreases again because the solidified shell is enough thick to hold the static pressure. The straightening strain originates in the unbending zone of the caster and occurs as tensile strain at the solidifying front of the upper solidified shell of the slab. In general, the straightening strain is about 0.1% and is only 15%–20% of the bulging strain for a multi-point unbending caster, which is shown in Figure 2.

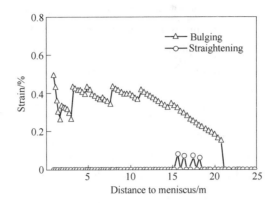

Fig. 2 The distribution of bulging and straightening strains along the slab length: carbon steel; section size 1550mm × 230mm; tundish temperature 1535℃; casting speed 1.0m/min

The misalignment of supporting rolls can cause additional strain at the solidifying front of the slab. Figure 3 shows the strains caused by assumed amounts of roll misalignment, 0.5, 1.0 and 1.5mm. It is necessarily to state that this figure does not represent a real distribution of the misalignment strain. Each datum point in the figure only represents the strain caused by the corresponding roll that is assumed to be the only misaligned one in the whole caster. It shows that the strain caused by a given amount of misalignment in the segments with a thicker solidified shell is higher than that in the segments with a thinner solidified shell. In other words, the harmful effect of the roll misalignment is especially significant in segments where the solidified shell is relatively thick. So, more attention should be paid to the position precision of the rolls located in the middle and lowerparts of the caster.

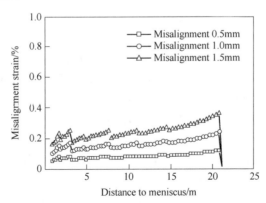

Fig. 3 The distribution of roll misalignment strains along the slab length; carbon steel; section size 1550mm × 230mm; tundish temperature 1535℃; casting speed 1.0m/min

3.3 Effect of strain status on internal cracks

The calculated strains near the solidifying front were used to predict the internal cracks in the slab.

In the prediction, critical strains were adopted as the crack criteria. For a considered process condition, if the total strain at the solidifying front exceeds the critical strain, internal cracks are predicted to form. Otherwise, the slab is predicted to be free from the cracks. The critical strains mainly depend upon the steel composition and the strain rate at the solidifying front[1,4,6,25]. With the increase of carbon content and the decrease of the content ratio of Mn to S, the critical strain decreases, and with the decreasing of the strain rate at solidifying front, the critical strain increases. In this study, the critical strains were chosen from the results provided by Hiebler et al[25], who summarized the experimental data from many researchers and gave the relationship between the critical strains and the steel compositions, which is shown in Figure 4.

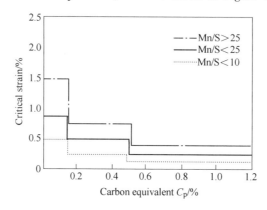

Fig. 4 The relationship between critical strain and steel composition[25]
$C_p = C + 0.02Mn + 0.04Ni - 0.1Si - 0.04Cr - 0.1Mo$

The strain analysis model was verified by comparing the model predictions with the sulfur prints of practically produced slabs. Two examples were introduced to illustrate the model predictions. Figure 5 shows the sulfur prints of the transverse sections of the two slabs. The process parameters of the slabs are listed in Table 4. In order to calculate the strain caused by the misalignment of supporting rolls, the roll gap of the caster was measured using a multi-functional roll gap measurement instrument. Figure 6 shows the measured roll gap data along the length of the caster (corresponding to sulfur print No. 1882). In the calculation, the misalignment amount of each roll, δ_M, is taken as the difference of the measured and target roll gap data. By using the process parameters of the two slabs, whether the internal cracks form and how the cracks extend in the slabs were predicted. The predicted results for the slab corresponding to the sulfur print No. 1882 were shown in Figure 7. From the figure it can be seen that in the range of 1.5 – 18m to the meniscus, the total tensile strain at the solidifying front exceeds the critical strain, 0.5%, thus it was predicted that internal cracks would be formed. By referring the variation of the solidified shell thickness along the length of the slab, it was predicted that the internal cracks most likely to appear on the transverse section in the scope of 13 – 72mm under the wide surface of the slab. The sulfur print showed that the cracks mainly located in the scope of 20 – 80mm under the surface of the slab. This prediction basically coincides with the real situation of the internal cracks in the slab. On the other hand, the process condition of the slab corresponding to sulfur print No. 1939 was also calcu-lated using the

Table 4 The process parameters of the slabs

Item	Sulfur print No. 1882	Sulfur print No. 1939
Steel composition/wt%	C 0.165, Si 0.25, Mn 0.484, P 0.024, S 0.022, Al 0.018	C 0.168, Si 0.24, Mn 0.435, P 0.014, S 0.014, Al 0.015
Carbon equivalent C_p/wt%	0.1497	0.1527
Content ratio of Mn to S	22.0	31.1
Critical strain/%	0.50	0.75
Section size/mm	230×1550	230×1550
Casting speed/m·min^{-1}	1.2	1.2
Tundish temperature/℃	1539	1536

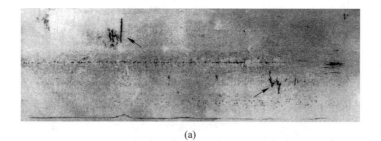

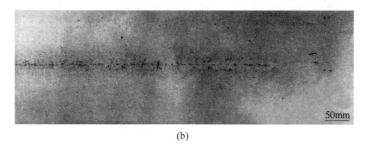

Fig. 5 The sulfur prints of the slab transverse sections; (a) with (No. 1882) and (b) without (No. 1939) internal cracks

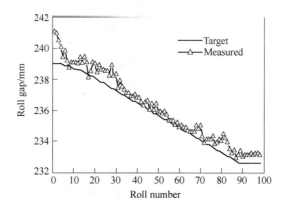

Fig. 6 The measured roll gap data (corresponding to sulfur print No. 1882)

strain analysis model. The calculated results (see Figure 8) show that the total tensile strain at solidifying front is lower than the critical strain in the whole length of the caster, thus the slab was predicted to be free from the cracks. This prediction was well supported by the sulfur print of the slab (see Figure 5 (b)).

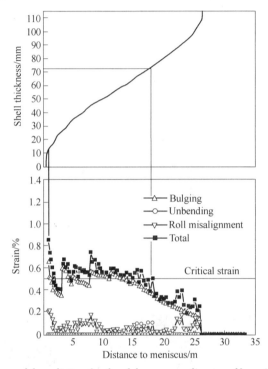

Fig. 7 The model prediction for the slab corresponding to sulfur print No. 1882

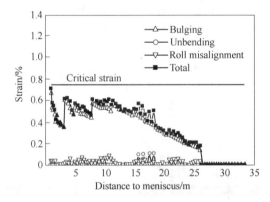

Fig. 8 The model prediction for the slab corresponding to sulfur print No. 1939

Actually, the main difference between the two process conditions is the content of P and S in the steel. With the increasing of S content (i. e. decreasing of the content ratio of Mn to S), the critical strain is decreased (see Figure 4), and the crack susceptibility of the steel is increased. The effect of S content on the internal crack tendency is also supported by the statistic data from the sulfur prints of 200 slabs, which is shown in Figure 9. In the figure, the internal crack probability

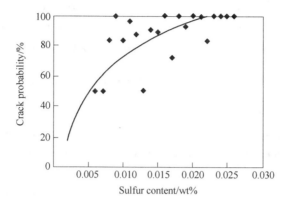

Fig. 9 The effect of sulfur content on the internal crack probability;
steel composition C 0.14% – 0.20%, Si 0.17% – 0.24%, Mn 0.30% – 0.45%, and P < 0.025%

is defined as the percentage of the slabs with internal cracks in the total slabs containing nearly the same S content. Although it shows some randomicity, the crack probability increases obviously with the increase of S content. When the S content exceeds 0.015%, the crack probability is higher than 80%. Besides the crack probability, the severity of the cracks is also closely related to the S content. The statistic data show that no internal cracks form when the S content is less than 0.005%, severe cracks form when the S content is higher than 0.015%, and slight cracks form when the S content is in the range of 0.005% – 0.015%.

3.4 Interdendritic Segregation in Solidification Process

The concentration and freezing temperature of the interdendritic liquid during solidification were calculated using the microsegregation model. The calculated results were shown in Figure 10. In the figure, the vertical axis denotes the ratio of the interdendritic liquid concentration to the initial liquid concentration. It can be seen that with the increase of the solid fraction, the concentration in the interdendritic fluid increased gradually. When the solid fraction exceeds 0.9, the segrega-

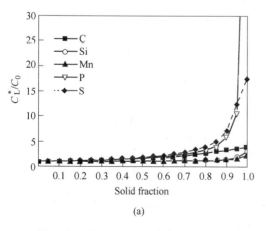
(a)

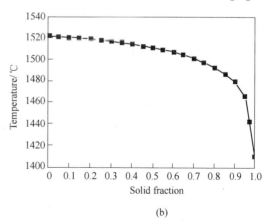
(b)

Fig. 10 The calculated (a) segregation and (b) freezing temperature of the interdendritic liquid;
steel composition C 0.16%, Si 0.21%, Mn 0.4%, P 0.02%, S 0.03%

tion of S and P increases significantly while that of C, Si, and Mn has no considerable change and keeps at a relatively low level. With the increasing of P and S segregation, the freezing temperature of the interdendritic liquid decreases especially when the solid fraction is higher than 0.9.

3.5 Effect of carbon content on segregation and freezing temperature of interdendritic liquid

The effect of C content on the interdendritic segregation was also calculated using the microsegregation model. The calculated results are shown in Figure 11, in which the vertical axis represents the ratio of the interdendritic liquid concentration at the end of solidification to the initial concentration of the steel. The segregation of C, Si, and Mn is quite light and nearly does not change with the variation of C content of the steel, while the segregation of S and P is quite heavy. It should be particularly noted that the segregation of P increases suddenly as the C content increases from 0.1% to 0.2%. It can be seen in Table 2 that the diffusion coefficients of C are two-order of magnitude higher than those of other elements whatever in ferrite or in austenite, and the partition ratios of C are far higher than those of S and P. It means that carbon does not strongly segregate during solidification. This is supported by the model calculation. However, it is well known that carbon content does have significant influence on the formation of the internal cracks. Actually, the effect of C content on the formation of internal cracks is not caused by the segregation of carbon itself. With the increase of C content, the solidification mode of the steel is changed from ferritic to ferritic-austenitic. Compared with the solidification parameters in ferritic phase, the partition ratios of S and P in austenitic phase reduce by more than one half and the diffusion coefficients also decrease by one order of magnitude (see Table 2). Therefore, with the occurrence of the austenitic phase in solidification, the segregation of P increases significantly. The segregation of S has no considerable change with the variation of the C content. This is a reflection of the suppression of Mn to S in the residual liquid. However, the accumulation of sulfur in the interdendritic liquid is still considerable.

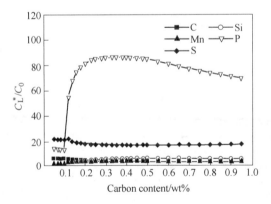

Fig. 11 The effect of carbon content on the interdendritic segregation; steel composition Si 0.21%, Mn 0.4%, P 0.02%, S 0.03%

Figure 12 shows the effect of C content on the freezing temperature of the interdendritic liquid.

For a steel containing C less than 0.1 %, the freezing temperature of the interdendritic liquid at the end of solidification does not decrease considerably. While for a steel containing C more than 0.1%, the freezing temperature of the interdendritic liquid decreases significantly at the end of solidification. The lower the freezing temperature, the larger the brittle region in the slab, and the higher the formation tendency of internal cracks. The effect of the C content on the formation of the internal cracks is also illustrated by statistic data. In contrast to the steel containing C 0.14%– 0.18% (its statistic data are shown in Figure. 9), internal cracks rarely occur in the steel containing C 0.07%. The statistic data of randomly selected 46 slabs showed that only 3 of them contain internal cracks. The process conditions and chemical compositions of these two steels are nearly the same except for the difference in C content. These statistic data from continuous casting practice justify the microsegregation model, and at the same time, the theoretical model reveals the inherent reasons for the effect of the C content on the formation of the internal cracks.

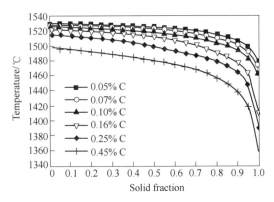

Fig. 12 The effect of carbon content on the freezing temperature of interdendritic liquid; steel composition Si 0.21%, Mn 0.4%, P 0.02%, S 0.03%

4 Conclusions

The formation of internal cracks in continuously cast slabs was studied using a strain analysis model and a microsegregation model. The study leads to the following conclusions:

A strain analysis model for calculating the tensile strains at the solidifying front caused by bulging, straightening, and misalignment of supporting rolls was developed. By using the model, the total strain at the solidifying front of the slabs produced with a four-point unbending bow caster was calculated. The internal cracks were predicted by comparing the strain status at the solidifying front with experimental data based critical strains. The sulfur prints of the slabs showed that the predicted results basically coincide with the real situations of the internal cracks.

A microsegregation model for the solidification of continuously cast slabs was developed, in which the transition of ferritic/austenitic solidification and the precipitation of MnS were considered. The model revealed that the accumulations of S and P in the interdendritic liquid are the primary causes resulting in the decrease of the freezing temperature of the liquid. The carbon content in steel has significant influence on the interdendritic segregation of P. The steel containing carbon more than 0.1% shows strong tendency to internal cracks because of the occurrence of austenitic phase in solidification process.

References

[1] A. Yamanaka, K. Nakajima, K. Okamura. Ironmaking Steelmaking, 1995, 22: 508.
[2] K. Kim, H. N. Han, T. Yeo, et al. Ironmaking Steelmaking, 1997, 24: 249.
[3] S. Nagata, T. Matsumiya, K. Ozawa, et al. Tetsu-to-Hagané, 1990, 76: 214.
[4] T. Matsumiya, M. Ito, H. Kajioka, S. Yamaguchi, et al. Trans. Iron Steel Inst. Jpn., 1986, 26: 540.
[5] K. Wunnenberg, R. Flender. Ironmaking Steelmaking, 1985, 12: 22.
[6] J. Miyazaki, K. Narita, T. Nozaki, et al. Trans. Iron Steel Inst. Jpn., 1981, 21: B210.
[7] K. Okamura, H. Kawashima. ISIJ Int., 1989, 29: 666.
[8] A. Yoshii, S. Kihara. Trans. Iron Steel Inst. Jpn., 1986, 26: 891.
[9] K. Miyazawa, K. Schwerdtfeger. Ironmaking Steelmaking, 1979, 6: 68.
[10] A. Grill, K. Schwerdtfeger. Ironmaking Steelmaking, 1979, 6: 131.
[11] M. Deisinger, K. H. Tacke. Ironmaking Steelmaking, , 1997, 24: 321.
[12] M. Uehara, I. V. Samarasekera, J. K. Brimacombe. Ironmaking Steelmaking, , 1986, 13: 138.
[13] K. H. Tacke. Ironmaking Steelmaking, 1985, 12: 87.
[14] B. Barber, B. M. Leckenby, B. A. Lewis. Ironmaking Steelmaking, 1991, 18: 431.
[15] B. Barber, A. Perkins. Ironmaking Steelmaking, 1989, 16: 406.
[16] H. Fujii, T. Ohashi, T. Hiromoto. Trans. Iron Steel Inst. Jpn., 1978, 18: 510.
[17] M. C. M. Cornelissen. Ironmaking Steelmaking, 1986, 13: 204.
[18] A. Grill, J. K. Brimacombe, F. Weinberg. Ironmaking Steelmaking, 1976, 3: 38.
[19] S. V. Patankar. Numerical Heat Transfer and Fluid Flow, Hemisphere, New York, 1980.
[20] Y. P. Sheng, J. Q. Sun, M. Zhang. Iron Steel, 1993, 28: 20
[21] H. D. Brody, M. C. Flemings. Trans. AIME, 1966, 236: 615.
[22] M. M. Wolf, W. Kurz. Metall. Trans., 1981, 12B: 85.
[23] M. C. Flemings. Solidification Processing, McGraw-Hill, New York, 1974: 31.
[24] T. W. Clyne, M. M. Wolf, W. Kurz. Metall. Trans., 1982, 13B: 259.
[25] H. Hiebler, J. Zirngast, C. Bernhard et al. Steelmaking Conf. Proc., ed. by T. A. Danjczek, ISS, Warrendale, PA, 1994: 405.

连铸坯质量控制

LIANZHUPI ZHILIANG KONGZHI

连铸坯裂纹

蔡开科

(北京钢铁学院)

摘　要：本文评述了连铸坯裂纹是影响连铸机产品质量的一个重要问题。首先从工艺的角度分析了裂纹的类型、形成原因以及防止措施。然后讨论了钢中合金元素含量对裂纹的敏感性，钢的高温力学性能以及铸坯所承受的应力。最后，从冶金的观点讨论了裂纹形成机理及今后对铸坯裂纹研究的意见。

1　引言

自从钢铁工业使用连续铸锭以来，遇到了影响连铸坯质量的各种缺陷。据统计，各种缺陷中约50%为铸坯裂纹。铸坯出现裂纹，重者会导致拉漏或废品，轻者要进行精整。这样，既影响了连铸机生产率，又影响了产品质量，增加了成本。与钢锭模浇注工艺相比，评价某一钢种"好不好浇"出现一些新概念。也就是说钢性能（热物理性能、高温力学性能、裂纹敏感性等）与连铸工艺和设备参数联系更紧密了。在连续铸锭发展过程中，随着人们对铸坯裂纹认识的日益深化，对工艺的改革和铸机的设计都有了很大的提高。本文讨论连铸坯在凝固过程中裂纹的形成及其防止措施。

2　铸坯裂纹产生、分类及防止措施

根据铸坯裂纹产生的位置、形态和危害程度，一般分为外部（表面）裂纹和内部裂纹。表面裂纹较深在轧制时会导致产品严重缺陷；而内部裂纹，如没有氧化，在轧制时还会重新焊合。

2.1　裂纹分类

2.1.1　外部裂纹（图1）

(1) 表面纵裂：一是位于板坯中心或靠近棱边处，裂纹细长（一般大于30mm）规则分布；二是裂纹较粗，里面充满保护渣，形状不规则，无一定位置。

(2) 边部纵裂：位于棱边10~15mm处，常常是造成拉漏的重要原因。

(3) 表面横裂：常常是与注波共生，位于注波波谷处，长20~200mm，深2~3mm，为氧化铁皮覆盖。也可能在铸坯表面的凹坑中心处产生。

(4) 角部横裂：位于铸坯角部处的细小裂纹。

(5) 星形裂纹：铸坯表面上裂纹呈龟甲状分布在十几毫米范围内，深2~4mm，为FeO

皮覆盖。这是由结晶器铜壁上的铜磨损渗透到奥氏体晶界之故。

2.1.2 内部裂纹（图2）

（1）皮下裂纹：板坯宽面、窄面或角部均可产生细小裂纹，离表面的距离不等。对宽面5~10mm，对窄面20~30mm。

（2）压下裂纹：铸坯带液芯矫直，在外力作用下凝固前沿断裂，并伴随有偏析线。

（3）中间裂纹：位于铸坯厚度的1/4处，是二冷不当或钢中硫含量造成的。

（4）星形裂纹：方坯中心缩孔附近裂纹呈放射状。

（5）角部裂纹：位于铸坯角部，充满偏析液。

（6）菱形裂纹：沿铸坯对角线裂开。

（7）中心裂纹：铸坯中心液相穴在凝固点附近收缩或鼓肚造成的，表现为中心偏析线。

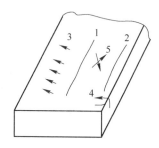

图1 铸坯表面裂纹示意图
1—中心纵裂；2—边部纵裂；3—表面横裂；
4—角部横裂；5—星形裂纹

图2 内裂示意图
1—皮下裂纹；2—压下裂纹；3—中间裂纹；4—星形裂纹；
5—角部裂纹；6—菱形裂纹；7—中心裂纹

2.2 工艺原因

连铸坯凝固过程中裂纹形成的原因极其复杂，要进行具体分析。从工艺角度来考察裂纹形成原因，大致有三方面：

（1）连铸机设计：

1）结晶器变形；

2）结晶器角部形状不当；

3）结晶器冷却不均匀性；

4）拉坯力分布不均匀；

5）铸机弧形半径太小。

（2）设备调整不当：

1）二冷水分布不均匀，喷嘴堵塞；

2）二冷水太强；

3）对弧不准；

4）结晶器锥度不合适；

5）铸坯鼓肚。

（3）浇注因素控制不良：

1) 钢水过热度太高；
2) 矫直时铸坯温度不适中；
3) 拉速太快，或带液芯矫直；
4) 保护渣性能不良；
5) 水口位置与铸坯断面配合不当；
6) 结晶器钢液面波动太大；
7) 结晶器振动频率不规则；
8) 化学成分控制不当，尤其是硫太高，Mn/S 比太低；
9) 不同裂纹形成与工艺因素关系归纳于表1。

表1 不同裂纹形成与工艺因素的关系

工艺因素	外部裂纹				内部裂纹						
	角部纵裂	面部纵裂	角部横裂	面部横裂	星形裂纹	菱形裂纹	中间裂纹	皮下裂纹	压下裂纹	角部裂纹	中心裂纹
结晶器变形	×	×			×					×	
结晶器圆角不当	×		×								
结晶器冷却不均	×	×			×						
二冷水不均匀		×					×	×			×
二冷过强				×	×	×					
对弧不准		×						×			
过热度太高	×	×									×
矫直温度不当				×					×		
拉速太高	×	×		×					×	×	×
保护渣性能不良		×		×							
水口选择不当	×	×									
钢液面波动											
锥度不当			×								
结晶器振动不当				×							
硫高								×		×	
铸坯鼓肚											×

注：×表示出现裂纹。

2.3 防止措施

上面仅从工艺角度对产生裂纹的原因做了一个定性分析。裂纹的产生除了工艺原因以外，还与钢的高温性能，铸坯在凝固过程所受的应力等有关（将在下面讨论）。工艺上比较有效地解决裂纹的措施是：

（1）支承辊的严格对弧是弧形连铸机防止铸坯裂纹的绝对条件。尤其结晶器下部与二冷区第一对导辊要求对弧误差不超过 0.5mm，否则会导致严重裂纹或拉漏。

(2) 控制好结晶器的几何形状,合适的水缝尺寸,均匀冷却,合理的钢流运动和性能合适的保护渣等,以保证结晶器内坯壳均匀生长和出结晶器的坯壳厚度是减少产生裂纹的首要条件。

(3) 合理的结晶器圆角半径。结晶器角部为直角,较难适应角部凝固壳的变形,常导致角部裂纹。对方坯合适圆角半径如图3所示[1]。对板坯在结晶器角部做成合适的圆角或安一块与窄面成15°角度的导板。

(4) 合适的结晶器厚度,以保证高温下的刚性。结晶器是在铜的再结晶温度下工作,在热应力作用下,会失去塑性,导致结晶器永久变形,常是产生裂纹的原因。因此设计结晶器时,要选择与热流强度相适应的厚度,同时用 Cu-Ag、Cu-Cr、Cu-Be 等合金作结晶器,以提高再结晶温度。对方坯,结晶器壁厚度8~10mm,就可防止结晶器变形。对板坯铜板厚度的选择可参考图4[2]。

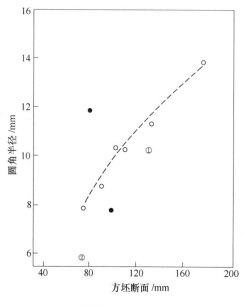

图3 圆角半径对铸坯裂纹影响

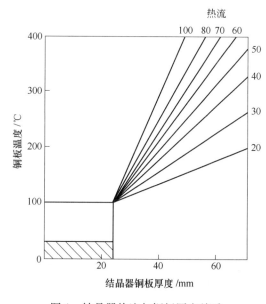

图4 结晶器热流与铜板厚度关系

(5) 合理的二冷制度。铸坯凝固热量约有75%由二冷区导出。出二冷区后,如铸坯完全凝固,铸坯中心温度约1400~1450℃,而表面温度约1000℃,因此在铸坯厚度上产生了很大的温度梯度。必须根据钢种、拉速选择合适的冷却水量,控制好冷却水分布,使铸坯表面均匀冷却,以达到:铸坯表面温度的回升小于100℃/m;在矫直点铸坯完全凝固;铸坯表面温度应大于900℃。而二次冷却的状况,即喷嘴形状、性能、布置、喷水强度的分布左右着铸坯的凝固过程,因此必须经常检查喷嘴是否经常处于正常工作状态。

(6) 拉坯力的均匀分布。拉辊提供所需之拉坯力。拉辊的布置应使坯壳承受的拉力最小。同时要正确调整铸坯心部仍为液相的拉辊压力,这个力要刚好调整到符合钢液静压力。因为过高压力会导致压碎坯壳产生裂纹,而过低压力会导致鼓肚。

(7) 浇注温度和浇注速度的合理控制。提高浇注温度,有利于形成裂纹(见图5)[1],因为结晶器内液体钢潜热的排出减少,凝固推迟,凝固壳平均温度升高,坯壳强度降低。

根据钢种不同,过热度以不大于30℃为宜。而拉速提高,拉漏频率增加(见图6)[3]。拉速的选择决定于铸坯断面(见图7)。正常工作范围是:方坯拉速1.5~4m/min(10~20t/h);矩形坯拉速0.6~1.5m/min(20~40t/h);板坯拉速0.5~1.5m/min(80~200t/h)。

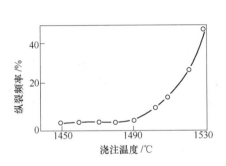 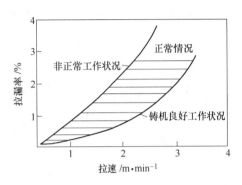

图5 浇注温度与裂纹关系　　　　　图6 拉速与拉漏率关系

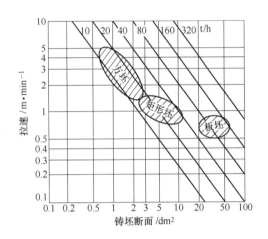

图7 拉速与小时产量关系

3 影响钢热裂纹敏感性的因素

3.1 化学成分对热裂纹影响

(1) 碳。碳对裂纹的影响已为实践证实[4,5]。如图8所示,C从0.10%增加到0.18%裂纹指数增加,而C>0.55%裂纹指数减少。C=0.18%~0.20%是裂纹敏感区,这已被工厂实践证实。碳不仅影响钢的强度而且影响延伸性。在凝固温度附近,0.2%C钢的变形能力最小,另外钢中碳含量影响结晶器传热,如C=0.1%~0.2%时热流要减少20%~25%[7],凝固坯壳较薄,故易产生裂纹。

(2) 硫。钢中裂纹随S含量而增加,这已为大家所公认。连铸坯表面与体积比高,冷却速度大,为避免产生裂纹,要求钢中硫更低些。试验指出:钢中[S]>0.025%裂纹增多,[S]<0.02%铸坯裂纹大大减少[8]。

(3) 锰。锰能减少钢中裂纹。统计板坯裂纹废品与Mn/S关系(见图9)指出[9]:

Mn/S 为 13~14 时裂纹最少。也有人指出，Mn/S > 20 裂纹大为减少[10]。Mn/S 增加，钢在高温下延伸率增加而不影响强度，另外沿晶界分布的 FeS 被高熔点的 MnS 取代。曾证明 C = 0.17%~0.21% 钢，Mn/S < 20，高温断裂时的延伸率是在凝固收缩率范围内，故易产生裂纹，而 Mn/S > 20 断裂延伸率超过收缩率两倍多，故裂纹减少。

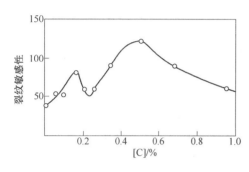

图 8　碳含量对裂纹敏感的影响

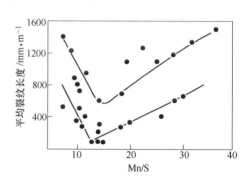

图 9　Mn/S 对表面裂纹的影响

（4）其他元素。硅对裂纹作用说法不一，Si > 1% 似乎有害。铈如同锰一样能减少裂纹出现。钢中 B > 0.05%，裂纹增加。磷对裂纹是有害的。Al、Nb 对裂纹有影响。Ti、Zr、Ni、Cr、Mo、V 未发现对裂纹有明显影响。

由以上分析可得出结论：钢中 S < 0.02%，保持 Mn/S > 20，可明显减少裂纹。合金元素对钢裂纹敏感性很难从客观上来评价，而且所得的结果都具有一定的特殊性。因此在炼钢上需要有更科学方法来判断合金元素对钢裂纹敏感性的影响。在焊接上定义热裂纹敏感因子（CSF）来评价某种钢对裂纹敏感性[11]，在炼钢上是否能借用，需进一步研究。

3.2　钢凝固收缩

Gualin[12] 研究了 Fe-C 合金的凝固收缩如图 10 所示。0.18%C 收缩值达到最大，而此时钢又具有低的延伸性，因而具有对裂纹最大敏感性。

3.3　钢在凝固温度 T_s 的力学性能

了解钢在凝固温度附近的力学性能，对认识连铸坯裂纹形成是重要的。Adams 在高温拉伸试验机（Gleeble）进行了模拟试验[13]。从连铸坯（C-Mn 钢）取试样，变形速度为 125mm/s，Ar 气保护试样裂纹不被氧化，测定不同温度下的拉伸力和断面收缩率。试样在 10s 内加热到试验温度，保持 10s，然后开始拉伸。试验结果如图 11 所示。在 T_s 温度附近，断面收缩率是突然下降为零，而强度是逐渐减少的。断面收缩率是钢可延性（韧性）的标

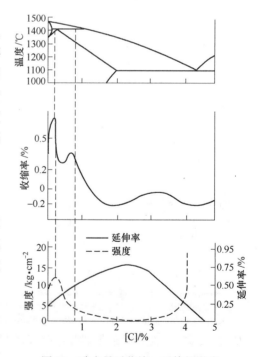

图 10　碳含量对收缩、延伸的影响

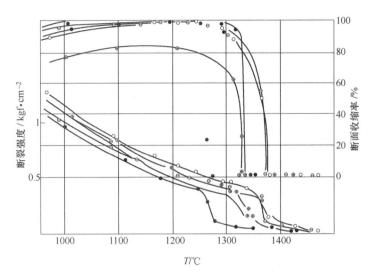

图 11 钢在凝固点的力学性能

志。对一给定温度和变形速度,可用断面收缩率来表征裂纹敏感性(见图 12)。可见断面收缩率越小,裂纹就加重,因此可认为在 T_s 温度附近最容易产生裂纹。

3.4 钢的高温脆性

连铸坯在振动波谷处常发现有细小的横向裂纹(深 5~7mm,宽 0.2mm)。探针分析有 Si、Mn 氧化物存在,这说明是在高温下由于铸坯变形(如矫直、冷却不均产生应力等)而形成裂纹。沿裂纹处的金相观察证明,裂纹是沿铁素体晶界分布(即沿最初的奥氏体晶界分布),如图 13[14] 所示。因此就需了解钢在冷却过程中的行为。把试样加热到 1350℃(相当于奥氏体区),以一定速度冷却,在高温拉伸试验机测定不同温度下钢的断面收缩率和强度[15],如图 14 所示。

图 12 断面收缩率与裂纹指数关系

(a) 板坯表面横裂

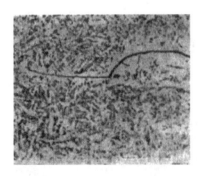

(b) 沿奥氏体晶界分布的裂纹

图 13 板坯表面横裂

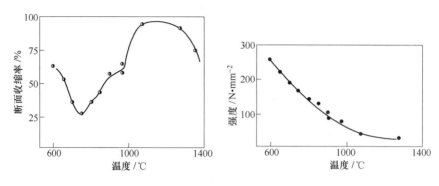

图 14 钢的脆性曲线

从热状态延伸曲线可以分为：
>1300℃　　　　　延伸率下降
1250～1100℃　　　延伸率保持最大
700～800℃　　　　延伸率最低
＜700℃　　　　　 延伸率又增加

对连铸来说，在拉坯矫直点铸坯表面温度应避开脆性敏感区，以防止横裂。因此对每个钢种，我们感兴趣的是这个脆性"口袋区"的幅度和相应的温度区间。钢中 Al(AlN) 和 Nb(Nb(CN)) 含量增加，使"口袋区"向下移，钢脆性增加。同时 $\gamma \to \alpha$ 转变可能与"口袋区"相重合，这就更加重了钢的热脆性。二冷区的铸坯表面温度应控制与钢具有良好延性的区相重合。这样可能有三种冷却制度：

第一，"热行"铸坯表面温度维持较高的温度，在矫直点表面温度高于 900℃，比冷却水量为 0.5～1L/kg；

第二，"冷行"铸坯表面温度较低，矫直点表面温度为 750℃。比冷却水量为 2～2.5L/kg；

第三，"混行"铸坯出二冷区后，坯壳温度回升使其矫直点温度在低脆性的"口袋区"以外。

因此，要根据所浇钢种质量要求，选择合适的冷却方案，确定二冷区各段冷却水最佳分配。

4　铸坯凝固过程的应力与应变

铸坯承受的应力使凝固壳产生裂纹，或促使已形成的裂纹扩展。铸坯所受的力有以下几种。

4.1　外部机械力

（1）坯壳与结晶器的摩擦力。凝固壳与结晶器壁摩擦使表皮受到与拉坯方向相反的钢液静压力和摩擦系数。在弯月面，钢液静压力为零；在弯月面以下一段距离，坯壳施加结晶器压力近似等于钢液静压力；随着铸坯下降，坯壳增厚，开始收缩，坯壳角部与结晶器壁脱开，而坯壳中心还施加给结晶器压力，这个压力大小[16]是：

$$P = \gamma_1 x - \gamma_1 \frac{x^2}{h}$$

式中 P ——结晶器高度上某点 x 处受的压力；
γ_1 ——液体钢重度；
h ——坯壳与结晶器紧密接触高度；
x ——离弯月面的距离。

沿结晶器高度所受的摩擦力：

$$F_x = \int_0^x \mu P \mathrm{d}x = \mu\gamma_1\left(\frac{x^2}{2} - \frac{x^3}{3h}\right)$$

μ 为摩擦系数，一般认为良好润滑 $\mu = 0.1$，中等润滑 $\mu = 0.5$。由摩擦导致凝固壳的应力分布如图15所示。坯壳承受轴向张力，而表面是摩擦力，则有弯曲力矩，在坯壳上引起附加弯曲应力。它在坯壳表面是张力，而凝固前沿是压力。而合力是弯曲力和轴向力之和，最后在整个坯壳上产生张力。当张力足够大时，坯壳可能形成裂纹。一般说，由摩擦产生的应力是很小的，不是产生裂纹的重要原因。

（2）拉辊压力。铸坯带液相心矫直时受到3%~4%的压力作用，就会形成与拉辊接触面垂直的内裂纹。裂纹在柱状晶区或铸坯角部。裂纹内充满富集杂质的液体，在硫印上表现为偏析线。试验指出[17]：立弯式方坯连铸机 105mm×105mm，拉速为2.9m/min，拉辊压力6t，内裂纹长16mm，压力3t，裂纹轻微；压力2t无内裂纹。铸坯在矫直点已完全凝固时，拉辊压力过大（超过 20~30kg/cm²），如钢已处于非塑性区，也可产生裂纹。因此，要调整好合适的拉辊压力，保持正确操作。

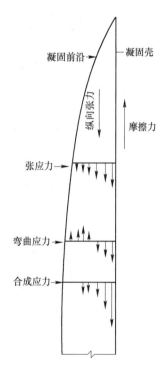

图15 结晶器凝固壳断面应力分布

（3）弯曲（或矫直）力。铸坯出结晶器后弯曲然后矫直，会造成很大的应变，出现表面裂纹或内裂纹，假定铸坯中性线不承受任何应力，内弧边受压力，外弧边受张力（见图16）。则铸坯表面最大应变率：

$$\varepsilon = \frac{D}{2R}$$

若铸坯以均匀速度 v 拉出，沿曲线走的距离为 S，所需时间 $t = \frac{S}{v}$。则可导出铸坯表面变形速率：

$$\frac{\mathrm{d}\varepsilon}{\mathrm{d}t} = 0.32\frac{Dv}{R^2}$$

如 $R = 10.5\mathrm{m}$，$v = 1\mathrm{m/min}$，$D = 250\mathrm{mm}$，则变形率为 $\varepsilon = 1.19\%$，变形速率为 $3.78\times10^{-5}/\mathrm{s}$。在弯曲或矫直点，铸坯表面变形率不大于1.2%，表面温度大于900℃，就可避免产生表面横裂。根据钢种不同，坯壳凝固交界面的变形率小于0.1%~0.5%，就可避免产生内裂。

4.2 钢液静压力

凝固坯壳所承受液相穴的钢液静压力决定于铸机高度[18]（见图17）。要根据静压力的大小来决定二冷区夹辊的直径和辊间距，以防止铸坯鼓肚产生内裂和偏析。

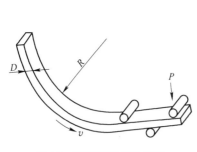

图16 弧形连铸坯示意图

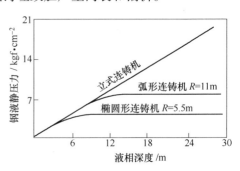

图17 钢液静压力与铸机高度关系

铸壳鼓肚量：

$$\delta = K \frac{P l^2 \sqrt{t}}{S}$$

由鼓肚引起的变形率：

$$\varepsilon = 16 \frac{S \delta}{l^2}$$

式中 δ——鼓肚量，mm；

P——钢液静压力，kg/mm^2；

l——辊间距，mm；

t——铸坯通过时间，min；

S——坯壳厚度，mm；

K——系数，$mm^2/(kg \cdot s^{1/2})$。

由公式知鼓肚量与辊间距 l^4 成比例，变形率与 l^2 成比例。在相同条件下，辊间距分别为 l_1 和 l_2，相应鼓肚量为 δ_1 和 δ_2，变形率为 ε_1 和 ε_2，则可导出：

$$\frac{\delta_1}{\delta_2} = \frac{l_1^{4.5}}{l_2^{4.5}}, \frac{\varepsilon_1}{\varepsilon_2} = \frac{l_1^{2.5}}{l_2^{2.5}}$$

如 $l_1 = 500mm$，$l_2 = 450mm$

则 $\dfrac{\delta_1}{\delta_2} = \dfrac{500^{4.5}}{450^{4.5}} = 1.62$，$\dfrac{\varepsilon_1}{\varepsilon_2} = \dfrac{500^{2.5}}{450^{2.5}} = 1.3$

由此知辊间距相差50mm，所引起的鼓肚量大1.6倍，而变形率大1.3倍。

4.3 热应力

连铸坯在凝固时，在坯壳与液相、铸坯轴向、铸坯角部与中心这三个方向均有温度梯度，在铸坯内产生了热应力。一般张应力发生在温度较低区域；压应力发生在温度较高区域。沿铸坯厚度方向，如二冷水量太强，坯壳表面与中心温度梯度大，在继续凝固冷却时,铸坯壳受张力,凝固前沿受压力,可能在树枝晶结合较弱的地方产生裂纹。这种裂纹的出现决定于铸坯表面和中心的冷却速度。因此二冷区喷水强度与钢种、拉速要配合好。由于铸坯表面由冷却水带走的热量大于由液心传给表面的热量,在不喷水或喷水强度减弱时,铸坯表面温度回升,坯壳承受再加热,则坯壳要膨胀而承受张力,如果铸坯内部处于塑性区可随着变形,相反内部变形受阻,就可产生裂纹。因此最好限制铸坯表面温度回升小于100℃/m。

4.4 相变应力

低碳钢在凝固过程中,都要经过 δ→γ 和 γ→α 的固态相变。δ→γ 增加了原子结构的密实性,在铸坯内产生了内应力。在高拉速时,这种相变进行很快时,可能产生裂纹。而 γ→α 相变是在一个很窄的温度范围内,引起体积膨胀(见图18)。不是整个铸坯同时承受这种转变,因此出现应力而产生裂纹。如果在矫直点进行这种相变,则产生裂纹危险性更大。因此应控制表面温度在 Ac_3 点以上。

4.5 意外应力

连铸机设备运转不正常,也是铸坯产生裂纹的重要原因。如支承辊对弧不准、铸坯通过过紧的支承辊,或辊间距过大,铸坯发生鼓肚以致不能顺利通过支承辊。此时坯壳内应力变化如图19所示。如 δ 为辊子对弧误差,R 为辊半径,e 为凝固壳厚度,则变形率 ε:

$$\varepsilon = \frac{e}{2R}$$

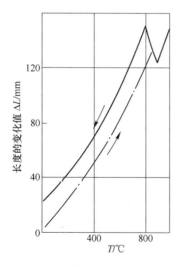

图18 线性变化与温度关系

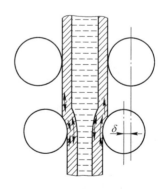

图19 夹辊偏离影响

令 $e = 20mm$,$R = 200mm$,则 $\varepsilon = 5\%$。由此知变形率比正常运转时板坯矫直时变形率大得多。可见设备正常工作状况对铸坯质量是非常重要的。

另外,铸坯冷却不均匀、结晶器变形、支承辊变形等均可使铸坯变形产生裂纹。

由以上分析可知,连铸坯内产生的应力可以在一个很大范围内变化。坯壳内应力与钢的延性之间不协调,就可在铸坯表面或内部产生裂纹。而裂纹的扩展决定于铸坯断面上最大应力和材料强度。因此重要的问题,是根据铸坯断面上应力大小以判断裂纹的走向,来确定产生裂纹的原因。因此,连铸机设计和操作参数的选择以达到铸坯断面最小应力,是获得高质量铸坯的条件。根据传热方程来计算坯壳内温度场和弹性理论来计算铸坯断面上应力分布,以决定产生裂纹的最大应力,预见裂纹扩展的长度,是当前研究的重要课题。

5 裂纹形成机理

有些研究者从金属热形变的物理冶金理论,提出了弹性、塑性、蠕变模型来解释连铸坯裂纹形成。此处仅从冶金的观点,介绍钢凝固冷却过程裂纹形成的说法。

5.1 晶界脆性理论[19,20]

合金凝固时存在固液两相区。晶间存在液相,明显降低了凝固点 T_s 温度的延性和强度,这是产生裂纹的重要因素。而晶间区液体形状和分布对热裂纹有重要作用,它很大程度上决定于固液界面能 σ_{sL} 和晶界能 σ_{sS}(见图20)。

界面能平衡:

$$\sigma_{sS} = 2\sigma_{sL}\cos\frac{\theta}{2}$$

$$\frac{\sigma_{sS}}{\sigma_{sL}} = 2\cos\frac{\theta}{2}$$

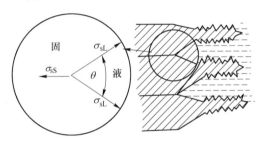

图20 树枝晶间液体形状

σ_{sS}/σ_{sL} 叫相对界面能,它决定于固溶交界角 θ。对 Al 合金试验表明:θ 角越小则热裂纹倾向就严重,θ 角增加裂纹减少。对于钢:

$$\sigma_L = 1806 \text{erg/cm}^2$$
$$\sigma_S = 2093 \text{erg/cm}^2$$
$$\sigma_{sL} = \sigma_S - \sigma_L = 287 \text{erg/cm}^2$$
$$\sigma_{sS} = 0.33\sigma_S = 691 \text{erg/cm}^2$$

所以 $\dfrac{\sigma_{sS}}{\sigma_{sL}} = 2.32$

$\theta = 0°$ 这说明钢的树枝晶间呈脆性,易产生裂纹。

5.2 晶体移动理论[21]

钢锭凝固,固液两相区有自由的等轴晶和液体同时存在,当施加切向力时,等轴晶周围液体层流动而伴随着晶体跟着流动直到它们彼此连接为止,此时如果液体层有足够的黏结力来支承来自阻止晶体运动的力,则金属能抵抗断裂,不产生裂纹。否则就会发生裂纹。

5.3 柱状晶区"切口效应"[22]

凝固过程中柱状晶区生长的树枝状晶间隙,相当于金属结构中产生一种"切口效应"。在液体凝固25%以后,相邻的树枝晶可以彼此传输应力,在继续凝固时,树枝晶间根部可能产生应力集中，或者是金属的塑性较差，使切口的作用被加强而导致产生裂纹。

5.4 硫化物脆性[11,23]

一般认为，硫化物不可能在液体钢中沉淀，它仅在凝固的最后阶段沉淀出来。Mn/S 比低，沉淀物为低熔点 FeS，它分布在晶粒界，引起晶间脆性，成为裂纹优先扩展的路径。Mn/S 比高，有足够 Mn 与 S 结合，沉淀物为 MnS，以棒状形式分散在奥氏体集体中，而不会形成裂纹。

5.5 质点沉淀理论[15]

从板坯表面横裂纹发现，由 AlN 或 Nb(CN) 在奥氏体晶界沉淀，增加了凝固钢在冷却时对裂纹的敏感性。且认为钢中高 Al 低 P 含量产生细小的 Nb(CN) 密集分布；而低 Al 高 P 使沉淀质点变粗呈稀疏分布。

6 结论

（1）连铸坯裂纹形成是一个复杂过程，是应力、冶金因素和钢性能等相互作用的结果。对每种裂纹的形成要进行具体分析。

（2）坯壳的表面裂纹（尤其是纵裂）是在结晶器内形成的。严重时在出结晶器时会造成拉漏。而铸坯在二冷区的冷却会促使裂纹的扩展和加剧。因此，保证结晶器合理工作参数（刚性、冷却均匀、振动、锥度）和浇注工艺条件（注温、注速、水口、润滑）的协调，是避免表面裂纹形成的首要条件。

（3）热应力、机械应力和相变应力是铸坯产生内部裂纹的主要原因。因此要有合理的二冷水量分布、拉矫力调节合适、设备要严格对中等，以防止内裂。

（4）了解合金元素对钢裂纹敏感性的作用和钢种在高温下的热脆性曲线，对于制定合理的二冷制度，防止裂纹有重要意义。因此应在实验室内开展不同钢种高温拉伸曲线的基础工作。

（5）铸坯在凝固过程所受的应力、变形实际测定和理论计算对防止裂纹和连铸机设备的改进将提供理论依据。

参 考 文 献

[1] Ushijima K. . JISI, 1965, 203 (4)：395.
[2] 蔡开科. 北京钢铁学院学报, 1980, 1：33.
[3] Alberny R. . Revue de Metallurgie, 1980, 1：33.
[4] Gueussier A. , et al. Revue de Metallurgie, 1960, 2：117.
[5] Bungeroth A. , et al. Revue de Metallurgie, 1963, 1.
[6] Irving W. R. . Ironmaking & Steel, 1977, 5：292.
[7] Singh S. N. . J. of Metal, 1977, 10：17.
[8] Cavaghan N. J. . Revue de Metallurgie, 1974, 4：333.
[9] Nikolaev N. , et al. Stal in English, 1964, 3：190.
[10] Lankford W. T. . Met trans, 1972 (3)：1331.
[11] Birat J. P. . Les Criques en Coulee continue.

[12] Guglin N.. Stal in English, 1961, 9: 679.
[13] Adams C. J.. Open Hearth Proc., 1971: 290.
[14] Mcpherson N. A.. Ironmaking & Steelmaking, 1980, 4: 167.
[15] Bernard G., et al. Revue de Metallurgie, 1978, 7: 68.
[16] Gouzou J.. Revue Universelle des Mines, 1961, 3.
[17] 蔡开科. 立弯式连铸机内裂试验总结, 1975.
[18] Schrewe H.. Open Hearth Proc. 1970 (53): 28.
[19] Borland J. C.. British Welding Journal, 1960, 7: 508.
[20] Rogerson J. H., et al. Trans AIME, 1963, 227: 2-7.
[21] Prokhorov H.. Russian Castings Products, 1962, 172.
[22] Poppmeier W., et al. J. of Metal, 1966, 10: 1109.
[23] Moliexe F., et al. Les Sulfures Dans Les Acies.
[24] 连续铸钢文集（2、3册）[M]. 北京: 冶金工业出版社.
[25] 连铸铸锭攻关总结, 上钢一厂等.
[26] 武钢二炼钢引进连铸机的设计特点及其评价. 武汉钢铁设计院, 1979.

The Cracks in Continuous Cast Billets

Cai Kaike

(Beijing University of Iron and Steel Technology)

Abstract: This paper deals with the interesting problem of cracks in continuous casting billets. From the point of technology, the nature of cracks and the measures of avoiding the surface and internal cracks are analyzed. Then, the effects of chemical composition on hot crack sensitivity, the mechanics of steel at high temperature and the stresses that the cast sections must withstand are presented. Finally from metallurgical point, the mechanism of crack formation is discussed. Further research work is proposed.

连铸电磁搅拌理论

蔡开科

(北京科技大学)

1 引言

钢液凝固是由热传递和液体对流运动这两个基本现象控制的。连铸是铸坯在运动中带有很长液相穴的凝固过程。液相穴内液体的运动对于过热度的消除、凝固结构和成分的偏析有重大影响。而液体强制运动的驱动力可来自注流动能和外力的作用两个方面。前者与浇注方式（敞开浇注或浸入式水口浇注）有关，而后者可以在整个液相穴高度上使用电磁搅拌。

连铸过程使用电磁搅拌，具有三个相互关联的作用：

（1）冶金特性——液相穴内对流运动会影响凝固进程；

（2）电磁力学——钢水在磁场作用下，产生感应电流，电流与磁场作用产生了电磁力驱动液体运动；

（3）液体力学——在电磁力的作用下，液体运动特性。

连铸过程采用电磁搅拌，这三个基本特性相互作用是极其复杂的。它们的综合效应使铸坯质量得到改善。

毋庸置疑，电磁搅拌是改善铸坯质量的有力工具。就搅拌器安装位置而言，有结晶器搅拌（M-S），二冷区搅拌（S-S）和凝固末端搅拌（F-S）。可以单独搅拌，也可以联合搅拌。搅拌器的形式和搅拌方式有多种多样。在工业上得到广泛应用，并取得明显效果。

本文试图对电磁搅拌的冶金和电磁作用下流动现象做一理论分析。

2 搅拌冶金理论

2.1 流动对柱状晶生长的影响

凝固前沿的液体对流运动会改变结晶器形态。当对流速度很小时（属于层流范围），柱状晶继续生长，但柱状晶生长方向与垂直方向呈一定的倾斜角[1]；当由层流到紊流的过渡区，柱状晶生长不稳定，会形成细小的等轴晶[2]；当液体对流速度很大时（如50cm/s）可能会形成晶脆结构，树枝已分叉了[3]。

在连铸条件下，如钢水温度太高，容易形成小钢锭结构（见图1），使中心疏松和中心偏析加重，会导致产品机械性能变坏。

为消除铸坯的小钢锭结构，可以严格控制浇注温度，使其在液相线温度浇注，但会给

本文发表于《炼钢》，1988年，第3期：30~35。

操作带来困难。促使柱状晶向等轴晶转变的有效方法是在小钢锭未形成之前,实施电磁搅拌[4],这样可使凝固结构细化,消除中心偏析和疏松。

2.2 柱状晶停止生长机理

柱状晶向等轴晶转变,体现了电磁搅拌的效果。抑制柱状晶生长有三种理论。

2.2.1 力的作用

凝固前沿液体流动施加到正在生长柱状树枝晶头部的力,可以把树枝晶头部折断。这个力可表示为:

$$F_1 = \frac{1}{2}\rho v_0^2 kA \tag{1}$$

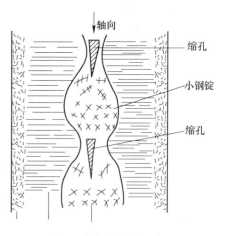

图1 小钢锭形成示意图

式中 $\frac{1}{2}\rho v_0^2$ ——液体质量流的动能;

A ——树枝晶头部的面积;

k ——液体与凝固前沿的摩擦系数。

电磁搅拌所产生的流体运动,也施加给树枝晶头部一个力 F_2,在这些力的合力作用下,会产生剪切作用,使树枝晶头部切断,被流动液体带走。如切断的树枝晶未被熔化,则可作为等轴晶核心,从而阻止了柱状晶继续生长[5]。

2.2.2 热作用

过热液体金属的对流运动,冲击正在生长的树枝晶头部,可以使树枝晶熔断[6,7]。流动的液体传给树枝晶的热量(Q)为:

$$Q = hs\Delta\theta\Delta t = \lambda \frac{Nu}{d}\Delta\theta\Delta t S \tag{2}$$

式中 S ——流体与树枝晶受热面积;

s ——凝固前沿的对流传热系数;

$\Delta\theta$ ——凝固前沿温度差(过热度);

Δt ——搅拌时间;

d ——凝固前沿对流作用区域特征长度;

Nu ——努塞尔数,其计算式为:

$$Nu = \frac{hd}{\lambda} = 5 + 0.025\, Re^{0.5}\, Pr^{0.8}$$

其中,$Re = \frac{vD\rho}{\mu}$(雷诺数);$Pr = \frac{\mu C_p}{k}$(普朗特数)。

2.2.3 有限边界层

凝固过程中,由于溶质的偏析存在成分过冷区(见图2(a)),凝固前沿液体的对流运动减少了温度边界层。如边界层中实际温度梯度高于液相线温度,柱状晶停止生长,凝固前沿停止推进(见图2(b))。温度边界层厚度是由凝固前沿液体对流运动控制的。

综上所述，在搅拌条件下，凝固前沿液体流动施加树枝晶头部所受的力、树枝晶头部接受的热量和对流速度这三个参数中某一个超过了临界值，柱状晶停止生长，而等轴晶开始生长。

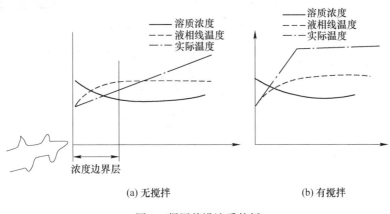

(a) 无搅拌　　　　　　(b) 有搅拌

图 2　凝固前沿溶质偏析

3　搅拌冶金理论

为了保证搅拌过程的冶金作用，必须选择合适的电参数使液体产生运动。也就是要研究放在电和磁场中液体金属产生的运动。这样需要同时考虑电磁学和流体力学的规律。描绘这些规律的基本方程是 Maxwell 方程和流体运动方程[8,9]。

3.1　电磁力学

如图 3 所示，通入电流的搅拌器产生了水平旋转的感应磁场 B，当磁场切割铸坯时，产生了集肤电流 I，它的方向是垂直的，且周期随 B 而改变方向。电流 I 和磁场 B 的作用产生了一个体积力，沿铸坯轴向形成一个合力矩使铸坯中的液体产生旋转运动。

体积力的切向分量可表示为[10]：

$$F = \frac{1}{4}\omega R r B_0^2 = \frac{1}{2} v_B r B_0^2 \qquad (3)$$

式中　ω——感应电流频率，Hz；
　　　r——介质的导电率，$\Omega^{-1} \cdot m^{-1}$；
　　　B_0——感应磁场，T；
　　　v_B——磁场的线性速度，m/s；
　　　R——铸坯液相穴半径，m。

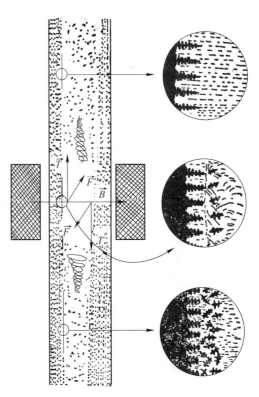

图 3　电磁搅拌作用原理图

3.2 搅拌流体力学

在电磁力作用下产生的液体运动，可由低熔点金属或水银的模型来研究。一般认为金属的旋转速度是远远低于感应磁场的旋转进度。这是因为：（1）电磁感应的 Joule 效应使电磁能损失；（2）凝固前沿流动的液体金属与凝固界面摩擦的能量损失。

根据单位高度圆柱体内液体流动的动量平衡，得出凝固前沿流动速度（v_0）为：

$$\int_0^R \frac{\omega B_0^2 r}{4} r^3 \mathrm{d}r\mathrm{d}\theta = k\rho \frac{v_0^2}{2}$$

$$v_0 = \sqrt{\frac{\omega B_0 R^2 r}{8k\rho}} \tag{4}$$

式中　v_0 ——液体金属流动速度，m/s；
　　　B_0 ——搅拌器感应磁场，T；
　　　R ——液相穴半径，m；
　　　r ——导电率，$\Omega^{-1} \cdot m^{-1}$；
　　　ω ——感应电流频率，Hz；
　　　k ——凝固前沿流体的摩擦系数；
　　　ρ ——液体密度，kg/m³。

摩擦系数 k 值很难决定，它与凝固前沿的粗糙度有关，其经验公式有：

$$k = \frac{1}{4}\left(1.74 + \lg \frac{R}{\varepsilon}\right)^{-2} \tag{5}$$

式中　R ——液相穴半径；
　　　ε ——凝固前沿突起高度。

如 $B_0 = 150G = 1.5 \times 10^{-2} T$，$R = 0.025m$，$\omega = 100$，$\frac{1}{r} = 1.60 \times 10^{-6} \Omega \cdot m$，$\rho = 7 \times 10^3 kg/m^3$，则 $v_0 = 15cm/s$，此时的 $Re = 10000$，属于紊流范围。

如液体为黏性流，并假定切向速度 v_θ 仅是半径 r 的函数。这样在极坐标内解 Navier-Stokes 方程和连续性方程，经过简化之后，v_θ 表示如下[10]：

$$\mu\left\{\frac{\mathrm{d}}{\mathrm{d}r}\left(\frac{1}{r}\frac{\mathrm{d}}{\mathrm{d}r}(r, v_\theta)\right)\right\} + \frac{\omega B_0^2 r}{4} = 0$$

边界条件：$r = 0$，$v_\theta = 0$；$r = R$，$v_\theta = v_\theta$

$$v_\theta = \frac{\omega B_0^2 r}{32\mu}(rR^2 - r^3) + v_0\left(\frac{r}{R}\right) \tag{6}$$

为了求出黏性流体在凝固前沿流动速度 v_0，先算出单位高度圆柱体动量平衡：

摩擦力：　　　　　　　　　$\frac{1}{2}k\rho v_0^2 R\mathrm{d}\theta$

黏性力：　　　　　　　　　$\frac{\omega B_0^2 R^2 r}{24}\mathrm{d}\theta$

电磁力：　　　　　　　　　$\frac{\omega B_0^2 R^3 r}{12}\mathrm{d}\theta$

由动量平衡方程可导出：

$$v_0 = \sqrt{\frac{3\omega B_0^2 R^2 r}{32\rho k}} = \frac{B_0 R}{4}\sqrt{\frac{3\omega r}{2\rho k}} \tag{7}$$

式（7）中的 k 值还是用式（5）来求，则流动还是紊流，与式（4）计算结果相差甚小。

由以上分析可知，电磁搅拌在凝固前沿产生的强制对流速度是与搅拌参数（B_0,ω）、凝固条件（R 代表凝固壳厚度）和液体钢物理性能（r,ρ）有关的。

流动速度是受到凝固前沿流动液体摩擦以及 Joule 效应限制的。

4 电磁搅拌流体模型试验

用水银或低熔点金属模拟钢液，来了解在电磁搅拌作用下流动的有关现象。液体装在圆柱形或方形的有机玻璃容器内，模型试验装置如图4所示。

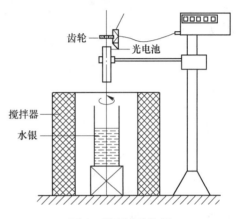

图4 模型试验装置

4.1 电参数对旋转速度的影响

图5和图6表示容器内液体旋转速度与 B_0 和 ω 关系，这与式（4）和式（7）的计算结果大体上是一致的。

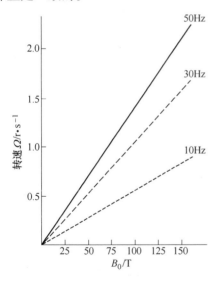

图5 B_0 和转速关系

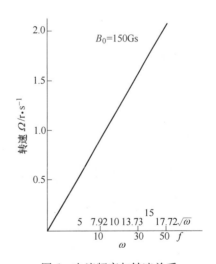

图6 电流频率与转速关系

4.2 粗糙度对旋转速度的影响

试验得知，从容器表面到中心速度不是恒定的。从表面到中心速度是增加的（见图7），这说明流体与容器壁之间摩擦力是很大的，而中心流体摩擦较小。

通过对容器壁表面粗糙度的试验，以了解凝固前沿流动液体与树枝晶的摩擦状况。

表面光滑状况下：
按式（4）计算 $k = 1.25 \times 10^{-8}$，
按式（7）计算 $k = 0.25 \times 10^{-3}$。
表面凹凸不平情况下，计算 $k = 10^{-2}$ 数量级。
对于凝固前沿液体钢流动的摩擦系数 k，一般取 5×10^{-3}。

4.3 容器几何形状的影响

当容器为圆形，容器的 D/L 比（容器直径与液体高度比）与旋转速度的关系如图8所示。把水银放入方形容器，发生搅拌之后液面形状如图9所示。方形断面边长 H 与液体高度 L 之比（H/L）和转速关系如图10所示。

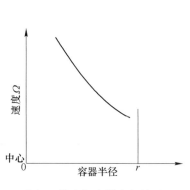

图7 转速与容器半径关系

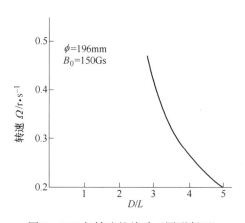

图8 D/L 与转速的关系（圆形断面）

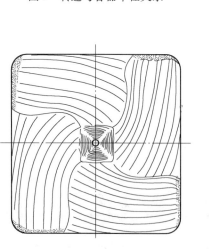

图9 搅拌表面流动形貌

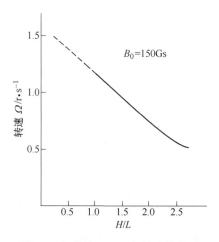

图10 方形断面 H/L 与转速的关系

4.4 液体钢的旋转速度

根据模型试验结果，可以计算凝固前沿液体钢的移动速度（见图11）。水银模型试验流动速度与液体钢流动速度的转换关系式为：

$$v_{0\,(Fe)}^2 = \frac{\gamma_{Fe}}{\gamma_{Hg}} \cdot \frac{\rho_{Hg}}{\rho_{Fe}} \cdot \frac{\omega B_0^2 R_{(Fe)}}{\omega B_0^2 R_{(Hg)}} \cdot v_{0\,(Hg)}^2$$

$$v_{0\,(Fe)}^2 = 1.17 \frac{\omega B_0^2 R_{(Fe)}^2}{\omega B_0^2 R_{(Hg)}} \cdot v_{0\,(Hg)}^2 \tag{8}$$

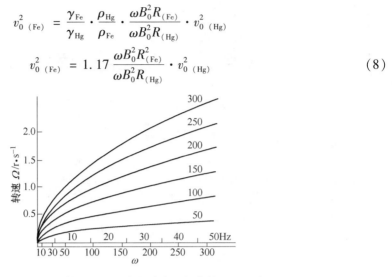

图 11 凝固前沿液体钢对流速度与感应磁场参数之间的关系

5 结语

本文从理论上分析了电磁搅拌产生液体流动，对柱状晶向等轴晶转变的作用，并从模型试验介绍了电磁参数与流动速度之间的关系，希望能对理解电磁搅拌对凝固的作用有所裨益。

参 考 文 献

[1] B. Chalmers. Princiloles of Solidificufivn, 1964.
[2] F. C. Langenberg, et al. Trans. Met. Soc. AIME, 1961, 211: 993.
[3] A. Tzavaras, et al. Journal of Cryst. Growth, 13/14, 1972: 782.
[4] R. Alberny, et al. Electric Furnunce Conference, 1973.
[5] W. A. Tiller, et al. Trans. Met. Soe. AIME, 1967.
[6] K. A. Jackson, et al. Trans. Met. SoC. AIME, 1966, 236: 149.
[7] M. E. Glicksman. Direct observation of solidification. Solidification, ASM, 1969: 155-200.
[8] M. Delassus. Calcul d'un inducteur electromagne'tigue Pour le brassage de l'acie fondu. Rapport CERCEM.
[9] 毛斌，王世郁. 钢水电磁搅拌磁体力学基础. 连铸钢会议论文选集, 1983, 11.
[10] R. Alberny, J. P. Birat. Mise en modele du brassage electromagnefigue. RP 76, Aout, 1973.

中碳钢的高温力学行为

王学杰　蔡开科　党紫九　刘　青　　　　王光迪

（北京科技大学）　　　　　　　　（天津特殊钢厂）

摘　要：借助 Gleeble1500 热模拟试验机，测试了 45 钢自凝固点至 600℃温度范围内的强度和塑性变化规律，并就加热方式、应变速率、冷却速度等因素对凝固温度区、奥氏体区和 $\gamma \to \alpha$ 相变区的强度和塑性的影响进行了研究，还对 3 个区形成裂纹的机理进行了初步探讨。

关键词：高温强度；高温塑性；裂纹敏感性；中碳钢

1　引言

从结晶器拉出来的带液芯的坯壳，进入二次喷水冷却区边运行边凝固，形成了一个很长的锥形的液相穴。这个凝固过程可看成是沿固液交界面把液相变成固相的加工过程。

在这个加工过程中，正在凝固的坯壳受到外界应力的作用（如热应力、弯曲矫直力、摩擦力等），当施加于坯壳上的应力超过了钢的高温允许强度和变形量时，就在凝固前沿产生裂纹，并在二冷区继续扩展。

据统计，造成连铸坯废品的各类缺陷中有 50% 来自于裂纹。凝固坯壳的裂纹可以在连铸机内不同的区域中产生，裂纹形状各异，形成原因极其复杂，受设备、凝固条件和工艺操作等因素的制约。但上述诸因素只是凝固坯壳产生裂纹的外部条件，而最本质的因素是钢在高温下的力学行为。因此，只有充分认识钢在凝固冷却过程中坯壳高温力学行为的变化规律，在设备设计和工艺操作上采取正确的对策，才是防止铸坯产生裂纹的有效方法。

随着连铸技术的发展，不少研究者在实验室内使用 Gleeble 和 Instron 等热模拟试验机，对碳钢和不锈钢的高温塑性和强度及其影响因素进行了测试研究，所得结果对改进工艺和提高连铸坯质量起了重要的指导作用[1-7]。

本文研究了 45 钢在凝固冷却过程中的塑性和强度的变化规律。

2　研究方法

2.1　试样制取

从工厂热轧材上取样，加工成 $\phi 10mm \times 12mm$ 的试样，钢种为 45 钢，其化学成分（%）为：C 0.46、Si 0.29、Mn 0.68、P 0.035、S 0.028、Cr 0.046、Ni 0.04、Cu 0.16。

2.2　试验方法

使用 Gleeble1500 热力学模拟试验机，进行拉伸试验时采用 3 种加热制度：

本文发表于《北京科技大学学报》，1992 年，第 1 期：28～33。

(1) 将试样以 10℃/s 均温区（10mm）加热至熔化，保温 1min，然后以 1.5℃/s 冷却到指定温度，保温 30s，拉伸至断裂。

(2) 将试样以 10℃/s 加热到 1350℃，保温 1min，然后以 1.5℃/s 冷却到指定温度，保温 60s，拉伸至断裂。

(3) 将试样以 10℃/s 加热到所规定的试验温度，保温 30s，拉伸至断裂。

试样高温区的中心与表面温度差小于 10℃，加热过程中充 Ar 气保护，防止试样表面氧化。

2.3 数据处理

(1) 断面收缩率 $R \cdot A\%$：用试样拉断前后的断面收缩率作为评价高温塑性能力的指标。

(2) 抗拉强度 δ_b：由拉伸过程中计算机绘制的力—时间曲线上采集试样承受的最大载荷除以原始面积而得。

3 研究结果与讨论

3.1 钢凝固温度区域力学性能（熔点约 1300℃）

零强度温度 T_{S0} 和零塑性温度 T_{D0} 是衡量材料高温行为的重要参数。T_{S0} 表征固液界面刚凝固的金属开始具有抵抗外力作用的温度，而 T_{D0} 表征已凝固的金属开始具有抵抗变形能力的温度。

如图 1 所示，试验测定 $T_{S0}=1410℃$，而 $T_{D0}=1350℃$。在 T_{S0} 至 T_{D0} 钢具有一定的强度，但无抵抗塑性变形能力，是裂纹敏感区。只有降至 T_{D0} 温度，钢的塑性才开始急剧增加，增强了抵抗裂纹的能力。

从不同温度下将试样急冷得到的金相组织如图 2 所示。1300℃ 奥氏体晶界清晰（见图 2 (a)），在 1350℃ 时有富集溶质元素（如 S）的残余液相包围晶界（见图 2 (b)）。这与有的研究者指出的当凝固末期残余液相约为 10% 时，有富集 S 的液相薄膜包围树枝晶，使凝固前沿产生裂纹的观点是一致的[8]。

从 150mm×150mm 铸坯裂纹断口金相观察指出，裂纹沿树枝晶界面分布（见图 3 (a)）。扫描电镜观察到在裂纹处有第二相质点 (Mn, Fe)S 呈棒状分布（见图 3 (b)）。这说明富集 S 的残余液相包围了树枝晶，降低了枝晶间的结合强度，增加了热脆性，导致凝固前沿产生裂纹。

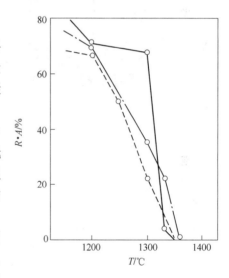

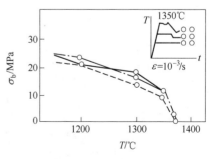

图 1 强度、塑性与温度关系

Fig. 1 Relation between strength and ductility and temperatures

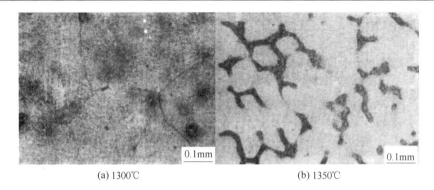

(a) 1300℃　　　　　　　　(b) 1350℃

图 2　试样的金相组织

Fig. 2　Metallographical structure of the sample

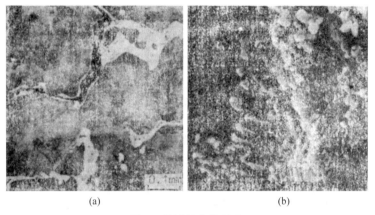

(a)　　　　　　　　(b)

图 3　晶界析出物照片

Fig. 3　Precipitation particles in grain boundary

3.2　奥氏体区力学性能（1300～900℃）

45 钢在 1300～900℃ 温度区间的强度和塑性见图 4。此温度区正是钢的热加工区，

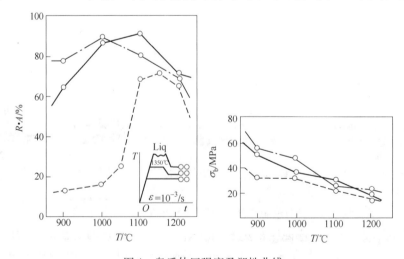

图 4　奥氏体区强度及塑性曲线

Fig. 4　Relation between strength ductility and temperature in austenitic region

$R \cdot A$ 值均大于 60% 以上，钢具有良好的塑性变形的能力。应变速率 ε 对塑性的影响如图 5 所示，在一定的温度下，塑性随变形速率的减慢而降低，当 $\varepsilon > 10^{-3}/s$ 时：变形速率对 $R \cdot A$ 值的影响相差不大。提高 ε，此区塑性有所改善。

冷却速度对高温塑性的影响如图 6 所示，冷却速度较慢时，塑性较好，脆化减轻。这可能是冷却速度缓慢，第二相质点在晶体内沉淀，降低了形变时晶界断裂的敏感性。

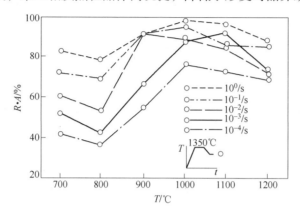

图 5　变形速率对塑性的影响
Fig. 5　Influence of strain rate on ductility

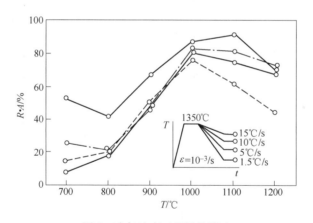

图 6　冷却速度对塑性的影响
Fig. 6　Influence of cooling rate on ductility

3.3　γ→α 相变区（900~600℃）

900~600℃ 相当于碳钢 γ→α 相变区，强度塑性与温度关系如图 7 所示。当温度小于 900℃ 时，45 钢塑性趋向于降低。3 种加热制度的 $R \cdot A$ 值相差较大，这可能与晶粒尺寸有关。试样在 800℃ 淬火急冷得到的晶粒尺寸评级为：熔化后再冷却为 1 级，加热到 1350℃ 再冷却为 3 级，直接加热为 5 级。加热制度不同导致晶粒大小的差异。晶粒尺寸越细，塑性就越好。

在此温度区，变形速率越小，塑性明显下降（见图 8）。冷却速度缓慢，在一定程度上可以改善塑性。冷却速度加大，低塑性的温度区（$R \cdot A < 40\%$）展宽（见图 9）。

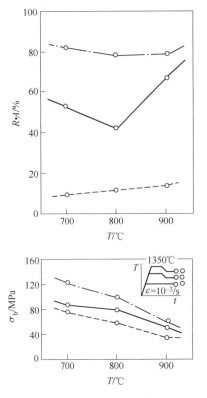

图 7 γ→α 相变区强度、塑性与温度的关系

Fig. 7　Relation between strength ductility and temperature in γ→α region

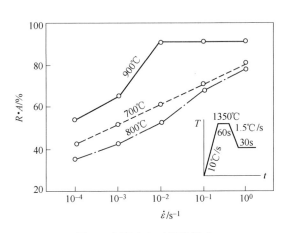

图 8　变形速率对塑性影响

Fig. 8　Influence of strain rate on ductility

800℃急冷断口清晰（见图 10（a）），在应力作用下，晶界析出物（见图 10（b））成为空洞的形核源，空洞扩展并聚集成裂纹，最后导致断裂。

同时，此温度区，也是 γ→α 相变区，沿奥氏体晶界有先共析的铁素体析出，α 相形变能力比 γ 相小，当受到应力作用时形变集中于 α 相，变形局部集中，最后在晶界形成裂纹[4,6]。

4　结论

（1）在凝固温度上下的 T_{S0} 和 T_{D0} 温度区间表征了凝固前沿的裂纹敏感性。凝固前沿富集溶质元素 S 的残余液相薄膜包围树枝晶，裂纹沿树枝晶间产生和扩展。

（2）在奥氏体区塑性良好，$R·A$ 值均在 60% 以上。变形速率较高（$\varepsilon > 10^{-3}/s$），冷却速度较慢（1.5℃/s）时，塑性较好。此区的脆性来自于奥氏

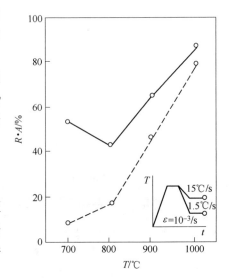

图 9　冷却速度对塑性影响

Fig. 9　Influence of cooling rate on ductility

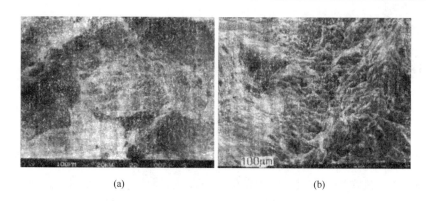

(a)   (b)

图 10　试样断口形貌（800ssd2）

Fig. 10　Morphology of sample fractur surface

体晶界的析出物的沉淀，如（Fe，Mn)S。

（3）温度小于900℃，45钢塑性呈下降趋势，800℃左右塑性最低。变形速率小于10^{-2}s，塑性较差。细化晶粒、缓慢冷却有利于改善塑性。奥氏体晶界的析出物沉淀或晶界先共析铁素体的析出是产生裂纹的内因。

参 考 文 献

[1] Adums C T. AIME Open Hearth Proceeding. 1971, 54: 290.
[2] Lankford W T. Met. Trans. 3, 1972: 1331.
[3] Wilber G A, Batra R, Savage W F, et al. Met. Trans. 6A, 1975: 1727.
[4] Suzuki H G, Nishimura S, Yamaguchi S. Trans. ISIJ, 1982 (2): 48.
[5] Weinberg F. Met. Trans., 10B, 1979: 219.
[6] Suzuki T. Ironmaking and Steelmaking, 1988, 15 (2): 90.
[7] Brimacombe J K, Sorimachi A. Met. Trans, 1977, 8B: 489.

On Mechanical Behaviour at High Temperature for Carbon Steel

Wang Xuejie　Cai Kaike　Dang Zijiu　Liu Qing

(University of Science and Technology Beijing)

Wang Guangdi

(Tianjin Special Steel Factory)

Abstract: The rules of strength and ductility for 45 steel under temperature range from solidus to 600℃ were measured by a thermal stress/strain simulator Gleeble 1500. The influence of thermal history, strain rate and cooling rate on strength and ductility at solidifying region, Austenitic region and γ→α region was studied. The mechanism of cracking in these three regions was investigated.

Keywords: strength at high temperature; ductility at high temperature; crack sensitivity; carbon steel

薄板坯连铸液芯铸轧过程铸坯的应力应变分析

逯洲威　蔡开科

（北京科技大学）

摘　要：采用三维弹塑性大变形热力耦合有限元法，模拟薄板坯连铸液芯铸轧过程中的铸坯变形，并研究液芯铸轧时坯壳中应力应变场。分析影响坯壳中应力应变场的主要因素的基础上，给出压下率和坯壳厚度对应力应变场的影响规律。

关键词：薄板坯连铸；铸轧；应力应变场

1　引言

在薄板坯连铸连轧工艺中，从连铸的角度考虑，希望薄板坯连铸结晶器内腔尽可能厚一些，这样有利于浸入式水口的插入及提高水口的使用寿命，减轻结晶器内钢液流动冲击，促进保护渣液渣层的形成及稳定，降低浇注操作的难度等，从而保证连铸机维持较高的作业率，提高薄板坯的质量[1]。从薄板坯热连轧的角度考虑，则希望从薄板坯连铸机拉出来的铸坯尽可能薄，从而可以减小热连轧机组的机架数，以及生产出薄带卷，节约投资和降低生产成本，扩大带钢规格。薄板坯连铸带液芯铸轧技术则能够很好地解决薄板坯连铸与连轧之间厚度匹配问题。研究铸轧过程中应力应变场及其影响因素对确定铸轧工艺规程，保证生产无缺陷铸坯具有重要意义。

Cremer[2]用有限元分析在双辊轧机上轧制不同壁厚空芯板坯试样来模拟不同坯壳厚度液芯铸坯的铸轧，试样高60mm，宽150mm，壁厚分别为10mm、20mm、25mm，压下率等于15%。当试样壁厚等于10mm时试样伸长1%；当壁厚等于20mm时试样伸长2.6%；当壁厚等于25mm时试样伸长4%。由此得出结论，坯壳厚度不同，铸轧时铸坯的变形方式也不同。当铸坯接近完全凝固时，铸轧过程中宽面坯壳随窄面坯壳而伸长。当坯壳较薄时，铸轧过程中窄面坯壳向外鼓肚而宽面坯壳几乎没有变形。

本文应用有限元软件 MSC. MARC，采用三维弹塑性大变形热力耦合有限元法，模拟碳含量（质量分数）为0.1%的低碳钢薄板坯连铸液芯铸轧时的铸坯变形，研究液芯铸轧过程中应力应变场。分析影响应力应变场的主要因素，给出压下率和坯壳厚度对应力应变场的影响规律。

2　有限元模型和计算条件

薄板坯连铸的宽厚比大，在网格密度一定时，如果以整个铸坯为研究对象，那么网格总数很大，机时费用高，甚至无法计算。本文仅以距铸坯窄面120mm范围以内的铸坯为研究对象，这不会影响计算结果的正确性[3]。

假定铸轧是在二冷区垂直段由铸坯两侧的一对轧辊同时对称压下，设铸坯厚60mm，由于对称，取其一半厚度的铸坯为研究对象。采用三维有限元模拟，这样便于比较宽面坯壳中部和铸坯角部的等效应力和等效塑性应变。

为了分析不同坯壳厚度对铸坯的等效应力和等效塑性应变的影响，假定只有铸坯厚度方向的传热而忽略纵向传热，所以在铸轧前铸坯纵向不同位置坯壳厚度相同。假定冷却条件不变，而冷却时间变化，坯壳厚度随着变化。分别对不同坯壳厚度的铸坯铸轧，分析坯壳厚度对铸坯等效应力和等效塑性应变的影响。对同一坯壳厚度的铸坯分别用不同的压下率铸轧，分析压下率对铸坯等效应力和等效塑性应变的影响。设拉速 $v = 5\text{m/min}$。材料各向同性，遵守VonMises流变规律。材料性质随温度变化，具体数值见文献[4]。

为了沿用现有的弹塑性力学有限元法，可以对铸坯液芯作简化或等效处理。其中一种方法是剔除液芯单元，将其对坯壳的作用转化为相应的分布载荷。另一种方法是计算域包括坯壳与液芯，但为了避免计算域不同状态单元刚度相差悬殊造成计算收敛困难甚至刚度矩阵奇异，对液芯力学特性进行约定，即弹性模量（E）取不等于零的一个小量，泊松比（ν）接近0.5；并依据使液态体积模量（$E/(1-2\nu)$）与常温体积模量尽量接近的方法，使液态的应力状态保持与静水压相近。本文采用第2种处理方法。

下面，以简单线弹性体为例进行说明：

$$\sigma_{ij} = \sigma'_{ij} + p\delta_{ij}$$

其中，
$$\sigma'_{ij} = 2G\varepsilon_{ij},\ p = \lambda\varepsilon_V - \beta(T - T_0)$$

$$G = \frac{E}{2(1+\nu)}$$

$$\lambda = \frac{E\nu}{(1+\nu)(1-2\nu)},\ \beta = \frac{Ea}{3(1-2\nu)}$$

因此，当 $\nu \to 0.5$，E 取小量时，偏应力张量 σ'_{ij} 的大小受到约束，从而使 σ_{ij} 与静水压 p 接近。

3 结果与讨论

3.1 有限元计算结果与物理模拟实验的比较

铸轧时，影响铸坯变形的因素很多，其中压下率和坯壳厚度是两个主要因素。

图1所示是压下率等于16.7%时铸坯纵向塑性应变与坯壳厚度的关系。图中曲线B代表宽面坯壳中心的纵向塑性应变，曲线C代表铸坯角部的纵向塑性应变。从图中可以看出，坯壳较薄时，铸坯纵向塑性应变较小；坯壳较厚时，铸坯纵向塑性应变较大，这与作者以前的二维模拟结果相同[6]，也与Cremer的物理模拟试验一致[2]。

薄板坯连铸拉速高，铸轧时压下速度快，液芯是糊状的两相区，流动性差，因此，铸轧时不能忽略液芯对坯壳的反作用力。

在接近凝固温度时，铸坯塑性很差，不能承受很大的塑性变形，而坯壳厚度增大时，铸坯纵向塑性应变增加，这对铸坯来说是危险的。如果铸坯纵向塑性应变大于临界应变，就会产生裂纹。所以,对铸轧来讲,对坯壳厚度有一定要求。Danieli 薄板坯连铸动态液池控制系统内容之一是铸轧终止时必须保留一定的比例液芯,而且不同钢种要求铸轧终止时的液固比例也不同,这和本文的结论相一致[7]。

3.2 坯壳厚度对铸轧时铸坯中应力的影响

图 2 所示是压下率等于 16.7% 时铸坯中应力与坯壳厚度的关系曲线,为便于比较,取相对值,即某一厚度时的等效应力除以不同厚度时等效应力的平均值,下同。图中曲线 B 代表宽面坯壳中心的相对等效应力,曲线 C 代表铸坯角部的相对等效应力。

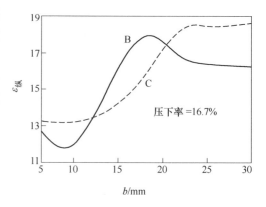

图 1 铸坯纵向塑性应变与坯壳厚度 b 的关系曲线

B—坯壳中心;C—坯壳角部

Fig. 1 Relation between the longitudinal tensile strain of strand and the shell thickness

从图中可以看出,铸轧时铸坯角部的应力大于铸坯宽面中心的应力。坯壳厚度为 6.25mm 时,铸坯角部比宽面坯壳中心等效应力大 35%。坯壳厚度为 30mm 时,铸坯角部比宽面坯壳中心等效应力大 76%。随坯壳厚度增加,铸轧时坯壳中的应力增大,而且,铸坯角部比宽面坯壳中心应力增加更快。坯壳厚度为 30mm 比坯壳厚度为 6.25mm 时铸坯角部等效应力增加 72%,宽面坯壳中心等效应力增加 32%。

3.3 坯壳厚度对铸轧时铸坯中应变的影响

图 3 所示是压下率等于 16.7% 时铸坯等效塑性应变与坯壳厚度的关系曲线,图中曲线 B 代表宽面坯壳中心的相对等效塑性应变,曲线 C 代表铸坯角部的相对等效塑性应变。从图中可以看出,铸轧时铸坯角部的应变大于铸坯宽面中心的应变。坯壳厚度为 6.25mm 时,铸坯角部比宽面坯壳中心等效塑性应变大 11%。坯壳厚度为 30mm 时,铸坯角部比宽面坯壳中心等效塑性应变大 33%。坯壳厚度较小时,铸轧时坯壳的等效塑性应变较小;坯

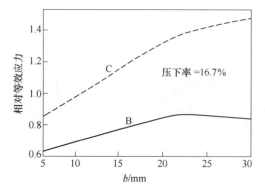

图 2 坯壳厚度对铸轧时铸坯应力的影响

Fig. 2 Relation between the stress and shell thickness

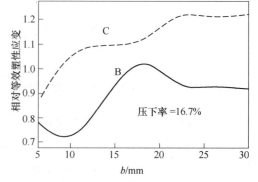

图 3 坯壳厚度对铸轧时铸坯应变的影响

Fig. 3 Relation between the strain and shell thickness

壳厚度较大时，铸轧时坯壳的等效塑性应变较大。坯壳厚度为30mm比坯壳厚度为6.25mm时铸坯角部等效塑性应变增加41%，宽面坯壳中心等效塑性应变增加18%。坯壳厚度达到一定值时，对于一定的压下率，坯壳的等效塑性应变不再随坯壳厚度的增加而增加，表明这时已经达到稳定轧制状态。

3.4 压下率对铸轧时铸坯中应力的影响

图4所示是坯壳厚度等于22.3mm时铸坯中应力与压下率的关系曲线。图中曲线B代表宽面坯壳中心的相对等效应力，曲线C代表铸坯角部的相对等效应力。从图中可以看出，铸轧时铸坯角部的应力大于铸坯宽面中心的应力。压下率等于3.33%时，铸坯角部比宽面坯壳中心等效应力大50%；压下率等于16.7%时，铸坯角部比宽面坯壳中心等效应力大58%。对于坯壳厚度一定的铸坯，随压下率增加，铸轧时坯壳中的应力变化不明显。

3.5 压下率对铸轧时铸坯应变的影响

图5所示是坯壳厚度等于22.3mm时铸坯等效塑性应变与压下率的关系曲线。图中曲线B代表宽面坯壳中心的相对等效塑性应变，曲线C代表铸坯角部的相对等效塑性应变。从图中可以看出，压下率等于16.7%比压下率等于3.3%时，铸坯宽面坯壳中心的等效塑性应变增加325%，铸坯角部的等效塑性应变增加311%。铸坯角部的等效塑性应变大于铸坯宽面坯壳中心的等效塑性应变，压下率等于3.3%时，铸坯角部比宽面坯壳中心等效塑性应变大34%；压下率等于16.7%，铸坯角部比宽面坯壳中心等效塑性应变大30%。

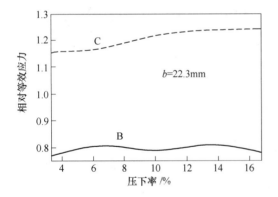

图4 压下率对铸轧时铸坯中应力的影响

Fig. 4 Relation between the stress and related height reduction

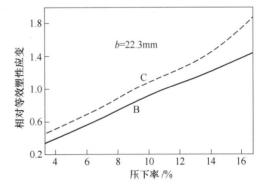

图5 压下率对铸轧时铸坯中应变的影响

Fig. 5 Relation between the strain and related height reduction

4 结论

（1）对于一定的压下率，随坯壳厚度增加，铸轧时坯壳中的应力增大，而且，铸坯角部比宽面坯壳中心应力增加更快。铸轧时铸坯角部的应力大于铸坯宽面中心的应力。

（2）对于一定的压下率，坯壳厚度较小时，铸轧时坯壳的等效塑性应变较小；坯壳厚度较大时，铸轧时坯壳的等效塑性应变较大。坯壳厚度达到一定值时，坯壳的等效塑性应变不再随坯壳厚度的增加而增加，表明这时已经达到稳定轧制状态。

(3) 对于坯壳厚度一定的铸坯，随压下率增加，铸轧时坯壳中的应力不发生显著变化，铸轧时铸坯角部的应力大于铸坯宽面中心的应力。

(4) 对于坯壳厚度一定的铸坯，宽面坯壳中心和铸坯角部的等效塑性应变都随压下率的增加而增大，铸轧时铸坯角部的等效塑性应变大于宽面坯壳中心的等效塑性应变。

参 考 文 献

[1] 袁集华, 于登龙. 薄板坯连铸带液芯轻压下技术 [J]. 炼钢, 1997, 13 (1): 50.

[2] Cremer B, Pawelski O, Rasp W. Rolling characteristics of continuously cast slabs with liquid ore: Models for geometrical control [J]. Ironmaking & Steelmaking, 1993, 20 (4): 264.

[3] 干勇, 陈栋梁. 薄板坯连铸液芯压下过程的数值仿真 [J]. 钢铁, 1999, 34 (6): 274.

[4] Kelly J E, Michalek K P, O'connor T G, et al. Initial development of thermal and stress fields in continuously cast steel billets [J]. Metallurgical Transactions A, 1988, 19 (10): 2589.

[5] Tszeng T C, Kobayashi S. Stress analysis in solidification processes: application to continuous casting [J]. International Journal of Machine Tools and Manufacture, 1989, 29 (1): 121.

[6] 逯洲威, 蔡开科, 张家泉. 薄板坯连铸液芯铸轧铸坯变形特点 [J]. 北京科技大学学报, 1999, 21 (5): 432.

[7] Carboni A, McKenzie B. Danieli flexible thin slab caster technology [J]. Iron Steel Eng. (USA), 1995, 72 (10): 39.

Three Dimensional Numerical Simulation of Stress and Strain Distribution during Cast-rolling with Liquid Core in Thin Slab Continuous Casting

Lu Zhouwei Cai Kaike

(University of Science and Technology Beijing)

Abstract: Rolling characteristics of continuously cast slabs with liquid core is studied with the aid of elastic-plastic and thermal-mechanical coupled FEM. The effects of shell thickness and related height reduction on stress and strain distribution are analyzed during cast-rolling with liquid core in thin slab continuous casting. The stress and strain of the shell increase with increasing shell thickness for the same related height reduction. The strain of the shell increase with increasing related height reduction for the same shell thickness.

Keywords: thin slab continuous casting; cast-rolling; stress and strain distribution

连铸板坯凝固过程应变及内裂纹研究

袁伟霞　韩志强　蔡开科　　马勤学　盛喜松　刘成信

（北京科技大学）　　　　　　（武汉钢铁公司）

摘　要：通过建立连铸板坯凝固过程的传热模型，获得板坯冷却传热过程的主要凝固参数，在此基础上建立了凝固前沿坯壳所承受的应变模型，定量计算了凝固过程的主要应变，讨论了其主要影响因素，并针对实际铸机的设备和工艺状况，计算了其生产过程的应变，讨论了具体钢种产生裂纹的可能性。

关键词：板坯连铸；凝固；应变；内裂纹；临界应变

1　引言

连铸过程是一个复杂的热机械变化过程，其传热冷却包括对流、传导和辐射多种方式，涉及多类界面问题，在铸坯凝固过程所承受的应力方面，也包括鼓肚应力、弯曲和矫直应力、导辊错位应力、摩擦应力、热应力等。对铸坯内部裂纹来讲，它在铸坯凝固过程中形成，与铸坯的凝固进程有关，同时裂纹的产生取决于凝固前沿所承受应变的大小及该钢种产生裂纹的临界应变。本文通过建立连铸板坯凝固过程的传热模型和应变模型，对板坯凝固过程中的凝固前沿应变进行了分析计算，并结合实际铸机状况，讨论了具体钢种产生裂纹的可能性。

2　板坯连铸过程传热模型和应变模型

2.1　凝固传热模型

根据连铸板坯凝固传热的特点，取 1/4 铸坯断面单位厚度的薄片为研究对象，依次通过结晶器、二冷区和空冷区，采用二维非稳态导热模型描述其凝固过程，控制方程为：

$$\rho c \frac{\partial T}{\partial t} = \frac{\partial}{\partial x}\left(\lambda \frac{\partial T}{\partial x}\right) + \frac{\partial}{\partial y}\left(\lambda \frac{\partial T}{\partial y}\right) + G \tag{1}$$

式中　ρ，c，λ——钢的密度、比热容和导热系数；

　　　　G——凝固过程潜热。

采用有限差分法求解温度场，凝固潜热的释放采用热焓法处理。

通过求解上述凝固传热模型，可以获得板坯凝固过程中任意时刻断面上的温度分布、坯壳厚度等参数，为应变分析模型提供必要的计算参数。

本文发表于《北京科技大学学报》，2001 年，第 2 期：28~51。

2.2 应变分析模型

考虑对板坯内部裂纹有决定作用的铸坯鼓肚应变、矫直应变和导辊不对中应变，其计算公式为[1-3]：

$$\delta = \frac{\eta a P l^4}{32 E_e S^3}\sqrt{t} \tag{2}$$

$$\varepsilon_B = \frac{1600 S \delta}{l^2} \tag{3}$$

$$\varepsilon_S = 100 \times \left(\frac{d}{2} - S\right) \times \left|\frac{1}{R_{n-1}} - \frac{1}{R_n}\right| \tag{4}$$

$$\varepsilon_M = \frac{300 \delta_M}{l_M^2} \tag{5}$$

式中　　δ——鼓肚量；

　　　　P——钢水静压力；

　　　　l——辊间距；

　　　　E_e——当量弹性模量；

　　　　S——坯壳厚度；

　　　　t——铸坯通过一个辊距的时间；

　　　　d——板坯厚度；

R_{n-1}, R_n——多点矫直半径；

　　　　δ_M——导辊不对中量；

　　　　ε_B——鼓肚应变；

　　　　ε_S——矫直应变；

　　　　ε_M——导辊不对中应变。

假设这些应变可以线性叠加，则凝固前沿所承受的总应变为：

$$\varepsilon_T = \varepsilon_B + \varepsilon_S + \varepsilon_M \tag{6}$$

3　模型计算结果及讨论

以国内某炼钢厂全弧形大板坯连铸机为研究对象，铸机结晶器有效长度800mm，二次冷却区18个冷却回路，98对导辊，自上而下导辊直径155~325mm，辊间距199~370mm，铸机弧形半径10.5m，冶金长度33m，采用4点矫直，矫直半径分别为13.5m、19.5m、38m。以铸机现行冷却参数为计算条件。

3.1　传热模型计算结果验证

采用凝固传热模型计算铸坯表面温度和坯壳厚度沿铸机长度方向的分布，并采用铸坯表面温度测量和铸坯液相穴长度测量方法对传热模型进行验证。图1为采用大连星火科技公司生产的LBW-B比色高温计测量铸机出口2m处的表面温度，得到铸坯中心和1/4宽度部位的表面温度为888℃和934℃，与实际计算结果920~940℃比较符合，相对误差在3%以内。同时采用射钉法测量不同部位的凝固坯壳厚度，进而计算出液相穴长度，通过测量得到该条件下的液相穴长度为 30.4m,计算得到该工艺下的液相穴长度为 30.6m,两者符合很好。在其他钢种上的测量与计算结果比较,同样很吻合。

3.2 铸坯凝固前沿应变

可靠的凝固传热模型为铸坯应变分析计算提供了基础。采用应变分析模型计算了铸坯凝固前沿的鼓肚应变、矫直应变、导辊错位应变及其总应变,图 2 为在一定工艺和设备条件下的铸坯各项应变和总应变计算结果。

由图 2 可以看到,鼓肚应变沿铸坯长度方向自上而下出现先增长后降低的趋势,铸坯刚出结晶器时,尽管坯壳较薄,铸坯表面温度也比较高,但由于静压力还不太大,而且这一部位支撑辊布置密,辊间距较小,因此鼓肚不严重,鼓肚应变也比较小。但随着铸坯向下运动,钢水静压力显著增大,辊间距也有所增大,铸坯鼓肚应变随之增加,这是铸坯承受内裂纹的最危险区域。

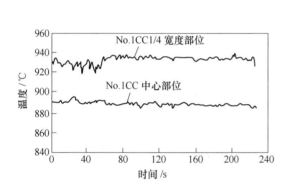

图 1 出铸机口 2m 处铸坯表面温度测量结果
(钢种 Q235,断面 1500mm × 250mm,
中包温度 1542℃,拉速 1.2m/min)

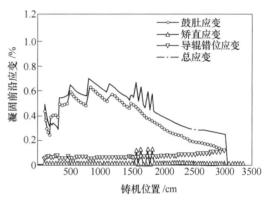

图 2 铸坯凝固前沿应变随铸机长度的分布

矫直应变只产生在铸机矫直区内,在内弧凝固前沿呈拉应变状态,对于本研究 4 点矫直的铸机,其矫直应变仅为 0.1% 左右,通常仅为凝固前沿鼓肚应变的 15%~20%。

图 2 中给出了假设铸机每对支撑辊均发生 0.5mm 错位时的凝固前沿产生的应变。由图可看到,同样的错位量,发生在坯壳厚的区域,其引起的错位应变要比坯壳薄的扇形段大,即坯壳厚的部位尤其是凝固末期导辊不对中的危害要大。因此,生产中应十分加强铸机下部区段的对弧精度。

由铸坯凝固前沿应变可以看到,在良好的铸机状况下,导辊错位控制在 0.5mm 以内,鼓肚应变是铸坯凝固前沿应变的主要影响因素。

3.3 实际生产铸机状况,铸坯质量及应变分析

铸坯内裂纹的形成主要取决于凝固前沿应变与临界应变的相对大小。Hiebler. H[4] 总结了很多研究者对临界应变的研究结果,得出了钢中碳当量及 $w(Mn)/w(S)$ 与临界应变的关系,如图 3 所示。图中碳当量由钢的化学成分决定:

$$w(C_{eq}) = w(C) + 0.02w(Mn) + 0.04w(Ni) - 0.1w(Si) - 0.04w(Cr) - 0.1w(Mo) \tag{7}$$

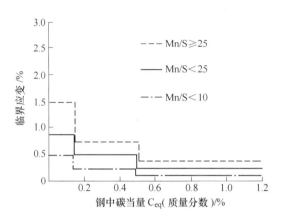

图 3 临界应变与钢种成分的关系

采用本文建立的应变分析模型研究内裂纹与凝固前沿应变的关系。在生产中取钢的硫印试样,其化学成分见表 1,硫印检验照片如图 4 所示。

表 1 实际生产钢的化学成分 (%)

$w(C)$	$w(Si)$	$w(Mn)$	$w(P)$	$w(S)$	$w(Al)$	$w(C_{eq})$	临界应变
0.165	0.25	0.484	0.024	0.022	0.018	0.15	0.5

硫印检验结果表明,该铸坯中心硫偏析较轻,为 C1.0 级,存在 1.5 级的内裂纹,内裂纹位置距铸坯边部 45~75mm。金相检验表明铸坯中存在大量硫化物夹杂,夹杂物沿奥氏体晶界分布,个别部位夹杂物已脱落呈孔洞状态,图 5 为金相检验内裂纹形貌。

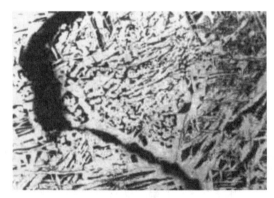

图 4 铸坯硫印检验照片   图 5 金相检验内裂纹形貌

该铸坯生产对应的铸机导辊测量情况如图 6 所示。

采用传热模型和应变模型计算得到的铸坯主要凝固参数和凝固前沿应变如图 7 所示。

由图 7 可以看到,对该铸坯在实际生产过程中的凝固参数和凝固前沿所承受的应变状况运用所建立的计算模型进行理论计算,并在其中考虑临界应变,可以看到该铸坯液相穴长度 26.4m,铸坯表面温度在 900~1200℃,铸坯凝固前沿总应变主要在 0.4%~0.8% 范

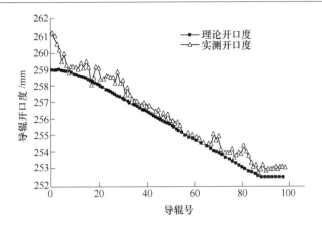

图 6　实际铸机导辊测量结果

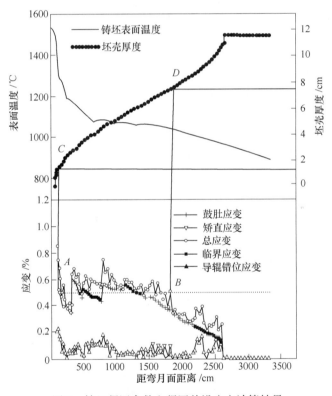

图 7　铸坯凝固参数和凝固前沿应变计算结果

围内。计算及查图得出该钢的临界应变为 0.5%，实际上在凝固坯壳厚度为 14~72mm 范围内，对应于铸机位置为 2~18m 的扇形段（C 点至 D 点对应的铸坯厚度），凝固前沿所承受的应变超过了铸坯所能够承受的临界应变（A 点至 B 点对应的铸机长度），铸坯有产生裂纹的可能性。从实际铸坯的硫印检验结果可以看到，实际铸坯产生了内裂纹，其裂纹位置对应的铸坯厚度为 20~80mm（见图 4），计算结果基本一致。

　　运用以上建立的铸坯凝固过程传热和应变计算模型可以对铸坯产生裂纹的可能性和产生位置进行预测，为实际生产中铸坯的质量预报和缺陷诊断提供指导。从模型计算结果还可以看到，扇形段是铸坯产生裂纹的敏感区域，在实际生产及铸机维护中要格外注意。从实际生产中铸坯上内裂纹的产生部位来看，主要在铸坯厚度上20~80mm，也进一步说明内裂纹是在铸机二冷区扇形段形成的。

4 结论

（1）通过建立铸坯凝固过程的传热和凝固前沿应变模型，得到了铸坯凝固过程主要凝固参数和凝固前沿应变的定量数值。

（2）采用所建立的数学模型计算了常规条件下铸坯的主要应变，分析了其相对大小及危害。

（3）对实际连铸生产工艺和设备条件下的铸坯产生内裂纹的可能性进行了具体分析，结果与实际铸坯检验结果一致。

（4）扇形段是铸坯产生内裂纹的敏感区域，运用所建立的模型可以对实际生产进行质量预测缺陷诊断分析，并对铸机的设备维护提供依据和指导。

参 考 文 献

[1] 盛义平，孙蓟泉，张敏. 连铸板坯鼓肚变形量的计算 [J]，钢铁，1993，28（3）：20-25.
[2] 曹广畴. 现代板坯连铸 [M]. 北京：冶金工业出版社，1994.
[3] Barber B. Strand Deformation in continuous Casting Ironmaking and Steelmaking, 1989, 16(6): 406-411.
[4] Hiebler H. Inner Crack Formation in Continuous Casting: Stress or Strain Criterion [C], Steelmaking conference proceedings, 1994: 405-416

Research on Strain and Internal Crack in Cast Slab during Solidification

Yuan Weixia   Han Zhiqiang   Cai Kaike

(University of Science and Technology Beijing)

Ma Qinxue   Sheng Xisong   Liu Chengxin

(Wuhan Iron and Steel Corporation)

Abstract: Some main parameters of solidification in the process of slab cooling and heat transfer have been obtained by modeling heat transfer in the process of solidification of cast slabs, upon which the model of strain on shell before solidification was set up. From the model, main strain in solidification process is quantitatively calculated, and main factors influencing strain are discussed. For practical equipment and operation conditions of continuous casting machines, the strain in operation process is calculated and the possibilities of cracking on specific steel grades are discussed.

Keywords: slab continuous casting; solidification; strain; internal crack; critical strain

钢中碳含量对连铸板坯纵裂纹的影响

柳向椿　赵国燕　蔡开科

（北京科技大学）

何矿年　曾令宇　张志明　廖卫团

（韶关钢铁集团有限公司）

摘　要：本文论述了为解决连铸板坯表面纵裂纹问题进行提碳的依据，并就提高碳含量后裂纹发生的关键影响因素以及提高碳含量后钢材的性能变化进行了讨论。

关键词：板坯连铸；表面纵裂纹；冲击性能；力学性能

1　引言

韶钢板坯连铸机自正式投产以来，板坯表面纵裂纹一直居高不下。通过对其早期生产的近12万吨Q235钢材板坯数据统计发现：[C] = 0.10% ~ 0.14%时裂纹指数最高。含碳量在0.10% ~ 0.16%的亚包晶钢连铸板坯易产生纵裂，这一点在国内外很多文献中都有介绍[1-7]。这是因为包晶反应钢凝固过程中发生$\delta \to \gamma$转变，产生0.38%的体积收缩，导致气隙形成，初生坯壳折皱，结晶器热流不稳定，坯壳厚度生长不均匀性加重，最终导致铸坯表面纵裂纹的产生[8,9]。为了降低板坯裂纹，借鉴前人的工作经验[10]，特提出将目标碳含量范围避开亚包晶钢碳范围（0.10% ~ 0.14%）。本文的目的是分析提高碳含量后对于减少板坯纵裂纹的效果，同时还针对碳含量提高后中板的性能变化进行了研究分析。

2　钢中碳对板坯表面纵裂纹统计分析

2.1　生产条件及统计方法

由于以前在生产Q235钢时碳含量的控制范围一般是[C] = 0.07% ~ 0.15%，韶钢生产统计数据表明[C] = 0.10% ~ 0.14%范围内板坯纵裂纹指数最高。这是因为该范围处在亚包晶反应区，钢水凝固过程中铸坯表面很容易产生纵裂纹。因此在试验中将钢水目标碳含量由控制到[C] = 0.15% ~ 0.18%。其他成分以及工艺技术参数都没有改变。由于目标碳含量范围很窄，生产中碳含量并不能完全控制在这一范围内，试验共安排生产了10个浇次128炉约1.5万吨钢，碳含量小于0.15%共有62炉，[C] = 0.15% ~ 0.18%的共有64炉，大于0.18%的2炉。

为了使统计分析结果更为直观，定义了一个反映裂纹发生情况的裂纹指数。该裂纹指数反映了每一炉钢水所浇注出来的连铸坯的裂纹发生的严重程度。

本文发表于北京科技大学冶金与生态工程学院《2005年"冶金工程科学论坛"论文集》，冶金工业出版社《冶金研究2005》，2005年。

2.2 碳与铸坯表面纵裂纹的关系

图 1 所示为板坯表面纵裂纹指数随碳含量变化的关系，从图中可以看出，Q235B 钢中 [C]≥0.15% 时，板坯裂纹的发生率明显要比 [C]<0.15% 的平均低 16%。且随碳含量增加，裂纹指数有下降的趋势。在试验生产中还发现 [C] = 0.15% 与 [C] = 0.14% 有明显的差别，[C] = 0.15% 时铸坯初检合格率要比 [C] = 0.14% 的高 13%，说明 [C] 控制在 0.15% 以上，对减少铸坯的裂纹发生有明显的效果。提高碳含量后，板坯的裂纹发

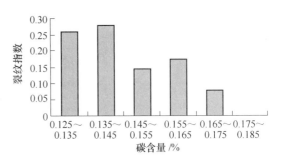

图 1　碳含量与板坯裂纹的关系

Fig. 1　Relation between [C] and index of longitudinal surface crack

生指数明显降低，这一点可以从图 1 中看出。因此可以认为碳含量提高后，避开了包晶反应区，从而降低了铸坯裂纹发生率。但是在观察中还发现，虽然碳含量增加后裂纹发生率降低，但是裂纹的深度增加。提碳前后板坯由于裂纹的判废率分别为 0.41% 和 2.3%。因此对于由于提高碳含量后裂纹深度增加的原因有待进一步研究。

2.3 纵裂纹的形貌

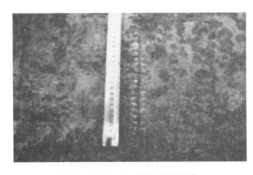

图 2　板坯表面纵裂纹形貌

Fig. 2　Longitudinal surface crack

图 2 为板坯表面纵裂纹形貌。纵裂纹主要分布在板坯宽面中间部位，离中心 200~300mm，裂纹呈直线形、间断性的分布。应当指出，这种纵裂常常与板坯表面凹陷相伴生，并且与波浪似的振痕相垂直；同时，这些裂纹似乎是沿着振痕的波峰轨迹分布，裂纹长短不一，有的裂纹仅几厘米，而有的裂纹贯穿整块连铸坯。裂纹深度在 2~15mm 之间，其中浅表裂纹约占 80% 左右，深裂纹占 20% 左右。

图 3 所示为裂纹横截面的照片，通常情况下在裂纹附近都伴随有铸坯凹陷的产生。同时对裂纹内部做电子探针时还发现裂纹开口处内部有 Na、Ca、Si、Al、Mg 等元素。图 4 所示为将裂纹剖开后裂纹断面的照片。可以看到在裂纹附近有很多晶粒长大异常区域，异常晶粒排列方向均是垂直于结晶器壁。

2.4 纵裂原因分析

由于在裂纹开口处有 Na 的存在，可以推测此处裂纹是在结晶器弯月面区产生的。裂纹附近有晶粒长大异常区域形成，这应该与此处传热不良有关。坯壳在形成过程中，由于有包晶反应发生，产生了 0.38% 的体积收缩，导致坯壳局部离开结晶器壁，在坯壳和结晶器壁之间形成气隙，热阻增加，最终导致大量的热量不能传递出去，该区域温度高，晶粒

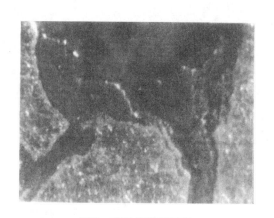

图 3 裂纹横截面形貌
Fig. 3 Cross section of clack

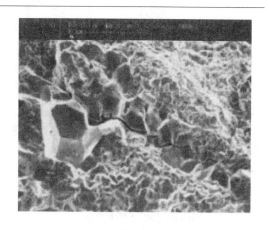

图 4 裂纹剖开面形貌
Fig. 4 Section plane of crack

组织变得粗大。而这些大晶粒的边界容易形成沉淀物富集，并且突发的大晶粒容易导致应力集中，最终在坯壳薄弱处开裂。

3 提高碳含量对中板性能的影响

3.1 冲击性能

提碳前后中板材的冲击性能对比见表1。由表可以看出，钢板的冲击性能与提碳前比较平均下降41J，但随着钢板厚度的增加，下降值呈减小的趋势，且厚度大于 36~40mm 的钢板冲击性能要比提碳前高。提碳后钢板的冲击性能基本都满足标准要求。但有少数炉号的个别试样的冲击性能偏低。其中，04Z204878 炉批号 δ30mm 规格的钢板一个值为 26J（其他两个分别为110J和80J），04Z204880 炉批号 δ30mm 规格的钢板一个值为25J（其他两个分别为144J和90J）。但不提碳的普板也存在类似现象。所有规格的冲击值最小值要比提碳前高，最大值要比提碳前低，这与试验量比较少，而提碳前生产的量多有关。

表 1 提碳前后中板材的冲击性能对比
Table 1 Comparison of impact properties

中板规格/mm		8~16	>16~25	>25~36	>36~40	总计
生产炉批数	提碳前	391	877	441	168	1877
	提碳后	13	52	19	16	100
常温冲击 (Q235B) /J	标准	≥27				
	提碳前	180 (68~294)	164 (24~286)	125 (19~281)	103 (20~292)	153 (19~294)
	提碳后	124 (102~155)	110 (54~170)	105 (25~258)	118 (43~171)	112 (25~258)
	对比	-56	-54	-20	+15	-41

注：提碳前 [C] = 0.07%~0.15%，提碳后 [C] = 0.12%~0.21%。

3.2 力学性能

提碳前后中板材的力学性能对比见表2。由表中可以看出,提碳后钢的强度比提碳前的高,其中屈服强度平均高13MPa,但除大于16~25mm规格范围外,其他规格都高20MPa以上,且所有规格的下限值都比提碳前高20MPa以上,其中16mm规格以下的高50MPa;抗拉强度平均高29MPa,且所有规格的下限值都比提碳前高20MPa以上。说明整体上钢板的强度要比以前的高20MPa左右。伸长率比提碳前的低,平均低1.7%,除个别炉批号的伸长率低于钢种要求外(04Z104830炉δ24mm规格钢板的初检伸长率为15%,复查为22.5%、29%,因伸长率达不到Q235的要求,该炉批钢板改判为Q255),其他99个炉批号的钢板都满足钢种要求。

表2 提碳前后中板材的力学性能对比
Table 2 Comparison of mechanical properties

规格/mm		8~16	>16~25	>25~36	>36~40	总计
生产炉批数	提碳前	391	877	441	168	1877
	提碳后	13	52	19	16	100
屈服强度/MPa	标准	235	225			
	提碳前	272 (235~330)	266 (230~335)	282 (235~365)	288 (240~390)	273 (230~390)
	提碳后	294 (285~315)	269 (250~305)	303 (265~360)	317 (275~380)	286 (250~380)
	对比	+22	+3	+31	+29	+13
抗拉强度/MPa	标准	375~500				
	提碳前	405 (380~500)	396 (375~500)	423 (375~500)	424 (380~480)	407 (375~500)
	提碳后	443 (425~460)	421 (395~450)	446 (420~470)	464 (435~490)	436 (395~490)
	对比	+38	+25	+23	+40	+29
伸长率/%	标准	26	25(允许比标准要求低1%)			
	提碳前	31 (25~39)	32 (24~39)	30 (24~38)	29 (24~36)	31 (24~39)
	提碳后	32.2 (28.5~35)	29.2 (15~35.5)	28.4 (24~31.5)	28.3 (25.5~31)	29.3 (15~35.5)
	对比	+1.2	-2.8	-1.6	-0.7	-1.7

注:提碳前[C]=0.07%~0.15%,提碳后[C]=0.12%~0.21%。

4 结语

(1) Q235B板坯冶炼成分[C]提高到0.15%~0.18%后,板坯的裂纹明显减少,钢中[C]≥0.15%的板坯初检合格率达到84.4%,比提碳试验前生产的Q235B板坯初检合格率（54.3%）提高30%。

（2）Q235B提碳后，中板的性能仍能满足标准的要求，但与未提碳的有所变化。冲击性能、伸长率均有所下降，强度（包括屈服强度和抗拉强度）有提高的趋势。

参 考 文 献

[1] 蔡开科．连续铸钢［M］．北京：科学出版社，1990．
[2] 蔡开科，等．连续铸钢原理与工艺［M］．北京：冶金工业出版社，1994．
[3] 蔡开科，等．北京科技大学学报，连铸钢高温力学性能专辑，1993．
[4] 袁伟霞．连铸板坯纵裂纹综述［J］．炼钢，1997，5：47-50．
[5] 朱志远．耐候钢连铸板坯纵裂机理及控制方法研究［D］．2002，1．
[6] D. N. 克劳瑟．微合金化元素对连铸裂纹的影响［J］．钢铁钒钛，2002，23（1）：64-80．
[7] Continuous Casting of Steel 1985- A Second Study［M］．International Iron and steel Institute，1986．
[8] A. Moitra, B. G. Thomas, H. Zhu. Application of a thermo-mechanical model for steel shell behavior in continuous slab casting [C]. Steelmaking conference proceedings, 1993：657-667.
[9] W. T. Lankford. Some considerations of strength and ductility in the continuous casting process [J]. Metallurgical Transactions, 1972, 3 (4)：1331-1357.
[10] 蔡开科．连铸坯裂纹控制（内部资料）．北京科技大学冶金学院，2003，4．

The Effects of Carbon Content on Longitudinal Surface Crack of CC Slab

Liu Xiangchun   Zhao Guoyan   Cai Kaike

(University of Science and Technology Beijing)

He Kuangnian   Zeng Lingyu   Zhang Zhiming   Liao Weituan

(Shaoguan Iron and Steel Group Co.)

Abstract：What the paper discusses can provided scientific basis for solve the question of longitudinal surface crack by increasing the carbon content. And this paper analyzed the key influencing factor for longitudinal surface cracks and the changes in impact properties and mechanical properties after increasing the carbon content.

Keywords：slab continuous casting; longitudinal surface crack; impact properties; mechanical properties

连铸大方坯轻压下内裂纹趋势预报

赵国燕　李桂军　包燕平　柳向椿　蔡开科

（北京科技大学）

摘　要：本文采用临界应变作为连铸大方坯采用轻压下在生产中是否产生裂纹的依据，总结了不同研究者得到的不同的临界应变值，并结合某厂采用轻压下的情况建立模型，对铸坯裂纹的发生进行了预报，并用实际生产中低倍试样验证了模型的可靠性，试验结果与模型结果相吻合。

关键词：临界应变；轻压下；内裂纹

1　引言

轻压下是迄今为止进一步消除大方坯中心偏析的最佳方法之一，已在国内外许多钢厂得到广泛应用[1-4]。液相穴末端采用轻压下要达到：（1）改善中心宏观偏析和半宏观偏析；（2）铸坯固液界面不产生内裂纹的目的。对偏析的改善情况，我们可以通过对压下范围、压下量以及压下速率的合理分配来控制，然后对铸坯做低倍和成分偏析来评价效果，那么在轻压下过程中固液界面是否形成裂纹，能否通过某个参数来进行预报呢？

2　铸坯内裂纹产生的原因

裂纹在过去被人们称为鬼线，裂纹的产生原因是极其复杂的，是多种力和物理现象综合作用的结果。很多研究者对裂纹的产生原因进行了研究。裂纹的形成的原因主要有力学的观点和冶金学的观点两种[5]。从力学的观点，对裂纹的形成提出了以下两种观点：

（1）临界应变。当固液界面固相的变形量超过了临界应变值时就产生了裂纹是通常采用的假说，从变形到断裂主要受变形速率的影响，变形速率 ε 增加，允许的应变量减少，容易产生裂纹。

（2）临界应力。以凝固过程中坯壳所承受的应力来判断裂纹的形成。如应力超过了固液相线温度附近的临界强度则产生裂纹。对于碳钢临界强度一般认为 $1\sim 3\text{N}/\text{mm}^2$。

H. Hiebler[6]认为在一定情况下，铸机的设计和浇注过程的优化，尤其考虑铸机的维护，更多的是采用应变标准即临界应变来预报裂纹的产生。

临界应变值与钢的成分、变形速率、负荷值（应变累积）和在低延性区的停留时间有关，后两个因素取决于凝固时间和到弯月面的距离，考虑所有这些因素主要是柱状晶结构的出现（等轴晶的裂纹敏感性远远低于柱状晶）。通常人们认为，如支撑辊压下 Δh，要使固液界面不产生裂纹的条件是铸坯产生的应变小于临界应变，即 $\varepsilon_\text{m} < \varepsilon_\text{临}$。也就是说，如

本文发表于北京科技大学冶金与生态工程学院《2005年"冶金工程科学论坛"论文集》，冶金工业出版社《冶金研究2005》，2005年。

果 $\varepsilon_m < \varepsilon_{临}$，则认为不会产生内裂纹；反之，则认为会产生裂纹。

因此，对于轻压下区域，只要压下应变小于铸坯不产生裂纹所允许的最大变形量 $\varepsilon_{临}$，那么铸坯在压下区域就不会产生裂纹。因此，临界应变的确定就显得十分重要。临界应变到底该取多大？它与哪些因素有关？为弄清这些问题，许多研究者在实验室条件下做了很多研究工作[7-11]。

3 临界应变的确定

研究内裂纹形成的临界应变的基本思路是：首先通过拉伸，弯曲，顶压等机械手段使正在凝固的试样发生一定程度的变形，利用有限元或其他分析方法计算凝固前沿产生的拉应变的大小，然后对冷却下来的试样做硫印或其他检查，确定试样中是否有内裂纹形成。根据应变量的变化与试样裂纹的情况和计算所得的凝固前沿应变值对照，即可确定出内裂纹形成的临界应变。使凝固前沿发生变形的方法主要有：原位熔化—凝固—弯曲/拉伸法[9]、带液芯钢锭弯曲/拉伸法[7,10]、凝固壳局部顶压变形法[8]，这几种方法只是形式不同，目的是相同的，都是使凝固前沿产生一定程度的变形，所以不同变形量在凝固前沿产生的拉应变到底有多大是研究的关键所在，计算凝固前沿的应变大小的方法主要有：有限元分析法[7,9,11]、基于梁弯曲理论的计算方法[9]、测量推算法[9-11]。不同研究者采用的方法不尽相同，有时上述几种方法单独使用，有时结合在一起使用，相互检验，以提高试验精度。不同的研究者给出的临界应变的数据不同，表1为部分学者得出的临界应变和应变速率与碳含量的数据。从表中我们看出不同的人得出的数据差别比较大，差别大的原因可能是实验条件的差异和实验方法本身精度等原因的影响。

表1 部分学者得出的关于临界应变的代表性结果[12]

研究者	临界应变/%	应变速率/s^{-1}	碳含量/%	实验方法
T. Mastumiya, et al	1.0~3.8	5×10^{-4}	0.042~0.64	原位熔化—弯曲法
K. Miyamura, et al	0.32~0.62	$(5~40) \times 10^{-4}$	0.18~0.24	原位熔化—弯曲法
H. Sugitani, et al	1.0~1.5	$(0.4~2.5) \times 10^{-4}$	0.42	凝固壳弯曲试验法
H. Fuji, et al	1.0~1.6	$(20~54) \times 10^{-4}$	0.12~0.16	熔敷金属弯曲法
H. Sato, et al	0.45~0.56	$(1~2) \times 10^{-4}$	0.13	凝固壳局部顶压变形法
K. Marukawa, et al	3.2~3.3	$(15~35) \times 10^{-4}$	0.13~0.15	凝固壳局部顶压变形法
K. Narita, et al	0.5~1.0	$(30~60) \times 10^{-4}$	0.16~0.23	凝固壳局部顶压变形法
T. Ito, et al	3.2~3.6	$(8~67) \times 10^{-4}$	0.17~0.28	凝固壳局部顶压变形法
A. Yamanaka, et al	0.7~2.1	$(1~60) \times 10^{-4}$	0.05~0.8	带液芯钢锭拉伸法
M. Kinefuchi, et al	0.2~0.5	$(2~50) \times 10^{-4}$	0.15	带液芯钢锭拉伸法

总结了文献中的试验数据，给出如图1所示的临界应变和钢种成分的相关性图表，所采用的数据基本上是在连铸典型的应变速率条件下获得的。其中，钢种的碳当量由下式计算：

$$C_{eq} = C + 0.02Mn + 0.04Ni - 0.1Si - 0.04Cr - 0.1Mo$$

从图1我们可以看出：(1) 随 Mn/S 增大，临界应变增大；(2) 随钢中碳含量的增加，临界应变减少；(3) 适用的钢种范围宽，且适用于连铸典型的应变速率条件。这几个特点考虑了 Mn/S 和钢的化学成分的影响，基本上反映人们对临界应变研究的主要结论，并且与人们对内裂纹影响因素的认识相一致。

基于上面的分析，我们选择 H. Hiebler 归纳的图表作为预测内裂纹的判据，然后通过对实际铸坯进行应变分析，试用此判据，研究凝固前沿的应变判据与内裂纹形成的对应关系。由于裂纹的产生原因非常复杂，从理论上我们只能预测裂纹产生的趋势，具体到某一连铸机，在临界的应变范围内铸坯是否产生了裂纹，只能通过现场生产来验证。

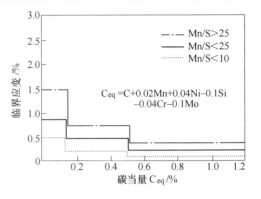

图 1　临界应变与钢种成分的关系

4　模型的预报与验证

根据某厂的铸机情况，建立凝固传热模型和轻压下区的应变分析模型（包括压下应变和鼓肚应变等），其程序框图如图 2 所示。

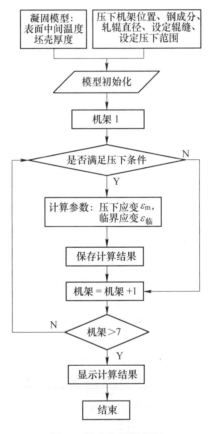

图 2　模型的程序框图

计算采用轻压下的典型钢种在压下区域实施压下时铸坯产生的应变见表 2，与临界应变做对比，发现 $\varepsilon_m < \varepsilon_{临}$，从理论上判断铸坯不应该产生裂纹，现场取 59 个样，做低倍检验没有发现裂纹。图 3 和图 4 为现场取得的低倍图。因此，可以认为，在凝固末端的轻压下当 $\varepsilon_m < \varepsilon_{临}$ 时一般不会产生内裂纹。

表 2 计算的应变和临界应变

序 号	14 (308196)	03 (208096)
成分/%	C 0.717, Si 0.248, Mn 1.34 P 0.017, S 0.0097, Ni 0.028 Cr 0.017, Mo 0.003	C 0.66, Si 0.242, Mn 1.342 P 0.0177, S 0.091, Ni 0.031 Cr 0.034, Mo 0.003
碳当量 C_{eq}/%	0.72	0.66
Mn/S	138.14	147.47
拉速/m·min^{-1}	0.75	0.70
过热度/℃	38	39
最大应变(模型计算)/%	0.035	0.036
临界应变/%	0.414	0.414

注：14 为本炉一流的第三块坯子；03 为本炉一流的第六块坯子。

图 3 采用轻压下的大方坯横断面低倍图 Ⅰ

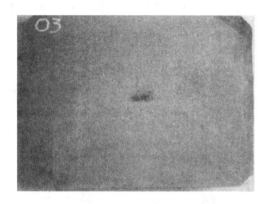

图 4 采用轻压下的大方坯横断面低倍图 Ⅱ

5 结论

通过上述分析可得到以下结论：

(1) 在轻压下区域采用轻压下时，由于施加压下而产生应变，当 $\varepsilon_m < \varepsilon_{临}$ 始时，没有裂纹产生，工厂生产实践基本符合模型的结果；

(2) 由于裂纹的产生原因非常复杂，从理论上我们只能预测裂纹产生的趋势，具体到某一连铸机，在临界的应变范围内铸坯是否产生了裂纹，只能通过现场生产来验证。

参 考 文 献

[1] Kyung shhik Oh. Development of soft reduction technology for the bloom caster at Pohang Works of Posco [C]. Steelmaking Conference Proceedings, 1995: 301-308.

[2] Sakaki G S, et al. Soft reduction of continuously cast bloom at Stelco's Hilton Works [C]. Steelmaking Conference Proceedings, 1995: 295-300.

[3] Masaoko T, et al. Improvement of centerline segregation in continuously cast slab with soft reduction technique [C]. Steelmaking Conference Proceedings, 1989: 63-69.

[4] Markus Jauhola. The lastest results of dynamic soft reduction in slab CC-machine [C]. Steelmaking Conference Proceedings, 2000: 201-206.

[5] 蔡开科, 等. 连续铸钢原理与工艺 [M]. 北京: 冶金工业出版社, 1994.

[6] Hiebler H, Zirngas J, Bernhard Ch, et al. Inner crack formation in continuous casting: stress or strain criterion [C]. Steelmaking Conference Proceedings, 1994: 405-416.

[7] Miyazaki J, Narita K, et al. On the internal cracks caused by the bending test of small ingot [J]. Transactions ISIJ, 1981, 21: B210.

[8] Wunnenberg K, et al. Investigation of internal crack formation in continuous casting, using a hot model [J]. Ironmaking and Steelmaking, 1985, 12 (1): 22-29.

[9] Matsumiya T, et al. An evaluation of critical strain for internal crack formation in continuous cast slabs [J]. Transactions ISIJ, 1986, 22 (6): 540-546.

[10] Yamanaka A, et al. Critical strain for internal crack formation in continuous cast slabs [J]. Ironmaking and Steelmaking, 1995, 22 (6): 508-512.

[11] Yu C H, et al. Simulation of crack formation on solidifying steel shell in continuous casting mold [J]. ISIJ International, 1996, 36, supplement: S159-162.

[12] 铃木干雄（日本）. 北京科技大学讲学资料, 2001（内部资料）.

Prediction of Internal Crack of CC Bloom

Zhao Guoyan　Li Guijun　Bao Yanping　Liu Xiangchun　Cai Kaike

(University of Science and Technology Beijing)

Abstract: The critical strains are adopted as the crack criteria of soft reduction in CC bloom. The experimental data from many researchers were reviewed. The formation of internal crack in CC bloom were predicted through the model combined with some plants. The shape of macroscopic structure of bloom transverse section were used to verify the model predictions. The results of experiments is as good as the model.

Keywords: critical strains; soft reduction (RS); internal crack

CSP热轧板卷边部裂纹成因

赵长亮　孙彦辉　田志红　蔡开科　刘建华

（北京科技大学）

成小军　吴光亮　周春泉

（湖南华菱涟源钢铁有限公司）

摘　要：要用光学显微镜、扫描电镜、透射电镜和能谱分析等方法研究了涟钢CSP热轧板卷边部裂纹的成因。结果表明：连铸坯表面的深振痕是热轧板卷边部裂纹的起源，连铸坯角部过冷导致奥氏体晶界AlN的细小析出，加剧了连铸坯对裂纹的敏感性。连铸坯经过精轧机组的轧制后，连铸坯表面的横裂纹扩展成为热轧板卷的锯齿状裂纹，严重时会造成烂边或掉块。

关键词：CSP；热轧板卷；边部裂纹；成因

1　引言

涟钢CSP（compact strip production）连铸连轧生产线投产于2004年2月，主要生产普通碳素钢结构钢、优质碳素钢结构钢、低合金高强度结构钢、汽车结构钢、高耐候结构钢等钢种[1-2]。涟钢CSP的工艺流程为：3座顶底复吹转炉→吹氩站→3座钢包精炼炉→钢包回转台→中间包→浸入式水口→漏斗形结晶器→2座辊底式均热炉→7机架精轧机→层流冷却→地下卷取。薄板坯连铸后进入约为1200℃的均热炉，开轧温度一般为1100℃，终轧温度一般为890℃，卷取温度一般为650℃。涟钢CSP热轧板卷存在不同程度的边部裂纹，轻者为边部锯齿状裂纹，重者产生边部掉块（或烂边）。

对连铸坯表面裂纹的产生原因的有关研究结果表明：连铸坯在矫直点处表面温度（700~900℃）处于低塑性区，受到拉伸应力而产生表面裂纹；而这种热塑性损失是由奥氏体晶界产生诱导AlN或Nb（CN）等第二相析出或α+γ脆性两相区导致连铸坯对裂纹敏感性增强等造成的[3,4]。本文用光学显微镜、扫描电镜、透射电镜和能谱分析等手段对热轧板卷边部裂纹的产生原因进行了分析。

2　研究方法

对涟钢CSP生产薄板坯、F1轧机后轧板样和最终热轧板卷成品取样，用光学显微镜、扫描电镜、透射电镜和能谱分析等方法研究连铸坯和热轧板卷边部裂纹的成因。试验所取板卷试样的成分（质量分数）：C 0.18%，Si 0.06%，Mn 0.3%，P 0.015%，S 0.006%，Als 0.03%，N 0.003%。用光学显微镜、扫描电镜、透射电镜和能谱分析等方法研究连铸坯和热轧板卷边部裂纹的成因。

本文发表于《北京科技大学学报》，2007年，第5期：499~503。

3 研究结果与讨论

3.1 热轧板卷边部裂纹形态

热轧板卷边部锯齿状裂纹的形貌如图 1(a)所示,主要表现为热轧板卷边部的细小横裂纹,裂纹从边部向内部延伸 20~30mm。

热轧板卷边部烂边(或掉块)是边部锯齿状裂纹更加严重后出现的边裂形式,在板卷的边部出现了大块的脱落,如图 1(b)和(c)所示。这种裂纹在轧制方向上最多可延伸 70cm,在与轧制方向垂直的方向上延伸 30cm。

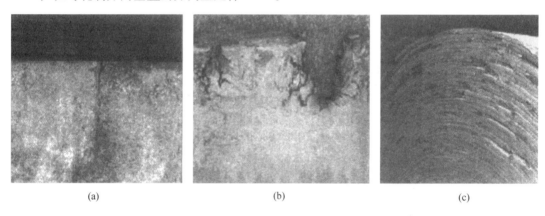

图 1 热轧板卷边部裂纹形貌

Fig. 1 Edge cracks of hot rolled strips

3.2 边部裂纹的演变过程

从连铸坯到成品板卷分别进行取样研究,分析热轧板卷的边部裂纹的来源。70mm 厚的连铸坯上表面(内弧面)边部发现了细小的横裂纹,并且所有可见横裂纹都与振痕相对应,在连铸坯下表面(外弧面)没有发现横裂纹。酸洗后薄板坯上的横裂纹如图 2(a)所示。从图中可以看出,连铸坯上振痕间距平均为 17mm,在某些深振痕的谷底位置产生细小的横裂纹。

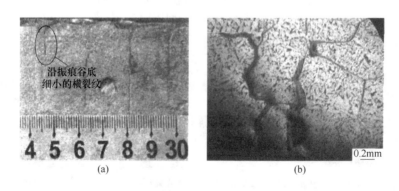

图 2 薄板坯的振痕和角部横裂纹

Fig. 2 Oscillations and transverse edge cracks of thin slabs after etching

连铸坯试样的上表面在刨去3mm抛光后用4%硝酸酒精浸蚀,用光学显微镜观察仍可看到细小的裂纹,如图2(b)所示。从图中可以看到裂纹沿着奥氏体晶界扩展。

薄板坯经过F1轧机后发现,板坯边部横裂纹扩展的实物图如图3(a)所示。从试样的窄面上可以看到明显的振痕,上表面(轧制面)边部沿振痕开裂,裂纹在上表面从边部向内延伸3~10mm。将F1试样的轧制面抛光,用英国剑桥Cambridges-250MK3扫描电镜观察沿振痕产生的A处裂纹形貌,如图3(b)所示。裂纹内部放大后如图3(c)所示,并用能谱仪分析其中的球形夹杂物为FeO。这说明在裂纹内没有非金属夹杂物存在,并且裂纹可能在进加热炉之前就已经形成,在加热炉中由于氧化性气氛裂纹内部被氧化。

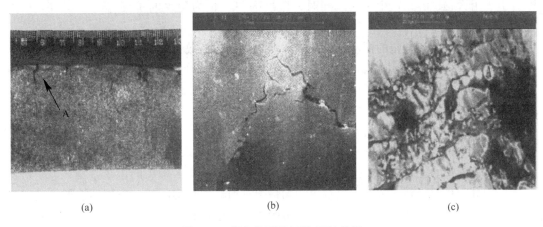

图3 F1样实物图及相关SEM分析

Fig. 3 Cracks of the F1 sample and the analysis of SEM

图4(a)为所取CSP热轧板卷试样烂边(或掉块)的形貌。用扫描电镜观察板卷试样的轧制面,裂纹内部形貌如图4(b)所示,发现裂纹表面有球形夹杂物存在,经EDX能谱分析A点有Al、K元素存在,可能为Al_2O_3夹杂物。由于只有在结晶器保护渣的成分中含有K元素,所以裂纹处有夹渣现象。因此,这可以说明裂纹可能是在结晶器中形成,在逐步的轧制过程中进一步扩展而成的。

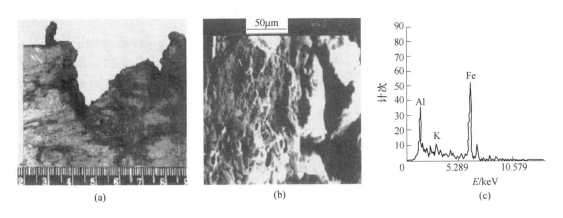

图4 板卷烂边试样

Fig. 4 Hot rolled samples with drop-out type cracks

通过薄板坯、F1试样和热轧板卷的金相和扫描电镜分析可以得出：振痕是热轧板卷边部裂纹的源头。深的振痕在连铸坯顶弯、矫直时易产生应力集中，裂纹沿着振痕产生并扩展。在轧制过程中，再次扩展成为不同形状的边部裂纹。

3.3 连铸坯的深振痕

关于连铸坯表面振痕的形成有多种观点[2,5,6]，但是比较一致的为Emi等根据试验结果提出的。在振痕形成过程中，振痕谷底会形成各种元素的偏析[7]。由于偏析元素在振痕谷底的富集，增加了连铸坯对裂纹的敏感性。再者，由于振痕谷底传热较差，造成坯壳较薄，组织粗大，也容易产生裂纹。同时，振痕的谷底也为裂纹的扩展起到了切口效应的作用。

采用高频率、小振幅的振动机构是减少振痕深度的有效措施。目前，涟钢CSP结晶器采用液压振动，正弦振动方式，正常拉速为4.5m/min，此时设定频率为4.15Hz，振动行程为6.9mm，属于高频率小振幅的振动模式。根据负滑脱时间公式计算出t_N为0.045s。然而从薄板坯边部经酸洗后测定的两个振痕之间的间距为17mm，按照设定频率4.15Hz，根据负滑脱时间计算公式得出t_N为0.094s。实际值为设定值的2倍多，经过对连铸机结晶器台面振动测试得出，所有垂直测点的振动波形都发生畸变，而控制系统显示的液压缸内位移为非常理想的正弦曲线。这种情况可以认为振动源给出了理想的正弦激励，但经过振动台后，由于台面受到的摩擦力出现不均匀情况，所以使得实际的台面振动波形出现明显畸变。由于波形畸变严重，系统显示的负滑脱量其实已经和实际的不一样了，只有用实际的振动参数计算才能得到真正的负滑脱量。

3.4 连铸板坯边部过冷诱导AlN析出

在薄板坯的内弧面取样确定AlN析出的存在。将试样表面抛光，用4%硝酸酒精浸蚀，然后真空喷碳，将试样浸没到4%硝酸酒精的溶液中，待碳膜脱落后，用镍铬的金属网捞出，干燥。用配备X射线能谱的JEM-2010的200kV的高分辨透射电镜观察。

从萃取复形的碳膜得到的析出大小在20~120nm之间（见图5(a)和图5(c)）。垂直于电子束观察到析出的形貌为长方形，能谱分析显示如图5(b)和(d)所示。在能谱中出现了多种元素的峰，主要是由于基体本身和制样设备的原因造成的。因此通过EDX能谱分析得出，萃取复形的碳膜得到的为AlN析出。在EDX能谱分析中，因为C和N的K_α线分别为277eV和392eV，相差115eV，而这个数值正是探测器的能量分辨率，所以C峰的高度和扩展会影响N的定量不准确[9]。即根据能谱计算的元素百分含量参考价值较小。

为了明确AlN析出随温度的变化，用下式来计算奥氏体中AlN的浓度积：

$$\lg([\%Al][\%N]) = -6770/T + 1.03 \quad (1)$$

析出AlN中Al和N含量应符合理想化学配比：

$$\frac{[Al]_0 - [Al]_t}{[N]_0 - [N]_t} = 1.92633 \quad (2)$$

式中 T——温度，K；

[Al]$_0$——钢中初始Al含量；

$[Al]_t$——t 时刻钢中 Al 含量；

$[N]_0$——钢中初始 N 含量；

$[N]_t$——t 时刻钢中 N 含量。

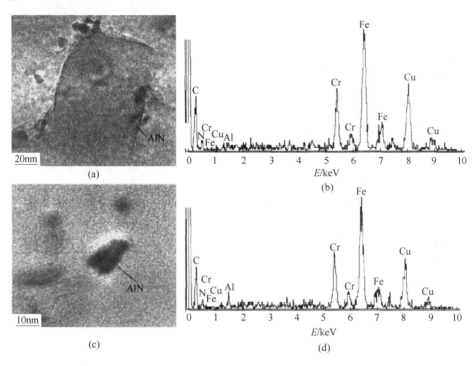

图 5 透射电镜观察 AlN 析出形貌

(a) AlN 细小析出；(b) 细小析出能谱；(c) AlN 粗大析出；(d) 粗大析出能谱

Fig. 5 TEM micrographs obtained on extraction replica showing AlN precipitates

(a) fine precipitate in thin slabs; (b) corresponding EDXS spectrum of (a);

(c) coarse precipitate in thin slabs; (d) corresponding EDXS spectrum of (c)

图 6 显示均匀奥氏体中 AlN 在连续冷却过程中的溶解图。理论上，对于所取试样的化学成分，AlN 在均匀奥氏体中的开始析出温度大约在 1061℃。图 7 为涟钢 CSP 生产的 Q235B 钢在 Gleeble1500 实验机上所做的热塑性曲线，实验条件为以 20℃/s 的速度加热至 1340℃，保温 3min，然后以 3℃/s 的冷却速率冷却至实验温度 (600~1400℃)，保温 30s 后以 1.0×10^{-3}/s 的应变速率进行拉伸试验。从图中可以看出，在 800~1000℃ Q235B 钢的热塑性随温度降低急剧下降，这与上面理论计算 AlN 的析出温度近似，说明在 1000℃ 左右的热塑性损失可能是由于奥氏体晶界 AlN 析出造成的。图 8 中实线显示了随着温度降低，均匀奥氏体中 AlN 析出量（质量分数）。在 900℃ 时约有 0.0086% AlN 析出。

实际上由于 AlN 析出在奥氏体中的形核障碍，即 AlN 在奥氏体中的析出动力学较缓慢，随温度降低造成的 Al 和 N 在钢中的过饱和会造成 AlN 在低温的爆发式形核[8]。但是由于连铸机二冷水分布不均匀造成的连铸坯横向温度不均匀和角部过冷，以及连铸坯表面的回热等都会造成 AlN 的过早析出。由于大量的细小 AlN 析出会减小奥氏体晶界的结合力，减少晶界的滑移，在晶界析出处会造成应力集中而产生微孔，微孔进而聚合扩展成为裂纹。

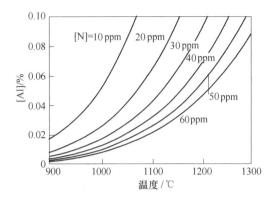

图6 均匀奥氏体中不同氮含量和温度下 AlN 的溶解曲线

Fig. 6 Solubility curves of AlN in austenite at different nitrogen contents and temperatures

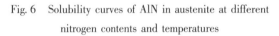

图7 Q235 的高温塑性曲线

Fig. 7 Hot ductility cure of Q235 steel

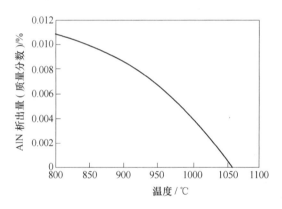

图8 AlN 在奥氏体中的析出 (0.03% $w(\mathrm{Al})$, 0.003% $w(\mathrm{N})$)

Fig. 8 Calculated content of AlN precipitated at austenite in steel containing 0.03% Al and 0.003% N

根据对裂纹产生原因的分析,采取相应措施后,热轧板卷的边部裂纹率由 7.93% 下降到小于 1.0%。

4 结论

(1) 通过对薄板坯、F1 试样和热轧板卷的研究,得出热轧板卷的边部裂纹是由连铸坯上的深振痕在矫直点受拉伸应力产生,通过精轧机组轧制后扩展而成的,轻微的为边部锯齿状裂纹,严重的会发展成为烂边(或掉块)。

(2) 连铸坯产生深振痕是由结晶器的振动系统决定的,采用高频率、小振幅有利于减小负滑脱时间,减轻振痕深度,减少连铸坯表面横裂纹的发生几率。

(3) 由于连铸坯角部的过冷引起了 AlN 在奥氏体晶界的细小析出,易产生应力集中,增强连铸坯对裂纹的敏感性。在受到应力作用时,会在晶界的析出周围产生微孔,进而聚合成空洞,扩展为裂纹。

参 考 文 献

[1] 郑柏平. 华菱涟钢 CSP 生产线情况介绍 [C]. 薄板坯连铸连轧技术交流与开发协会第二次技术交流会论文集. 2004: 73.

[2] 薛凌. 薄板坯连铸连轧技术的进展 [J]. 北京科技大学学报, 2003, 25 (3): 207.

[3] Maehara Y, Ohmori Y. Precipitation of AlN and NbC and the hot ductility of low carbon steels [J]. Materials Science and Engineering, 1984, 62 (1): 109.

[4] Turkdogan E T. Causes and effects of nitride and carbon. nitrde precipitation in HSLA steels in relation to continuous casting [C]. Steelmaking Conference Proceedings, ISS, 1987, 70: 399.

[5] Ryokichi S. Powder fluxes for ingot making and continuous casting [C]. Steelmaking Conf AIME, 1979, 62: 48.

[6] Riboud P V, Larrecg M. Lubrication and heat transfer in a continuous casting mold [C]. Steelmaking Conf AIME, 1979, 62: 78.

[7] Shinzo H, Shigenori T. A formation mechanisim of transverse cracks on CC slab surface [J]. ISIJ Int, 1990, 30 (4): 310.

[8] Mohamed S, Claude E. Contribution of advanced microscopy techniques to nano-precipitates characterization: case of AlN precipitation in low-carbon steel [J]. Acta Mater, 2003, 51: 943.

[9] Tsai H T, Yin H, Lowry M, et al. Analysis of transverse corner cracks on slabs and countermeasures [J]. AIS Technol, 2005 (2): 201.

Edge Cracking Causes of Hot Rolled Strips Produced by CSP

Zhao Changliang   Sun Yanhui   Tian Zhihong   Cai Kaike   Liu Jianhua

(University of Science and Technology Beijing)

Cheng Xiaojun   Wu Guangliang   Zhou Chunquan

(Lianyuan Steel)

Abstract: The edge cracking causes of hot rolled strips produced by CSP were investigated by optical microscope (OM), scanning electron microscope (SEM), transmission electron microscope (TEM) and energy-dispersive X-ray analysis (EDX). The result indicated that the deep oscillations of thin slabs were the origins of edge cracks of hot rolled strips and AlN precipitations around the prior austenite grain boundaries due to intensive cooling rate rendered the slabs more susceptible to cracks. After seven rolling stands, the transverse cracks of the slabs would propagate to serrated edge cracks, even drop-out type cracks of hot rolled strips.

Keywords: CSP; hot rolled strip; edge cracks; cause

BOF—LF—CC 生产特殊钢连铸坯质量控制

蔡开科　孙彦辉　秦　哲

（北京科技大学）

摘　要：采用 BOF—LF(VD)—CC 流程生产的连铸坯的质量对最终产品性能有很大影响。文章就生产流程中转炉终点碳的控制、脱氧制度和夹杂物控制、钢水的成分和精炼渣成分的控制以及铸坯内部缺陷的控制等问题进行了讨论。指出采用该流程生产合格质量的特殊用途中、高碳钢连铸坯要满足：钢的成分波动范围要窄，钢的洁净度要高（$T[O] = 20ppm$ 左右），铸坯的内部中心区要致密（疏松、缩孔要小），铸坯中心元素（C、Mn、S、P）偏析要小。根据国内外厂家实际生产证明，在生产流程中采用合适的工艺技术完全可以达到上述的要求，获得很好的冶金效果。

关键词：BOF；特殊钢；连铸坯；质量控制

1　引言

所谓特殊钢是指在特定工作环境下的特殊用途的钢（以下简称特钢）。除硅钢、不锈钢的板材产品外，其他特殊用途的钢还包括：用于制造特殊用途的专用钢，如轴承、齿轮、弹簧、硬线、结构件、重轨钢种等；诸多中高碳的碳锰钢；其产品既有板坯轧制的板材，也有大、小方坯轧制的棒线材长材产品。特钢生产流程为：BOF(EAF)→精炼（吹 Ar、LF、LF + VD）→CC。

对采用上述工艺流程生产特钢的连铸坯的质量控制进行以下讨论、分析和研究。

2　转炉冶炼终点碳的控制

转炉冶炼中、高碳钢，终点碳的控制有高拉碳和低拉碳两种。

2.1　低拉碳增碳法

一次拉碳到 $[C] = 0.1\%$ 左右，然后增碳到目标值。其工艺特点：渣中 FeO 高，有利于脱 P，一吹到底，生产低 P 钢，控制方便；钢中 $a_{[O]}$ 高，脱氧剂消耗增加，夹杂物增加；增碳剂消耗大，成分控制不稳定；出钢钢水温度高，有利于炉后处理。

2.2　高拉碳补吹法

吹炼到规定的 $[C]$ 含量，倒炉出钢。工艺特点：吹炼时间短，O_2 耗少；吹损少，金属收得率高；钢中 $a_{[O]}$ 低，铁合金加入少，夹杂物少；增碳剂加入少，钢中 H、N 含量低。

本文发表于《炼钢》，2008 年，第 3 期：1~6，16。

此法的难点是：高拉碳条件下（$w(C)=0.4\%\sim0.6\%$），钢水[P]要控制在 0.01% 左右；转炉冶炼前期尽量脱磷；终点温度和成分控制较难。

对于生产中、高碳钢来说，采用高拉碳操作不仅能降低生产成本，更重要的是提高了钢水质量。日本、韩国的钢厂早就采用高拉碳法。目前国内不少厂家也开始采用高拉碳法。如某厂冶炼 45 钢生产统计表明，终点 $w(C)\geq0.2\%$ 比低拉碳生产成本降低 20.45 元/吨钢。冶炼 82B 钢，拉碳 $w(C)=0.4\%$ 左右，每吨钢成本节约 13 元。终点钢水中 $w(C)$ 与 $a_{[O]}$（$a_{[O]}$ 等于溶解氧，下同）关系如图 1[1]所示。由图可知，转炉终点 C 含量高，$a_{[O]}$ 降低，从而可提高合金回收率和减少钢中夹杂物。

转炉生产高碳硬线钢高拉碳与低拉碳结果比较见表 1。

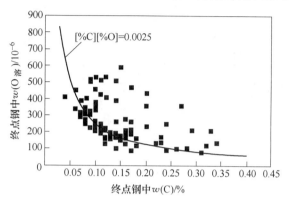

图 1 转炉冶炼终点[C]-$O_溶$关系图

表 1 低拉碳增碳法和高拉碳补吹法的过程工艺参数比较[2]

操作方法	碳粉加入量/袋	终点 $w(C)/\%$	终点 $a_{[O]}/10^{-6}$	成品 $w(C)$ 波动/%	出钢温度/℃	终渣 $w(FeO)/\%$
低拉碳增碳法	$\dfrac{36\sim37}{36}$	$\dfrac{0.38\sim0.40}{0.39}$	$\dfrac{309\sim348}{328}$	$\dfrac{0.04\sim0.06}{0.05}$	$\dfrac{1547\sim1660}{1653}$	$\dfrac{8.86\sim9.94}{9.4}$
高拉碳补吹法	$\dfrac{4\sim8}{6}$	$\dfrac{0.66\sim0.70}{0.68}$	$\dfrac{193\sim203}{198}$	$\dfrac{0.01\sim0.10}{0.01}$	$\dfrac{1622\sim1635}{1628}$	$\dfrac{7.47\sim7.54}{7.51}$
比较	+30	-0.29	+130	+0.04	+25	+1.89

注：表内横线上数据为范围值，横线下为平均值。

3 脱氧工艺的选择

3.1 用铝脱氧的分析

3.1.1 用铝脱氧的好处

细化晶粒，生产细晶粒钢；把钢中溶解氧降到很低，有利于降低总氧含量，如图 2 所示，炉外精炼的出现使得硅镇静钢中 $w(T.O)$ 可降到 13×10^{-6}，铝镇静钢中 $w(T.O)$ 可降到 6×10^{-6}。

3.1.2 用铝脱氧的坏处

生成的 Al_2O_3 夹杂物使钢水可浇性变差，易堵水口；Al_2O_3 脆性夹杂物降低疲劳寿命，如图 3 所示。钢中 $w(T.O)$ 由 30×10^{-6} 降到 5×10^{-6}，轴承钢疲劳寿命可增加 10 倍。钢中夹杂物越少，拉拔脆断越低（见图 4）。

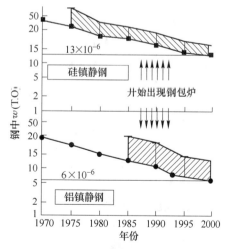

图 2 1970~2000 年钢中平均 T.O 水平[3]

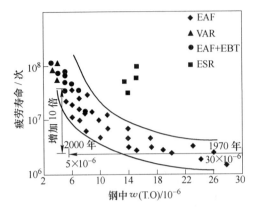

图 3 钢中 T.O 与轴承钢疲劳寿命关系

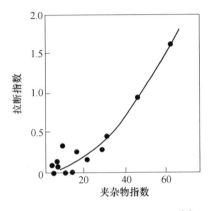

图 4 断丝率与夹杂物指数关系[3]

因此，对于中高碳钢一般不用铝脱氧，目的是避免钢中生成有害的 Al_2O_3 夹杂。

3.2 脱氧工艺的选择

根据不同钢种和产品用途，可以选择不同的脱氧工艺：仅用 FeSi + FeMn 脱氧（钢中 $w(Al_s) \to 0$）；FeSi + FeMn + 少量 Al 脱氧（钢中 $w(Al_s) < 0.006\%$）；FeSi + FeMn + Al 脱氧（细晶粒钢）（钢中 $w(Al_s) = 0.01\% \sim 0.02\%$）。

4 钢中夹杂物成分控制

脱氧工艺的选择关键是控制夹杂物成分为塑性状态，避免脆性夹杂物生成。根据钢种和产品用途有 3 种脱氧方式。

4.1 硅镇静钢（Si-K 钢）

硅镇静钢用 FeSi + FeMn 脱氧，形成的脱氧产物如图 5 所示[4]：纯 SiO_2（固体）、$MnO \cdot SiO_2$（液体）、$MnO \cdot FeO$（固溶体）。

对于硅镇静钢，与 Si、Mn 相平衡的 $O_溶$ 较高，为 $(40 \sim 60) \times 10^{-6}$（见图 6），在结晶器内钢水凝固时易生成皮下针孔或气泡。

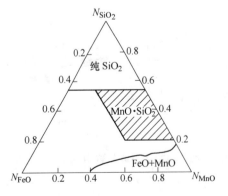

图 5 $FeO-MnO-SiO_2$ 三元相图

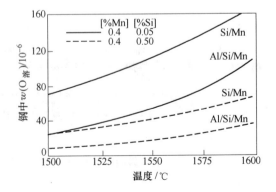

图 6 钢水 [Si]、[Mn] 与 $O_溶$ 关系

采用 FeSi + FeMn 脱氧后,与脱氧产物相平衡的钢水 $O_{溶}$ 与铸坯质量关系如图 7[5] 所示。

由图可知:$w(O_{溶}) < 10 \times 10^{-6}$ 时有 SiO_2 析出,水口堵塞;$w(O_{溶}) > 20 \times 10^{-6}$ 时铸坯气孔增加;$w(O_{溶}) = (10 \sim 20) \times 10^{-6}$ 时范围最佳。

硅镇静钢,不加铝脱氧,钢中 $w(Al_s)$ 几乎为零($<0.002\%$)。水口堵塞不是 Al_2O_3 而是 SiO_2 夹杂所致。为此应生成 $MnO \cdot SiO_2$ 液态夹杂(见图 5),应控制 $m(Mn)/m(Si)$ 合适比值。$m(Mn)/m(Si)$ 低时形成 SiO_2 夹杂,增

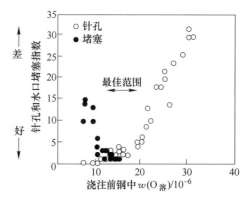

图 7 铸坯针孔与 [O] 关系

加了水口堵塞可能性;而 $m(Mn)/m(Si)$ 高时生成典型的液态 $MnO \cdot SiO_2$($w(MnO) = 54.1\%, w(SiO_2) = 45.9\%$),夹杂物熔点低容易上浮。

因此操作者应调整钢成分,保持 $m(Mn)/m(Si) > 2.5$,生成液态的 $MnO \cdot SiO_2$,有利于夹杂物上浮。但在一定温度下与 Si、Mn 相平衡的 $O_{溶}$ 较高(见图 6),当钢水浇入结晶器会产生 C-O 反应使坯壳生成皮下针孔,同时生成 $MnO \cdot SiO_2$ 浮渣也污染了钢水。为此在 LF 炉精炼采用白渣操作加 Ar 搅拌,钢渣精炼扩散脱氧既能把钢水中 $w(O_{溶})$ 降到小于 20×10^{-6},也能有效地脱硫,把 $w(S)$ 降到小于 0.01%。

4.2 硅铝镇静钢

硅铝镇静钢仅用 FeSi + FeMn 脱氧,铸坯易形成皮下针孔,为了降低钢水中 $O_{溶}$ 需要延长 LF 处理时间,如生产节奏不允许可用 Si + Mn + 少量铝脱氧。因此既要保持连铸的可浇性,又要防止铸坯产生皮下针孔。用 FeSi + FeMn + 少量铝脱氧,形成的脱氧产物为蔷薇辉石($2MnO \cdot 2Al_2O_3 \cdot 5SiO_2$)、锰铝榴石($3MnO \cdot Al_2O_3 \cdot 3SiO_2$)、纯 Al_2O_3($w(Al_2O_3) > 25\%$),如图 8 所示。

要把夹杂物成分控制在相图中锰铝榴石的阴影区,这样就可达到:夹杂物熔点低(1400℃),球形易上浮;热轧时夹杂物可塑性好(800 ~ 1300℃);锰铝榴石夹杂物中 $w(Al_2O_3)$ 接近 20% 左右,变形性最好;无单独 Al_2O_3 的析出,钢水可浇性好,不堵水口;脱氧良好,不生成气孔。

理论计算指出,在钢中 $w(Si) = 0.2\%$,$w(Mn) = 0.4\%$,温度为 1550℃ 条件下,钢中 Al_s 和 $O_{溶}$ 关系如图 9 所示,由图可知:$w(Al_s) < 0.002\%$,$a_{Al_2O_3} = 0$,生成 $MnO \cdot SiO_2$,相当于仅用 Si + Mn 脱氧;$w(Al_s) < 0.002\% \sim 0.006\%$,生成 $MnO \cdot SiO_2 \cdot Al_2O_3$,相当于用 Si + Mn + 少量铝脱氧;$w(Al_s) > 0.006\%$,$a_{Al_2O_3} = 1$,有 Al_2O_3 析出,相当于用铝脱氧。

因此钢中 $w(Al_s) \leqslant 0.006\%$,则钢中 $[O] < 20 \times 10^{-6}$,生成锰铝榴石而无 Al_2O_3 析出,钢水可浇性好,铸坯又不产生皮下气孔。这对连铸生产是非常重要的。对于高碳硬线钢,用 Si + Mn 脱氧控制好钢中的 Al_s 得到易变形的锰铝榴石而防止脆性 Al_2O_3 夹杂析出,这对于防止拉拔脆断是非常重要的。

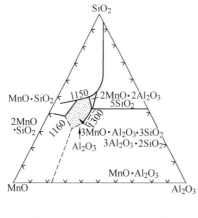 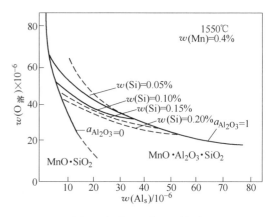

图 8　MnO-SiO$_2$-Al$_2$O$_3$相图　　　　图 9　钢中 Al$_s$ 与 O$_溶$关系

4.3　铝镇静钢

对于中、高碳细晶粒钢,要求钢中酸溶铝 $w(Al_s) \geq 0.01\%$;对于低碳铝镇静钢,为改善薄板深冲性能,要求钢中 $w(Al_s) = 0.03\% \sim 0.05\%$,为此要求用过剩铝脱氧。这样,需要解决两个问题。

(1) 加铝方法。如何把铝加到钢水中达到目标值,且铝的回收率尽可能高。

(2) 如何避免 Al$_2$O$_3$ 夹杂的有害作用。对于加铝方法,可将一步法加铝改为两步法加铝:出钢时加铝量脱除钢水中超出 C-O 平衡的过剩氧量;精炼加铝量为脱除与 C 相平衡的 O$_溶$ + 目标 Al$_s$ 含量 (喂铝线)。

钢水中与酸溶铝 Al$_s$ 相平衡的 O$_溶$很低,$w(Al_s) = (2 \sim 8) \times 10^{-6}$,脱氧产物全部为 Al$_2O_3$,其害处是:Al$_2O_3$ 熔点高 (2050℃),钢水中呈固态;可浇性差,堵水口;Al$_2$O$_3$ 可塑性差,不变形,影响钢材性能,尤其是对深冲薄板的表面质量影响很大。

为此,采用钙处理 (喂 Si-Ca 线或 CaFe 线),来改变 Al$_2$O$_3$ 形态。对于中、高碳钢,加铝较少、$w(Al_s)$ 较低 (0.01% ~ 0.02%左右),宜采用轻钙处理。

轻钙处理后生成钙长石 CaO·Al$_2$O$_3$·2SiO$_2$($w(CaO) = 20\% \sim 25\%$,$w(Al_2O_3) = 37\%$,$w(SiO_2) = 44\%$) 或钙黄长石 2CaO·Al$_2$O$_3$·SiO$_2$($w(CaO) = 40\%$,$w(Al_2O_3) = 37\%$,$w(SiO_2) = 22\%$)。希望把夹杂成成分控制在 CaO-SiO$_2$-Al$_2$O$_3$ 相图(见图10)[6]中的③区(可变形夹杂物钙斜长石)。夹杂物钙长石熔点低(1200 ~ 1400℃),在钢液中易上浮,可浇性好,不易堵水口;热轧时夹杂物易变形不会发生拉拔脆断现象。

对于低碳铝镇静钢或者超低碳的 IF 钢,加铝较多钢中 $w(Al_s)$ 在 0.03% ~ 0.05%,则需采用重钙处理。

5　精炼渣的成分和碱度控制

对脱硫而言,应造高碱度、低氧化性、流动性好的渣子。对控制夹杂物而言,应造较低碱度、低氧化性、流动性好的渣子。为此在 LF 炉通过造白渣(扩散脱氧)加 Ar 搅拌来实现。但是两者差别主要在于碱度不同。

众所周知,渣子碱度高($R = 3 \sim 6$)、$w(FeO) < 1\%$,脱硫效率高,对降低钢中总氧有利(见图

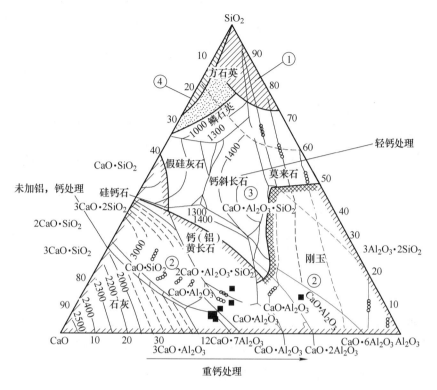

图 10 CaO-Al_2O_3-SiO_2 三元相图

11)[7],但是过高碱度不利于夹杂物可塑性化。

对于高碳钢应采用低碱度($R=1\sim2$)低氧化性($w(FeO)=1\%\sim2\%$)渣子来控制夹杂物可塑性。如冶炼 72A、82B。采用 FeSi+FeMn 脱氧,脱氧产物为 $MnO \cdot SiO_2 \cdot Al_2O_3$,必须把夹杂物成分控制在相图锰铝榴石范围内(见图 8)。当渣碱度为 $0.9\sim1.1$,钢中酸溶铝 $w(Al_s)$ <3ppm 时,夹杂物组成为[8]:$m(Al_2O_3)/m(SiO_2+MnO+Al_2O_3)=0.15\sim0.23$,钢中 $m(Mn)/m(Si)\geqslant1.7$。

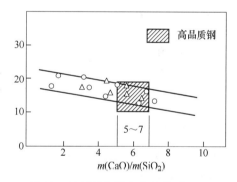

图 11 渣碱度和钢中 T.O 关系

此时消除了钢中 Al_2O_3 夹杂,得到低熔点的复合夹杂物,线材可冷拔到 $\phi0.15\sim0.23$mm,断面收缩率达 99.9%,解决了拉拔断丝问题。如采用高碱度($R=3$)精炼渣,虽然钢中总氧含量较低,但钢中 Al_2O_3 不变形夹杂较多,造成拉拔脆断。同时渣中 Al_2O_3 应控制合适。在渣中 Al_2O_3 含量相同时,随碱度升高,钢中 Al_s 增加,不利于塑性夹杂物形成(见图 12)。

渣中 $w(FeO+MnO)<2\%$,钢中 $w(T.O)$ 可小于 20×10^{-6}(见图 13)。

有的工厂试验指出[9]:精炼渣碱度保持 0.98($w(CaO)=46\%$,$w(Al_2O_3)=2\%$,$w(SiO_2)=47\%$、$w(CaF_2)=5\%$),可以把钢种的 $w(T.O)$ 控制小于 20ppm,钢中 $m(Al_s)/m(Al_T)>0.95$,夹杂物成分完全成塑性夹杂。

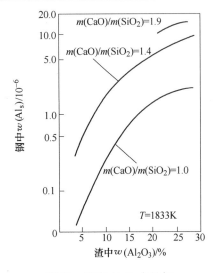
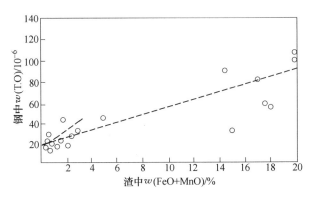

图 12 渣中 Al_2O_3 含量与钢中 Al_s 含量的关系

图 13 渣中（FeO + MnO）含量与钢中 T.O 含量的关系

应当指出，通过脱氧操作和炉外精炼的控制，可以把夹杂物控制在塑性区，但浇注过程中二次氧化、下渣、卷渣造成的脆性夹杂也是非常有害的，应予防止。

6 中、高碳硅镇静钢连铸堵水口原因和对策

对于中、高碳 FeSi-FeMn 脱氧钢为使拉拔加工时钢中夹杂物有最佳可塑性，应控制钢中 $w(Al_s) < 0.003\%$，夹杂物中 $w(Al_2O_3) < 20\%$。对于连铸硅镇静钢时往往会出现铸坯皮下针孔（见图 7）和水口堵塞现象。浇注硅镇静钢，钢中 Al_s 很低，发生水口堵塞的原因和对策是：

（1）脱氧合金的影响。铁合金尤其是 FeSi 中含有残余 Al、Ca 等元素（一般硅铁 $w(Si) = 78\%$、$w(Ca) = 1.07\%$、$w(Al) = 1.3\%$、$w(Mg) = 0.033\%$），生成了高熔点的铝酸钙夹杂（$CaO \cdot 2Al_2O_3$、$CaO \cdot 6Al_2O_3$）和 $Al_2O_3 \cdot MgO$ 尖晶石，导致水口堵塞。因此，硅铁加入越多，带入的 Ca、Al、Mg 元素生成 $CaO \cdot xAl_2O_3$ 和 $Al_2O_3 \cdot MgO$ 夹杂也越多；LF 炉精炼时间太长，促进了 $MgO \cdot Al_2O_3$ 形成；高含量的 $CaO \cdot xAl_2O_3$、$Al_2O_3 \cdot MgO$ 造成水口堵塞最为严重。

研究发现[10]：出钢时把 FeSi 加入钢包，在中间包试样中未发现钙铝酸盐夹杂（$CaO \cdot Al_2O_3$），而在 LF 炉加入 FeSi 或者在 LF 炉后期加入 FeSi，中间包试样钙铝酸盐（$CaO \cdot Al_2O_3$）夹杂增加，水口堵塞指数增加（见图 14）。

因此为防止硅镇静钢堵水口使用高纯度的 FeSi，且 FeSi 应在钢包加入而不宜在 LF 工位炉加入，这样可保证钢水的可浇性。

（2）控制 $m(Mn)/m(Si)$，形成硅酸锰夹杂。对硅镇静钢，保持合适的 $m(Mn)/m(Si)$ 比（2.5~3.5）使其生成液态 $MnO \cdot SiO_2$，其可浇性好；如 $m(Mn)/m(Si)$ 低，易生成 SiO_2 为主的固态夹杂物，则产生水口堵塞。

所以要得到液态的 $MnO \cdot SiO_2$，关键决定于 $m(Mn)/m(Si)$ 比和温度（见图 15）。调高 $m(Mn)/m(Si)$ 使其生成液态 $MnO \cdot SiO_2$ 防止水口堵塞，这是操作者要注意的问题。

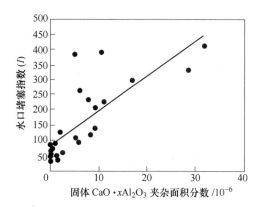

图 14　$CaO \cdot xAl_2O_3$ 面积分数对水口堵塞的影响

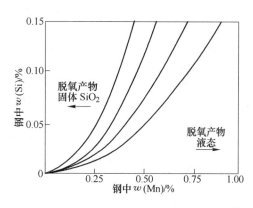

图 15　钢液 Mn 含量与 Si 含量的平衡关系[5]

(3) 控制 Al_2O_3 夹杂的形成。如图 16 所示，增加 Si 会形成液态 $MnO \cdot SiO_2$ 夹杂。但对于高碳 Si-K 钢，如 $w(Si) = 0.2\%$，则钢中 $w(Al_s) > 0.003\%$，可能有固态 Al_2O_3 析出堵水口。为保持 $w(Al_s) \leq 0.003\%$ 水平，则可提高 Si 含量以得到液态夹杂。然而增 Si 加入 FeSi 也多，带入的残余 Al 也多，成本增加，同时也降低了 $m(Mn)/m(Si)$ 比，促进了固态 SiO_2 夹杂形成，因此，加入的 FeSi 应适量。

(4) 控制镁铝尖晶石夹杂的形成。对高碳硅镇静钢水口堵塞的另一个主要因素是钢

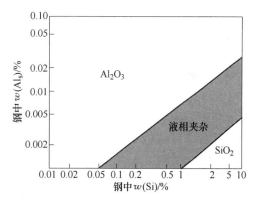

图 16　1600℃下 Fe-Al-Si 中的平衡夹杂物[5]

中形成镁铝尖晶石 $MgO \cdot Al_2O_3$。对于高碳硅镇静钢，因不用 Al 脱氧，靠 LF 炉造白渣脱氧以得到 $w(T.O) < 20ppm$。在 LF 炉还原精炼气氛和低 O 条件下（$w(T.O) < 15ppm$），钢包渣或 MgO-C 砖中释放出 Mg 形成 $MgO \cdot Al_2O_3$，堵塞水口。LF 炉白渣精炼时间越长，$MgO \cdot Al_2O_3$ 形成的越多，堵水口严重。为此操作上应注意，白渣精炼时间不应太长；LF 顶渣加脱氧剂（CaC_2、FeSi 粉、Ca-Si 粉）不应过量；石灰加入不要过量，保持合适碱度，以利于吸收 MgO。

参 考 文 献

[1] 严国安. 中碳钙硫易切削结构钢工艺理论与质量控制研究 [D]. 北京：北京科技大学，2006，5.
[2] 顾克井. 微合金高碳硬线钢质量研究 [D]. 北京：北京科技大学，2004，1.
[3] Vince Ludllow. Oxygen in steelmaking towards cleaner steels [J], Iron making and steelmaking, 2002, 29 (2)：83-89.
[4] 蔡开科. 浇注与凝固 [M]. 北京：冶金工业出版社，1987.
[5] Gregory Dressed. High carbon Si-killed steel Nozzle clogging [J]. I&SM, 2003：26.
[6] L. E. K. Holappa, A. S. Halle. Inclusion control in High-Performance Steel [J]. Journal of Materials processing Technology, 1995 (53)：177.
[7] K. Iemvra, H. Ichihashi. Steelmaking process for High-Carbon Type Cord Steel [J], Clean Steel.

[8] Y. Shinsho, T. Nozaki. Influence of Secondary Steelmaking on Occurrence of Nonmetallic Inclusions in High-Carbon Steel for Tire Cord [J]. Wire J. Int., 1998: 145-153.

[9] 靳庆峰. 转炉—LF—CC生产高碳钢洁净度研究 [D]. 北京: 北京科技大学, 2005, 3.

[10] Scoter Story, Gerry E. Goldsmith, Richard J. Freeman. A Study of Casting Issue using Rapid Inclusion Identification and Analysis [J]. Iron and Steel Technology, 2006, 53.

Controlling on the Quality of Special Steel Billet Produced by BOF—LF—CC Process

Cai Kaike　Sun Yanhui　Qin Zhe

(University of Science and Technology Beijing)

Abstract: Quality of finished steel product were effected by billet quality produced by BOF-LF-CC process. In this paper, [C] controlling in BOF, deoxidization and inclusions controlling, molten steel composition, top slag controlling and billet Internal quality were analyzed by anther experience and references. The demand of special for middle/high carbon strand must be content as follow us: the molten steel composition controlling in a narrow rang, molten steel being clean (T.O about 20×10^{-6}), billet Internal steel quality free defect (minimized shrinkage), billet centre element (C, Mn, S, P) segregation should be minimizing. According to the practice production of home and abroad, the demand mentioned above can be met by reasonable technology in BOF—LF(VD)—CC process.

Keywords: BOF; special steel; continuously cast steel; quality control

连铸坯质量控制零缺陷战略

蔡开科　孙彦辉　　　韩传基

（北京科技大学）　　（中冶连铸北京冶金技术研究院）

摘　要：为满足用户对产品质量越来越严格的要求，生产价格便宜高质量产品是人们追求的目标。而轧制产品质量是与连铸坯缺陷紧密相连的。本文系统地分析了在连铸过程中铸坯的表面缺陷、内部缺陷以及铸坯夹杂物产生的原因，提出了防止铸坯缺陷产生应采取的措施，进一步提高铸坯质量。

关键词：连铸坯；质量控制

1　引言

为满足用户对产品质量越来越严格的要求，生产价格便宜高质量产品是人们追求的目标。而轧制产品质量是与连铸坯缺陷紧密相连的。连铸坯缺陷的存在是决定于生产流程原料、工艺、设备、控制、管理、检验等。所谓产品缺陷原则上可分为：

（1）可见的缺陷（在轧制板、管、带材上有可见或可探测到的缺陷），如裂纹、夹杂、起皮等直接会影响成材率和成本；

（2）检验标准所容许的残存缺陷，在制造过程中不可能完全消除，把残存在钢中的缺陷危害性减到最小；

（3）隐藏的不可避免且不易检测的缺陷，如钢中夹杂物是不可能完全消除的，是影响产品质量的潜在危险。

对于第（1）种缺陷应尽量避免，对第（2）、（3）种缺陷应力求保持在允许的检验标准以内。

钢铁生产流程中实行生产零缺陷产品，这是一个系统工程，它决定于钢的制造、初炼、精炼、钢的凝固铸造（连铸）和钢的热加工（轧制）。从炼钢生产流程来看，生产零缺陷连铸坯，不仅为轧钢提供轧制高品质的成品（板、棒、管等），而且是实现炼钢生产流程连续化和热装、热送和直接轧制的前提条件。

本文简要评述连铸坯缺陷形成及其防止措施。

2　连铸坯质量概论

炼钢—精炼—连铸工艺流程生产的连铸坯（方坯、板坯、圆坯、异形坯等）作为半成品供给轧钢，轧制成不同规格板材和长材产品以满足国民经济各部门的需求。

只有提供高质量的连铸坯，才能轧制出高品质的产品。所谓高质量的连铸坯包含以下几个方面：

本文发表于《连铸》，2011年，第S1期：288~298。

（1）铸坯的洁净度：主要是钢中夹杂物类型、形貌、尺寸和分布。
（2）铸坯表面缺陷：主要是指铸坯表面纵裂纹、横裂纹、网状裂纹、夹渣、气泡等。缺陷严重者会造成废品，甚至会遗传到轧制产品。
（3）铸坯内部缺陷：主要是指铸坯内部裂纹，中心疏松、缩孔、偏析等。缺陷严重者会影响轧制产品的力学性能和使用性能。

如图1所示，从生产工艺流程来看，铸坯洁净度水平主要决定于钢水进入结晶器以前各工序。铸坯表面缺陷主要决定于钢水在结晶器凝固过程。铸坯内部缺陷主要决定于带液芯铸坯在二冷区扇形段的凝固过程。

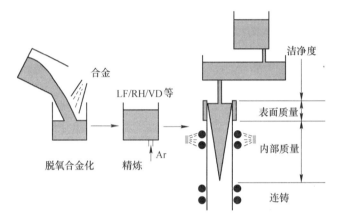

图1 连铸坯缺陷控制策略

3 连铸坯非金属夹杂物

3.1 连铸坯夹杂物与产品缺陷

高品质钢对连铸坯洁净度基本要求：
（1）钢中夹杂物数量要少，钢中总氧要低，有的甚至要求小于10ppm；
（2）钢中夹杂物尺寸要细小，尤其是大于50μm夹杂物要少；
（3）夹杂物类型要求塑性夹杂；
（4）在钢中夹杂物呈弥散分布而避免成链状串簇状分布。

连铸坯夹杂物对产品缺陷影响见表1。

表1 夹杂物对产品缺陷影响

钢 种	产品缺陷	引起缺陷夹杂物尺寸	缺陷部位夹杂物
镀锡板	凸缘	60μm、150μm	$CaO\text{-}Al_2O_3$
ERW 管材	UT、US 缺陷	150μm、220μm	$CaO \cdot Al_2O_3$，Al_2O_3
镀锡板	分层	400μm、500μm	$CaO \cdot Al_2O_3 \cdot SiO_2$
深冲钢板	冲压裂纹	250μm、400μm	Al_2O_3，$CaO \cdot Al_2O_3$，$CaO \cdot SiO_2$，$Al_2O_3 \cdot Na_2O$
UBE 管材	裂纹	200μm、220μm	Al_2O_3，$CaO \cdot Al_2O_3$
易拉罐	飞边裂纹	>50μm	$CaO \cdot Al_2O_3$，Al_2O_3

续表1

钢　种	产品缺陷	引起缺陷夹杂物尺寸	缺陷部位夹杂物
滚珠钢	疲劳裂纹	>15μm	Al_2O_3，$CaO \cdot Al_2O_3$
钢轨	断裂	单个15μm，链状200μm	Al_2O_3，$CaO \cdot Al_2O_3 \cdot SiO_2$
钢帘线	拔断	15~20μm	Al_2O_3，$CaO \cdot Al_2O_3 \cdot SiO_2$

3.2 连铸坯夹杂物来源

铸坯中夹杂物主要来源有：

（1）内生夹杂物，主要是脱氧产物，其特点是：

1) 溶解[O]增加，脱氧产物增多；
2) 夹杂物尺寸细小，一般是小于5μm；
3) 钢包精炼搅拌大部分夹杂物上浮到渣相（>80%）；
4) 钢水温度降低有新的夹杂物析出（<5μm）。

连铸坯常见的内生夹杂物：

1) 铝镇静钢（Al-K）：Al_2O_3，$CaO \cdot Al_2O_3 \cdot SiO_2$；
2) 硅镇静钢（Si-K）：$MnO \cdot SiO_2$，$MnO \cdot SiO_2 \cdot Al_2O_3$；
3) 钙处理 Al-K 钢：铝酸钙（$xCaO \cdot yAl_2O_3$）；
4) 钛处理 Al-K 钢：Al_2O_3，TiO_2，TiN；
5) 镁处理 Al-K 钢：铝酸镁（$MgO \cdot Al_2O_3$）。

除氧化物夹杂外，还 CaS 和 MnS 夹杂及以 $CaO \cdot Al_2O_3$ 为核心外围包有 MnS（CaS）的双相复合夹杂物等。

（2）外来夹杂物，钢水与环境（空气、包衬、炉渣、水口等）作用下的二次氧化产物，其特点是：

1) 夹杂物粒径大（>50μm）甚至几百微米；
2) 组成复杂的氧化物系；
3) 来源广泛；
4) 在铸坯中成偶然性分布；
5) 对产品质量危害最大。

连铸过程中防止钢水再污染和二次氧化，减少外来的大颗粒夹杂物是提高铸坯洁净度重要任务。

3.3 连铸坯夹杂物分布特征

从中间包流入结晶器钢水沿液相穴长度逐渐凝固成铸坯。连铸坯内夹杂物分布特点：

（1）铸坯厚度1/4处有夹杂物集聚。如图2所示，在铸坯厚度1/4处夹杂物峰值最高，这是因为弧形连铸机内弧面有一捕捉面，捕获液相穴内上浮夹杂物。浸入式水口插入越深，捕捉面积越大。

铸坯厚度1/4处夹杂物集聚这是弧形连铸机的缺点，为此改进措施：

1) 加大弧形半径 R，减小捕捉面，但加大投资；
2) 采用精炼减少钢水中的夹杂物；

3）采用带有 2.5～3m 直立段所谓立弯式铸机，避免夹杂物集聚。此类铸机有了很大的发展。

（2）铸坯表层 2～20mm 夹杂物集聚。图 3 表示铸坯表层 2mm 和 10mm 夹杂物较高，这是与结晶器 SEN 的流场运动有关。

（3）铸坯中偶然性分布夹杂物。图 4 为铸坯在线硫印夹杂物统计的结果。对立弯式铸机在板坯厚度 1/4 处不应有夹杂物集聚现象，板坯夹杂物组成分析表明主要是含 Al_2O_3 大颗粒夹杂物，与 SEN 水口堵塞物成分相近。说明浇注过程中冲棒操作把堵塞物冲入液相穴所致。

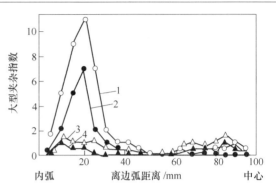

图 2 铸坯内夹杂物分布
弧形铸机：1—低温浇注；2—高温浇注；
立弯形铸机：3—低温浇注；4—高温浇注

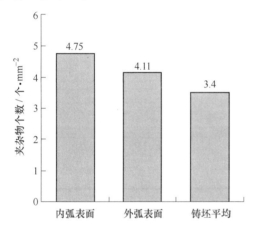

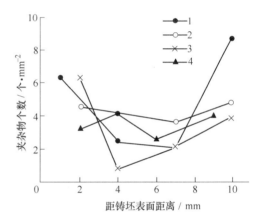

图 3 铸坯表层下夹杂物分布

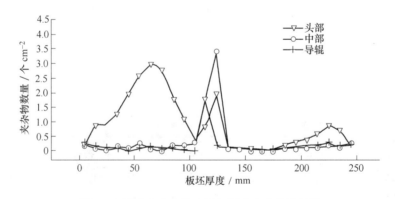

图 4 在线硫印夹杂物在板坯厚度方向统计结果

铸坯中夹杂物示踪试验表明（示踪元素分别是：钢包渣中加入 Ce_2O，中间包渣中加入 SrO，钢包衬中加入 La_2O_3，中间包衬耐材中加入 ZrO_2，结晶器渣为 Na_2O 和 K_2O），有 70% 夹杂物都含有示踪元素。也就是说，铸坯中夹杂物主要来源于非稳态浇注时钢包下渣、中间包和结晶器卷渣。因此，从钢包→中间包→结晶器过程中防止二次氧化和下渣卷渣是生产洁净钢非常重要的操作。

（4）铸坯中 Ar 气泡 + 夹杂物。铸坯中 Ar 气泡形貌如图 5 所示。Ar 气泡 + 夹杂物会引起冷轧薄板表面条痕状或起皮缺陷。

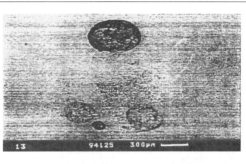

图 5　气泡 + Al_2O_3 夹杂聚合

3.4　减少连铸坯夹杂物措施

连铸坯中夹杂物来源主要是：
（1）脱氧产物（20%）。
（2）浇注过程二次氧化产物（30%）。
（3）非稳态浇注的下渣卷渣所形成的外来夹杂物（50%）。

因此，炼钢—精炼—连铸生产流程中夹杂物控制技术主要集中在以下方面：
（1）降低转炉终点溶解氧含量，这是产生夹杂物的源头。
（2）控制脱氧产物生成，促进钢水中原生夹杂物的去除（精炼、搅拌等）。
（3）防止浇注过程钢水二次氧化以免产生新的夹杂物（保护浇注、碱性包衬等）。
（4）防止非稳态浇注对钢水的再污染，杜绝外来夹杂物形成。
（5）在钢水传递过程中（钢包→中间包→结晶器）控制钢水流动形态促进夹杂物去除，进一步净化钢水（中间包冶金、电磁搅拌、流动控制技术等）。

4　连铸坯裂纹

连铸坯裂纹包括表面裂纹（纵裂纹、横裂纹、网状裂纹）和内部裂纹（角裂、中间裂纹和中心线裂纹）。铸坯裂纹的形成是一个复杂冶金、物理过程，是传热、传质、凝固和应力的相互作用结果。带液芯的高温铸坯在连铸机运行过程中，各种力作用于高温坯壳产生变形，超过了钢的允许强度和应变是产生裂纹的外因，钢对裂纹敏感性是产生裂纹的内因，而连铸机热工作状态和工艺操作是产生裂纹的条件。

带液芯的高温铸坯在连铸机运行过程中是否产生裂纹（见图 6）主要决定于：
（1）凝固壳所承受的外力作用。
（2）钢高温力学性能。
（3）铸坯凝固冶金行为。
（4）铸机热工作状态。

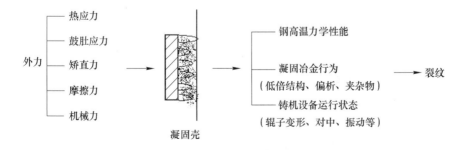

图 6　产生裂纹因素示意图

4.1 铸坯凝固过程外力作用

钢水浇入结晶器形成带液芯初生坯壳到凝固终点，铸坯运行过程中沿液相穴长度所承受力有：

（1）结晶器与坯壳的摩擦力。
（2）钢水静压力产生的鼓肚。
（3）铸坯温度梯度产生的热应力。
（4）铸坯弯曲和矫直时所受的机械力。
（5）支承辊不对中产生的附加应力。
（6）铸坯温度变化产生的相变应力。

人们应用弹性理论、弹塑性理论，采用有限元法对凝固坯壳的受力和变形进行了模拟研究。理论和生产经验指出：当高温坯壳所承受的应变 $\varepsilon > 1.3\%$，就可产生表面裂纹。铸坯液相穴固液界面承受的应力 $\sigma > 1 \sim 3\text{N/mm}^2$，应变 $\varepsilon > 0.1\% \sim 0.2\%$，铸坯就会产生内裂纹。

断面为 230mm × 1550mm Q235 钢板坯，拉速为 1.0 ~ 1.2m/min，由凝固模型和应变模型计算沿液相穴凝固前沿总应变如图7所示。

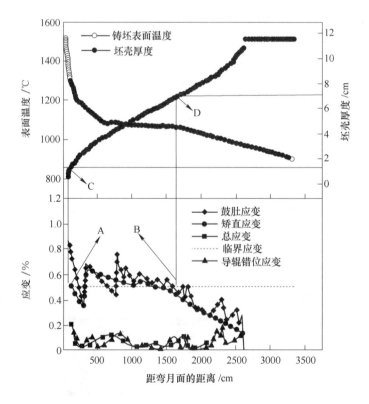

图7 铸坯凝固参数及凝固前沿应变计算结果

由图7可知：铸坯液相穴长度为 26.4m；凝固前沿临界应变 0.5%；凝固前沿总应变为 0.4% ~ 0.86%；弯月面下 1.5m 区域（AB区）相当凝固壳厚度 13 ~ 72mm 区可能产生

裂纹。板坯硫印显示裂纹位置是 20～80mm。模型预见与实际测量相近。

4.2 钢的高温力学性能

用 Gleeble 热模拟试验机测定的 C-Mn-Al-Ti、Nb、V 微合金钢的高温塑性如图 8 和表 2 所示。钢从凝固温度冷却到 600℃ 其塑性变化可分为：

Ⅰ区凝固脆性区（T_L～1350℃）；
Ⅱ区高温塑性区（1350～1000℃）；
Ⅲ区低温脆性区（1000～600℃）。

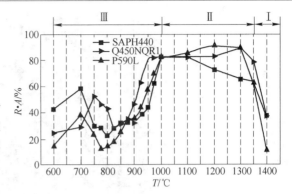

图 8 钢的延性示意图

表 2 R.A-T 曲线温度区划分 (℃)

钢 种	Ⅰ区凝固脆性区	Ⅱ区高温塑性区	Ⅲ区低温脆性区
SAPH440	T_s～1350	1350～975	975～600
Q450NQR1	T_s～1350	1350～925	925～600
P590L	T_s～1350	1350～975	975～600

凝固脆性区使铸坯产生内裂纹。从高温力学行为来看，铸坯内裂纹产生于零强度（ZST）和零塑性温度（ZDT）区间（见图 9）。

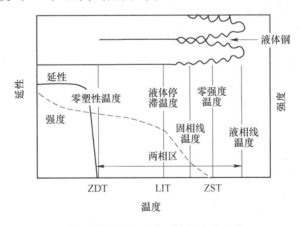

图 9 凝固两相区主要特征参数变化

从凝固观点看，由于溶质元素（S、P）偏析作用，富溶质母液渗透树枝晶，形成了一层含硫化物薄膜包围树枝晶（见图 10）增加晶界脆性，降低了固相线温度附近的强度和塑性，当受外力作用时沿晶界产生裂纹扩展一直到能抵抗塑性变为止，形成在硫印图上可见的铸坯内裂纹。

Ⅲ区低温塑性区使铸坯产生表面裂纹。其原因是：

(1) $\gamma \rightarrow \alpha$ 相变在晶界优先析出 α_{Fe}，晶界优先变形。

(2) 奥氏体晶界有第二相质点析出（AlN、Nb（C，N）等）增加了晶界脆性。

因此，铸坯在弯曲、矫直或受外力作用时，其温度保持在单相奥氏体区（>900℃）

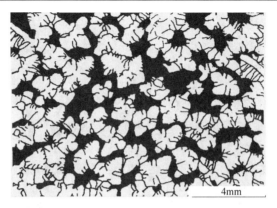

图 10 晶体周围包围的液体膜

可防止表面裂纹。

生产实践表明，浇含 Nb、V 钢（250mm×1800mm，0.9m/min）在矫直区板坯温度低于 900℃边部横裂纹严重，采用较弱二冷强度，把板坯边部温度提高到 960℃，边部裂纹大为减轻（见图 11）。

4.3 连铸工艺行为

低过热度浇注：降低杂质元素含量（S、P、Cu、Zn、Sn 等）；结晶器良好润滑性能；结晶器液面稳定性；结晶器坯壳均匀生长；结晶液面稳定性；合适二冷强度和铸坯表面温度分布。

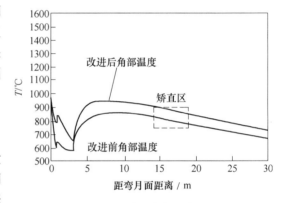

图 11 改进前后角部温度变化

4.4 铸机热工作状态

（1）合适的结晶器锥度；
（2）合适的结晶器振动性能；
（3）动态二冷配水模型；
（4）扇形段支撑辊的准确对中；
（5）多点弯曲或矫直；
（6）连铸弯曲或矫直；
（7）防止支撑辊变形（多节辊）。

总之，连铸坯表面裂纹缺陷形态各异，产生原因是极其复杂的，要具体分析采取针对性的对策才能有效防止。

5 连铸坯中心缺陷

5.1 铸坯中心缺陷概念

带液芯的铸坯边传热边凝固边运动形成了很长的液相穴，沿液相穴补缩的不畅，往往在铸坯纵向轴线形成了中心缺陷，如图 12 所示，中心缺陷有：

(1) 中心疏松；
(2) 中心缩孔；
(3) 中心宏观偏析；
(4) V 形偏析（半宏观偏析）。

这些缺陷会对轧制产品，尤其是对中厚板性能带来危害，主要有：

(1) 轧制对铸坯中心硫化物夹杂物延伸使横向性能变坏；
(2) 板材冲击韧性下降造成钢材断裂；
(3) 中心偏析易形成低温转变产物（马氏体和硫化物），造成管线钢氢致裂纹（HIC）；
(4) 高碳钢铸坯中心 C、Mn 偏析会发生碳化物和马氏体沉淀，引起拉拔脆断；

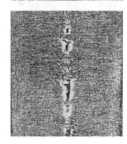

图 12 铸坯低倍形貌

(5) 铸坯中心疏松和偏析会引起钢轨呈"S"形断裂；
(6) 中心疏松缩孔偏析会使合金钢铸坯低倍检验不合格。

因此，减轻或消除铸坯中心缺陷，保证轧制产品的力学性能和使用性能，这是提高连铸坯质量的主要任务。

关于改变铸坯中心缺陷的技术措施，已发表了众多论文。归结起来采取的技术对策主要集中在：

(1) 降低有害夹杂元素含量（如 S、P、O），提高钢纯净度水平；
(2) 控制铸坯低倍结构，抑制柱状晶扩大中心等轴晶；
(3) 浇注工艺优化，根据钢种钢水过热度、拉速和二冷强度这 3 个工艺参数优化使其铸坯中心缺陷最少；
(4) 连铸机设备。保持支撑导向辊对中，缩小辊间距，多节距，收缩辊缝等，防止铸坯在运行凝固过程中坯壳鼓肚；
(5) 外加控制技术。在现有连铸工艺和设备还不能达到完全控制铸坯中心缺陷的条件下，采用电磁搅拌（EMS）、轻压下（Soft Reduction）、凝固末端电磁搅拌等技术。

5.2 结晶器钢水零过热度凝固

从理论上说，当钢水过热度等于零或接近液相线温度凝固时铸坯中心等轴晶区可达 60% 以上，可消除中心疏松和偏析。

钢水过热度是控制铸坯中心等轴晶的关键操作。如图 13 所示，随低过热度升高，中心等轴晶区减小，中心偏析加重（见图 14）。

根据钢种中间包钢水过热度一般控制在 15~30℃，为了使进入结晶器钢水接近于液相线温度凝固，扩大等轴晶区，可采用以下技术。

5.2.1 结晶器加入微型冷却剂

如某厂板坯 220mm×1600mm，拉速为 1m/min，Q235B 钢水过热度 20~30℃，结晶器喂入钢带为 2.5~3.0kg/t，板坯中心等轴晶区为 60~80mm，疏松评级为 0.5~1.0 级，而

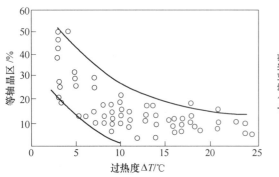 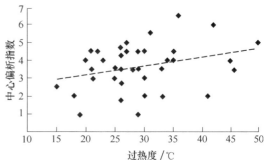

图 13　过热度对等轴晶影响　　　　图 14　过热度对中心偏析影响（275mm×300mm）

未喂钢带等轴晶区为 20mm，疏松评级为 1.5 级。

5.2.2　水口 HJN（Hollow Jet Nozzle）技术

由 CRM 和 Arcelormittal Stainless Steel 共同开发的 HJN（Hollow Jet Nozzle）法的原理图如图 15 所示。

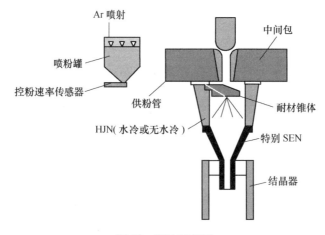

图 15　HJN 原理图

HJN 原理：把料仓中的铁粉或合金粉经过耐火材料制成的圆锥体喷入水口中心，而钢水沿水口内壁流动，水口内的喷射 Ar 气和钢流紊流保证良好混合和合金粉的熔化。粉末的流速及时由 Ar 压力表调节。其目的：

(1) 较好地控制钢水过热度；
(2) 增加等轴晶区减少铁素体不锈钢线状缺陷；
(3) 提高易氧化元素的收得率，如 Ti；
(4) 较好控制不锈钢中 Ti(CN) 尺寸分布；
(5) 减少含 Ti 不锈钢水口堵塞。

喷射粉末尺寸 100～200μm，TiFe 粉含 Ti 70%，残 Al 2.5%。铁粉含 C<0.05%。

在板坯连铸机试验 210mm×1020～1325mm，拉速 0.8～1.0m/min，钢水过热度 25～45℃，喷粉速率 4～12kg/min，AISI 430 钢。其结果是：喷 TiFe 粉 6.5kg/min 钢 Ti=0.35%，Ti 收得率 95%～100%（一般为 60%），Ti 在板坯中均匀分布，避免了水口堵塞，

不用 EMS 板坯等轴晶率达 100%。

5.2.3 热交换水口

CRM 开发的热交换水口技术见图 16。

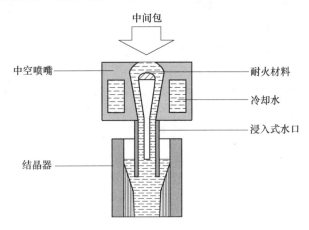

图 16 低过热度浇注

220mm×220mm 方坯，拉速 1.4~1.6m/min，中包钢水过热度 15~25℃ 经热交换水口入结晶器过热度为 1~7℃，高碳钢（C=0.8%）铸坯中心偏析明显改善（见表 3）。

表 3 过热度对中心偏析影响

过热度	高过热度 28℃	低过热度 7℃
C_0/%	0.784	0.784
中心 C_{max}/%	1.20	0.916
中心 $C_{平均}$/%	0.967	0.80
偏析指数	>200	147

5.3 电磁搅拌（EMS）

在凝固铸坯液相穴长度上安装 EMS 来改善铸坯质量，这是人们所共知的。如图 17 所示，根据搅拌器安装位置不同可分为结晶器电磁搅拌（M-EMS）、二冷区电磁搅拌（S-

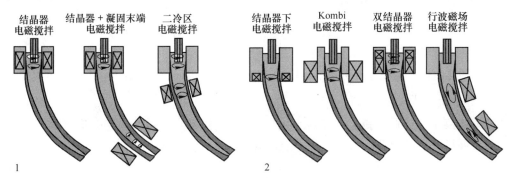

图 17 EMS 使用方式

EMS)、凝固末端电磁搅拌器（F-EMS）。搅拌方式有单一搅拌，也有组合搅拌（如 M-EMS + F-EMS）。现简要分述如下：

（1）M-EMS 作用有：

1）加速过热度消除，增加铸坯中心等轴晶区，如过热度 20℃ 浇 300mm × 400mm 方坯，用 M-EMS 等轴晶率 50%～60%；

2）减少中心偏析：对于 C = 0.8%，方坯中心碳偏析（C/C_0）：无 M-EMS 1.21，有 M-EMS 1.12；

3）冲洗凝固前沿防止铸坯皮下夹杂。如 300mm × 400mm 大方坯轧成 115mm × 115mm 方坯表面条状裂纹指数，有 M-EMS 为 0.5，无 M-EMS 则为 3.5～1；

4）减少铸坯皮下气孔。无 M-EMS 皮下气孔大于 20 个/m^2，而有 EMS 则为 0.2 个/m^2；

5）加速夹杂物上浮提高了铸坯洁净度；

6）加速钢水过热度消除有利提高拉速（0.2m/min）。

（2）S-EMS 作用有：

1）在二冷区搅拌防止凝固桥形成减少中心疏松；

2）打碎树枝晶增加中心等轴晶区，减少中心偏析；

3）对于铁素体不锈钢和硅钢，使用 S-EMS 后板坯中心等轴晶率达到 50% 以上，冷轧薄板的瓦楞状缺陷大大降低。

对于 C-Mn 钢，某厂立弯式铸机，浇注板坯（180～250）mm × （1600～1800）mm，采用岳阳中科电气公司开发的高磁力搅拌辊，安装在二冷区，板坯中心等轴晶率达到 50% 以上，中心偏析基本上小于 0.5 级，板坯内部裂纹、中心疏松基本消除。

（3）F-EMS 作用有：

1）分散凝固两相区溶质元素的聚集，减少中心偏析；

2）改善中心凝固组织，减轻中心疏松；

3）消除中心等轴晶滑移引起的 V 形偏析；

4）82B 150mm × 150mm 方坯使用 EMS 铸坯中心碳偏析（C/C_0）：无 M-EMS 1.21，有 M-EMS 1.12，（M + F）EMS 1.08。

根据钢质量的不同要求，选择不同的 EMS 搅拌方式。显然，合理选择 EMS 功率、EMS 安置位置和优化搅拌参数是得到良好冶金效果的保证。

5.4 凝固末端轻压下（Soft Reduction）

轻压下技术始于 20 世纪 80 年代初，它是在板坯连铸机扇形段从上到下支撑辊采用收缩辊缝以防止板坯鼓肚而产生中心裂纹和中心偏析发展起来的。凝固末端轻压下技术主要应用在板坯和大方坯连铸机，而液芯压下技术（Liquid Core Reduction）主要用于薄板坯连铸连轧。

5.4.1 轻压下原理

在铸坯液相穴凝固末端区域施加压力产生一定的压下量使铸坯坯壳变形来补偿两相区凝固的收缩量。其目的是：（1）消除或减轻由凝固收缩产生的中心疏松和缩孔；（2）坯壳的挤压破坏树枝间搭桥，把中心富集溶质的液体挤出，与周围液体混合，溶质重新分配，减轻中心偏析。

5.4.2 轻压下冶金效果

轻压下冶金效果主要有：

（1）减轻铸坯中心宏观偏析。板坯中碳偏析比由 1.26 降到 1.05 降低中心宏观偏析面积。

（2）提高了铸坯中心致密度。轻压下使铸坯中心液体质量发生移动，挤出液体金属（约 5kg/m）使中心密度增加，中心疏松明显改善。

（3）消除了板坯中心区域半宏观偏析面积。

5.4.3 轻压下模型

实现轻压下从软件上要建立 4 个数学模型，即：铸坯凝固传热数学模型以解决铸坯表面温度、凝固壳厚度和液相穴长度；凝固过程溶质偏析模型以解决轻压下位置；坯壳应变模型以解决压下量；压下力模型以解决施加力大小使其变形在允许范围内。

5.4.3.1 铸坯凝固传热模型

根据导热方程和连铸边界条件建立模型：

$$\rho c \frac{\partial T}{\partial t} = k \frac{\partial^2 T}{\partial x^2} + k \frac{\partial^2 T}{\partial y^2}$$

计算铸坯凝固曲线如图 18 所示。由图可知在弯月面以下 8.5m 处过热度消失，21m 处凝固结束，也就是说两相区长度为 12.5m，这就是轻压下区域。

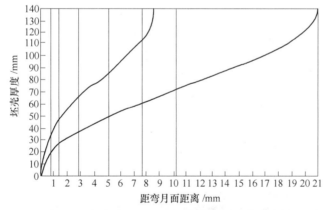

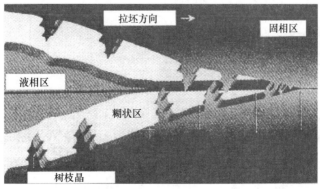

图 18　铸坯凝固曲线

5.4.3.2 溶质偏析模型

采用 Brody-Flemings（BF）模型计算凝固过程溶质元素偏析，以确定轻压下位置。偏析方程如下：

$$C_1 = C_0 [1 - (1 - 2\alpha'K)f_s]^{(K-1)/(1-2\alpha'K)}$$

式中　C_1——树枝晶间液相溶质浓度；

C_0——液相原始溶质浓度；

K——平衡分配系数；

f_s——固相分率；

α'——固相扩散系数。

根据钢成分计算 f_s 与元素偏析浓度关系如图 19 所示。由图可知 $f_s = 0.4 \sim 0.8$，可视为轻压下区域，结合图 17 以确定压下扇形段的位置。

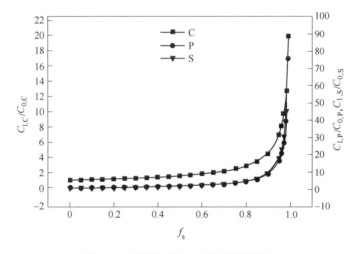

图 19　钢凝固过程中的微观偏析变化

5.4.3.3 坯壳应变分析模型

轻压下位置确定后，就应确定压下量。铸坯采用轻压下应以固液界面所承受的变形 ε 在允许范围内而不产生内裂纹为原则。

$$\varepsilon = \frac{300 s \sigma_m}{l^2} \leqslant \varepsilon_{临}$$

式中　s——凝固坯壳厚度；

l——两支承辊间距；

σ_m——压下量。

一般认为固液界面变形量 $\varepsilon_{临} \leqslant 0.3\% \sim 0.5\%$。

5.4.3.4 压下力模型

确定压下量后，需要施加多大的力才能保证铸坯产生设定的压下量。根据实验支承辊施加力与压下量关系：

$$P = \sigma B \sqrt{R\Delta h}$$

式中　　P——支承辊反作用力；
　　　　σ——变形阻力；
　　　　B——凝固壳厚度；
　　　　R——支承辊半径；
　　　　Δh——压下量。

这样将上述 4 个模型构成了轻压下耦合模型，为轻压下提供操作工艺模式。

6　连铸坯在线质量判定模型

从理论上说人们要求生产的连铸坯是"无缺陷"或"零缺陷"，然而连铸坯缺陷是受多种因素（钢水质量、工艺操作、设备状况、生产管理等）的影响，是一个庞大而复杂的系统工程。把连铸坯缺陷降到可控范围，提高铸坯质量合格率，以提高成材率，降低生产成本，这是人们追求的目标。

随热送、热装、连铸连轧等生产流程的发展应用，除尽可能生产无缺陷铸坯外，需要及时在线预报铸坯质量状态，这对确保生产连续性，提高产品质量及降低生产成本具有重要意义。为此奥钢联开发了计算机辅助铸坯质量控制系统（CAQC），德马克开发了铸坯质量评估专家系统（XQE），英国钢铁公司开发结晶器热监控系统（MTM）等，在世界范围内钢厂得到了应用。

近年来中冶连铸开发的铸坯质量判定系统（QES），其系统原理如图 20 所示。该系统于 2009 年 8 月在莱钢 3 号板坯连铸机上线运行，其判定结果见表 4。

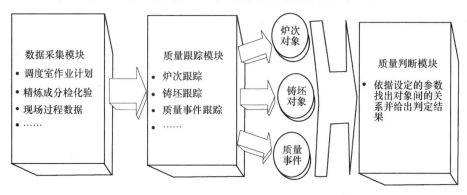

图 20　QES 系统原理图

表 4　Q235 和 SPHC 判定结果

生产炉数	生产支数	跟踪炉数	判定铸坯支数	判不合格比率	判合格比率	判可疑比率	准确率	误判率
841	5371	827	5306	3.6%	90.1%	6.4%	90.6%	3.0%

生产实践表明：使用该系统后，铸坯检验和精整工作量明显减少，提高了工作效率，更重要的为在线操作改进提供实时指导，这样对生产稳定顺行和提高铸坯质量提供了有效的保障。

7　结语

（1）铸坯的洁净度要控制好。

1) 降低转炉终点氧含量（[O]$_溶$），这是产生夹杂物的源头；

2) 脱氧产物的形成和上浮去除；

3) 浇注过程杜绝二次氧化，防止生成新的夹杂物；

4) 防止钢水再污染。

要把产生产品缺陷夹杂物消灭在钢水进入结晶器之前。炉外精炼和连铸工艺操作是生产洁净钢关键。

（2）带液芯的铸坯在连铸机运行过程中受外力作用是铸坯产生表面裂纹的外因，而钢水高温力学行为是产生裂纹内因，连铸设备和工艺因素是产生裂纹的条件。对连铸机设备调整应符合钢凝固收缩规律，使其坯壳不受变形为原则，对工艺参数优化使其得到合理的铸坯结构。这样使连铸坯不产生裂纹或控制裂纹在不足以造成废品所允许范围内。

（3）连铸坯中心疏松、缩孔和偏析是共生的。减轻或消除中心缺陷关键是提高铸坯中心致密度，也就是铸坯中心等轴晶率。在设备一定条件下，工艺优化（拉速、过热度、水量）的基础上，采用外加措施（EMS、SR）是改善铸坯中心缺陷有效办法。

参 考 文 献

[1] 蔡开科. 连铸坯质量控制 [M]. 北京：冶金工业出版社，2010

[2] P. Naveau, et al. Industrial tests of the Hollow Jet Nozzle on the Arcelor Mital Isbergue slab caster [J]. Revue de Metallurgie-CIT, 2008：513.

[3] N. Triolet, et al. Prevention of corner crack in slab continues casting [J]. Revue de Metaullurgie-CIT, 2009：508.

[4] M. Burty, et al. Comportment des bulles dargon en coulee continue [J]. La Revue de Metallurgie-CIT, 2007：72.

The "Zero Defect" Philosophy of Controlling Strand Quality for Steel Continuous Casting

Cai Kaike   Sun Yanhui

(University of Science and Technology Beijing)

Han Chuanji

(Zhongye Research Institute Beijing)

Abstract: With growing demands of steel quality, steel users expects as defect-free a product as possible to permit safe and reliable service, and more economic advantage. It is implicitly expected that all quality of rolling steel product such as bar, wire (rod), hot and cold strip can with a high probability be associated with the defects of strand during continuous casting. This paper briefly summarizes the formation of surface and interior defects and non-metallic inclusions of strand during continuous casting process of steel. The main technological measures to reach the aim of "Zero defect" for casting strand are examined as well.

Keywords: continuous casting strand; quality controlling

附 录

附录1 蔡开科教授主要科研项目

序号	时间	项目名称	项目来源
1	1983~1985年	CR100型传热系数测定仪研制	原冶金工业部
2	1984~1985年	马钢一号水平连铸机工艺科技攻关	马鞍山钢铁公司
3	1985~1986年	方坯连铸机二冷区气水喷嘴研制	原冶金工业部
4	1990~1991年	合金钢连铸二次冷却系统配水制度研究	重庆特殊钢厂
5	1994~1995年	连铸中间包结构优化	安阳钢铁公司
6	1995~1996年	转炉—RH—连铸生产超纯净钢	宝山钢铁公司
7	1995~1996年	转炉—RH—连铸生产08Al钢及15MnHP	武汉钢铁公司
8	1996~1998年	钢半凝固状态加工过程的冶金和力学行为研究	国家自然科学基金委员会
9	1997~1998年	连铸中间包及连铸机结晶器水口的优化研究	攀枝花钢铁公司
10	1999~2000年	济钢连铸板坯中夹杂物行为研究	济南钢铁集团公司
11	2000~2001年	冷轧无取向硅钢中微细夹杂物行为及其控制技术的研究与应用	武汉钢铁公司
12	2001~2002年	软洁净钢生产研究	石家庄钢铁公司
13	2001~2002年	钢水氧化脱磷实验研究	宝山钢铁公司
14	2001~2002年	低氧钢冶炼终点碳温精确控制技术	原冶金工业部
15	2001~2003年	大样电解技术研究	东北大学
16	2001~2003年	冷轧无取向硅钢中微细夹杂物行为及其控制技术的研究与应用	武汉钢铁公司
17	2001~2002年	邯钢CSP生产流程中夹杂物行为研究	邯郸钢铁集团有限责任公司
18	2001~2002年	特种微合金高碳钢硬线开发研究	酒泉钢铁集团有限责任公司
19	2002~2003年	RH精炼工艺技术优化	原国家经贸委
20	2002~2003年	石钢转炉钢夹杂物的生成变化机理及其控制研究	石家庄钢铁有限公司
21	2002~2004年	低碳紧固件用钢工艺研究	马钢股份有限公司
22	2003~2005年	钢渣中钒提取冶金基础研究	攀枝花钢铁有限责任公司
23	2004~2005年	攀钢大方坯连铸凝固末端轻压技术研究	攀枝花钢铁有限责任公司
24	2004~2005年	韶钢三炼钢板坯裂纹研究	广东省韶关钢铁集团有限公司
25	2004~2005年	板坯连铸二冷动态控制技术研究	中冶连铸技术工程股份有限公司
26	2004~2005年	连铸板坯表面裂纹研究	四川省川威集团有限公司

续表

序号	时　间	项目名称	项目来源
27	2004~2006 年	汽车用结构钢切削性能改进技术研究	石家庄钢铁公司
28	2005~2006 年	CSP 板卷边部裂纹成因及控制研究	湖南华菱管线股份有限公司涟钢
29	2005~2007 年	改善铸坯表面典型缺陷技术研究	攀枝花新钢钒股份有限公司
30	2005~2006 年	宽板坯连铸结晶器水模拟试验研究	广东韶钢松山股份有限公司
31	2006~2006 年	攀钢连铸坯凝固终点位置测试研究	攀枝花新钢钒股份有限公司
32	2006~2007 年	无取向电工钢夹杂物控制研究	宝山钢铁股份有限公司
33	2008~2009 年	无取向硅钢炼钢过程氧化物夹杂行为研究	武汉钢铁（集团）公司
34	2010~2011 年	武钢 CSP 生产过程典型钢种氧化物夹杂行为研究	武汉钢铁（集团）公司
35	2012~2013 年	炼钢流程冷轧料夹杂物行为研究	德龙钢铁有限公司

附录2 蔡开科教授主要学术论文目录

[1] 蔡开科,薛德炎,姚锡仁. 热制无烟煤在化铁炉的应用 [J]. 北京钢铁学院学报,1960,03:23-33.
[2] 蔡开科. 连续铸锭结晶器传热 [J]. 北京钢铁学院学报,1980,01:22-36.
[3] 蔡开科. 镇静钢铝含量控制 [J]. 北京钢铁学院学报,1981,01:131-135.
[4] 蔡开科,张克强,李绍舜,陈襄武. 喷硅钙粉对镇静钢中 Al_2O_3 夹杂形态的控制 [J]. 特殊钢,1981,01:116-123.
[5] 蔡开科,吴元增. 连续铸锭板坯凝固传热数学模型 [J]. 北京钢铁学院学报,1982,03:1-11.
[6] 蔡开科. 连铸坯裂纹 [J]. 钢铁,1982,09:45-55.
[7] 蔡开科,刘凤云. 连铸坯凝固冷却过程的控制 [J]. 北京钢铁学院学报,1983,03:112-121.
[8] 蔡开科,吴元增. 连续铸锭板坯凝固传热数学模型 [J]. 金属学报,1983,01:115-122.
[9] 蔡开科,李绍舜,黎学玛,林小明. 连铸中间包钢水停留时间分布的模拟研究 [J]. 北京钢铁学院学报,1984,02:39-47.
[10] 蔡开科,侯小安,张克强,王浩,王宗义. 小方坯连铸机铸坯质量研究 [J]. 北京钢铁学院学报,1984,04:1-11.
[11] 蔡开科,刘凤荣. 连铸坯凝固冷却过程的控制 [J]. 金属学报,1984,03:252-260.
[12] 蔡开科. 钢锭凝固传热 [J]. 包钢科技,1984,01:33-47.
[13] 蔡开科,张克强,袁伟霞,李景元. 连铸二冷区喷嘴冷态特性的实验研究 [J]. 北京钢铁学院学报,1985,03:1-8.
[14] 蔡开科,张克强. 连铸二次冷却的控制 [J]. 冶金自动化,1985,04:8-14+64.
[15] 张克强,袁伟霞,蔡开科. 喷雾冷却传热研究 [J]. 金属学报,1985,06:77-82.
[16] 蔡开科,张克强,袁伟霞,李景元. 连铸二冷区喷嘴冷态特性的研究 [J]. 炼钢,1985,02:14-19.
[17] 蔡开科. 改善结构钢切削性能的新近发展 [J]. 特殊钢,1985,04:18-25.
[18] 蔡开科,邢文彬,李秀文,刘新华,章仲禹,风兆海,间守琏,李月林. 水平连铸圆坯非金属夹杂物的研究 [J]. 北京钢铁学院学报,1986,04:7-12.
[19] 蔡开科,邢文彬,张克强,李秀文,章仲禹,风兆海,间守琏,李月林. 水平连铸圆坯凝固特性研究 [J]. 钢铁,1986,11:18-22.
[20] 蔡开科,工利亚,李绍舜,曲英 水平连铸中间包流动特性的模拟研究 [J]. 北京钢铁学院学报,1987,03:1-7.
[21] 蔡开科,张克强. 方坯连铸二冷气水喷嘴的试验总结 [J]. 炼钢,1987,03:29-33.
[22] 蔡开科. 薄板坯连铸技术的发展 [J]. 炼钢,1987,04:54-59.
[23] 蔡开科,刘新华. 连铸坯大型夹杂物的研究 [J]. 金属学报,1987,03:291-292.
[24] 张克强,蔡开科. 连铸二冷传热系数测定仪的研制 [J]. 北京钢铁学院学报,1988,02:142-147.
[25] 张克强,蔡开科. 连铸二冷喷嘴传热系数测试技术 [J]. 冶金自动化,1988,02:25-29.
[26] 蔡开科. 连铸电磁搅拌理论 [J]. 炼钢,1988,03:30-35.
[27] 刘新华,蔡开科,张淑心,明水珍,韩秀英,曾少华. 钛稳定不锈钢连铸坯中的夹杂物 [J]. 北京科技大学学报,1989,02:111-116.
[28] 蔡开科,杨吉春. Investigation of Heat Transfer in the Spray Cooling of Continuous Casting [J]. 北京科技大学学报,1989,06:510-515.
[29] Тарасюк Л. И.,蔡开科,刘新华,曲英. Modification of Nonmetallic Inclusions in Steel with Yttrium

[J]. 北京科技大学学报, 1989, 06: 539-543.
- [30] 赵克文, 蔡开科, 刘新华. 含钛不锈钢保护渣氮化钛行为 [J]. 钢铁研究学报, 1989, 03: 21-28.
- [31] 杨吉春, 蔡开科. 不锈钢连铸二冷雾化冷却传热研究 [J]. 包头钢铁学院学报, 1989, 01: 69-76.
- [32] 赵克文, 蔡开科. 含 Ti 不锈钢中氮化钛夹杂的研究 [J]. 金属学报, 1989, 03: 79-84.
- [33] 杨吉春, 蔡开科. 不锈钢连铸板坯凝固传热数学模型 [J]. 化工冶金, 1989, 04: 84-89.
- [34] Zhao Kewen Cai Kaike. Tianium Nitride inclusions in Ti-Stabilized Stainless Steel [J]. Acta Metallurgica Sinica (English Edition), 1989, 12: 369-374.
- [35] 杨吉春, 蔡开科. 连铸二冷区喷雾冷却特性研究 [J]. 钢铁, 1990, 02: 9-12.
- [36] 刘新华, 蔡开科, 曾小平, 王砚铭. 超低头连铸板坯的夹杂物 [J]. 北京科技大学学报, 1991, S1: 42-49.
- [37] 刘新华, 蔡开科, 王兰香, 韩庆, 曾小平, 王砚铭, 曹广畴, 陈增琪. 超低头连铸板坯非金属夹杂物研究 [J]. 钢铁, 1991, 09: 25-28.
- [38] 刘佩勤, 蔡开科, 陈福在. 连铸钢包热循环模型研究 [J]. 炼钢, 1991, 04: 40-44+18.
- [39] 王学杰, 蔡开科, 党紫九, 刘青, 王光迪. 中碳钢的高温力学行为 [J]. 北京科技大学学报, 1992, 01: 28-33.
- [40] 杨吉春, 蔡开科, 王伟, 章忻宝, 周元明, 马樵. 连铸板坯二冷配水换型研究 [J]. 炼钢, 1992, 02: 16-24+30.
- [41] 刘佩勤, 蔡开科, 陈福在. 连铸钢包热循环模型研究 [J]. 化工冶金, 1992, 02: 103-110.
- [42] 孟志泉, 刘新华, 蔡开科, 王伟, 马樵, 周元明. 含钛不锈钢连铸板坯夹杂物的行为 [J]. 北京科技大学学报, 1993, 04: 337-342.
- [43] 蔡开科, 邵璐, 刘新华. 水平连铸凝固壳热应力模型研究 [J]. 钢铁研究学报, 1993, 02: 1-8.
- [44] 孟志泉, 刘新华, 蔡开科, 王伟, 马樵, 周元明. 含钛不锈钢连铸板坯夹杂物行为研究 [J]. 钢铁, 1993, 12: 33-36+41.
- [45] 韩郁文, 李建新, 刘新华, 蔡开科, 陈大慈, 温昌才, 崔广林, 田定宇. 连铸中间包钢液清洁度的研究 [J]. 钢铁, 1994, 07: 32-35.
- [46] 郭佳, 蔡开科. 板坯连铸结晶器铜板温度场研究 [J]. 炼钢, 1994, 03: 27-31.
- [47] 陈素琼, 蔡开科. 板坯连铸机二次冷却水的控制模型 [J]. 炼钢, 1994, 04: 30-35.
- [48] 蔡开科. 近终形连铸 (NearNetShapCasting) 技术的发展 [J]. 金属世界, 1994, 05: 12-13.
- [49] 蔡开科. 铸坯质量 (第一讲) 连铸坯凝固过程特点 [J]. 连铸, 1994, 01: 37-39+44.
- [50] 蔡开科. 铸坯质量 (第二讲) ——连铸坯凝固过程中裂纹的成因 [J]. 连铸, 1994, 02: 39-44.
- [51] 蔡开科. 碳钢凝固的包晶转变与连铸坯裂纹 [J]. 连铸, 1994, 03: 39-42.
- [52] 蔡开科. 铸坯质量 (第四讲) ——连铸坯裂纹与钢的高温性能 [J]. 连铸, 1994, 04: 42-45.
- [53] 蔡开科. 铸坯质量 (第五讲) 连铸坯清洁度的控制 [J]. 连铸, 1994, 05: 43-46+25.
- [54] 蔡开科. 铸坯质量 (第六讲) ——连铸坯偏析控制 [J]. 连铸, 1994, 06: 39-43.
- [55] 韩郁文, 李建新, 刘新华, 蔡开科, 陈大慈, 温昌才, 崔广林, 田定宇. 连铸中间罐钢液清洁度的研究 [J]. 连铸, 1994, 06: 9-13.
- [56] 吴冬梅, 刘新华, 蔡开科, 安连志. 带直立段弧形连铸机铸坯内弧夹杂物的聚集 [J]. 北京科技大学学报, 1995, 05: 407-411.
- [57] 蔡开科, 许中波, 曲英. 薄板坯连铸技术特点与发展 [J]. 中国冶金, 1995, 04: 37-42.
- [58] 郭佳, 吴钢玮, 蔡开科. 连铸板坯结晶器温度场数学模型 [J]. 钢铁, 1995, 04: 24-28.
- [59] 张立峰, 蔡开科. 连铸中间包钢液流动和夹杂的去除 [J]. 炼钢, 1995, 06: 43-48.
- [60] 金大中, 董金生, 陆连芳, 裴云毅, 蔡开科, 张立峰, 韩郁文, 刘新华. RH 处理对低碳铝镇静钢洁净度影响的研究 [J]. 钢铁, 1996, 01: 26-30.

[61] 杨素波，蔡开科，陈渝，韦世通，杜德信. 预测半钢冶炼条件下沸腾钢氧含量的数学模型 [J]. 化工冶金，1996，01：1-7.

[62] 董金生，金大中，黄尊贤，裴云毅，蔡开科，姚春利，韩传基，刘新华. 转炉—RH—连铸工艺过程中低碳铝镇静钢的清洁度 [J]. 钢铁研究学报，1996，03：1-4.

[63] 张立峰，吴巍，蔡开科. 洁净钢中杂质元素的控制 [J]. 炼钢，1996，05：36-42.

[64] 陈素琼，蔡开科. 板坯连铸机拉速优化控制模型 [J]. 钢铁，1997，08：19-22.

[65] 张立峰，许中波，蔡开科，张懋功，朱瑞杰. 连铸铝镇静钢时中间包钢水氧含量预测模型 [J]. 钢铁，1997，10：15-18.

[66] 张立峰，朱瑞杰，张懋功，蔡开科，朱立新，费惠春，张立，裴云毅. 立弯式连铸机铸坯表层夹杂物的行为 [J]. 化工冶金，1997，03：68-74.

[67] 姜伟明，罗传清，赵扬，黄长城，张立峰，王利来，张淑心，蔡开科. 15MnHP钢夹杂物行为研究 [J]. 钢铁研究，1997，04：6-10.

[68] 张立峰，许中波，靖雪晶，蔡开科，费惠春，朱立新，张立，裴云毅. RH真空处理过程中钢中氧含量预测模型 [J]. 化工冶金，1997，04：80-85.

[69] 张立峰，孙利顺，蔡开科，牟济宁，职建军，裴云毅. 中间包覆盖剂及内衬材料对钢水清洁度的影响 [J]. 炼钢，1997，03：46-50.

[70] 张立峰，蔡开科. 中间包冶金技术的发展 [J]. 炼钢，1997，04：40-43.

[71] 张立峰，蔡开科. 中间包结构对钢水清洁度的影响 [J]. 炼钢，1997，06：46-49.

[72] 张立峰，许中波，靖雪晶，蔡开科. IF钢中碳、氮含量的控制 [J]. 连铸，1997，06：35-39.

[73] 杨吉春，王清华，那树人，蔡开科，曲英. IF钢水炉外脱磷的实验研究 [J]. 包头钢铁学院学报，1997，04：254-258.

[74] 张立峰，蔡开科. 中间包冶金技术的发展 [J]. 华东冶金学院学报，1997，04：340-346.

[75] Zhang L, Cai K, Qu Ying. Inclusions Removel Mechanism in Liquid Steel of Continuous Casting Tundish [J]. Journal of University of Science and Technology Beijing (English Edition), 1997, 02: 26-30.

[76] Zhang Lifeng, Jing Xuejing, Li Jiying, Xu Zhongbo, Cai Kaike. Mathematical model of decarburization of ultra low carbon steel during RH treatment [J]. Journal of University of Science and Technology Beijing: Mineral Metallurgy Materials (English Edition), 1997, 04: 19-23.

[77] 费惠春，蒋晓放，职建军，郑建忠，牟济宁，张立峰，韩传基，许中波，蔡开科. 转炉→RH→连铸工艺生产超纯净钢 [A]. 1997中国钢铁年会论文集（下）[C]. 中国金属学会，1997：3.

[78] 张学辉，韩郁文，蔡开科，萧忠敏，孟凡钦，姜伟民. 16MnR钢夹杂物行为研究 [A]. 1997中国钢铁年会论文集（下）[C]. 中国金属学会，1997：4.

[79] 张立峰，靖雪晶，许中波，蔡开科，朱立新，费惠春，崔健，康复. RH真空处理生产超低碳钢时钢水脱碳的数学模型 [A]. 1997中国钢铁年会论文集（下）[C]. 中国金属学会，1997：5.

[80] 陈卫强，韩传基，许中波，蔡开科，陈荣奎，林武，陈卫金，葛惠宇. 连铸高碳钢方坯质量研究 [A]. 1997中国钢铁年会论文集（下）[C]. 中国金属学会，1997：5.

[81] 陈卫强，许中波，蔡开科，林武，葛惠宇. 连铸65钢方坯的质量 [J]. 北京科技大学学报，1998，02：103-107.

[82] 张学辉，韩郁文，蔡开科，萧忠敏，孟凡钦. 16MnR钢夹杂物的行为 [J]. 北京科技大学学报，1998，02：117-121.

[83] 李冀英，韩传基，蔡开科，杨素波，严学模. 连铸结晶器液面波动的模拟 [J]. 北京科技大学学报，1998，03：229-233.

[84] 李冀英，韩传基，蔡开科，杨素波，严学模. 阻流器流控装置下中间包内的流场 [J]. 北京科技大学学报，1998，04：316-320.

[85] 陈卫强，韩传基，蔡开科，陈荣奎，林武. 凝固模型在高碳钢方坯连铸中的应用 [J]. 化工冶金，1998，01：61-67.

[86] 张立峰，许中波，朱立新，蔡开科，费惠春，李亚松，汪锡章，牟济宁. 连铸中间包钢水的清洁度 [J]. 钢铁研究学报，1998，02：13-17.

[87] 张学辉，蔡开科，韩郁文，萧忠敏，孟凡钦，姜伟民. 16MnR 钢中大型夹杂物的来源和形成 [J]. 炼钢，1998，02：53-56.

[88] 陈卫强，韩传基，蔡开科，陈荣奎，林武，陈卫金，葛惠宇. 高碳钢方坯连铸凝固模型研究与应用 [J]. 连铸，1998，02：8-11.

[89] 靖雪晶，张立峰，蔡开科，朱立新，费惠春，崔健. RH 真空处理生产 IF 钢时脱碳行为的研究 [J]. 南方钢铁，1998，04：4-7+11.

[90] 蔡开科，许中波，曲英. 薄板坯连铸技术特点与发展（一）[J]. 冶金丛刊，1998，03：1-9+15.

[91] Zhang Xuehui, Han Yuwen, Cai Kaike, Xiao Zhongmin, Meng Fanqing. Behavior of Inclusions in Steel 16MnR [J]. Journal of University of Science and Technology Beijing (English Edition), 1998, 02: 99.

[92] 方东，刘中柱，蔡开科. RH 生产超低碳钢的工艺优化 [J]. 北京科技大学学报，1999，05：425-427+435.

[93] 逯洲威，蔡开科，张家泉. 薄板坯连铸液芯铸轧铸坯变形特点 [J]. 北京科技大学学报，1999，05：432-435.

[94] 韩传基，蔡开科，赵家贵，徐荣军，吴巍. 板坯连铸二冷区凝固传热过程与控制 [J]. 北京科技大学学报，1999，06：523-525.

[95] 吴巍，韩传基，蔡开科. 板坯连铸中间包流动控制及冶金效果研究 [J]. 钢铁，1999，10：14-15+23.

[96] 荆德君，刘中柱，蔡开科. 包晶相变对连铸坯初生坯壳凝固收缩的影响 [J]. 钢铁研究学报，1999，03：13-17.

[97] 刘中柱，蔡开科. 纯净钢及其生产技术 [J]. 中国冶金，1999，05：15-18+23.

[98] 刘中柱，蔡开科. 纯净钢及其生产技术（续）[J]. 中国冶金，1999，06：27-31.

[99] 韩志强，袁伟霞，韩传基，蔡开科. 连铸坯内裂纹形成的临界应变 [J]. 连铸，1999，05：22-24+30.

[100] 韩志强，袁伟霞，韩传基，蔡开科. 连铸坯内裂纹的形成与防止 [J]. 连铸，1999，06：10-15+18.

[101] Jing Dejun, Cai Kaike. Numerical simulation on irregular shrinkage of initial shell in continuous casting of steel [J]. Journal of University of Science and Technology Beijing: Mineral Metallurgy Materials (English Edition), 1999, 02: 103-106.

[102] Han Zhiqiang, Yuan Weixia, Cai Kaike. Model for diagnosing the formation of internal cracks in continuously cast slabs [J]. Journal of University of Science and Technology Beijing: Mineral Metallurgy Materials (English Edition), 1999, 04: 268-271.

[103] 张立峰，蔡开科. 连铸中间包钢水流动及夹杂物去除的研究 [A]. 1999 中国钢铁年会论文集（上）[C]. 中国金属学会，1999：7.

[104] 韩志强，袁伟霞，刘中柱，蔡开科. 连铸板坯应变分析模型 [A]. 1999 中国钢铁年会论文集（上）[C]. 中国金属学会，1999：5.

[105] 骆忠汉，蔡开科. 武钢第二炼钢厂钢水纯净度调查分析与改进对策 [A]. 1999 中国钢铁年会论文集（上）[C]. 中国金属学会，1999：6.

[106] 万晓光，刘中柱，蔡开科. Ar 气泡在连铸板坯结晶器中的行为 [A]. 第六届连续铸钢全国学术会议论文集 [C]. 中国金属学会连续铸钢分会，1999：5.

[107] 韩传基，许荣昌，蔡开科，刘新华，申亚曦. 在线检测非金属夹杂物的方法 [J]. 北京科技大学学报，2000，03：209-211.

[108] 逯洲威, 蔡开科. 薄板坯连铸液芯铸轧过程铸坯的应力应变分析 [J]. 北京科技大学学报, 2000, 04: 303-306.

[109] 荆德君, 蔡开科. 连铸结晶器内铸坯温度场和应力场耦合过程数值模拟 [J]. 北京科技大学学报, 2000, 05: 417-421.

[110] 韩志强, 蔡开科. 微观偏析模型在碳钢内裂纹敏感性分析中应用 [J]. 北京科技大学学报, 2000, 05: 442-446.

[111] 刘中柱, 蔡开科. 纯净钢生产技术 [J]. 钢铁, 2000, 02: 66-71.

[112] 李扬洲, 张大德, 赵克文, 李茂林, 蔡开科, 董履仁. 高速板坯连铸的钢水净化技术及效果[J]. 钢铁, 2000, 08: 21-23+33.

[113] 万晓光, 韩传基, 蔡开科, 杨素波, 严学模, 顾武安. 连铸板坯结晶器浸入式水口试验研究[J]. 钢铁, 2000, 09: 20-23.

[114] 荆德君, 蔡开科. 连铸结晶器内热-力耦合状态有限元模拟 [J]. 金属学报, 2000, 04: 403-406.

[115] 逯洲威, 蔡开科. 薄板坯连铸液芯铸轧过程的三维有限元分析 [J]. 金属学报, 2000, 07: 757-760.

[116] 韩志强, 蔡开科. 连铸坯中微观偏析的模型研究 [J]. 金属学报, 2000, 08: 869-873.

[117] 魏军, 刘中柱, 蔡开科, 刘会圈. 炼钢—精炼—连铸工艺生产高碳钢的质量控制 [J]. 炼钢, 2000, 03: 46-51.

[118] 赵家贵, 屈秀黎, 蔡开科, 韩传基. 板坯连铸机二冷水控制模型与应用 [J]. 冶金自动化, 2000, 03: 34-36.

[119] 胡勤东, 蔡开科. 高拉速小方坯铸坯中夹杂物分析 [J]. 山东冶金, 2000, 05: 43-46.

[120] Han Zhiqiang, Su Junyi, Cai Kaike. Mathematical model for predicting shrinkage defect of ductile iron castings [J]. Journal of University of Science and Technology Beijing: Mineral Metallurgy Materials (English Edition), 2000, 01: 24-29.

[121] Zhang Lifeng, Taniguchi Shoji, Cai Kaike. Fluid flow and inclusion removal in continuous casting tundish [J]. Metallurgical and Materials Transactions B: Process Metallurgy and Materials Processing Science, 2000, 02: 253-266.

[122] 胡勤东, 蔡开科. 高拉速小方坯铸坯中夹杂物行为 [J]. 钢铁, 2001, 03: 23-25.

[123] 刘中柱, 蔡开科. LD—RH—CC 工艺生产低碳铝镇静钢清洁度的研究 [J]. 钢铁, 2001, 04: 23-26.

[124] 张爱民, 李建民, 杨宪礼, 关凤纯, 蔡开科. 连铸板坯中夹杂物的行为研究 [J]. 钢铁, 2001, 11: 22-24.

[125] 韩志强, 蔡开科. 连铸坯内裂纹形成条件的评述 [J]. 钢铁研究学报, 2001, 01: 68-72.

[126] 蔡开科. 连铸技术的进展（一）[J]. 炼钢, 2001, 01: 7-12.

[127] 蔡开科. 连铸技术的进展（二）[J]. 炼钢, 2001, 02: 1-5+23.

[128] 袁伟霞, 韩志强, 蔡开科, 马勤学, 盛喜松, 刘成信. 连铸板坯凝固过程应变及内裂纹研究[J]. 炼钢, 2001, 02: 48-51.

[129] 蔡开科. 连铸技术的进展（续完）[J]. 炼钢, 2001, 03: 6-14+23.

[130] 艾立群, 蔡开科. RH 处理过程钢液脱硫 [J]. 炼钢, 2001, 03: 53-57.

[131] 杨吉春, 郭殿锋, 孟志泉, 蔡开科. M-IEMS 对重轨钢连铸大方坯质量的改善 [J]. 炼钢, 2001, 06: 25-27+30.

[132] 杨吉春, 王磊, 蔡开科, 郭殿锋. 用 M-IEMS 改善重轨钢大方坯中心碳偏析和组织 [J]. 包头钢铁学院学报, 2001, 02: 125-129.

[133] Han Zhiqiang, Cai Kaike, Liu Baicheng. Prediction and analysis on formation of internal cracks in continuously cast slabs by mathematical models [J]. ISIJ International, 2001, 12: 1473-1480.

[134] Lu Zhouwei, Cai Kaike, Zhang Jiaquan. Principles in cast rolling with liquid core of thin slab continuous

casting [J]. Metallurgical and Materials Transactions B. , 2001, 06: 464.

[135] Han Zhiqiang, Cai Kaike, Liu Baicheng. Prediction and analysis on formation of internal cracks in continuously cast slabs by mathematical models [J]. ISIJ International, 2001, 12: 1473-1480.

[136] Lu Z W, Cai K K, Zhang J Q. Principles in cast rolling with liquid core of thin slab continuous casting [J]. Metallurgical and Materials Transactions B- Process Metallurgy and Materials Processing Science, 2001, 03: 459-464.

[137] 关凤纯, 韩传基, 蔡开科, 杨宪礼, 张爱民, 李建民. 转炉—钢包吹氩—连铸工艺生产板坯洁净度的研究 [A]. 2001 中国钢铁年会论文集（上卷）[C]. 中国金属学会, 2001: 4.

[138] 张温永, 陈卫强, 蔡开科. 转炉采用脱磷铁水冶炼不锈钢工艺技术分析 [A]. 2001 中国钢铁年会论文集（上卷）[C]. 中国金属学会, 2001: 5.

[139] 汪明东, 杨素波, 宋国菊, 赵克文, 艾立群, 蔡开科. RH 生产超低碳钢工艺优化 [A]. 2001 中国钢铁年会论文集（上卷）[C]. 中国金属学会, 2001: 5.

[140] 李国宝, 骆忠汉, 刘良田, 袁伟霞, 曾彤, 刘中柱, 蔡开科. 冷轧硅钢表面缺陷形成原因研究 [A]. 2001 中国钢铁年会论文集（下卷）[C]. 中国金属学会, 2001: 5.

[141] 曲英, 蔡开科. 钢铁工业环境意识的评论 [J]. 中国冶金, 2002, 04: 25-28.

[142] 曲英, 蔡开科. 关于钢铁工业环境意识的评论（续）[J]. 中国冶金, 2002, 05: 26-29.

[143] 张彩军, 蔡开科, 袁伟霞, 余志祥. 管线钢的性能要求与炼钢生产特点 [J]. 炼钢, 2002, 05: 40-46.

[144] 张彩军, 王琳, 蔡开科, 袁伟霞, 余志祥, 刘振清, 邹阳. 非稳态浇铸对钢水洁净度的影响 [J]. 特殊钢, 2002, 06: 46-48.

[145] 姚书芳, 王自东, 吴春京, 蔡开科, 谢建新, 毛磊, 韩鹏彪. 新型金属材料及其加工技术的研究进展 [J]. 材料导报, 2002, 05: 5-7.

[146] Liu Zhongzhu, Gu Kejing, Cai Kaike. Mathematical model of sulfide precipitation on oxides during solidification of Fe-Si alloy [J]. ISIJ International, 2002, 09: 950-957.

[147] Liu Zhongzhu, Jun Wei, Cai Kaike. A coupled mathematical model of microsegregation and inclusion precipitation during solidification of silicon steel [J]. ISIJ International, 2002, 09: 958-963.

[148] Ai Liqun, Cai Kaike, Wang Mingdong, Yang Subo. Optimum process of RH-MFB refining for ultra-low carbon steel [J]. Journal of University of Science and Technology Beijing: Mineral Metallurgy Materials (English Edition), 2002, 05: 329-333.

[149] Zhang Caijun, Wang Lin, Cai Kaike, Yuan Weixia, Yu Zhixiang, Zou Yang. Influence of flow control devices on metallurgical effects in a large-capacity tundish [J]. Journal of University of Science and Technology Beijing: Mineral Metallurgy Materials (English Edition), 2002, 06: 412-416.

[150] Liu Zhongzhu, Gu Kejing, Cai Kaike. Mathematical model of sulfide precipitation on oxides during solidification of Fe-Si alloy [J]. ISIJ International, 2002, 09: 950-957.

[151] Zhang Lifeng, Thomas Brian G, Wang Xinhua, Cai Kaike. Evaluation and control of steel cleanliness-review [J]. Steelmaking Conference Proceedings, 2002, 85: 431-452.

[152] Liu Zhongzhu, Wei Jun, Cai Kaike. A coupled mathematical model of microsegregation and inclusion precipitation during solidification of silicon steel [J]. ISIJ International, 2002, 09: 958-963.

[153] 顾克井, 魏军, 蔡开科, 王春怀. 72A 钢非金属夹杂物行为 [J]. 北京科技大学学报, 2003, 01: 26-29.

[154] 樊晨, 刘中柱, 蔡开科, 刘石虹, 梁玫, 巩飞, 刘瑞宁. BOF—LF—CC 工艺生产 45 号钢钢水洁净度的研究 [J]. 钢铁, 2003, 03: 18-20.

[155] 张彩军, 郭艳永, 蔡开科, 袁伟霞, 余志祥, 邹阳, 袁凡成, 汪小川. 管线钢连铸坯洁净度研究 [J]. 钢铁, 2003, 05: 19-21.

[156] 杨吉春, 蔡开科, 郭殿锋, 孟志泉. 跨结晶器电磁搅拌器对重轨钢大方坯中心偏析的改善 [J].

钢铁, 2003, 12: 16-19.
[157] 田志红, 艾立群, 蔡开科. 超低磷钢生产技术 [J]. 炼钢, 2003, 06: 13-18.
[158] 韩传基, 武小林, 蔡开科, 王三忠, 刘国林, 史学玉. 矩形铸坯凝固传热数学模型的研究与应用 [J]. 连铸, 2003, 01: 26-28.
[159] 杨吉春, 蔡开科, 郭殿锋, 孟志泉. 结晶器电磁搅拌对重轨钢大方坯中心碳偏析的影响 [J]. 特殊钢, 2003, 03: 6-8.
[160] 李翔, 顾克井, 康永林, 于浩, 王克鲁, 蔡开科. 控轧控冷工艺参数对 Nb 微合金化高碳钢组织的影响 [J]. 特殊钢, 2003, 04: 9-12.
[161] 蔡开科. 连铸二冷区凝固传热及冷却控制 [J]. 河南冶金, 2003, 01: 3-7.
[162] 蔡开科, 张立峰, 刘中柱. 纯净钢生产技术及现状 [J]. 河南冶金, 2003, 03: 3-10.
[163] 蔡开科, 张立峰, 刘中柱. 纯净钢生产技术及现状 [J]. 河南冶金, 2003, 04: 3-8.
[164] Yao Shufang, Mao Weimin, Zhong Xueyou, Cai Kaike, Wang Zidong, Mao Lei, Yang Juxiang. Application of CX-type modifiers in Al-Si alloys [J]. Journal of University of Science and Technology Beijing: Mineral Metallurgy Materials (English Edition), 2003, 02: 34-38.
[165] 顾克井, 魏军, 韩传基, 蔡开科, 马明胜, 田勇, 张长平, 任培东. 酒钢连铸焊丝钢夹杂物控制技术 [A]. 2003 中国钢铁年会论文集 (3) [C]. 中国金属学会, 2003: 3.
[166] 田志红, 艾立群, 蔡开科, 石洪志, 王涛, 郑建忠, 朱立新. 用 CaO 系渣进行钢水炉外深脱磷的研究 [A]. 2003 中国钢铁年会论文集 (3) [C]. 中国金属学会, 2003: 4.
[167] 张彩军, 郭艳勇, 蔡开科, 袁伟霞. 建筑结构用 Q345D 级钢的洁净度水平研究 [A]. 2003 中国钢铁年会论文集 (3) [C]. 中国金属学会, 2003: 4.
[168] 姚书芳, 刘玉敏, 孙业海, 王自东, 蔡开科, 曾世林, 梁建强, 陆兵, 钟光. 锰硅铁合金连续铸造技术研究 [A]. 第三届有色合金及特种铸造国际会议论文集 [C]. 中国铸造协会, 2003: 6.
[169] 蔡开科. 连铸坯裂纹控制 [A]. 板坯连铸技术研讨会论文汇编 [C]. 中国金属学会连铸分会、济南钢铁集团总公司, 2003: 12.
[170] 蔡开科. 连铸过程钢中非金属夹杂物控制 [A]. 方坯连铸机提高生产力和铸坯质量技术研讨会资料汇编 [C]. 中国金属学会连铸分会、福建三钢集团公司, 2003: 28.
[171] 蔡开科. 转炉—精炼—连铸过程钢中氧的控制 [J]. 钢铁, 2004, 08: 49-57.
[172] 史学玉, 李太全, 岳峰, 和安东, 蔡开科, 韩传基. 二冷配水模型在矩形坯连铸机上的应用 [J]. 连铸, 2004, 05: 18-19+27.
[173] 李翔, 康永林, 顾克井, 魏军, 陈银莉, 蔡开科. 铌微合金化高碳钢的连续冷却转变 [J]. 钢铁研究学报, 2004, 03: 44-48.
[174] 田志红, 艾立群, 蔡开科, 石洪志, 王涛, 郑建忠, 朱立新. 用 CaO-CaF$_2$-FeO 系渣进行钢水深脱磷 [J]. 钢铁研究学报, 2004, 05: 23-27.
[175] 蔡开科. 连铸技术发展 [J]. 山东冶金, 2004, 01: 1-9.
[176] 蔡开科. 连铸坯表面裂纹的控制 [J]. 鞍钢技术, 2004, 03: 1-8.
[177] 杨吉春, 郭殿锋, 蔡开科, 孟志泉. 跨结晶器电磁搅拌对大方坯质量改善效果的评析 [J]. 包头钢铁学院学报, 2004, 01: 8-11+28.
[178] Zhang Lifeng, Yang S, Wang Xinhua, Cai Kaike, Li Jiying, Wan Xiaoguang, Thomas Brian G. Physical, numerical and industrial investigation of fluid flow and steel cleanliness in the continuous casting mold at panzhihua steel [J]. AISTech 2004-Iron and Steel Technology Conference Proceedings, 2004, 02: 879-894.
[179] Tian Zhihong, Guo Yanyong, Cai Kaike, Ai Liqun, Shi Huien. Kinetic study on deep dephosphorization treatment of liquid steel by BaO-based fluxes [J]. Journal of University of Science and Technology Beijing: Mineral Metallurgy Materials (English Edition), 2004, 06: 494-499.

[180] 郭艳永, 蔡开科. 冷轧无取向硅钢中微细夹杂物的研究 [A]. 2004 年全国冶金物理化学学术会议专辑 [C]. 中国自然科学基金委员会工程与材料学部、中国有色金属学会冶金物理化学学术委员会、中国金属学会冶金物理化学学术委员会、中国稀土学会, 2004: 5.

[181] 顾克井, 虞海燕, 田勇, 任培东, 魏军, 康永林, 蔡开科. 微合金高碳硬线钢的研制 [A]. 2004 年全国炼钢、轧钢生产技术会议文集 [C]. 中国金属学会, 2004: 6.

[182] 刘学华, 黄社清, 宋超, 孙维, 蔡开科. 小方坯连铸低碳低硅高酸溶冷镦钢质量研究 [A]. 2004 年全国炼钢、轧钢生产技术会议文集 [C]. 中国金属学会, 2004: 9.

[183] 蔡开科. 连铸坯热装热送技术 [A]. 无缺陷铸坯及热送热装工艺技术研讨会论文汇编 [C]. 昆明钢铁股份有限公司、中国金属学会连续铸钢分会, 2004: 12.

[184] 蔡开科. 不锈钢连铸工艺与铸坯质量 [A]. 提高连铸坯质量技术研讨会论文汇编 [C]. 中国金属学会连续铸钢分会、太钢集团技术中心, 2004: 20.

[185] 田志红, 孔祥涛, 蔡开科, 王新华, 王涛, 石洪志, 朱立新. BaO-CaO-CaF$_2$ 系渣用于钢液深脱磷能力 [J]. 北京科技大学学报, 2005, 03: 294-297.

[186] 郭艳永, 蔡开科, 骆忠汉, 刘良田, 柳志敏. 钙处理对冷轧无取向硅钢磁性的影响 [J]. 北京科技大学学报, 2005, 04: 427-430+452.

[187] 刘学华, 韩传基, 蔡开科, 宋超, 茆勇, 孙维, 张建平. 小方坯连铸低碳低硅铝镇静钢可浇性 [J]. 北京科技大学学报, 2005, 04: 431-435.

[188] 魏军, 严国安, 田志红, 黄冬华, 蔡开科. CSP 低碳铝镇静钢水可浇性控制 [J]. 北京科技大学学报, 2005, 06: 666-670.

[189] 郭艳永, 柳向春, 蔡开科, 刘良田, 骆忠汉, 柳志敏. BOF—RH—CC 工艺生产无取向硅钢过程中夹杂物行为的研究 [J]. 钢铁, 2005, 04: 24-27.

[190] 杨阿娜, 刘学华, 蔡开科. 炼钢过程钢中氧的控制 [J]. 钢铁研究学报, 2005, 03: 21-25.

[191] 刘学华, 茆勇, 宋超, 孙维, 张建平, 杨阿娜, 蔡开科. BOF—LF—CC 工艺生产冷镦钢纯净度的研究 [J]. 钢铁, 2005, 02: 27-30.

[192] 魏军, 赵国燕, 蔡开科, 周应超, 吕建权, 高永平. 邯钢 CSP 低碳铝镇静钢非金属夹杂物行为研究 [J]. 钢铁, 2005, 06: 30-32.

[193] 顾克井, 魏军, 虞海燕, 任培东, 蔡开科. 微合金高碳硬线钢的研制 [J]. 钢铁, 2005, 11: 24-26.

[194] 李希胜, 林颖, 韩传基, 赵家贵, 蔡开科. 矩形坯连铸机二冷自动配水系统 [J]. 矿冶, 2005, 02: 79-81+20.

[195] 李桂军, 张桂芳, 陈永, 赵国燕, 蔡开科. 连铸钢水过热度对大方坯凝固的影响 [J]. 钢铁钒钛, 2005, 01: 1-4.

[196] 杨勇, 宋波, 姜钧普, 蔡开科, 杨素波, 文永才. CaO-SiO$_2$-Al$_2$O$_3$-MgO-V$_2$O$_5$ 渣系中钒还原动力学研究 [J]. 钢铁钒钛, 2005, 04: 1-6.

[197] Tian Zhihong, Jiang Junpu, Cai Kaike, Wang Xinhua, Zhu Lixin, Yin Xiaodong, Shi Hongzhi. Effects of oxygen potential and flux composition on dephosphorization and rephosphorization of molten steel [J]. Journal of University of Science and Technology Beijing: Mineral Metallurgy Materials (English Edition), 2005, 05: 394-399.

[198] Wei Jun, Tian Zhihong, Zhang Lifeng, Cai Kaike, Zhou Yingchao, Wei Zukang, Lu Jianquan. Inclusions in the low carbon al-killed steel produced by a CSP thin slab casting process at handan steel [J]. AISTech - Iron and Steel Technology Conference Proceedings, AISTech 2005, 02: 585-592.

[199] 吴凯, 刘青, 韩传基, 蔡开科. RH-MFB 精炼钢水温度预测模型研究 [A]. 2005 年"冶金工程科学论坛"论文集 [C]. 北京科技大学冶金与生态工程学院, 2005: 5.

[200] 柳向椿，赵国燕，蔡开科，何矿年，曾令宇，张志明，廖卫团．钢中碳含量对连铸板坯纵裂纹的影响［A］．2005 年"冶金工程科学论坛"论文集［C］．北京科技大学冶金与生态工程学院，2005：5.

[201] 赵国燕，李桂军，包燕平，柳向椿，蔡开科．连铸大方坯轻压下内裂纹趋势预报［A］．2005 年"冶金工程科学论坛"论文集［C］．北京科技大学冶金与生态工程学院，2005：5.

[202] 成小军，周春泉，蔡开科，孙彦辉．CSP 板卷边部裂纹影响因素分析［A］．薄板坯连铸连轧技术交流与开发协会第三次技术交流会论文集［C］．中国金属学会，2005：6.

[203] 陈志凌，徐少平，李万国，程子键，成东全，杨晓强，蔡开科，韩传基．酒钢板坯连铸二冷动态配水设计与实践［A］．连铸二次冷却技术交流会论文汇编［C］．中国金属学会连续铸钢分会、中冶连铸工程技术股份有限公司，2005：8.

[204] 张立峰，蔡开科，郑建忠，蒋晓放，职建军，朱立新，崔健．RH 真空处理过程中钢水的清洁度［A］．2005 中国钢铁年会论文集（第 3 卷）［C］．中国金属学会，2005：10.

[205] 张立峰，蔡开科，朱立新，阮晓明，职建军，蒋晓放，牟济宁，崔健．渣相对低碳铝镇静钢钢水清洁度影响的定量研究［A］．2005 中国钢铁年会论文集（第 3 卷）［C］．中国金属学会，2005：10.

[206] 魏军，田志红，蔡开科，周英超，吕建权，魏祖康．CSP 连铸薄板坯中非金属夹杂物行为研究［A］．2005 中国钢铁年会论文集（第 3 卷）［C］．中国金属学会，2005：10.

[207] 蔡开科，韩传基．连铸二冷传热与控制［A］．连铸二次冷却技术交流会论文汇编［C］．中国金属学会连续铸钢分会、中冶连铸工程技术股份有限公司，2005：12.

[208] 韩传基，刘青，吴凯，蔡开科．RH-MFB 精炼过程中钢水温度预测模型［J］．北京科技大学学报，2006，03：248-252.

[209] 杨素波，罗泽中，蔡开科，姜钧普，宋波．钒在铁液和转炉渣间分配的热力学研究［J］．钢铁，2006，03：36-38.

[210] 吴光亮，孙彦辉，周春泉，蔡开科，李正邦．CSP 板坯（Q235B）高温力学性能试验研究［J］．钢铁，2006，05：73-77.

[211] 李桂军，魏军，蔡开科，周英超，吕建权．CSP 连铸薄板坯中非金属夹杂物行为研究［J］．钢铁，2006，07：37-40.

[212] 张彩军，蔡开科，袁伟霞．管线钢硫化物夹杂及钙处理效果研究［J］．钢铁，2006，08：31-33.

[213] 秦哲，严国安，孙彦辉，许中波，蔡开科．硫含量对中碳结构钢高温塑性的影响［J］．钢铁，2006，12：33-35.

[214] 赵长亮，孙彦辉，田志红，蔡开科．CSP 生产 Q235B 钢的热塑性研究［J］．连铸，2006，05：1-3.

[215] 韩传基，艾立群，朱立新，蔡升科，王新华．RH-MFB 二次精炼过程钢水温度控制的模拟［J］．特殊钢，2006，01：18-20.

[216] 孙彦辉，赵长亮，成小军，吴光亮，周春泉，蔡开科．Q235B 薄板坯高温塑性的研究［J］．特殊钢，2006，02：28-30.

[217] 孙彦辉，赵长亮，孟征兵，蔡开科，成小军，吴光亮，周春泉．CSP 工艺生产热轧板卷边裂的分析和控制［J］．特殊钢，2006，04：47-49.

[218] 张彩军，蔡开科，袁伟霞．管线钢生产中 LF 精炼炉的冶金效果分析［J］．钢铁钒钛，2006，02：48-51.

[219] 张彩军，朱立光，蔡开科，袁伟霞．LF 精炼渣脱硫的理论与工业试验研究［J］．河南冶金，2006，04：9-10+33.

[220] Han Chuanji, Ai Liqun, Liu Bosong, Zhang Jun, Bao Yanping, Cai Kaike. Decarburization mechanism of RH-MFB refining process [J]. Journal of University of Science and Technology Beijing: Mineral Metallurgy Materials (English Edition), 2006, 03: 218-221.

[221] Li Guijun, Zhang Kaijian, Han Chuanji, Chen Yong, Zhao Guoyan, Cai Kaike. SMART/ASTC dynam-

ic soft reduction technology and its application on the bloom continuous caster at Pangang [J]. Journal of University of Science and Technology Beijing: Mineral Metallurgy Materials (English Edition), 2006, 02: 121-124.

[222] 魏军, 田志红, 蔡开科, 周英超, 魏祖康, 吕建权. CSP 连铸薄板坯中非金属夹杂物行为研究 [A]. 2006 年薄板坯连铸连轧国际研讨会论文集 [C]. 中国金属学会, 2006: 10.

[223] 蔡开科, 韩传基, 孙彦辉. 连铸坯裂纹控制 [A]. 板坯连铸技术交流会论文汇编 [C]. 中国金属学会连铸分会、梅钢股份公司, 2006: 15.

[224] 赵长亮, 孙彦辉, 田志红, 蔡开科, 刘建华, 成小军, 吴光亮, 周春泉. CSP 热轧板卷边部裂纹成因 [J]. 北京科技大学学报, 2007, 05: 499-503.

[225] 严国安, 秦哲, 田志红, 孙彦辉, 蔡开科. 中碳钙硫易切削钢夹杂物形态控制 [J]. 北京科技大学学报, 2007, 07: 685-688.

[226] 魏军, 孙彦辉, 蔡开科, 周英超, 魏祖康. CSP 结晶器 EMBr 的冶金效果和流场理论分析 [J]. 钢铁, 2007, 08: 32-35.

[227] 孙彦辉, 韦耀环, 蔡开科, 何矿年, 肖寄光. 宽板坯连铸结晶器内卷渣现象试验研究 [J]. 钢铁, 2007, 11: 31-33+52.

[228] 蔡开科, 孙彦辉, 秦哲. 浇注过程中间包水口堵塞现象 [J]. 连铸, 2007, 06: 1-6.

[229] 韩传基, 刘柏松, 艾立群, 朱立新, 黄宗泽, 蔡开科. RH-MFB 精炼过程脱碳数学模型及工艺研究 [J]. 钢铁研究学报, 2007, 04: 17-21+89.

[230] 孙彦辉, 赵长亮, 蔡开科, 成小军, 周春泉, 吴光亮. CSP 板卷边部裂纹影响因素分析 [J]. 钢铁研究学报, 2007, 04: 39-43.

[231] 杜鹃, 韩传基, 蔡开科. 基于最小二乘支持向量机的结晶器液面预测控制 [J]. 钢铁研究学报, 2007, 08: 24-27.

[232] Zhang Lifeng, Yang Subo, Cai Kaike, Li Jiying, Wan Xiaoguang, Thomas Brian G. Investigation of fluid flow and steel cleanliness in the continuous casting strand [J]. Metallurgical and Materials Transactions B: Process Metallurgy and Materials Processing Science, 2007, 01: 63-83.

[233] 蔡开科. 浇注过程钢水二次氧化 [A]. 第八届全国连铸学术会议论文集 [C]. 中国金属学会连铸分会, 2007: 16.

[234] 赵长亮, 孙彦辉, 蔡开科, 杨素波, 陈永, 李桂军, 顾武安. 连铸板坯表层网状裂纹的成因研究 [A]. 第八届全国连铸学术会议论文集 [C]. 中国金属学会连铸分会, 2007: 7.

[235] 韦耀环, 孙彦辉, 蔡开科, 何矿年, 肖寄光, 廖卫团. 宽板坯连铸结晶器工艺参数优化水模拟试验研究 [A]. 第八届全国连铸学术会议论文集 [C]. 中国金属学会连铸分会, 2007: 4.

[236] 孙彦辉, 韦耀环, 蔡开科, 何矿年, 肖寄光, 廖卫团. 宽板坯连铸结晶器内流动形态试验研究 [A]. 连铸自动化技术研讨会论文集 [C]. 中国金属学会连续铸钢分会, 2007: 4.

[237] 蔡开科, 秦哲, 孙彦辉. BOF—LF—CC 生产特殊钢连铸坯质量控制 [A]. 特钢连铸技术研讨会论文集 [C]. 中国金属学会连续铸钢分会, 2007: 28.

[238] 蔡开科, 孙彦辉. 钢中非金属夹杂物检测技术 [A]. 连铸坯质量检验技术研讨会论文集 [C]. 中国金属学会连续铸钢分会, 2007: 18.

[239] 孙彦辉, 蔡开科, 赵长亮. 非稳态浇注操作对连铸坯洁净度影响 [J]. 钢铁, 2008, 01: 22-25.

[240] 蔡开科, 孙彦辉, 秦哲. BOF—LF—CC 生产特殊钢连铸坯质量控制 [J]. 炼钢, 2008, 03: 1-6+16.

[241] 蔡开科, 孙彦辉, 秦哲. 中间包钢水流动控制的冶金效果 [J]. 连铸, 2008, 03: 1-4.

[242] 孙彦辉, 赵长亮, 蔡开科, 杨素波, 陈永, 李桂军, 顾武安. 连铸板坯表层网状裂纹的成因研究 [J]. 中国冶金, 2008, 04: 15-20.

[243] 倪有金, 赵晶, 孙彦辉, 许中波, 蔡开科. SS400 钢薄板坯高温塑性研究 [J]. 连铸, 2008, 05: 33-37.

[244] 陈永，赵长亮，孙彦辉，蔡开科．连铸板坯网状裂纹成因及影响因素的研究［J］．钢铁钒钛，2008，01：17-22．

[245] 张彩军，高爱民，蔡开科．管线钢夹杂物变性的理论与实验研究［J］．过程工程学报，2008，S1：171-175．

[246] 蔡开科，秦哲，孙彦辉．连铸坯凝固过程坯壳变形与铸坯裂纹控制［A］．2008年连铸设备技术交流会论文集［C］．中国金属学会连铸分会，2008：25．

[247] 蔡开科，孙彦辉，倪有金．不锈钢铸坯质量控制［A］．2008年不锈钢连铸技术交流会论文集［C］．中国金属学会连续铸钢分会，2008：22．

[248] 蔡开科，孙彦辉，倪有金．炼钢—精炼—连铸钢中夹杂物控制［A］．品种钢连铸坯质量控制技术研讨会论文集［C］．本溪钢铁集团公司、中国金属学会连续铸钢分会，2008：44．

[249] 张彩军，高爱民，蔡开科．管线钢夹杂物变性的理论与实验研究［A］．2008年全国冶金物理化学学术会议论文集［C］．国家自然科学基金委员会工程与材料学部、中国有色金属学会冶金物理化学学术委员会、中国金属学会冶金物理化学分会、中国稀土学会，2008：5．

[250] 蔡开科，孙彦辉，倪有金．连铸坯凝固结构的形成与控制［A］．第五期连铸电磁搅拌技术学习研讨班论文集［C］．中国金属学会连续铸钢分会，2008：33．

[251] 孙彦辉，倪有金，许中波，蔡开科，常崇民，马明胜，杜昕，靳旭冉．CSP中碳钢薄板坯表面纵裂纹［A］．第四届发展中国家连铸国际会议论文集［C］．中国金属学会，2008：10．

[252] 孙彦辉，倪有金，许中波，蔡开科．中碳钢高温力学和冶金行为［J］．北京科技大学学报，2009，06：708-713．

[253] 张琳，孙彦辉，朱进锋，许中波，蔡开科．RH精炼过程钢液流动数值模拟和应用［J］．北京科技大学学报，2009，07：821-825．

[254] 孙彦辉，张琳，倪有金，许中波，蔡开科．RH处理超低碳铝镇静钢的总氧预测模型及应用［J］．北京科技大学学报，2009，08：974-977+1012．

[255] 蔡开科．转炉冶炼低碳钢终点氧含量控制［J］．钢铁，2009，05：27-31．

[256] 徐涛，孙彦辉，许中波，蔡开科，王海涛．钢帘线盘条中夹杂物形态和成分的调查［J］．炼钢，2009，02：52-55．

[257] 徐涛，孙彦辉，许中波，蔡开科．SPHC钢LF精炼过程钢水增硅分析［J］．钢铁，2009，06：28-31．

[258] 秦哲，孙彦辉，蔡开科．改善45结构钢切削性能的研究［J］．钢铁，2009，08：24-28．

[259] 秦哲，孙彦辉，成国光，蔡开科．RH处理超低碳钢中总氧含量预报模型［J］．钢铁，2009，11：35-40．

[260] 莫志英，王淼，秦哲，孙彦辉，成国光，蔡开科．RH处理超低碳钢中总氧含量的控制［J］．炼钢，2009，06：46-49．

[261] 蔡开科，秦哲，孙彦辉．连铸圆坯质量控制［A］．圆坯大方坯连铸技术论文集［C］．中国金属学会连续铸钢分会、中冶京诚工程技术有限公司、中冶京诚营口装备有限公司，2009：28．

[262] 蔡开科，秦哲，孙彦辉．BOF—LF—CC生产特殊钢连铸坯的质量控制［A］．2009年河北省冶金学会炼钢—连铸技术与学术年会论文集［C］．河北省冶金学会，2009：10．

[263] 孙彦辉，赵晓亮，王龙岗，蔡开科．含钛微合金钢SAPH440高温热塑性研究［J］．连铸，2010，02：4-8．

[264] 倪有金，庞炜光，孙彦辉，蔡开科．包晶钢板坯表面纵裂纹的形成与防止［J］．连铸，2010，04：1-12．

[265] 孙彦辉，王小松，许中波，蔡开科，王春锋，刘良田．高铝钢钙处理工艺热力学研究［J］．北京科技大学学报，2011，S1：121-125．

[266] 蔡开科，孙彦辉，韩传基．连铸坯质量控制零缺陷战略［J］．连铸，2011，S1：288-298．

[267] 孙彦辉，钱宇婧，李啸磊，蔡开科．低碳低硅铝镇静钢LF顶渣硫分配比预报模型［J］．特殊钢，2011，02：1-4．

[268] 李啸磊, 孙彦辉, 钱宇婧, 秦哲, 蔡开科. 深冲钢生产工艺优化研究 [A]. 第十六届全国炼钢学术会议论文集 [C]. 中国金属学会炼钢分会, 2011: 7.

[269] 蔡开科, 孙彦辉, 韩传基. 连铸坯质量控制零缺陷战略 [A]. 2011年第九届全国连铸学术会议论文集 [C]. 中国金属学会连续铸钢分会, 2011: 11.

[270] 蔡开科, 孙彦辉, 田志红. 炼钢—精炼—连铸过程钢水超纯净度控制战略 [J]. 中国冶金, 2012, 04: 1-7+12.

[271] 曾亚南, 孙彦辉, 蔡开科. 微合金钢凝固前沿脆性区溶质的偏析特性 [J]. 钢铁, 2012, 12: 33-38.

[272] 王小松, 孙彦辉, 李文广, 熊辉辉, 乔峥, 蔡开科. 钙处理对无取向硅钢总氧含量的影响 [J]. 炼钢, 2012, 01: 48-51.

[273] 李文广, 孙彦辉, 王小松, 乔峥, 熊辉辉, 蔡开科. CSP浇注无取向硅钢水口堵塞研究 [J]. 钢铁钒钛, 2012, 02: 50-55.

[274] 孙彦辉, 蔡开科, 赵晓亮, 陈永, 吴国荣. 微合金化钢连铸板坯热塑性行为研究 [A]. 2012年微合金钢连铸裂纹控制技术研讨会论文集 [C]. 中国金属学会连续铸钢分会, 2012: 7.

[275] 曾亚南, 孙彦辉, 蔡开科. 微合金钢凝固过程微观偏析及析出物数学模型研究进展 [A]. 2012年微合金钢连铸裂纹控制技术研讨会论文集 [C]. 中国金属学会连续铸钢分会, 2012: 8.

[276] 蔡开科, 孙彦辉, 田志红. 炼钢-精炼-连铸过程钢水纯净度控制ppm战略 [A]. 2012年炼钢—连铸高品质洁净钢生产技术交流会论文集 [C]. 本溪钢铁（集团）有限公司、中国金属学会连续铸钢分会, 2012: 22.

[277] Sun Yanhui, Zeng Yanan, Cai Kaike. Hot ductility of Nb-V containing microalloyed steel during solidification [J]. 4th International Symposium on High-Temperature Metallurgical Processing, TMS Annual Meeting, 2013: 163-170.

[278] 郭爱民, 张伟, 刘中柱, 蔡开科. 铌微合金化特殊钢的开发及含铌连铸坯横裂纹的控制 [A]. 中国金属学会特殊钢分会理事会暨2013年汽车零部件用高品质特殊钢研讨会论文集 [C]. 中国金属学会特殊钢分会、中信金属有限公司, 2013: 61.

[279] 曾亚南, 孙彦辉, 蔡开科, 徐蕊. RH精炼工艺对无取向硅钢$MgO \cdot Al_2O_3$夹杂物演变影响及控制 [J]. 钢铁, 2014, 09: 38-43+54.

[280] 马志飞, 孙彦辉, 孙赛阳, 殷雪, 蔡开科. CSP生产低碳高铝钢钙处理与可浇性的控制 [J]. 钢铁研究学报, 2014, 06: 17-22.

[281] 徐蕊, 孙彦辉, 曾亚南, 蔡开科. 含Nb-Ti微合金钢第三脆性区铸坯缺陷 [J]. 钢铁研究学报, 2014, 11: 45-50.

[282] 方忠强, 孙彦辉, 汪成义, 蔡开科. 120tBOF—LF—RH—CC流程冶炼石油套管钢时TiN的析出和控制 [J]. 特殊钢, 2014, 05: 30-33.

[283] 孙彦辉, 赵勇, 蔡开科, 孙赛阳, 马志飞, 方忠强. 无取向硅钢中镁铝尖晶石的变性机理 [J]. 工程科学学报, 2015, 01: 20-29.